现代水文学

（新1版）

左其亭　王中根　著

·北京·

内 容 提 要

本书试图在总结过去研究工作的基础上阐述现代水文学的基础理论、技术方法及应用实践，为水科学研究提供现代水文学基础。本书是在第1版、第2版的基础上，沿用第2版以“理论基础—技术方法—应用实践”为框架构建的现代水文学体系，去掉一些过时的内容，增加一些新的内容，是对水文学最新理论方法和应用实践成果的总结。全书共分3篇15章。第1篇是对现代水文学理论基础的介绍，以展示现代水文学新理论基础，具体包括水循环过程与原理、水文确定性理论和水文不确定性理论；第2篇是对现代水文学中新技术方法的介绍，以展示现代新技术方法在水文学中的应用，具体包括水文监测与实验、现代水文信息技术、水文数学分析方法、流域分布式水文模型、水文系统与其他系统耦合模拟；第3篇是对现代水文学应用实践内容的介绍，以展示水文学服务于人类社会的应用领域，具体包括水文学在水资源、环境保护、生态系统、人水和谐、气候变化、城市化等领域中的应用。

本书可作为水利工程类、环境工程类、地球科学类专业的研究生教材，也可供相关专业的教师、研究生以及科技工作者参考。

图书在版编目（CIP）数据

现代水文学 / 左其亭，王中根著. -- 北京 : 中国水利水电出版社，2019.6(2020.12重印)
ISBN 978-7-5170-7807-4

Ⅰ. ①现… Ⅱ. ①左… ②王… Ⅲ. ①水文学－高等学校－教材 Ⅳ. ①P33

中国版本图书馆CIP数据核字(2019)第139019号

书　名	**现代水文学（新1版）** XIANDAI SHUIWENXUE
作　者	左其亭　王中根　著
出版发行	中国水利水电出版社 （北京市海淀区玉渊潭南路1号D座　100038） 网址：www.waterpub.com.cn E-mail：sales@waterpub.com.cn 电话：(010) 68367658（营销中心）
经　售	北京科水图书销售中心（零售） 电话：(010) 88383994、63202643、68545874 全国各地新华书店和相关出版物销售网点
排　版	中国水利水电出版社微机排版中心
印　刷	天津嘉恒印务有限公司
规　格	184mm×260mm　16开本　20印张　474千字
版　次	2019年6月第1版　2020年12月第2次印刷
印　数	1001—3000册
定　价	**66.00**元

前言

水文学是地球科学的一个重要分支，它是一门研究地球上水的起源、存在、分布、循环和运动等变化规律，并运用这些规律为人类服务的知识体系。水文学同其他学科一样，是在人类长期实践过程中，经历了起源、不断发展、成熟等阶段。可以说，水文学是人类在长期水事活动过程中，不断地观测、研究水文现象及其规律性而逐步形成的一门科学。

由于客观世界的复杂性、广泛存在的不确定性以及人类认识上的局限性，水文学仍有许多难点问题（如不确定性问题、非线性问题、尺度问题等）在理论上和实际应用上未能很好解决。实际上，人类发现问题、认识问题再到解决问题是一个变化和发展的过程。人们常说的“水文学已经发展到了成熟阶段”并非意味着“水文学十分完备、不需再发展”。实际上，它像其他发展中的学科一样，一直在不断发展之中。特别是随着现代科学技术的发展，以前没有发现的问题，现在发现了；以前没有解决的问题，现在在逐步解决，使得水文学不断发展、不断壮大。

近几十年来，水文学在理论及应用上都有很大的发展，也增添了许多新的内容，确实需要有一本著作来及时反映现代水文学最新成果。在这一形势下，第1版《现代水文学》于2002年1月由黄河水利出版社出版。然而，正如在第1版前言中所指出的，“现代水文学是不断发展的，可能现在是新的内容，再过若干年，又被更新的内容所代替……从这个意义上讲，本书起到‘抛砖引玉’的作用”。经过4年的使用和反馈，第2版《现代水文学》于2006年6月再次由黄河水利出版社出版，以“理论基础—技术方法—应用实践”为框架重新构建了现代水文学体系，重新调整并增加部分内容。本书已被多个高校和研究所指定为硕士研究生使用教材或博士研究生入学考试参考教材，也可作为反映水文学最新进展的一本工具书。

现代水文学有别于传统水文学，主要表现在“现代”二字上。它是对水文学上最新概念、思路和方法的总结。具体地说，是以现代新理论、新技术应用为支撑，以解决新面临的水问题为动力，而形成的现代水文学知识体系。

第2版于2006年出版至今已有12年，水文学领域发生了很大的变化，亟须对水文学最新理论方法和应用实践成果进行总结。基于这一考虑，在第1版、第2版的基础上，去掉一些过时的内容，增加一些新的内容，适当调整某些内容结构，于近日编撰完成了《现代水文学（新1版）》。

本书沿用第2版以“理论基础—技术方法—应用实践”为框架构建的现代水文学体系，试图在总结过去研究工作的基础上阐述现代水文学的基础理论、技术方法及应用实践。全书共分3篇15章。第1章是对现代水文学基本知识的介绍，是全书的基础；第1篇是对现代水文学理论基础的介绍，包括第2、3、4章；第2篇是对现代水文学中新技术方法的介绍，包括第5、6、7、8、9章；第3篇是对现代水文学应用实践内容的介绍，包括第10、11、12、13、14、15章。

为了提升本书的写作深度，特别邀请了张永勇、凌敏华、陶洁、甘容、翟晓燕参与本书的撰写。本书第1、4、7、9、10、13、15章由左其亭撰写，第2、3、6、8章由王中根撰写，第5章由凌敏华撰写，第11章由张永勇、翟晓燕撰写，第12章由陶洁撰写，第14章由甘容撰写。此外，研究生韩淑颖参与第4章4.5节，王婉清参与第6章6.1、6.2、6.3节，王豪杰参与第7章7.3、7.4、7.6节，李佳伟参与第9章9.5节，郝林钢参与第13章13.4节，李东林参与第15章15.4节的撰写。全书最后由左其亭、王中根统稿。

本书的研究和撰写工作得到了很多单位和个人的支持，包括国家自然科学基金（51779230和U1803241）和郑州市水资源与水环境重点实验室的经费资助，特此向支持和关心作者研究和撰写工作的所有单位和个人表示衷心的感谢。感谢出版社同仁为本书出版付出的辛勤劳动。书中有部分内容参考了有关单位或个人的研究成果，均已在参考文献中列出，在此一并致谢。

希望本书的再次出版能继续推动现代水文学理论及应用研究的发展，也期待读者提出宝贵修改建议，伴随着新成果的涌现，在不远的将来再次修订本书。

左其亭　王中根

2018年10月

目录

第3篇 应用实践

第1章　现代水文学导论

水文学是人类在长期水事活动过程中，不断地观测、研究水文现象及其规律性而逐步形成的一门科学。它经历了一个由萌芽到成熟、由定性到定量、由经验到理论的发展过程。如今的水文学已是分支众多、应用广泛、理论成熟、学科前沿不断扩大、新分支学科不断兴起，表现十分活跃的研究领域，及时把水文学的最新研究进展整理成一套理论体系就成为现代水文学的重任。

本章在介绍水文学相关知识的基础上，重点介绍了水文学发展阶段、学科体系、难点问题及发展趋势，阐述了现代水文学的特点及本书框架。

1.1　水文学的概念及发展阶段

1.1.1　水文学的概念

水文学是地球科学的一个重要分支。1962年，美国联邦政府科技委员会把“水文学”定义为“一门关于地球上水的存在、循环、分布，水的物理、化学性质以及环境（包括与生活有关事物）反应的学科”。1987年，《中国大百科全书》提出水文科学是“关于地球上水的起源、存在、分布、循环运动等变化规律和运用这些规律为人类服务的知识体系”。

实际上，关于水文学的定义有很多种提法。尽管在表述上有所不同，但基本可以把水文学总结为“是一门研究地球上水的形成、分布、循环和运动等规律，以及运用这些规律为人类服务的知识体系”。毫无疑问，它研究的主要对象是自然界客观存在且人类赖以生存的“水”，水永远是影响人类社会发展的重要因素。因此，水文学在认识自然、改造世界的过程中，有着重要的意义和广阔的应用前景。

水文学涉及的内容十分广泛，包括许多基础科学问题，具有自然属性，是地球科学的组成部分。因为水循环使水圈、大气圈、生物圈和岩石圈紧密联系起来，故水文学与地球科学中的其他学科如气象学、地质学、自然地理学等密切相关。

另外，由于水文学在形成与发展过程中，直接为人类服务，并受人类活动的影响，因此它又具有社会属性，属于应用科学的范畴。由于人类对水循环的影响作用越来越大，因此，需要从变化的自然和变化的社会的角度来研究水文学问题，研究人类活动影响下的水文效应与水文现象。这一发展趋势在目前和未来的水文学研究中表现得日益突出。

水文学是现代学科体系中非常活跃的领域之一。伴随着新实验、新认识、新理论、新技术的不断更新，水文学在理论及应用上都有很大的发展，也增添了许多新的内容，确实需要及时展示水文学最新成果。也就是在这一背景和思考下，笔者撰写的第1版《现代水文学》专著于 2002 年正式出版[1]，2006 年出版了第 2 版[2]。现代水文学是相对于传统水文学而言的，是对水文学现代新知识体系的总结。具体地说，现代水文学是以现代新理论、新技术应用为支撑，以解决新面临的水问题为动力，而形成的水文学知识体系。从现代水文学的概念就可以看出其有以下两个特色：①现代水文学主要表现在“现代”二字上，是对水文学上最新概念、思路和方法的总结；②现代水文学的内容是不断变化的，可能现在是新的内容，再过若干年，又被更新的内容所代替，所以需要经常更新。

1.1.2　水文学的发展阶段

人类在生存和发展的生产实践中，特别是在与水灾、旱灾作斗争的过程中，对经常出现的水文现象进行探索，在不断认识和积累经验的基础上，吸取其他基础科学的新思想、新理论、新方法，才逐步形成水文学。可以说，水文学的发展经历了由萌芽到成熟、由定性到定量、由经验到理论的过程，我们可以把它大致分为 4 个阶段。

（1）萌芽阶段（16 世纪末以前）。该时期为了生活和生产的需要，开始了原始的水位、雨量观测，对水流特性进行观察，并在一定程度上对水文现象进行定性描述、经验积累、推理解释。世界上最早的水文观测出现在中国和埃及，比如，在《吕氏春秋》《水经注》等古代著作中，系统地记载了我国各大河流的源流、水情，并记载了水循环的初步概念及其他水文知识。

当然，由于这个时期人们的认识能力有限，对自然界水文现象了解不够，也不可能上升到水文学理论高度上，因此这一漫长的发展过程仅仅称得上是水文学的发展起源或萌芽阶段。

（2）形成阶段（17 世纪初—19 世纪末）。该时期随着自然科学技术的迅速发展，水文观测实验仪器不断被发明和使用，特别是在 19 世纪以来，许多国家普遍建立水文站网并制定统一的观测规范，使实测的水文数据成为科学分析的依据。该阶段是实验水文学兴起阶段。在此基础上，发现了一些水文学的基本原理，从而奠定了水文学的基础，逐步形成了水文学体系。

该阶段的特点是，水文现象由定性描述到定量表达，水文观测体系逐步建立，水文学基本理论初步形成。

（3）兴起阶段（20 世纪初—20 世纪 60 年代）。该时期由于经济社会迅速发展，水利、交通、电力等亟须大量开发，迫切需要解决工程建设中的许多水文问题；同时，由于实测水文资料的增长，水文站网的扩展，促进了水文预报和计算工作的发展，从而使应用水文学得到广泛的发展。在该时期，除了出现许多经验公式和预报方法外，还出现了许多结合成因分析的推理公式、合理化公式以及相关因素预报方法等。

该阶段的特点是，水文观测体系进一步成熟，应用水文学进一步发展，水文学理论体系逐步完善。

（4）现代快速发展阶段（20 世纪 60 年代至今）。20 世纪 60 年代以来，一方面，随着计算机技术的发展和遥感等新技术的应用，一些新理论和边缘学科的不断渗透，使得水文学发展增添许多新的技术手段、理论与方法，由此也派生出许多新的学科分支，也使得水文学理论更加丰富；另一方面，由于人类改造世界的能力不断增强，活动范围不断扩大，再加上人口增长和经济发展，出现了水资源短缺、环境污染、气候变化等一系列问题，使水文学面临着更多的机遇与挑战，特别是需要开展水资源及人类活动水文效应的研究。这也促使水文学进入了现代快速发展的新阶段。

本阶段的特点是，引进计算机和遥感等新技术，一些新理论、新方法和边缘学科不断渗透，分支学科不断派生，研究方法趋于综合，重点开展水资源及人类活动水文效应的研究。

1.2　水文学学科体系

1.2.1　水文学学科体系框架

水文学是一门传统学科，从形成到目前已经经历了近两个世纪，形成了相对完善的学科体系。一个学科体系至少有4个要素，即：有明确的研究对象、有相对完善的理论体系、有一套方法论、具有广泛的应用实践。水文学具备学科体系的4要素，并派生出一系列分支学科。

基于对水文学的分析，按照一般学科体系的组成体系，绘制了水文学学科体系框架，如图1.2.1所示，主要包括：①水文学的研究对象，彰显出学科自身的特点，表现出与相关学科的联系及区别；②水文学的理论体系，巩固学科的理论基础，为学科的发展提供理论支撑；③水文学的方法论，给出了水文学具体的研究方法和技术手段，为学科的发展提供支撑；④应用实践，展示了水文学理论、方法的应用领域及实践价值；⑤水文学的分支

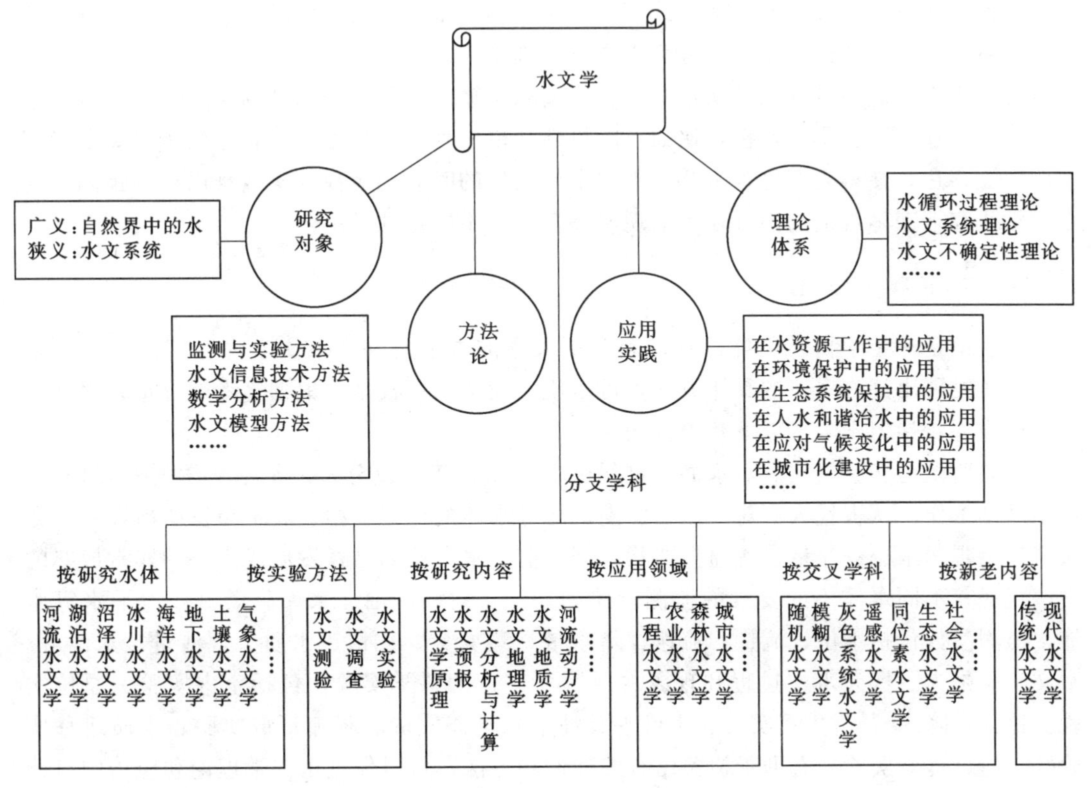

图1.2.1　水文学学科体系框架

学科，按照不同依据把水文学细分为不同的分支。详细内容如下文介绍。

1.2.2 水文学研究对象

广义上说，水文学的研究对象是自然界客观存在且人类赖以生存的所有“水”。自然界中客观存在的水体，如江河、湖泊、海洋、湿地、冰川、地下水等，都是水文学的研究对象。

狭义上说，水文学的主要研究对象是地球上的水文系统，主要研究水文系统中的水文现象，其核心内容是水文循环的研究。

1.2.3 水文学理论体系

水文学是一门比较古老的学科，已提出大量的基础理论，有宏观的，也有微观的，也存在不同的理论派别或观点。到底水文学有哪些主要理论？不同人有不同的答案，甚至差异非常大，目前这方面的讨论还没有停止，也没有统一。笔者分析认为，水文学理论体系主要包括但不限于以下几方面理论。

（1）水循环过程理论。水循环研究是水文学的核心内容，关于其不同过程有大量的研究，也涌现出许许多多的理论，比如，关于流域/区域或单元提出的水量平衡、能量平衡、水沙平衡、水盐平衡等理论；关于水循环过程各阶段提出的理论，包括大气输送、降水、蒸散发、下渗、土壤水运动、地下水运动、产汇流等理论。

（2）水文系统理论。把水文学研究对象看成是一个复杂的系统，即水文系统，并借助系统理论及方法来研究流域、河段或区域水文过程。根据水文系统输入、输出和系统运转间的关系是否满足线性关系，又分为水文线性理论、水文非线性理论。

（3）水文不确定性理论。从水文系统的输入、输出以及系统内部结构三方面来看，水文系统广泛存在各种不确定性，比如，随机性、模糊性、灰色性等。正是由于水文不确定性的广泛存在，使得人们对未来某一水文事件发生的时间和规模等参数难以准确预测，为水文学研究带来客观上的困难，也涌现出许多水文不确定性理论。

1.2.4 水文学方法论

方法论是一个学科解决各种具体问题所采用的方法总和。水文学内容广泛、问题复杂，逐步发展出许许多多的具体方法，可以说，无法一一枚举。根据笔者的分析，水文学方法论主要包括但不限于以下几类方法。

（1）监测与实验方法。对水循环过程进行监测、实验及分析，是水文学的重要任务，也是基础工作。从古代人们对江、河、湖、海等水体的认识开始，就不断发明新设备或方法来定量观测水位、流量、流速等要素。到目前，水文监测已经发展成为一种非常成熟的方法，涵盖不同水体不同要素的监测，比如，江、河、湖泊、水库、渠道和地下水等水体，监测参数包括水位、流量、流速、降水量、蒸发量、冰情、水质、含沙量、水温等。水文实验是为了探究水文过程和现象的成因所进行的科学实验，包括室内实验、原位实验。比如，降水-径流关系实验、土壤水及地下水动态实验、径流形成实验、水质运移实验等。通过这些实验，有助于检验已有的理论和方法，可以促进水文学理论和应用中有待认识和解决的问题研究。

（2）水文信息技术方法。水文信息是水文学研究的重要基础，水文信息的采集、数据处理、传输、存储以及测算等都极其复杂，需要大量的现代信息技术。水文信息技术是水文学中重要的方法论内容，涉及范围相当广泛，如水文自动监测、遥感、地理信息系统、现代信息通信技术、网络空间技术、大数据和云技术、数据存储与快速计算、数字流域等。

（3）数学分析方法。水文学是数学分析方法的重要应用领域，大量的水文分析需要借助数学分析方法。比如，水文学中常用的数值计算方法、参数率定和灵敏度分析方法、系统分析方法、风险分析方法、统计分析方法、系统识别技术方法等。

（4）水文模型方法。为了模拟水文过程或其他水文现象，常常构建一系列水文模型，借助于模型找出自己所需了解问题的答案。目前常用的水文模型是应用电子计算机，把数学模型用计算机的语言编成程序模型，通过计算机的运算，得到数据输出结果和结论。这种模型方法也可称为数学模型方法。因此，也可以把这类数学模型方法看成是数学分析方法的一种。当然，这类数学模型方法与其他数学分析方法相比，更关注计算机模拟的功能。因此，为了突出水文模型的计算机模拟功能，把水文模型方法单列出作为水文学的一种技术方法。目前，水文模型非常多，比如，分布式水文模型、水系统模型、多系统耦合模型、水文序列模型、洪水演进模型、产汇流模型等。

1.2.5　水文学应用实践

水文学是与人类生存密切相关的地球科学的一个分支，也是与人类活动密切相关的一门学科，在实践中有广泛的应用。这里作一简要介绍。

（1）在水资源工作中的应用。水文学是水资源学的基础，是研究水资源特征、变化规律、承载能力、优化配置、高效利用、有效保护的重要前提，在水资源规划、管理、保护、节约等工作中有广泛应用，甚至是其重要基础和组成部分。

（2）在环境保护中的应用。水是环境主要要素之一，人类活动引起水文情势变化的同时常常带来环境的变化，包括有利的与不利的影响。比如，为了扩大灌溉面积，增加农业产量，修建大坝、闸门和供水灌渠，改变了原有的水文过程，导致下游来水量减少，河道径流锐减甚至干涸，水体自净能力减弱，加重河流环境恶化趋势。再比如，城市化、矿区建设、土地利用变化、森林区保护等，改变了自然的水文过程，也带来环境的影响作用。在这些环境保护工作中，首先需要了解其带来的水文过程的变化，然后才能对环境治理、修复、保护工作做到有的放矢。因此，水文学在环境保护中有重要的应用。

（3）在生态系统保护中的应用。水是生态系统的组成部分，也是维系生态系统完整性的重要因素，水文学是生态学研究的重要基础。人类过度掠夺水资源，可能会导致河流来水量减少甚至断流、地下水位下降、耕地荒漠化、植被覆盖度减少等一系列危及生态系统健康的问题。应用水文学知识来研究人类活动带来的水文过程变化，再继而研究生态系统变化及其保护问题。

（4）在人水和谐治水中的应用。人水和谐思想是我国自21世纪初期以来一直坚持的治水指导思想，崇尚人与自然和谐相处，提倡在经济社会发展的同时要保护好水资源，走人水和谐之路。然而，如何评估人水和谐水平、如何管理和调控人水和谐方案，都需要做深入研究，其中，需要定量化分析人水关系以及人水系统模型研究。这就需要借助水文学知识和方法，基于水文学开展人水和谐量化方法及其应用研究。

（5）在应对气候变化中的应用。大气中水汽输送、降水、蒸发是水循环的重要过程，气候变化影响水循环过程，同时水循环过程变化也影响气候变化过程。因此，在研究气候变化中，少不了水文学的参与，同时研究水文学也少不了气象学的参与。在应对气候变化时，需要基于水文学研究总结应对气候变化的适应性对策与建议。

（6）在城市化建设中的应用。城市是人类活动强度最集中的地区，城市化是社会发展的趋势。因为城市化建设完全扰动了自然陆面状态，改变了水循环过程，可能带来两种相反的结果：一种是，通过人类活动，改善了水循环过程，使水文现象更利于人类在城市生活，比如，海绵城市建设、河道疏浚、生态水系建设等；另一种是，由于城市化建设，打破原来的水循环过程和格局，带来水问题，危及人类生存安全，比如，地面道路、广场、楼房建设带来的陆面硬化，易形成城市洪水、地下水补给受阻等。水文学的分支——城市水文学，就是专门研究城市化的水文学内容，比如，水文效应、水文过程变化、水文气象观测、水文模型、预报、防洪除涝等。

1.2.6　水文学分支学科

水文学的研究开始主要集中在陆地表面的河流、湖泊、沼泽、冰川等，以后逐渐扩展到地下水、土壤水、大气水和海洋水。因此，水文学可以按照研究的水体来进行划分，主要有河流水文学、湖泊水文学、沼泽水文学、冰川水文学、海洋水文学、地下水文学、土壤水文学、气象水文学等。

根据水文学上主要采用的实验研究方法，水文学又派生出 3 个分支：水文测验、水文调查、水文实验。

按照水文学研究内容上的不同，水文学又可划分为水文学原理、水文预报、水文分析与计算、水文地理学、水文地质学、河流动力学等分支。

按照水文学应用领域的不同，水文学又可划分为工程水文学（包括水文计算、水文预报等）、农业水文学、森林水文学、城市水文学等。

另外，水文学又与许多其他学科相互交叉，相互渗透，形成一些交叉学科分支，比如，随机水文学、模糊水文学、灰色系统水文学、遥感水文学、同位素水文学、生态水文学、社会水文学等。

总之，水文学是一个十分活跃的舞台。随着学科间的相互渗透、相互交叉以及新理论、新技术的发展和引进，水文学中新的分支学科不断兴起。虽然有些分支学科尚未成熟，但表现出水文学的发展潜力和巨大活力。其中，为了及时总结和更新水文学最新研究进展，形成了另一分支学科——现代水文学。

1.3　水文学难点科学问题与发展趋势

1.3.1　水文学发展面临的机遇与挑战

如前所述，水文学是人类在长期生产实践过程中不断总结形成的一门比较完善的科学体系。这里所说的“完善”并不是说“不用发展”了，相反，随着新技术、新理论的不断涌现和新需求的不断提出，水文学的研究表现十分活跃。一方面，水文学不断发展和完善，促进了相关学科或领域的理论研究及应用研究。比如，水文学的发展为水资源学、资源经济学、生态水文学奠定基础，为可持续水资源管理研究、生态环境需水研究、人类活动水文效应研究、水资源可再生性研究、人水和谐研究、应对气候变化和城市化研究等重大科学问题或实践需求提供支撑。另一方面，不断增加的社会实践需求和相关科学问题理论研究需求，为现代水文学的研究提出新的挑战，也促进现代水文学的发展。比如，人类活动，特别是高强度人类活动（如城市化建设）所引起的水问题，需要加强变化环境下的水文系统和水资源变化的研究，促进了人类活动水文效应研究和城市水文学研究；再比如，在可持续水资源管理理论及应用中，迫切需要加强水文学基础方面的研究。因为可持续水资源管理特别强调对水循环、生态系统未来变化的研究，它要求了解未来水文情势及环境的变化影响，包括全球气候变化和人类活动的影响。

归纳起来，水文学在理论和应用中面临以下机遇与挑战。

（1）随着社会发展，人类活动日益加剧，引起的水问题越来越严重，受到全人类的关注程度也越来越强烈，对水文学提出更高的要求和期待。由于解决这些水问题需要更深入的水文学知识，所以日益突出的水问题促进了水文学的发展，这是水文学发展的机遇。当然，由于面对的水问题越来越复杂，水文学研究深度和广度越来越大，将面临更加严峻的挑战。

（2）不断提出的新理论迫切需要在水文学中得到检验和推广应用。一方面，它们为水文学发展提供新的理论基础；另一方面，又需要水文学家不断吸收和改进新理论，以完善水文学理论体系。这是现代水文学遇到的前所未有的机遇。比如，人工神经网络理论有助于水文非线性问题研究，分形几何理论有助于水文相似性和变异性研究，生物基因理论、时变矩理论等有助于一致性与非一致性水文频率研究，混沌理论有助于水文不确定性问题研究。这些新理论已经渗透到水文学中，促进了水文学的不断发展，是水文学发展的良好机遇。当然，因为水文学本身面对的是十分复杂的水循环过程、水文现象，水文学是否适合于新理论以及如何应用或改进新理论，又存在很大挑战。

（3）新技术方法特别是高科技的不断涌现，为水文学理论研究、实验观测、应用实践提供了新的研究手段，促进了水文学的发展。比如，3S技术（遥感技术RS、地理信息系统技术GIS和全球定位系统技术GPS的统称）可以提供快速的水文遥感观测信息，可以提供复杂信息的系统处理平台，为水文学理论方法研究（如水文模拟、水文预报、洪水演进）、水文信息获取与传输（如洪水信息、地表水、地下水自动监测）以及水文社会化服务（如防洪抗旱、水量调度）提供很好的技术手段；再比如，同位素实验技术可以为水循环研究提供技术手段，为地下水补给、径流、排泄过程分析提供支持。现代高新技术的飞速发展，为水文学研究提供了许多新的技术手段，大大促进了水文学的发展。

1.3.2　水文学发展面临挑战的原因及难点问题

分析水文学理论及应用研究面临挑战的原因，不外乎两方面：一是内因，二是外因。水文系统本身的复杂性（如不确定性、非线性、尺度问题）是水文学研究面临挑战的内因。观测手段和研究方法的局限以及关键技术的限制是水文学研究面临挑战的外因。

水文不确定性问题、水文非线性问题、水文尺度问题，是研究水文系统本身复杂性的 3 个关键问题，也是现代水文学上比较前沿的三方面难点问题。这些问题的研究对水文学的发展起着重要的推动作用。

1.3.2.1　水文不确定性问题

水文系统中广泛存在着不确定性。正是由于不确定性的存在，使人们对许多水文事件（如降水、融雪）特别是极端水文事件（如洪水、干旱）的精确预测和定量分析仍然十分困难。由于水灾害发生的时间、地点和强度存在很大的不确定性，对其预测不准，存在一定的水灾害风险，常常会给人类带来危害甚至是灾难。假如水文系统中不存在不确定性因素，人们就会准确预测未来水文事件，就会有的放矢地应对水文极值事件（如洪水、干旱），及早采取措施，减少甚至消除水灾害对人类的危害。而实际上，由于水文系统中不确定性的广泛存在，再加上目前处理各种不确定性问题的研究方法还处于探索阶段，使得水文不确定性问题研究一直是现代水文科学研究的前沿课题之一。

1.3.2.2　水文非线性问题

按照系统分析的观点，如果系统的输入与输出关系或者与内部状态变量的联系不满足线性叠加原理，这个系统就是一个非线性系统。对水循环而言，由于天然流域的下垫面十分复杂，空间变异性大，坡面、沟道交错相间，加之降雨时空变化与流域上洪水非恒定流动的特性，使得水文过程的非线性现象比较普遍，促使人们去研究水文系统的非线性问题。

水文系统中的非线性是客观存在的，其变化机理比较复杂（如流域的调蓄关系、洪水波速的变化等），它们在整体上表现为输入与输出关系（如降雨-径流关系），不满足线性叠加原理这一特点。

关于水文非线性问题的研究，不少国内外水文学者给予了高度的重视，研究了多年，并取得了一定程度的进展。然而，由于水文过程中非线性系统固有的复杂性，使得它仍是目前水文学研究的前沿课题之一。

1.3.2.3　水文尺度问题

水文学的研究对象包括了地球水圈范围内所有尺度水文现象及过程。从这种意义上讲，水文学研究具有不同尺度问题，小到水质点，大到全球气候变化与水循环模拟。水文学的物理方法，主要应用在微观尺度，而随着向流域和全球的中或宏观尺度扩展，原来的“理论”模型需均化和再参数化，并产生新的机理。这导致相邻尺度间的水文联系太复杂。为了探索水文学规律，首先要认识不同尺度的水文规律或特征，然后设法找出它们之间的联系或某种新的过渡规律，只有达到后一阶段，水文科学理论或许才能真正建立在普适性基础上。问题在于怎样去认识不同尺度的水文规律，如何发现它们之间的联系。除了坚持水文科学实践外，还有很重要的科学方法论问题[3]。

水文学的理论研究与实践表明：不同时间和空间尺度的水文系统规律通常有很大的差异。一个典型的例子是微观尺度水文实验获得的“物理”参数，如土壤饱和含水率（K_s），往往不能直接应用到流域尺度的水文模拟中。反过来，宏观尺度的水文气象背景值变化也不能直接套用在时空变异性十分突出的微观水文模拟预报。目前存在的问题是：

①在漫长的演变过程中，选择多大的时间尺度来研究比较合适？②近代人类活动较多，需要更高的时间分辨率（即时间尺度较小）。那么，如何实现不同时间尺度研究成果之间的衔接？③全球气候变化、区域水文特性变化如何与小单元水文模拟衔接？④大尺度与小尺度研究思路、方法如何协调？等等。这些都是人们十分关注的尺度问题。

从不同空间尺度研究来看，比如，在模拟全球气候变化所建的模型中（如大气环流模式 GCMs），所采用的空间尺度是几百公里，甚至更大。而在中尺度或更小尺度的水文系统研究中，需要的气候信息的分辨率远比这高。显然，小尺度所需的气候信息从全球气候模型中得不到满足。

再从不同时间尺度研究来看，比如，以地质年代为时间尺度建立的水文系统气候变化模型，只能为较小时间尺度的气候变化模型提供一个“大背景”，无法提供所需的更详细（即高分辨率）的信息。

以上这些都是人们常说的“大尺度向小尺度的转化问题”。当然，从小尺度向大尺度的转化也不容易，也并非是小尺度向大尺度的简单相加，正如著名哲学家狄德洛的名言“一个活着的动物并不是许多活的器官的叠加”，随着超微观、微观尺度、中微观尺度向中观、宏观、超宏观尺度的扩展，原来的“理论”模型需均化和再参数化，同时会产生新的机理。这就导致不同尺度间关系的复杂性和运算的艰难性。

此外，有一些方法不断应用于水文尺度问题的研究，比如，以分形理论、小波分析和混沌理论为基础的水文尺度转换方法。尽管已经进行了多年的研究，但尺度问题至今仍未能很好被解决，它一直是水文学、地学、遥感学等领域的前沿难点科学问题。

1.3.2.4　其他难点科学问题

国内外有些学者对水文学的难点或前沿科学问题进行归纳和论述，比如，芮孝芳等在文献［4］中阐述的前沿科学问题包括非线性问题、尺度转换问题、空间变异性问题、坡面流速问题、确定性与随机性互补问题、水文时间序列的长期演变规律问题、“异参同效”和预测模型问题、时空探源问题、误差问题；后来芮孝芳又在文献［5］中提出的前沿科学问题包括水文时间序列年际演变问题、降雨空间分布及动态变化问题、水文现象与下垫面的关系问题、优先流及坡面流问题、水文尺度问题、水文模型的“异参同效”问题、水文非线性问题。

1.3.3　水文学发展趋势与研究展望

结合现代水文学发展面临的机遇和挑战，分析水文学难点科学问题及发展需求，提出以下几点发展趋势和研究展望。

（1）进一步开展水文不确定性、水文非线性和水文尺度等难点科学问题的理论探索。水文不确定性、水文非线性和水文尺度问题，是解决水文系统复杂性问题的 3 个难点，也是目前水文学需要解决的关键问题。这些问题的研究将对水文学的发展起到重要的推动作用。比如，水文不确定性的研究将能提高水文预报精度和预警能力，水文非线性的研究将能提高模型模拟现实水文输入-输出关系的精度，水文尺度的研究将能促进不同尺度理论方法和规律的对接和融合。但由于这些问题本身存在难以解决的属性，仍需要进一步加强理论探索。水文不确定性问题、水文非线性问题和水文尺度问题仍将是未来国际水文科学研究的热点问题。

（2）不断吸收新理论，促进水文学理论基础的发展。一方面，不断涌现的新理论迫切需要渗透到水文学中，在水文学中得到检验和应用推广。比如，分形理论、混沌理论、突变理论等，需要在复杂的水文过程研究中进行检验和发展，可以说，水文学研究为这些新理论提供得天独厚的研究领域和实验场所。另一方面，水文学家需要不断吸收新理论，以完善水文学理论体系，促进水文学的不断发展。比如，水文频率研究，遇到一致性与非一致性问题，传统的方法无法解决，就想到一些新理论，比如生物基因理论、时变矩理论等，丰富了水文学研究内容和深度。

（3）及时采纳高新技术方法，提升水文学研究技术方法。随着科学技术的发展及在水文学中的广泛应用，水文学得到了长足发展。比如，现代信息技术的应用，使复杂、困难的水文信息获取成为现实，原来不能得到或需要很大代价才能得到的水文信息，现在成为可能或容易，为深入研究水文学问题提供了支持。把高新技术应用到水文学中，针对水文学特点开展应用研究，是现代水文学研究的需要。

（4）强调水文学与其他学科的交叉研究，促进水文学理论更多服务于社会。随着经济社会发展和水问题的日益突出，水与社会、水与生态、水与环境之间的关系越来越复杂，解决自然变化和人类活动影响下的水问题必须加强水文学与生态学、环境学、社会科学的交叉研究。然而，目前关于这方面的研究还不足，不能满足实际的需要。比如，支撑社会发展、应对气候变化、城市化建设、生态环境保护、水资源优化配置等，需要深入了解水文学内容，但目前仍存在许多难点问题没有解决。因此，迫切需要加强与水相关的多学科交叉研究，以提高水文学理论服务于社会的水平。

1.4　现代水文学的特点及框架

1.4.1　现代水文学的特点

从上述水文学发展历程可以看出，现代水文学是在近几十年来由于先进科学技术和理论方法的引入，不断丰富水文学而形成的。同时，伴随着经济社会各项人类活动的深入，特别是复杂水问题解决的需求，促进水文学不断探索新的理论方法及应用，形成了现代水文学体系。因此，与传统水文学相比，现代水文学具有以下特点。

（1）现代水文学是水文学中最新知识体系（包括最新概念、思路、方法、应用实践等）的总结。因此，现代水文学既是水文学的一部分，又区别于传统水文学内容。现代水文学的内容不是一成不变的，始终应该是水文学中最新内容的反映，所以需要经常更新。

（2）现代水文学以现代新理论、新技术应用为支撑，在宏观和微观方向上得到了深入发展。在宏观上，现代水文学研究全球气候变化、人类活动影响和自然环境变化下的水循环。在微观上，现代水文学研究 SVAT（土壤-植被-大气系统）中水分与热量的交换过程，探讨“三水”（大气水、地表水、地下水）、“四水”（大气水、地表水、土壤水、地下水）或“五水”（大气水、地表水、土壤水、地下水及植被水）的转化规律。此外，现代水文学还十分注重水文尺度问题和水资源开发利用中水文学基础问题的研究。

（3）现代水文学更加注重水文信息的挖掘。由于先进技术的应用，使复杂、困难的水文信息获取成为现实，比如，水文遥感对大气水汽输送的监测、对土壤水分的监测等；河流水质实时监测，原来不能做到高频次监测，目前可以做到实时监测。这些水文信息的挖掘为深入研究水文学提供了重要支持。

（4）现代水文学更加深入开展深层次的水文科学基础研究。包括水文极值（洪水和干旱）问题的认识、预测与减灾，全球冰圈、气候和温室效应的相互作用，冰盖河流水文学，水文与大气交换作用等。

（5）现代水文学更加注重人类活动对水循环影响的研究。包括土地利用变化对径流的影响；地表水和地下水、水量水质相互作用问题；城市化对地表和地下水演化的影响；生态水文学、城市水文学研究。

（6）现代水文学对水文学上众多难点问题（如不确定性问题、非线性问题、水文尺度问题等）开展力所能及的研究。

（7）现代水文学着力研究社会活动参与下的水循环过程，发展社会水文学。传统的水文学多侧重于研究自然界水循环的水量方面，多采用水文现象观测、实验等手段，运用传统的数学、物理方法来研究，其应用多限于洪水预报、水文水利计算等工程技术问题。但是，随着经济社会的发展，人类对水的需求不断增大，对生活环境的质量要求也越来越高。自然界发生的洪水和干旱等灾害以及人类经济活动造成的水污染和生态系统破坏，对经济社会发展和人类生命财产造成的损失也越来越大。如何解决实际问题中出现的与水有关的各种矛盾？如何实现经济社会的可持续发展？这对传统水文学的发展提出了挑战。现代水文学就需要针对这些实际问题，重点开展水资源及人类活动水文效应的研究。

本书试图在总结过去研究工作的基础上阐述现代水文学的理论、方法及应用，为水问题研究提供水文学基础。

1.4.2　本书框架及分章安排

根据作者对现代水文学的理解，提出以“理论基础—技术方法—应用实践”为框架的现代水文学体系。它包括相互联系、相互促进的3部分，即“理论基础”“技术方法”和“应用实践”。基于这一框架，本书安排了3篇15章，如图1.4.1所示。

第1篇，理论基础。是对现代水文学理论基础的总结，是现代水文学理论研究和应用研究的基础。本书将详细介绍水循环过程与原理、水文确定性理论和水文不确定性理论。

第2篇，技术方法。是对新技术方法在现代水文学中应用的总结，是现代水文学发展的技术支撑。本书将详细介绍水文监测与实验、现代水文信息技术、水文数学分析方法、流域分布式水文模型、水文系统与其他系统耦合模拟。

第3篇，应用实践。是对水文学服务于社会主要内容的总结，从水文学在水资源、环境保护、生态系统、人水和谐、气候变化、城市化等方面，阐述水文学作为基础科学对经济社会发展的作用和意义。

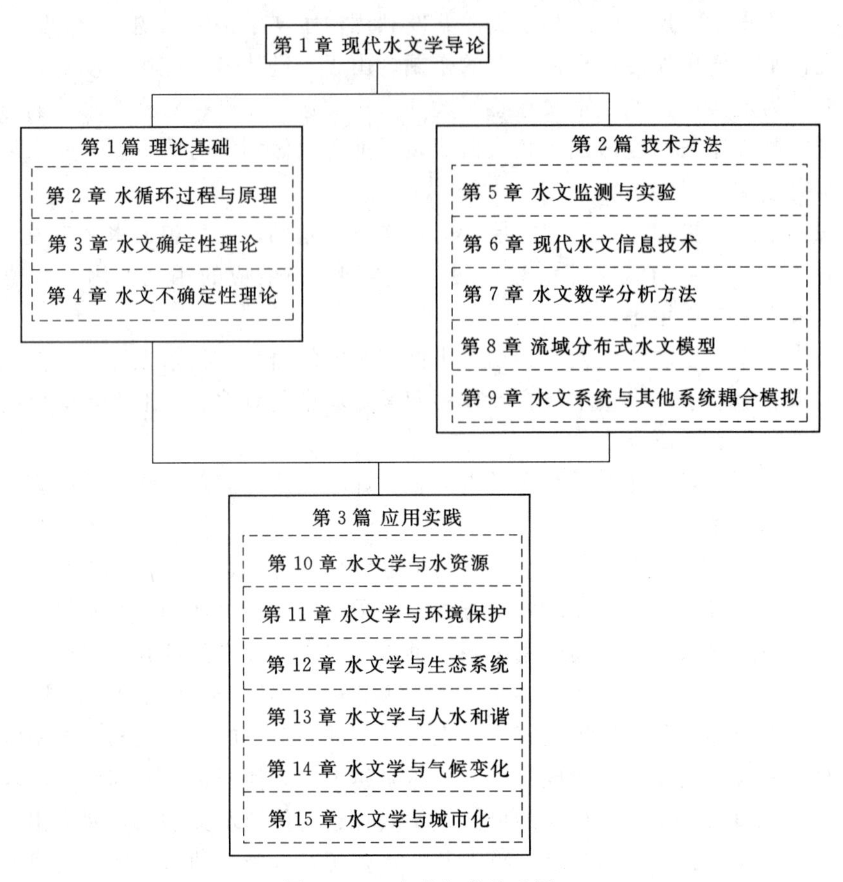

图 1.4.1　本书各章关系图

参 考 文 献

[1]　左其亭，王中根. 现代水文学［M］. 郑州：黄河水利出版社，2002.

[2]　左其亭，王中根. 现代水文学［M］. 2 版. 郑州：黄河水利出版社，2006.

[3]　夏军. 水文尺度问题［J］. 水利学报，1993（4）：32－37.

[4]　芮孝芳，刘方贵，邢贞相. 水文学的发展及其所面临的若干前沿科学问题［J］. 水利水电科技进展，2007（1）：75－79.

[5]　芮孝芳. 水文学前沿科学问题之我见［J］. 水利水电科技进展，2015（5）：95－102.

第1篇

理 论 基 础

治黄分册

第2章 水循环过程与原理

水循环是地球上一个重要的自然过程，它通过降水、截留、入渗、蒸散发、地表径流、地下径流等各个环节，将大气圈、水圈、岩石圈和生物圈相互联系起来，并在它们之间进行水量和能量的交换。正是由于水循环运动，大气降水、地表水、土壤水、地下水之间才能相互转化，形成不断更新的统一系统。也正是由于水循环作用，水资源才成为可再生资源，才能被人类及一切生物可持续利用。

2.1 水循环过程

2.1.1 自然界的水循环

水循环是指地球上的水在太阳辐射和地心引力等的作用下，以蒸发、降水和径流等方式进行周而复始的运动过程。自然界的水循环是连接大气圈、水圈、岩石圈和生物圈的纽带，是影响自然环境演变的最活跃因素，是地球上淡水资源的获取途径。全球水循环时刻都在进行着，它发生的领域有海洋与陆地之间、陆地与陆地上空之间、海洋与海洋上空之间。水循环如图2.1.1所示。

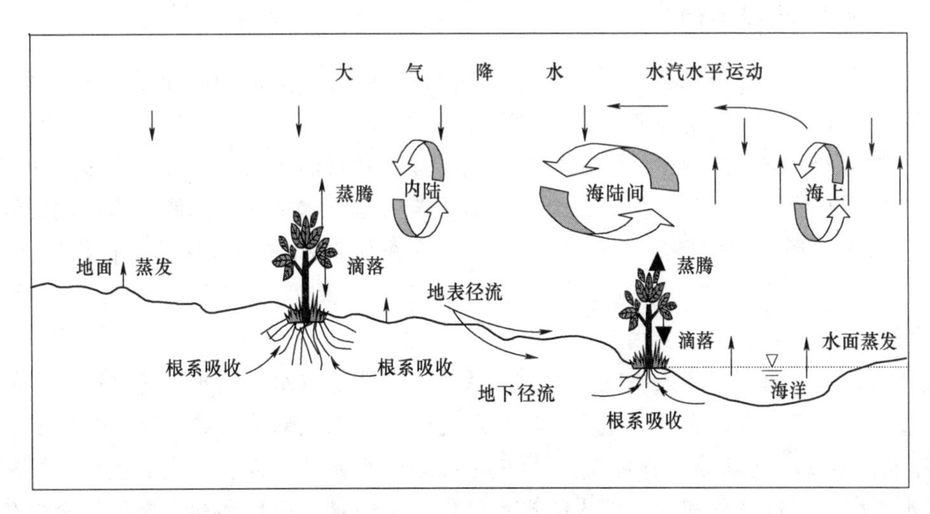

图2.1.1 水循环示意图

2.1.1.1 海陆间水循环

海陆间水循环是指海洋水与陆地水之间通过一系列的过程所进行的相互转化。具体过程是：广阔海洋表面的水经过蒸发变成水汽，水汽上升到空中随着气流运动，被输送到大陆上空，其中一部分水汽在适当的条件下凝结，形成降水。降落到地面的水，一部分沿地面流动形成地表径流；一部分渗入地下，形成地下径流。二者经过江河汇集，最后又回到海洋。这种海陆间的水循环又称大循环。通过这种循环运动，陆地上的水就不断地得到补充，水资源得以再生。

2.1.1.2　内陆水循环

降落到大陆上的水，其中一部分或全部（指内流区域）通过陆面、水面蒸发和植物蒸腾形成水汽，被气流带到上空，冷却凝结形成降水，仍降落到大陆上，这就是内陆水循环。由内陆水循环运动而补给陆面上水体的水量为数很少。

2.1.1.3　海上内循环

海上内循环就是海洋面上的水蒸发成水汽，进入大气后在海洋上空凝结，形成降水，又降到海面。

2.1.1.4　水循环周期

据计算，大气中总含水量约 1.29×10^5 亿 m^3，而全球年降水总量约 5.77×10^6 亿 m^3，大气中的水汽平均每年转化成降水 44 次（$5.77\times10^6/1.29\times10^5$），也就是大气中的水汽，平均每 8d 多循环更新一次（365/44）。全球河流总储水量约 2.12×10^4 亿 m^3，而河流年径流量为 4.7×10^5 亿 m^3，全球的河水每年转化为径流 22 次（$4.7\times10^5/2.12\times10^4$），亦即河水平均每 16d 多更新一次（365/22）。水是一种全球性的不断更新的资源，具有可再生的特点。但是在一定的空间和时间范围内，水资源又是有限的。如果人类取用水量超过更新的数量，就要造成水资源的枯竭。

2.1.2　人类社会的水循环

水是人类生存和经济社会发展的重要基础资源。随着人类活动的加强，如水利工程的兴建和都市化的发展，极大地改变了天然水循环的降水、蒸发、入渗、产流、汇流等过程。人类取用水和排水过程已经严重影响（或干扰）到自然界的水循环，许多流域在天然降水并未减少的情况下出现了河道断流、湖泊干涸、地下水枯竭等问题。这些问题说明在流域尺度的水循环研究中已经不能忽略经济-社会系统对水循环过程的干扰作用和影响。为此，一些学者提出了“人工侧支水循环”[1]、流域“天然-人工”二元水循环模式[2]、“水的社会循环”[3]以及“社会水循环”等概念[4]。

人类社会的水循环是指人类在经济社会活动中不断地取水、用水和排水而产生的人为水循环过程。严格地讲，它是依附于自然水循环的一个组成部分，或者是一个环节、分支（如同降水、蒸发、下渗等环节），而不是一个独立的水循环过程。它主要包括人类从自然界的取水过程、用水过程和向自然界的排水过程。水的自然循环和社会循环是交织在一起的，水的社会循环依赖于自然循环而存在，同时又严重干扰自然界的水循环。从“人与自然协调发展”的角度，应当将水循环研究纳入到“天然-人工”这个更为完整的水循环体系中（图 2.1.2）。

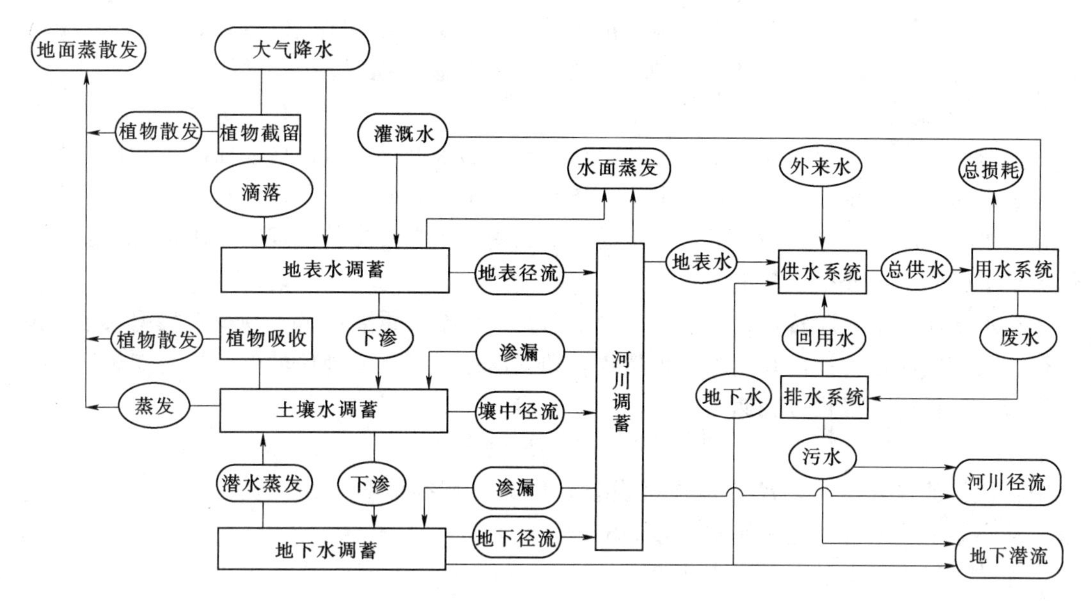

图 2.1.2 “天然-人工”水循环示意图

2.2 水循环原理

水循环是自然地理环境中最主要的物质循环，使地球上的水圈成为一个动态系统，并深刻影响着全球的气候、自然地理环境的形成和生态系统的演化。形成水循环的内因是水的物理特性，即水的三态（固、液、气）转化，它使水分的转移与交换成为可能；外因是太阳辐射和地心引力。其中，太阳辐射是水循环的原动力，它促使冰雪融化、水分蒸发、空气流动等。地心引力能保持地球的水分不向宇宙空间散逸，使凝结的水滴、冰晶得以降落到地表，并使地面和地下的水由高处向低处流动。在水循环的各个环节中，水分的运动始终遵循着物理学的质量和能量守恒定律，表现为水量平衡原理和能量平衡原理。这两大原理是水文学的理论基石，也是我们研究水问题的重要理论工具。

2.2.1 水量平衡原理

水量平衡（water balance）是指在任一时段内研究区的输入与输出水量之差等于该区域内的储水量的变化值。水量平衡研究的对象可以是全球、某区（流）域或某单元的水体（如河段、湖泊、沼泽、海洋等）。研究的时段可以是分钟、小时、日、月、年，或更长的尺度。水量平衡原理是物理学中“物质不灭定律”的一种表现形式。

2.2.1.1 全球储水量

地球的总储水量约 1.38×10^{10} 亿 m^3，其中海水约 1.34×10^{10} 亿 m^3，占全球总水量的 96.5%。余下的水量中地表水占 1.78%，地下水占 1.69%。

人类可利用的淡水量约 3.5×10^{8} 亿 m^3，主要通过海洋蒸发和水循环而产生，仅占全球总储水量的 2.53%。淡水中只有少部分分布在湖泊、河流、土壤和浅层地下水中，大部分则以冰川、永久积雪和多年冻土的形式存储。其中冰川储水量约 2.4×10^8 亿 m^3，约占世界淡水总量的69%，大部分都存储在南极和格陵兰地区。

2.2.1.2　水量变化规律

地球上的水时时刻刻都在循环运动，在相当长的水循环中，地球表面的蒸发量同返回地球表面的降水量相等，处于相对平衡状态，总水量没有太大变化。但是，对某一地区来说，水量的年际变化往往很明显，河川的丰水、枯水年常常交替出现。降水量的时空差异性导致了区域水量分布极其不均。

在水循环和水资源转化过程中，水量平衡是一个至关重要的基本规律。根据水量平衡原理，某个地区在某一段时期内，水量收入和支出差额等于该地区的储水量的变化量。一般流域水量平衡方程式可表达为

$$P-E-R=\Delta S \tag{2.2.1}$$

式中：P 为流域降水量；E 为流域蒸发量；R 为流域径流量；ΔS 为流域储水量的变化量。从多年平均来说，流域储水变量 ΔS 的值趋于零。

流域多年平均水量平衡方程式为

$$P_0=E_0+R_0 \tag{2.2.2}$$

式中：P_0、E_0、R_0 分别为多年平均降水量、蒸发量、径流量。

海洋的蒸发量大于降水量，多年平均水量平衡方程式可写为

$$P_0=E_0-R_0 \tag{2.2.3}$$

全球多年平均水量平衡公式为

$$P_0=E_0$$

据估算，全球平均每年海洋上约有 5.05×10^6 亿 m^3 的水蒸发到空中，而总降水量约为 4.58×10^6 亿 m^3，总降水量比总蒸发量少 4.7×10^5 亿 m^3，这同陆地注入海洋的总径流量相等。见表2.2.1及图2.2.1。

表2.2.1　全球水平衡表　　单位：10^6 亿 m^3

区　域	多年平均蒸发量	多年平均降水量	多年平均径流量
海　洋	5.05	4.58	−0.47
陆地外流区域	0.63	1.10	0.47
陆地内流区域	0.09	0.09	
全　球	5.77	5.77	

利用水量平衡原理，便可以改变水的时间和空间分布，化“水害”为“水利”。目前，人类活动对水循环的影响主要表现在调节径流和增加降水等方面上。通过修建水库等拦蓄洪水，可以增加枯水径流。通过跨流域调水可以平衡地区间水量分布的差异。通过植树造林等能增加入渗、调节径流、加大蒸发，在一定程度上可调节气候、增加降水。而人工降雨、人工消雹和人工消雾等活动则直接影响水汽的运移途径和降水过程，通过改变局部水循环来达到防灾抗灾的目的。当然，如果忽视了水循环的自然规律，不恰当地改变水的时间和空间分布，如大面积地排干湖泊、过度引用河水和抽取地下水等，就会造成湖泊干枯、河道断流、地下水位下降等负面影响，导致水资源枯竭，给生产和生活带来不利的后

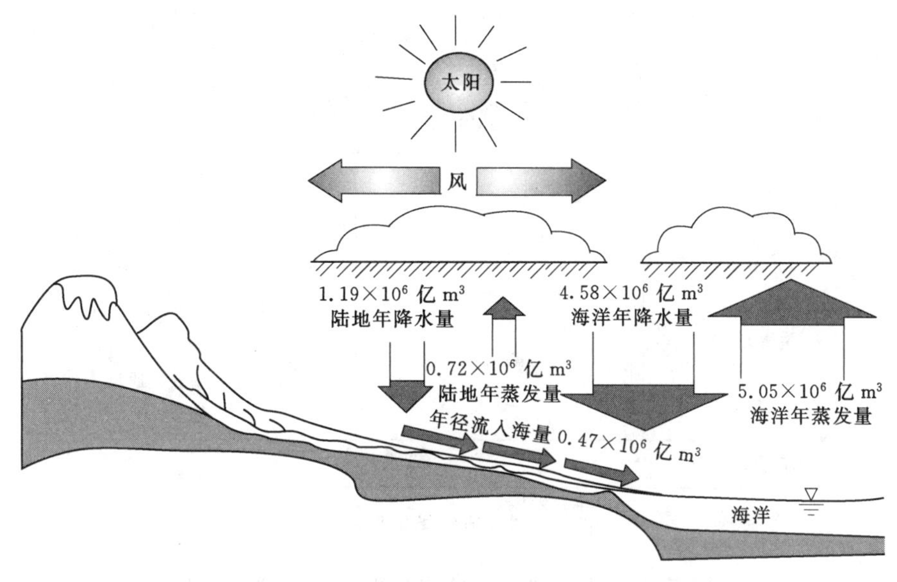

图 2.2.1　全球水平衡[5]

果。因此，了解水量平衡原理对合理利用自然界的水资源是十分重要的。

2.2.2　能量平衡原理

能量守恒定律是水循环运动所遵循的另一个基本规律，水的三态转换和运移都时刻伴随着能量转换和输送。对于水循环系统而言，它是一个开放的能量系统，与外界有着能量的输入和输出。大气传送的潜热（水汽）作为一条联系全球能量平衡的纽带，贯穿于整个水循环过程中。

2.2.2.1　地球的辐射平衡

太阳辐射是水循环的原动力，也是整个地球-大气系统的外部能源。地球的辐射平衡如图 2.2.2 所示。射入地球的太阳辐射量以 1 个单位计，其中有 30%仍以短波辐射形式被大气和地表反射回太空，余下有 19%被大气吸收，51%在地球表面被吸收。由于地球是近乎热平衡的（无长期净增热），被吸收的 70%太阳辐射最终以长波辐射形式被再度辐射回太空。在返回太空之前，这部分能量在地表与大气之间经过了复杂的再循环，这种再循环包括辐射能、感热通量（接触和对流输热）和潜热通量（水分蒸发吸热）。

2.2.2.2　热量传送

进入到地球上的太阳能除了很少一部分供植物光合作用的需要外，约有 23%消耗于海洋表面和陆地表面的蒸发上。水分不仅能从水面和陆地表层蒸发，而且也可通过植物叶面的蒸腾作用（transpiration）进入大气中。大气中的水遇冷则凝结成雨雪等，又落回地表。当水汽凝结时，这些能量又重新释放出来。对于整个地球-大气系统来说，由于纬度不同和海陆分布不同，不同地区所接受到的太阳辐射能的多少有很大差异。就全年平均情况看，大约从北纬 40°到南纬 30°是一个广大的过剩辐射区域，而两个极地周围的高纬度地区是辐射亏损区。海陆之间，在不同的季节有着不同的亏损和盈余。只有当能量从盈余

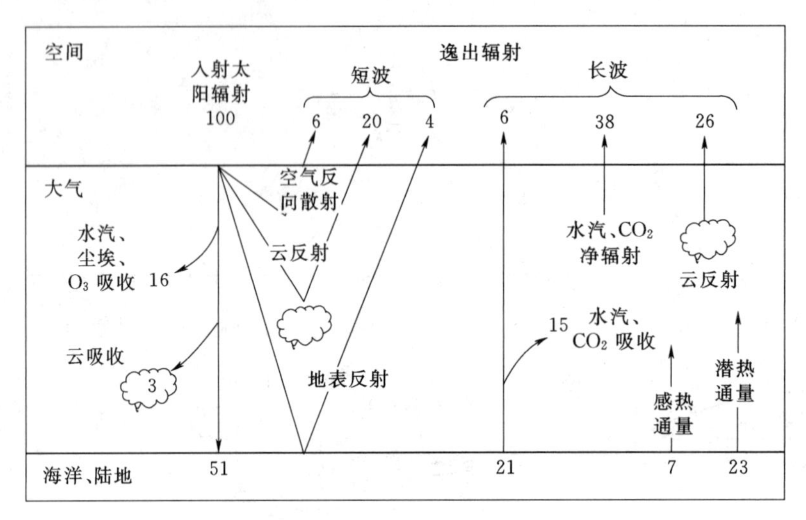

图 2.2.2 地球能量平衡[6]

的地区向亏空的地区输送后，才能达到全球的能量平衡。而这种能量输送，主要靠水循环过程来完成。水在海洋中能够形成洋流，水又能够以气液相变的形式来大量地储存和输送能量。根据计算，在低纬度地区洋流的经向输送作用比较强，而在副热带高压靠极地一侧的潜热向极地输送作用很强，在这里大气向极地的热量输送达到最大。这种能量输送保持了全球的能量平衡，它使得辐射的亏空区不至于太冷，辐射的过剩区不至于太热，为生物提供了一种适宜的生存环境。

长期以来，在水循环这个开放的自然系统中，达到了能量与物质的转换和输送的动态平衡，以保证整个系统的平均活动的均衡性，保持了地球上生物生存环境的长期稳定。

2.2.2.3 地表能量平衡一般方程

根据能量守恒原理，地表能量的收支平衡关系如下：

$$R_n + A_e = LE + H + G + P_o + A_d \tag{2.2.4}$$

式中：R_n 为净辐射，其值为到达地面的总辐射（包括短波辐射和长波辐射）减去返回大气的辐射；LE 为潜热通量，其中 L 代表汽化潜热（2.45MJ/kg），E 为被蒸发水量；H 为显热通量，代表与大气的显热交换；G 为地中热传导，代表通过地表物质的热量传输；P_o 为植物生化过程的能量转换，其中植物光合作用的能量吸收约占净辐射的 2%；A_e 为人工热辐射量（燃料等消耗对地表产生的能量释放）；A_d 为移流项（因空气或水的水平流动引起的能量净损失）。

2.2.2.4 土壤-植被-大气界面的水热传输

地表与大气之间的水热传输，即土壤-植被-大气传输（soil - vegetation - atmosphere transfer，SVAT）问题是陆面过程研究的重点之一。SVAT 由最初的只考虑地面与大气之间的传输问题，发展到目前含有多个植被层的物理-化学-生物联合模式，并对水平方向的不均匀性进行了考虑。SVAT 按其对植被冠层的处理可分为单层模型、双层模型和多层模型。现行的对土壤-植被-大气连续体内水分交换的估计，主要基于能量平衡方程，即利用波纹比能量平衡法。

能量平衡方程可表示为

$$R_n = LE + H + G \tag{2.2.5}$$

式中：R_n 为系统的净辐射；LE 为潜热通量；H 为显热通量；G 为界面的热传导通量。

土壤-植被-大气之间的水分交换过程十分复杂，但大致可分为土壤-植被-大气界面水分输送过程、土壤内部水分输送过程、大气内部水分输送过程三部分。对应于单层模式、双层模式、多层模式，需要对不同分层列出该层对应的能量平衡方程，并分别计算其中的每一项。而其中关于冠层内潜热通量的计算，需要进行植被叶面蒸腾量的计算，而蒸腾量的计算应考虑不同的生物物理化学过程，选择不同的计算方法。

2.3 水循环研究进展

水循环深刻地影响着全球水资源系统和生态系统的结构和演变，影响自然界中一系列的物理过程、化学过程和生物过程，影响人类社会的发展和生产活动。自然环境和社会环境的变化反过来又影响水循环。水循环研究旨在提出精确评估水循环、水资源、水环境对全球变化和人类活动的响应模式，为国家的水资源管理、环境战略和区域开发提供理论决策依据。

2.3.1 水循环国际研究计划

近些年来，涉及水循环的一系列全球性研究计划相继提出，如世界气候计划、环球大气计划、国际地球物理年、国际水文计划、国际生态计划、国际岩石圈计划、人与生物圈计划、全球环境变化的人文科学研究计划（HDP）、国际地圈与生物圈计划、国际减灾十年等。各种计划的交叉与联系，更加丰富了“人与水”关系的研究内容，促进人们对人地关系、人水关系的理解。下面仅介绍与水循环研究关系密切的两个大型国际计划。

2.3.1.1 IGBP的“水循环的生物圈方面”核心计划（BAHC）

全球变化是当今地球科学研究的热点和难题，而水循环在地圈-生物圈-大气圈的相互作用中占有显著地位。1994年后，国际地圈生物圈计划（IGBP）开始了它的核心项目“水循环的生物圈方面”（即 biospheric aspects of the hydrological cycle，BAHC）研究工作，这是一项专门侧重水文学与地圈、生物圈和全球变化的交互作用研究。不仅具有重大的科学意义，而且对经济社会可持续发展、资源可持续利用和环境保护方面有重要的应用价值。

BAHC探索的主要问题是：植被如何作用于水循环的物理过程？具体而言，它研究水循环的生物控制和它们在气候、水文和环境方面的重要性；改进人们对水、碳和能量在土壤-植被-大气界面交换的认识；评价那些由于气候和其他变化而导致的陆面性质的改变，这些变化又影响不同尺度生物圈、大气圈、水圈和地圈的交互作用；估计植物群落与淡水生态系统在陆面和大气之间碳、水、能量和其他物质中的作用；改进模拟不同尺度（从微观到1～50km）过程的能力；研制易理解和简化的生态水文模型；提供改进的参数估计技术，使它能在世界范围内应用和利用生态系统土壤和遥感的各种数据库信息；模拟气候变化及影响等。

进入21世纪，水资源短缺已成为影响国家粮食安全、社会稳定的重要因素。全球碳循环、水循环、食物纤维成为IGBP 3个关键联合项目。水成为联系上（全球变化）下（生物圈）的核心纽带，而这恰恰是BAHC的主要研究任务。根据21世纪IGBP发展方向，BAHC也相应地进行了调整，主要有以下10个具体任务：①小尺度水、热、CO_2通量研究；②地下水过程作用的评价；③地-气相互作用的参数化；④区域尺度上的土地利用与气候的相互作用；⑤全球尺度植被与气候的相互作用；⑥气候变化和人类活动对流域系统稳定与传输的影响；⑦山区水文与生态；⑧开发全球数据库；⑨设计、优选和实施综合的陆地系统实验；⑩发展与风险/脆弱性的情景分析。

2.3.1.2　WCRP的“全球能量与水循环实验”计划（GEWEX）

1990年以后，世界气候研究计划（WCRP）开展了“全球能量与水循环实验”计划（GEWEX）。这是与BAHC计划相对应的国际研究计划，WCRP与IGBP都是在20世纪90年代兴起的具有前沿性的水循环研究。与BAHC不同，GEWEX是大尺度的，从全球气候的角度出发研究水循环。BAHC则更多的是从生态学的角度来研究水循环。因此，两个计划并不相悖，可以形成互补。GEWEX研究经历了从1991—1993年的准备阶段，于1994年开始实施研究活动，其主要内容是GEWEX的大尺度水文研究，总的项目名称为“GCIP”，即GEWEX大陆尺度国际研究。

GEWEX研究计划中的陆地水循环观测是核心问题。该计划主要致力于以下活动：改进物理过程的参数化方案，进行陆面过程、云、边界层的研究。水循环研究的基本内容是陆地水资源的收支问题，研究动向包括两个方面：一是研究和定量描述各种物理、化学和生物成分与过程在广泛的时间和空间尺度上的相互作用；二是研究人类对陆地水循环的影响作用，可分为：①人类活动对水循环系统的改变，包括水系的改变和干扰，如大坝的建造、重大水利工程和土地利用；②人类活动对土地覆盖的改变，并由此所引起的气候变化和下垫面因素的改变。

2.3.2　水循环国际研究进展

近年来，通过一系列国际研究计划的实施，使水循环研究取得了很大进展。

2.3.2.1　中小尺度水循环研究

研究范围一般小于200km^2，主要研究水、热通量从大气进入不同植物、积雪场、土壤和水体后的迁移机理；研究不同植物、积雪场、土壤和水体的蒸发、蒸腾机理。在全球范围内了解各种土壤、植被和积雪冰川对水的传输机理。从植被的小范围水循环研究发展到大气环流模式网格单元时空尺度上的土壤-植被-大气系统中能量和水的通用模式（SVAT）研究。

具有代表性的研究成果是农业水循环模拟模型[7]，它是一个多用途的具有物理概念的确定性模型。ACRU计算时间步长为天，空间上把土壤分为多层，进行水量平衡计算。模型模拟的单个内部状态变量（如土壤湿度）及最终结果输出（如径流量或沉积物产量）已经在非洲、欧洲和美洲的不同土地利用状态下的实验场所和流域得到广泛证实。在南非具有混合土地利用性质的Lions河流域（面积为362km^2），用ACRU模型模拟的1979—1993年的流量值与观测值相比，不仅看上去时间趋势明显吻合，而且在10年中的最湿润年份和最干旱年份的累积径流量和每月径流量也模拟得很好[8]。

2.3.2.2　中尺度水循环研究

研究范围为200～2000km^2，主要利用遥感技术研究植被-水的可利用性-蒸散发-气候之间的关系，观测气象和气候的变化，比较研究区域气候差异。利用大气环流模式研究水循环对下垫面变化的响应，修正大气环流模式，预测区域环境变化、区域开发对水循环的影响。

目前的观测研究表明，在200～2000km^{2}尺度上地表的非均一性能形成强烈的大气对流。Vidale等（1997）[9]通过观测数据证实了这一点。气候模型的模拟也表明，在200～2000km^{2}区域尺度上，地表扰动对温度、降水和其他气候要素有重要的作用。Bonan等(1992)[10]、Polcher和Laval（1994）[11]、Lean和Rowntree（1997）[12]等模拟研究了森林砍伐的影响，Nicholson（1998）[13]模拟研究了沙漠化的影响，Chase等（2000）[14]模拟了土地利用变化的影响。东南亚是全球尺度的敏感地区，这里地表覆盖的变化对全球尺度的影响比南美地区要大。区域尺度上植被叶面的季节性变化对全球尺度的温度和降水特别是在高纬度地区影响很大。其他地区大尺度的土地利用变化（例如砍伐森林）对全球变化没有明显的影响，高纬度地区的温度与赤道的降水存在遥相关，这个结果令人惊讶。Zhao等（1999）使用不同的土地利用格局和不同的气候模型重复了这组实验，结果支持了上述结论。Beljaars等（1996）使用ECMWF预报模式研究了地表的敏感性。地面蒸发的改变，将引起降水的改变。Xue等（1999）的研究发现，陆地表面参数的变化对亚洲季风的形成、演化和强度有重要影响。Eastman等（1999）、Lu等（1999）研究了大气圈和陆面过程之间（年以上）长时间尺度的反馈。在这个尺度上，美国中心草原的暴雨明显受植被变化的影响，反过来，降水又影响了植被的生长。模拟表明，如果这一地区CO_2加倍，气候将有显著改变。Pielke等（1998）[15]研究了美国南Florida七八月份降水和温度的变化明显受土地利用变化的影响。1900—1973年南Florida土地利用发生了明显的变化。模拟研究表明，在这种变化格局下，温度和降水确实受到影响，极端最高温度上升。实际上，这一地区的土地利用变化不是温度和降水变化的唯一动力，但它是最主要的动力，并且在这个尺度上足以驱动天气变化。因此，区域尺度的扰动能导致大陆尺度气候的变化，敏感地区区域尺度的土地利用变化，能导致地缘上不相邻的大气圈遥相关地区的气候变化。

2.3.2.3　大尺度水循环研究

主要关注大气圈—水圈—生物圈—冰雪圈—岩石圈—社会圈的水循环的综合影响问题，其重点是陆面与气候相互作用、水文学过程与生物圈过程的气候强迫、陆面反馈机理的研究以及水文尺度问题。大尺度水循环研究利用GCMs、遥感技术、世界气象观测网来研究水循环状况，预测水循环变化趋势；模拟全球水循环及其对大气、海洋和陆面的影响；利用可观测到的大气与陆面特征的全球观测值确定水量循环和能量循环。

与传统的由微观向宏观的途径相反，大尺度水循环研究采取从宏观到微观的方法，把大流域分成若干子流域，子流域根据需要可以进一步细分。子流域水循环过程的描述可以采用基于统计特性的概念性模型，不必追求物理模型。如果统计描述合理，概念模型比物理模型具有更大的应用空间尺度范围。

Otterman 等（1984）[16]研究了在植被和大气反馈下地球轨道驱动力对气候的作用。Foley 等（1994）[17]研究表明，气候对土地覆盖变化的响应，与雪盖-森林植被的反照率的反馈有关。De Noblet 等（1996）[18]的研究表明，植被-雪-反照率反馈机制对北半球变冷作用明显。Jolly 等（1998）[19]、Hoelzmann 等（1998）[20]研究表明，全新世中期北非比现在更绿。Kutzbach 等（1996）[21]、Broström 等（1998）[22]发现了北非地区植被与降水之间存在弱的正反馈。Claussen and Gayler（1997）[23]发现了一个强的正反馈使西 Sahara 和部分东 Sahara 地区几乎全部变绿。这个正反馈是由于 Sahara 沙漠的高反照率与大气环流的相互作用引起的。他们在诸如水汽辐合、对流降水等大气水文学方面扩充了 Charney 理论。Clussen 等（1999）[24]使用大气-海洋-植被耦合模型研究了北非的沙漠化问题。模拟表明，地球轨道驱动力触发了 Sahara 气候的快速变化。他们的研究表明，非洲湿期的结束不仅是由于这个地区的大气植被反馈，而且也与南欧地区大尺度温度反差有关，这个温度反差引起了北部高纬地区植被的变化。

瑞典开发的亚流域统计模型（HBV）已经成功地应用于全球 40 多个国家的 1～144000km^2 的尺度范围。这个水文模型包括积雪和融雪、土壤湿度、存储路径、径流响应和蒸发蒸腾的描述，模拟的径流与观测到的径流非常吻合。

长期以来，各国在区域开发、土地利用、土地覆盖、流域管理、环境保护等方面开展了大量的研究与实践，而这些研究与实践的科学前沿问题是水循环与人类社会的相互作用。以南非为例，土地利用与气候变化的关系，在水循环研究方面有 8 个科学问题：①水循环的波动被气候波动放大；②水循环对土地利用的响应是高度敏感的；③水循环对局地尺度上土地利用的突然变化比对区域尺度上土地利用的缓慢变化更敏感；④频繁的土地利用变化已经加剧了不稳定流状态；⑤详细的空间信息在评价水文对土地利用的反应方面是至关重要的；⑥水循环系统的各种要素对气候变化的响应差别很大；⑦对发展中国家来说，季节间的气候变化比十年尺度更重要；⑧对区域来说，存在水循环敏感的地区。

2.3.3 水循环国内研究进展

近年来，我国水文科学研究取得了很大的发展，但与国际前沿相比在不同尺度水循环及其界面过程方面的研究仍较为薄弱。

2.3.3.1 水循环要素研究进展

降水研究进展：①在暴雨时空分布统计特征研究方面出现一些有价值的新成果，如“中国降水与暴雨季节变化”[25]；②关于致洪暴雨中期预报研究取得了新的进展并在实际应用中取得一定成效[26]。

径流研究进展：在流域产流的理论和计算方法研究中，由于水向土壤中入渗的研究取得了新成果[27]，推动了超渗产流机制和模型的研究。在汇流方面的研究进展主要表现在两个方面：①将水力学方法和水文学方法相结合的河道汇流研究取得显著进展[28]；②数值地貌学的理论和方法被应用于流域汇流研究，并取得一定成果。

蒸发研究进展：近年来关于作物蒸腾和土壤与潜水蒸发的研究取得了较大进展，提出了一些植物蒸腾计算新公式[29]和土壤蒸发计算新公式[30]。

2.3.3.2 水循环过程研究进展

土壤-植被-大气界面水分输移过程（SVAT）的研究进展：水循环界面过程是一个近年来研究的前沿和热点。代表性研究成果有“土壤-植被-大气系统水分运移界面过程研究”[31]、“土-根界面行为对单根吸水的影响研究”[32]、“土壤水势-植物叶面水势-蒸腾速率关系研究”[33]等。

水循环大气过程的研究进展：在中国大陆尺度和流域与区域尺度水循环大气过程研究方面，做了系统研究，对区域水分内循环过程的研究也取得了重要成果，揭示出在我国自然条件下，当地蒸发的水分通过再循环形成的降水约占当地总降水量的10%等事实[34]。

参考文献

[1] 陈家琦. 现代水文学发展的新阶段——水资源水文学 [J]. 自然资源学报，1986，1 (2)：46-53.

[2] 王浩，秦大庸，王建华. 流域水资源规划的系统观与方法论 [J]. 水利学报，2002，8：1-6.

[3] 张杰. 我国水环境恢复与水环境学科 [J]. 北京工业大学学报，2002 (2)：178-183.

[4] 丁婧祎，赵文武，房学宁. 社会水文学研究进展 [J]. 应用生态学报，2015，26 (4)：1055-1063.

[5] John Mbugua，Erik Nissen-Petersen. Rain water：an under-utilized resource [M]. Nairobi，Kenya：Swedish International Development Authority，1995.

[6] Maidment D R. 水文学手册 [M]. 张建云，李纪生，等，译. 北京：科学出版社，2002.

[7] Schulze R E. Hydrology and agrohydrology：A text to accompany the ACRU 3.00 agrohydrological modelling system [Z]. Water Research Commission，1995.

[8] Schulze R E. South African Atlas of Agrohydrology and Climatology：Contribution Towards a Final Report to the Water Research Commission on Project 492：Modelling Impacts of the Agricultural Environment on Water Resources：TT82-96 [R]. Water Research Commission，1997.

[9] Vidale P L，Pielke Sr R A，Steyaert L T，et al. Case study modeling of turbulent and mesoscale fluxes over the BOREAS region [J]. Journal of Geophysical Research：Atmospheres，1997，102 (D24)：29167-29188.

[10] Bonan G B，Pollard D，Thompson S L. Effects of boreal forest vegetation on global climate [J]. Nature，1992，359 (6397)：716.

[11] Polcher J，Laval K. The impact of African and Amazonian deforestation on tropical climate [J]. Journal of Hydrology，1994，155 (3-4)：389-405.

[12] Lean J，Rowntree P. Understanding the sensitivity of a GCM simulation of Amazonian deforestation to the specification of vegetation and soil characteristics [J]. Journal of Climate，1997，10 (6)：1216-1235.

[13] Nicholson S E，Tucker C J，Ba M. Desertification，drought，and surface vegetation：An example from the West African Sahel [J]. Bulletin of the American Meteorological Society，1998，79 (5)：815-830.

[14] Chase T N，Pielke Sr R，Kittel T，et al. Simulated impacts of historical land cover changes on global climate in northern winter [J]. Climate Dynamics，2000，16 (2-3)：93-105.

[15] Pielke R A，Avissar R，Raupach M，et al. Interactions between the atmosphere and terrestrial ecosystems：influence on weather and climate [J]. Global Change Biology，1998，4 (5)：461-475.

[16] J. Otterman. Atmospheric effects on radiometry from zenith of a plane with dark vertical protrusions

[J]. International Journal of Remote Sensing, 1984, 5 (6).
[17] Foley J A, Kutzbach J E, Coe M T, et al. Feedbacks between climate and boreal forests during the Holocene epoch [J]. Nature, 1994, 371 (6492): 52.
[18] De Noblet N I, Prentice I C, Joussaume S, et al. Possible role of atmosphere - biosphere interactions in triggering the Last Glaciation [J]. Geophysical Research Letters, 1996, 23 (22): 3191 - 3194.
[19] Jolly D, Harrison S, Damnati B, et al. Simulated climate and biomes of Africa during the Late Quaternary: Comparison with pollen and lake status data [J]. Quaternary Science Reviews, 1998, 17 (6 - 7): 629 - 657.
[20] Hoelzmann P, Jolly D, Harrison S, et al. Mid - Holocene land - surface conditions in northern Africa and the Arabian Peninsula: A data set for the analysis of biogeophysical feedbacks in the climate system [J]. Global Biogeochemical Cycles, 1998, 12 (1): 35 - 51.
[21] Kutzbach J, Bonan G, Foley J, et al. Vegetation and soil feedbacks on the response of the African monsoon to orbital forcing in the early to middle Holocene [J]. Nature, 1996, 384 (6610): 623.
[22] Broström A, Coe M, Harrison S, et al. Land surface feedbacks and palaeomonsoons in northern Africa [J]. Geophysical Research Letters, 1998, 25 (19): 3615 - 3618.
[23] Claussen M, Gayler V. The greening of the Sahara during the mid - Holocene: results of an interactive atmosphere - biome model [J]. Global Ecology and Biogeography Letters, 1997, 369 - 377.
[24] Claussen M, Kubatzki C, Brovkin V, et al. Simulation of an abrupt change in Saharan vegetation in the mid - Holocene [J]. Geophysical Research Letters, 1999, 26 (14): 2037 - 2040.
[25] 王家祁，顾文燕，姚惠明. 中国降水与暴雨的季节变化 [J]. 水科学进展，1997 (2): 12 - 20.
[26] 章淹. 致洪暴雨中期预报进展 [J]. 水科学进展，1995 (2): 162 - 168.
[27] 唐海行，苏逸深，刘炳敖. 土壤包气带中气体对入渗水流运动影响的实验研究 [J]. 水科学进展，1995 (4): 263 - 269.
[28] 谭维炎，胡四一，王银堂，等. 长江中游洞庭湖防洪系统水流模拟——Ⅰ. 建模思路和基本算法 [J]. 水科学进展，1996 (4): 57 - 66.
[29] 谢贤群，吴凯. 麦田蒸腾需水量的计算模式 [J]. 地理学报，1997 (6): 50 - 57.
[30] 罗毅，雷志栋，杨诗秀. 潜在腾发量的季节性变化趋势及概率分布特性研究 [J]. 水科学进展，1997 (4): 9 - 13.
[31] 刘昌明，于泸宁. 土壤-作物-大气系统水分运行实验研究 [M]. 北京：气象出版社，1997.
[32] 黄明斌，康绍忠. 土-根界面行为对单根吸水的影响 [J]. 水利学报，1997 (7): 32 - 37.
[33] 黄明斌，邵明安. 不同有效土壤水势下植物叶水势与蒸腾速率的关系 [J]. 水利学报，1996 (3): 1 - 6.
[34] 刘国纬，汪静萍. 中国陆地-大气系统水分循环研究 [J]. 水科学进展，1997 (2): 3 - 11.

第3章　水文确定性理论

水文确定性是相对“不确定性”而言的，涉及的是水文过程中的“必然性”，或者是普遍的物理规律。它是水文学发展的理论基础，贯穿于水文过程的每个环节，是各种水文现象产生的本质原因。本章将从降水、蒸发、下渗、土壤水、地下水等过程，以及产汇流机制，探索这些水文现象中所蕴含的确定性物理规律及其描述方法。

3.1　降水与蒸散发

3.1.1　降水

降水（precipitation）是自大气云层落下的液体或固体水的总称，包括雨（rain）、雪（snow）、露（dew）、霜（frost）、霰（sleet）、雹（hail）及冰雨（glaze）等，其中以降雨和降雪为主。降水是水文学和气象学共同研究的对象。降水的形成包含许多物理过程，是水循环的起源。

3.1.1.1　降水的特征

通常描述降水特征的量有降水量、降水历时、降水强度、降水面积及暴雨中心等。降水量指时段内降落在单位面积上的总水量，用 mm 深度表示。根据时段可分为日降水量、月降水量和年降水量等。降水持续的时间称为降水历时，单位为 min、h 或 d。降水强度为单位时间的降水量，以 mm/min 或 mm/h 计。降水笼罩的平面面积为降水面积，以 km^2 计。暴雨集中的较小的局部地区，称为暴雨中心。表 3.1.1 为降水量强度分级。

表 3.1.1　降水量强度分级

等级	12h 降水总量/mm	24h 降水总量/mm	等级	12h 降水总量/mm	24h 降水总量/mm
小雨	0.0～5.0	0.0～10.0	暴雨	30.1～70.0	50.1～100.0
中雨	5.1～15.0	10.1～25.0	大暴雨	70.1～140.0	100.1～200.0
大雨	15.1～30.0	25.1～50.0	特大暴雨	>140.0	>200.0

3.1.1.2　降水的形成

降水的物理成因是空气中的水汽含量达到或超过饱和湿度（在一定温度下空气最大的水汽含量），多余的水汽就会发生凝结，凝结的云滴不断合并，增大到不能被气流顶托时，便在重力作用下降落到地面。

形成降水的必要条件是水汽和冷却凝结。空气的垂直上升运动是促使水汽冷却凝结的主要条件。干空气或未饱和湿空气在绝热（即与外界无热量交换的状态下）上升过程中，每上升100m温度约降低1℃，此为干绝热直减率。饱和湿空气在绝热上升过程中的降温率为湿绝热直减率。如果地面有团湿热未饱和空气，在某种外力作用下上升，上升过程中随高度升高，气压降低，这团空气的体积膨胀，在绝热条件下体积膨胀导致气团的温度降低。当气团上升一定高度时，温度降到露点温度，此时气团达到饱和状态，之后继续上升就会过饱和而发生凝结形成雨滴，雨滴合并增大到一定程度后，在重力作用下降落到地面形成降水。

3.1.1.3　降水的分类

按气流对流运动对降雨的影响，可将降雨分为气旋雨、地形雨、对流雨、台风雨4种类型。

1. 气旋雨

随着气旋或低压过境而产生的降雨，称为气旋雨，它是我国各季降雨的重要天气系统之一。气旋雨可分为非锋面雨和锋面雨两种。非锋面气旋雨是气流向低压辐合而引起气流上升所致，锋面气旋雨是由锋面上气旋波所产生的。气旋波是低层大气中的一种锋面波动。气旋波发生在温带地区，所以叫温带气旋波。气旋波发展到一定的深度时就会形成气旋。江淮气旋就是发生在江淮流域及湘赣地区的锋面气旋，在春夏两季出现较多，特别在梅雨期间的六七月份更为活跃，是造成江淮地区暴雨的重要天气系统之一。

我国大部分地区是温带，属南北气流交汇地区，气旋雨极为发达。各地气旋雨所占比率都在60%以上，华中和华北超过80%，即使西北内陆也达70%。我国境内的气旋多发生在高原以东地区。在北方形成的有蒙古气旋、东北低压和黄河气旋。我国气旋生成之后，一般向东北方向移动出海，有名的江南梅雨，就是六七月间的极地气团和热带海洋气团交汇于江南地区所造成的。

2. 地形雨

当潮湿的气团前进时，遇到高山阻挡，气流被迫缓慢上升，引起绝热降温，发生凝结，这样形成的降雨，称为地形雨。地形雨多降在迎风面的山坡上，背风坡面则因空气下沉引起绝热增温，反使云量消减，降雨减少。地形雨常随着地形高度增高而增加。地形雨如不与对流雨或气旋雨结合，雨势一般不会很强。

3. 对流雨

当地面受热，接近地面的空气气温增高，密度变小，于是发生对流。如果空气潮湿，上升的气流便会产生大雨或伴有雷电，称为对流雨。对流雨多发生在夏季，范围发展很快，持续时间较短，占年降水量的比例也不大。

4. 台风雨

台风雨是热带海洋上的风暴带来的降雨。这种风暴是由异常强大的海洋湿热气团组成的，台风经过之处暴雨狂泻，一次可达数百毫米，有时可达1000mm以上，极易造成灾害。

3.1.1.4　降水的观测

降水的测定可以通过雨量器、雷达测雨和卫星测雨。雨量器观测的是点降水数据，雷达测雨和卫星测雨可以提供面降水数据。

1. 雨量器

雨量器有两种类型：自记雨量器和非自记雨量器。

自记雨量器是观测降雨过程的自记仪器，能够自动记录累计降水量，时间分辨率可以达到1min以下。自记雨量器有3种主要类型：称重式、浮筒式（虹吸式）和翻斗式。自记雨量器的记录系统可以将机械记录装置的运动转变为电信号，通过有线或无线方式传到接收器，实现遥测功能。

在实际应用中，需要基于雨量器的实测点雨量来估算流域的面雨量。通常采用的方法有算术平均法、等值线法、泰森（Thiessen）多边形法等。

2. 雷达测雨

气象雷达利用云、雨、雪等对无线电波的反射现象来发现目标。根据雷达探测到的降水回波位置、运动方向、移动速度和变化趋势等信息，即可预报出探测范围内的降水大小、强度与起止时间。雷达测雨特点是覆盖面广，并具有高时空分辨能力。雷达能提供时段小至5min和空间分辨率小至1km^{2}的雨量估测值。单独一台雷达的有效范围为40～200km。

3. 卫星测雨

应用卫星监测降水已经实施了多个计划，比如，1997年实施的“全球降水气候学计划（GPCP）”和1997—2015年实施的“热带雨量测定任务（TRMM）”。卫星系统是监测与全球气候变化相关的降水长期趋势的主要信息来源。

气象卫星按运行轨道分为极轨卫星和地球静止卫星。目前，地球静止卫星可发回可见光云图和红外云图。可见光云图的亮度反映云的反照率。红外云图能反映云顶的温度和高度，云层的温度越高，云层的高度越低，发出的红外辐射越强。低亮度低温度意味着高的云顶，从而意味着厚的云层和高的降水概率。高亮度高温度意味着云顶低或无云，降水概率小。由红外成像估测雨量的困难在于雨量是由云的特性来推断的，而云的特性如云顶高度与雨量的直接物理关系还未被建立。

被GPCP采用的一种由卫星红外云图估算雨量的标准程序是温度阈限法[1]。该法用于估算一个经纬度为2.5°的网格系统的月雨量，给定网格单元的雨量按式（3.1.1）计算：

$$R=3FH \tag{3.1.1}$$

式中：R为雨量，mm；F为网格单元云顶温度低于235K（－38℃）的相对面积；H为观测小时数。

3.1.1.5　降雨的统计模型

降雨的统计模型可以分为：①空间模型，表示特定时段累计雨量的空间变化；②时间模型，表示点雨量随时间的累计；③时-空模型，同时表示空间与时间变化。

1. 空间模型

降雨的空间模型用于表示暴雨总量的空间分布。它有两种常用模型：①高斯随机场模型；②聚类模型。模型的应用包括降水频率分析和降水传感器分布设计。

2. 时间模型

降雨的时间模型分为两种：①离散模型，具有固定长度的时段，如小时（h）、天

(d)。马尔可夫(Markov)链及其推广应用在其中起到重要的作用;②连续模型,两次降雨之间的时间间隔并不限定落在离散的时段中。泊松(Poisson)过程及其推广应用在其中起到重要的作用。

3. 时-空模型

降雨的时-空模型是由聚类模型结构[2]演变而来的。在该结构中,模型的降雨是由一些在较大的雨带中并各有其生命周期和路径的单场雨构成。另外,还有一些包含动力气象变量的雨量统计模型。

在一定时空尺度范围内降水的代表性是降水模拟中的一个重要问题。目前,降雨的统计结构并未认识清楚,尚不能研制出空间面积小(如 $1km^2$)、历时短(如 5min)的降雨统计模型,也不能在此基础上推广到更大的时空尺度(如 $100km^2$ 面积上、1d 历时)。探讨时空模型的相关关系与其形成的物理机制及数学描述方法,是当前降水研究中面临的一个巨大挑战。

3.1.2 蒸散发

蒸散发(evapotranspiration)包括蒸发(evaporation)和散发(transpiration)。蒸发是水由液态或固态转化为气态的过程。散发(或蒸腾)是水分经由植物的茎叶散逸到大气中的过程。根据蒸发面的不同,可分为水面蒸发、土壤蒸发和植物散发。通常将土壤蒸发和植物散发合称为陆面蒸发。在一个流域内,一般包括水面、土壤和植被等,发生在流域整体上的总蒸发称为流域总蒸发,或者流域蒸散发。

全球平均年蒸发量在 1000mm 左右,陆地表面的蒸散发量约是降水量的 60%~65%,径流量占降水量的 35%~40%[3]。蒸散发既是地表热量平衡的组成部分,又是水量平衡的组成部分,是水文学、气象学和生态学等共同关注的重要对象。

3.1.2.1 蒸散发的物理过程

(1)水面蒸发的物理过程。水面蒸发是指自然状态下,水分转化为气态逸出自由水面的过程。由物理学可知,水分子时刻都在不停运动着,当水面的某些水分子具有的动能大于水分子之间的内聚力时,就能够挣脱水面的束缚变成水汽,这便是蒸发现象。因此,水面温度越高,水分子动能越大,逸出水面的水分子就越多。同时,空气中的水分子在做无规则运动时,一些水分子撞击到水面,部分被弹回,部分被水面捕获重新变为液态分子,这便是凝结现象。被水面捕获的水分子与邻近水面的水汽压力成正比。蒸发与凝结同时进行,逸出水面的水分子量与水面捕获的水分子量之差值,即是实际的蒸发量。

自然状态下,由于蒸发作用,水面附近空气中的水汽含量较多,水汽压也较大,饱和差小,一旦水汽含量达到饱和时蒸发就会停止。蒸发的持续进行需要空气的对流和紊动作用,特别是大气湍流,水分子随风飘离,使水面上空的水汽含量变小,有利于蒸发进行。因此,在自然条件下,气象条件是影响水面蒸发的决定因素。其中,气温越高,水汽压的饱和差越大,风速越大,水面蒸发就越强烈。另外,水面状况和水体水质对水面蒸发也有一定影响作用。

(2)土壤蒸发的物理过程。土壤蒸发是土壤中的水分以水汽的形式逸入大气的现象。土壤是一种有孔的介质,具有吸收、保持和输送水分的能力。受土壤水分运动的影响,土壤蒸发较水面蒸发复杂。

土壤蒸发过程大体上可划分为3个阶段（图3.1.1）。第一阶段，土壤十分湿润，存在自由的重力水，且土层中的毛细管上下沟通，水分供给充足，接近或超过饱和含水量（$W_{饱}$）。此时，土壤蒸发主要发生在表层，蒸发速度也相对稳定，主要受气象条件的影响，蒸发量E近似于相同气象条件下的蒸发能力EM。由于蒸发，土壤水分不断亏耗，当土壤含水量减少到田间持水量（$W_{田}$）以下时，土壤中毛细管的连续状态将逐渐被破坏，土壤蒸发进入第二阶段。第二阶段，由于供给蒸发的水分逐渐减少，土壤蒸发速度开始减慢。此时，土壤蒸发不仅与气象因素有关，而且随着土壤含水量的减少而减少。土壤蒸发量与土壤含水量W成正比，即$E=\frac{W}{W_{田}}EM$。当土壤含水量减至毛细管断裂含水量（$W_{断}$）时，土壤表层形成片状干化硬壳，毛细管水完全不能到达地表时开始第三阶段。第三阶段，毛细管的输水机制完全被破坏，水分只能以薄膜水或气态水的形式向地表移动，其速度极其缓慢，蒸发微弱而大体稳定。当土壤含水量小于凋萎含水量时，土壤蒸发几乎终止，土壤已极度干旱。

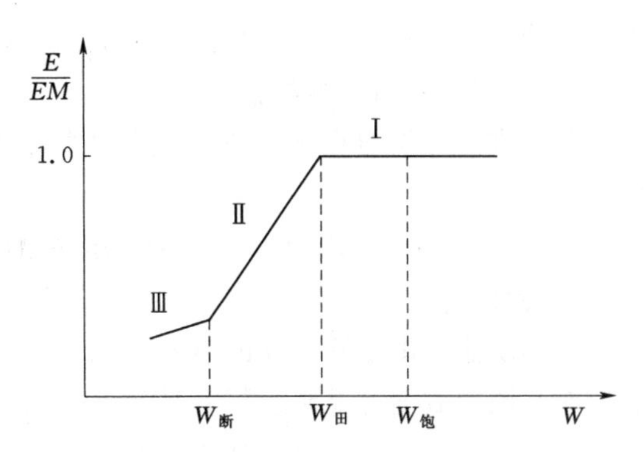

图3.1.1　土壤蒸发过程示意图

根据土壤蒸发的基本规律，可归纳出土壤蒸发的3个特点：一是当土壤含水量大于田间持水量时，土壤蒸发量主要取决于气象条件，土壤蒸发量等于土壤蒸发能力；二是当土壤含水量介于毛细管断裂含水量和田间持水量之间时，土壤蒸发既与气象条件（即土壤蒸发能力）有关，又与土壤含水量有关；三是当土壤含水量小于毛细管断裂含水量时，土壤蒸发既与土壤含水量关系不大，又与气象条件关系不大，而保持一个小而大体稳定的值。

（3）植物的散发过程。植物根系依靠渗透压（由于根细胞液与土壤水的浓度不同，而产生的渗透压差）从水中或土中吸收水分，受到根细胞生理作用产生的根压和蒸腾拉力的作用将水分输送到叶面，最后通过开放的叶面气孔逸出到大气中，这个过程称为植物的散发或蒸腾。

植物散发比水面蒸发和土壤蒸发更加复杂，是一种物理-生理过程，受土壤环境、植物生理结构和大气状况的影响。①受土壤含水量的影响。当土壤含水量较大，即供水充分时，植物散发达到或接近散发能力；随着土壤含水量的减少，即可供水量减少，植物散发也渐减；当土壤含水量减少至凋萎含水量以下时，植物散发基本停止。②受植物特性的影响。植物的种类及年龄对散发作用也有相当的影响，如阔叶植物要比针叶植物散发能力强。③受气象条件的影响。温度的影响：当气温在1.5℃以下时，植物几乎停止生长，散发极小；当气温在1.5℃以上时，植物散发随气温升高而递增的规律类同于水面蒸发；当气温超过40℃时，由于植物丧失了气孔调节功能，气孔全开，散发量大大增加。这也正是炎热夏季，植物消耗水分得不到有效补充而枯萎致死的原因。日光的影响：散射光能使散发增加30%～40%，直射光则能使散发增加好几倍。散发主要在白天进行，以中午为最大，夜间的散发小而均匀，仅为白天的10%。风的影响：风能加速植物散发，但它不直接影响散发，强风比弱风只能略微加强植物的散发作用。

3.1.2.2　蒸散发的观测与估算

（1）水面蒸发的观测与估算。确定水面蒸发量的大小，通常有两种途径：器皿法和间接估算法。

1）器皿法是用蒸发器或蒸发池直接观测水面蒸发量。水文和气象部门采用的水面蒸发器主要有：$\phi-20$型、$\phi-80$套盆式、E601型蒸发器，以及水面面积为$20m^2$和$100m^2$的大型蒸发池。由于蒸发器的蒸发面积远远小于天然水体，受热条件也显著不同。因此，蒸发皿观测的数据需要乘以折算系数K才能作为天然水体的水面蒸发值。折算系数K与蒸发器的类型、大小、自然环境、季节变化等因素有关，实际工作中，需要根据当地实测资料分析确定。

2）间接估算法是利用气象或水文观测资料间接推算蒸发量，具体方法有水汽输送法、热量平衡法、彭曼法、水量平衡法、经验公式法等。

表3.1.2　我国部分地区不同类型蒸发器K值表

地区	型式	月份												年均
		1	2	3	4	5	6	7	8	9	10	11	12	
北京（官厅）	E601				0.92	0.81	0.83	0.96	1.06	1.02	0.93			
	$\phi-80$				0.69	0.71	0.74	0.82	0.85	0.93	0.92			
	$\phi-20$				0.44	0.45	0.50	0.53	0.62	0.63	0.54			
重庆	E601	0.77	0.71	0.73	0.76	0.89	0.90	0.87	0.91	0.94	0.94	0.90	0.85	0.85
	$\phi-80$	0.70	0.62	0.53	0.53	0.62	0.60	0.58	0.66	0.73	0.83	0.89	0.83	0.68
	$\phi-20$	0.55	0.50	0.46	0.48	0.56	0.56	0.56	0.63	0.68	0.74	0.73	0.72	0.60
武汉（东湖）	E601	0.96	0.96	0.89	0.88	0.89	0.93	0.95	0.97	1.03	1.03	1.06	1.02	0.97
	$\phi-80$	0.92	0.78	0.66	0.62	0.65	0.67	0.67	0.73	0.88	0.87	1.01	1.04	0.79
	$\phi-20$	0.64	0.57	0.57	0.46	0.53	0.59	0.59	0.66	0.75	0.74	0.89	0.8	0.65
江苏（太湖）	E601	1.02	0.94	0.90	0.86	0.88	0.92	0.95	0.97	1.01	1.08	1.06	1.09	0.97
	$\phi-80$	0.93	0.75	0.71	0.66	0.66	0.70	0.73	0.77	0.88	0.81	1.06	1.08	0.82
	$\phi-20$	0.81	0.68	0.63	0.86	0.66	0.60	0.63	0.69	0.79	0.79	0.82	0.72	0.69
广州	E601	0.89	0.90	0.82	0.91	0.97	0.99	1.03	1.03	1.06	1.06	1.02	0.96	0.97
	$\phi-80$	0.72	0.70	0.60	0.61	0.62	0.68	0.68	0.72	0.76	0.81	0.81	0.78	0.71
	$\phi-20$	0.66	0.65	0.58	0.58	0.62	0.68	0.69	0.72	0.76	0.79	0.80	0.73	0.69

注　E601为面积$3000cm^2$有水圈的水面蒸发器，$\phi-80$为80cm套盆式蒸发器，$\phi-20$为20cm小型蒸发器。

（2）土壤蒸发的观测与估算。

1）器测法，即用土壤蒸发器测定时段土壤蒸发量。这类仪器很多，常用的有苏联ГГИ-500型土壤蒸发器以及大型蒸渗仪。测定的基本原理是：通过直接称重或静水浮力称重的方法测出土体重量的变化，据此计算出土壤蒸发量的变化。另外还有一种负压计，又称张力计，是利用土壤含水量与土壤水吸力的关系来测定土壤的含水量变化，从而确定土壤的蒸发量。

由于器测时土壤本身的热力条件与天然情况不同，其水分交换与实际情况差别较大，而且器测法只适用于单点土壤蒸发量的测定，对于大面积范围内的土壤蒸发量的测定，由于受到复杂的下垫面条件影响，难以严格区分土壤蒸发和植被散发，该方法受到极大的限制，多用于蒸发规律的研究。

2）间接计算法，即从土壤蒸发的物理概念出发，以水量平衡、热量平衡、紊流扩散等理论为基础，建立包含影响蒸发的一些主要因素在内的理论、半理论半经验或经验公式来估算土壤的蒸发量。

（3）植物蒸散发的观测与估算。

1）直接测定法，包括器测法、坑测法及棵枝称重法等。器测法是将植物栽种在不漏水的圆筒内，视植物的生长需要随时浇水，最后求出实验时段始末重量差以及总浇水量，即可计算出散发量。坑测法是对两个试坑进行对比观测，其中一个栽植物，另一个不栽。最后计算两者土壤含水量之差，即为散发量。棵枝称重法是通过裹在植枝上的特制收集器，直接收集植枝分泌出的水分来确定其散发量。但这些方法都不能模拟天然条件下的植物散发过程，只能用于理论研究，在实际工作中难以直接应用。

2）分析估算法，包括水量平衡法，热量平衡法以及各种散发模型（如林冠散发模型）等。其中，水量平衡法是依据水量平衡原理，在测定出研究区植被生长期始末的土壤含水量、土壤蒸发量、降雨量、径流量和渗漏量后，推算出植被生长期的散发量。

3.1.2.3 流域蒸散发的计算

流域蒸散发包括水面蒸发、土壤蒸发、植被截留水蒸发和植物散发。其计算思路有两种：一是单独计算流域内各单项蒸散发量，然后加权求和；二是对流域进行综合研究，并根据水量平衡、能量平衡、经验模式、互补相关和遥感等方法，计算流域总蒸散发。

由于下垫面的复杂性，流域蒸散发计算一般采用第二种思路，计算过程通常涉及两个重要的步骤：①潜在蒸散发的计算；②实际蒸散发的估算。

1. 潜在蒸散发的计算

（1）潜在蒸散发的定义。潜在蒸散发（Potential Evaportranspiration）也称为可能蒸散发或蒸散发能力，简而言之，是指下垫面充分供水时的蒸散发。实际上，目前关于潜在蒸散发的定义还存在很大的分歧，不同学者根据不同的假设条件，提出了具有本质差别的定义。表3.1.3给出了潜在蒸散发的几种流行的定义[4]。

以上几种“潜在蒸散发”以及实际蒸散发 E_{Ta} 之间的关系如下：

$$E_{P,v} \geqslant E_{P,p} \geqslant E_{P,pt} \geqslant E_{P,q} \geqslant E_{Ta}$$

（2）潜在蒸散发的计算。潜在蒸散发受到陆面可利用的能量、饱和差和空气温度等因素的影响，其计算可以采用经验公式法和综合理论法。

1）经验公式法，是将温度、湿度、辐射或蒸发皿资料直接与陆面的潜在蒸散发建立经验关系[5]，以此来计算潜在蒸散发。

在早期研究地区湿润状况或气候区划时，潜在蒸散发常采用积温或空气饱和水汽压差乘以经验系数的方法来获得[6]，该法又称为温度法或湿度法。其形式非常简单，但不适用于极端气候情况（如非常干燥）。

表 3.1.3 几种"潜在蒸散发"的定义

名 称	定 义	表 达 式
广义"潜在蒸散发"$E_{P,0}$	非饱和陆面水分得到充分供应时的蒸散发总量	不可确定
"无平流潜在蒸散发"$E_{P,Pt}$	无平流条件下，净辐射能量保持不变，非饱和陆面水分得到充分供应时的蒸散发总量	$E_{P,Pt}=\alpha\frac{\Delta}{\Delta+\gamma}(R_n-G)$
Penman"潜在蒸散发"$E_{P,P}$	净辐射能量和近地层大气条件保持不变，非饱和陆面水分得到充分供应时的蒸散发总量	$E_{P,P}=\frac{\Delta}{\Delta+\gamma}(R_n-G)+\frac{\gamma}{\Delta+\gamma}E_a$
Van Bavel"潜在蒸散发"$E_{P,V}$	蒸发面温度和近地层大气条件保持不变，非饱和陆面水分得到充分供应时的蒸散发总量	$E_{P,V}=f(u_z)(e_R^*-e_a)$
"平衡蒸散发"$E_{P,q}$	净辐射能量保持不变，非饱和陆面水分得到充分供应，近地层大气趋于饱和时的蒸散发总量	$E_{P,q}=\frac{\Delta}{\Delta+\gamma}(R_n-G)$

注 表中公式内各符号意义如下：α 为常数，Priestley 和 Taylor 认为 $\alpha=1.26$，大量研究表明，α 存在一定的变化幅度；Δ 为气温等于蒸发面温度时饱和水汽压-温度曲线斜率；γ 为干湿表方程中的常数；R_n 为净辐射能量；G 为土壤热通量；E_a 为干燥力，为表述空气温度、湿度、风速等近地层大气物理量对蒸散发影响的综合参数，$E_a=f(u_z)(e_a^*-e_a)$；u_z 为参考高度 z 处的风速；e_a^* 为大气温度下的饱和水汽压；e_a 为大气实际水汽压；$f(u_z)$为风速的函数；e_R^* 为蒸发面温度下的饱和水汽压。

利用气温和太阳辐射来拟合潜在蒸散发的经验公式比较多，其中比较著名的有 Makkink 公式、Jensen - Haise 公式和 Hargreaves - Samani 公式。

a. Makkink 公式（1957）[7]，需要输入的资料为辐射。

$$ET_0=a\frac{\Delta}{\Delta+\gamma}\cdot\frac{RA}{L}+b \tag{3.1.2}$$

$$L=2.50-0.0022T$$

式中：a、b 为经验参数，$a=0.61$，$b=-0.12$；ET_0 为蒸散发能力，mm；Δ 为饱和水汽压与温度关系曲线的斜率，kPa/℃；γ 为湿度计常数；RA 为太阳总辐射量，MJ/m^2；L 为汽化潜热，MJ/kg；T 为气温，℃。

饱和水汽压与温度关系曲线的斜率 Δ 的计算：

$$\Delta=\left(\frac{e_a}{T+273}\right)\left(\frac{6791}{T+273}-5.03\right) \tag{3.1.3}$$

式中：e_a 为饱和气压，kPa；T 为气温，℃。

$$e_a=0.1\exp\left(54.88-5.03\ln(T+273)-\frac{6791}{T+273}\right)$$

湿度计常数 γ 的计算：$\gamma=6.6\times10^{-4}PB$；$PB$ 为大气压力，kPa。

b. Jensen - Haise 公式（1963）[8]，需要输入的资料为辐射和气温。

$$ET_0=(aT+b)\frac{RA}{L} \tag{3.1.4}$$

式中：a、b 为经验参数，$a=0.025$，$b=0.078$；ET_0 为蒸散发能力，mm；T 为气

温，℃；RA 为太阳总辐射量，MJ/m^2；L 为汽化潜热，MJ/kg。

c. Hargreaves - Samani 公式（1985）[9]，需要输入的资料为气温。

$$ET_0=a\left(\frac{RA_{max}}{L}\right)(T+17.8)(T_{max}-T_{min})^b \tag{3.1.5}$$

式中：a、b 为经验参数，a 取值 0.0023～0.0032，b 取值 0.5～0.6；L 为汽化潜热，MJ/kg；T、T_{max}、T_{min}为日平均、最高和最低气温，℃；RA_{max}为太阳最大可能辐射量，MJ/m^2。

$$RA_{max}=30\left\{1.0+0.0335\sin\left[\frac{2\pi}{365}(t_j+88.2)\right]\left[XT\sin\left(\frac{2\pi}{360}LAT\right)\sin(SD)+\cos\left(\frac{2\pi}{360}LAT\right)\cos(SD)\sin(XT)\right]\right\} \tag{3.1.6}$$

式中：LAT 为计算点的纬度，(°)；t_j 为公历天数。

$$XT=\cos^{-1}\left[-\tan\left(\frac{2\pi}{360}LAT\right)\tan(SD)\right]；0\leqslant XT\leqslant\pi \tag{3.1.7}$$

$$SD=0.4102\sin\left[\frac{2\pi}{365}(t_j-80.25)\right] \tag{3.1.8}$$

$T_{max}-T_{min}$可以近似表征地表可用辐射能量的大小，同时又是饱和水汽压差大小的衡量指标。晴天时 $T_{max}-T_{min}$ 较大，而阴天则相对较小。因此，Hargreaves - Samani 公式具有一定的物理基础，长期以来得到了广泛的应用。

此外，还可以用蒸发皿资料来估算潜在蒸散发，建立简单的正比关系等。由于蒸发皿的蒸发机制与陆面蒸散发或水面蒸发不同，而且蒸发皿的位置和环境也影响其测量结果，所以用蒸发皿法估算陆面潜在蒸散发时也会产生一些偏差。

2）综合理论法，是综合考虑了能量平衡、空气饱和差、风速等因素，可以比较精确地计算潜在蒸散发的方法。

a. Penman - Monteith 公式[10]，需要输入的资料为辐射、气温、风速和相对湿度。

$$ET_0=\frac{\Delta(R_n-G)+86.7\rho D/ra}{L(\Delta+\gamma)} \tag{3.1.9}$$

式中：ET_0 为蒸散发能力，mm；Δ 为饱和水汽压与温度关系曲线的斜率，kPa/℃；R_n 为净辐射量，MJ/m^2；G 为土壤热通量，MJ/m^2；ρ 为空气密度，g/m^3；D 为饱和水汽压差，kPa；ra 为边界层阻力，s/m；L 为汽化潜热，MJ/kg；γ 为湿度计常数。

空气密度 ρ 的计算：

$$\rho=\frac{0.01276PB}{1+0.0367T} \tag{3.1.10}$$

式中：T 为气温，℃；PB 为大气压力，kPa。

$$PB=101-0.0155ELEV+5.44\times10^{-7}ELVE^2 \tag{3.1.11}$$

式中：$ELEV$ 为计算点高程，m。

边界层阻力 ra 的计算：

$$ra=\frac{6.25\left[\ln\left(\frac{10-zd}{zo}\right)\right]^2}{V} \tag{3.1.12}$$

式中：zd 为零平面位移高度，m，$zd=0.702H^{0.979}$；H 为冠层高度，m；zo 为蒸散面粗糙长度，m，$zo=0.131H^{0.997}$；V 为日均风速，m/s。

b. Slatyer - McIlroy 公式（1961）[11]，在平衡蒸散发（equilibrium evapotranspiration）的概念基础上将 Penman 公式改写为

$$ET_0=\frac{\Delta}{\Delta+\gamma}(R_n-G)+h(D_z-D_0) \tag{3.1.13}$$

式中：h 为水汽通量传输系数；D_z 为参考高度 z 处干湿球温度差；D_0 为蒸发面干湿球温度差。

当蒸发面上空的空气趋于饱和（即 $D_z=D_0=0$）或当蒸发面与空气的相对湿度相等（即 $D_z=D_0$）时，此时的蒸散发称为平衡蒸散发。

$$ET_0=\frac{\Delta}{\Delta+\gamma}(R_n-G) \tag{3.1.14}$$

式（3.1.14）可看成是 Penman 公式中平流项为零时的情况。由于边界层大气并非均匀一致的，存在着空气流动，平衡蒸散发的条件很难实现，即使在洋面上也存在着空气湿度差。Slatyer 和 McIlroy 认为，平衡蒸散发是陆面潜在蒸散发的下限。

c. Priestley - Taylor 公式（1972）[12]，根据湿润表面显热通量与潜热通量的关系，以平衡蒸散发思想为基础，给出“无平流”（最小平流情况下）湿润表面潜在蒸散发的计算式。

$$ET_0=a\left(\frac{R_n}{L}\right)\left(\frac{\Delta}{\Delta+\gamma}\right) \tag{3.1.15}$$

式中：ET_0 为蒸散发能力，mm；Δ 为饱和水汽压与温度关系曲线的斜率，kPa/℃；γ 为湿度计常数；R_n 为净辐射量，MJ/m²；L 为汽化潜热，MJ/kg，$L=2.50-0.0022T$；T 为气温，℃；$a=1.26$，后来学者的研究表明，a 并非常数，存在一定的变化幅度[13]。

净辐射量 R_n 的计算：

$$R_n=RA(1-AB) \tag{3.1.16}$$

式中：RA 为太阳辐射量，MJ/m²；AB 为反照率。

反照率 AB 与土壤、作物和雪的覆盖有关。当雪的厚度大于 5mm 时，AB 取值为 0.6；当雪的厚度小于 5mm 并且无作物生长时，AB 取值为土壤反照率；当有作物生长时，反照率 AB 由下式确定：

$$AB=0.23(1.0-EA)+(AB_S)(EA) \tag{3.1.17}$$

式中：AB_S 为土壤反照率；EA 为土壤覆盖指数，$EA=\exp(-0.05CV)$；CV 为地面生物量与作物残余物之和，t/hm²。

2. 实际蒸散发的估算

由于流域下垫面的复杂性，流域实际蒸散发的计算仍是一个需要不断深入研究的难点问题。目前，关于实际蒸散发的估算方法有多种，主要包括水量平衡法、水热平衡法、互补相关法和遥感法等。其中，利用卫星遥感并结合模型模拟研究非均匀陆面上的蒸散发是一个新的趋势。

（1）水量平衡法。根据水量平衡原理，对于一个闭合流域，其水量平衡方程可简单表示为

$$P-E-R=\Delta W$$

式中：P、E、R、ΔW 为流域降水量、蒸散发量、径流量和蓄水量变化值，mm。

对于多年平均情况，流域蓄水量变化值趋于0，即 $\Delta W=0$，因此，流域水量平衡方程可简化为

$$\overline{E}=\overline{P}-\overline{R} \tag{3.1.18}$$

式中：$\overline{E}$、$\overline{P}$、$\overline{R}$ 为流域多年平均蒸散发量、降水量、径流量，mm。

根据式（3.1.18）便可推算出流域的总蒸散发。目前，我国利用中小流域的降水量与径流量观测资料，根据水平衡法绘制了全国多年平均蒸散发量的等值线图。

（2）水热平衡法。蒸发过程涉及水量和热量的交换，综合考虑水量和热量的平衡关系计算流域蒸散发的方法，称为水热平衡法。下面介绍几种基于水热平衡的蒸散发计算公式：Schreiber 公式、Ol'dekop 公式、Budyko 公式、傅抱璞公式和 Zhang L. 公式等。

1）Schreiber 公式（1904）[14]，是最早从水热平衡的角度出发计算流（区）域年蒸散发量的数学公式。其计算依据是：对于给定流域，当降水量下降时，径流量也下降；当降水增加时，径流增加并趋向于降水量，但永远达不到降水量值。

$$E=P(1-\mathrm{e}^{-\frac{a}{P}}) \tag{3.1.19}$$

式中：E、P 为流域年蒸散发量和年降水量；a 为与流域有关的常数。后来一些研究者将 a 替换为 R_n/L（R_n 为区域辐射平衡；L 为汽化潜热）。

2）Ol'dekop 公式（1911）[15]，类似于 Schreiber 公式：

$$E=\frac{R_n}{L}\mathrm{th}\frac{LP}{R_n} \tag{3.1.20}$$

3）Budyko 公式（1960），从理论上对 Schreiber 公式和 Ol'dekop 公式进行了论证。

在非常干燥的条件下（如沙漠地区），土壤含水量极低，全部降水将为土壤所吸收并消耗于后期蒸发，那么径流系数 $\frac{R}{P}\to 0$ 或 $\frac{E}{P}\to 1$ 而 $\frac{R_n}{LP}\to\infty$；在充分湿润的条件下，即降水总量很大，而收入的热辐射量很小时，土壤上层将呈现稳定的过湿状态，蒸发面处在充分供水的条件下，辐射平衡余热全部用以蒸发耗热，所以 $LE\to R_n$ 而 $\frac{R_n}{LP}\to 0$。一般地区的实际情况则介于在这两种极端情况之间。

基于上述思想研究发现，Ol'dekop 公式的计算结果偏小，Schreiber 公式的计算结果偏大。Budyko 根据全世界不同气候类型的实测资料分析，提出用上述两个公式的几何平均值来计算流域年蒸散量，有以下公式：

$$E=\left[\frac{R_nP}{L}\mathrm{th}\frac{PL}{R_n}(1-\mathrm{e}^{-\frac{R_n}{LP}})\right]^{\frac{1}{2}} \tag{3.1.21}$$

4）傅抱璞公式（1981）[16]，在一定地区和一定蒸发能力 E_p 条件下，陆面蒸散发量 E 对降水量 P 的变率随着（E_p-E）的增加而增加，随 P 的增加而减小。在一定降水量条件下，陆面蒸散发量对蒸发能力的变率随（$P-E$）的增加而增加，随 E_p 的增加而减小，根据量纲分析的 π 定理，结合边界条件，并用 R_n/L 代替 E_p，得出：

$$E=P\left\{1+\frac{R_{n}}{LP}-\left[1+\left(\frac{R_{n}}{LP}\right)^{m}\right]^{\frac{1}{m}}\right\} \tag{3.1.22}$$

在湿润气候条件下，取 $m=2$ 时的傅抱璞公式与 Schreiber 公式相同；在气候干燥的情况下，取 $m=3$ 时的傅抱璞公式与 Ol'dekop 公式相同。傅抱璞公式从量纲分析的 π 定理出发，通过严格的数学推导，具有较强的概括性。

5）Zhang L. 公式（2001），基于 Budyko 思想，对世界范围的250个流域进行研究发现，在一定森林覆盖度的情况下，流域多年平均蒸散发量与降水量之间存着在很好的关系。

$$\frac{E}{P}=\frac{1+w\dfrac{E_{p}}{P}}{1+w\dfrac{E_{p}}{P}+\left(\dfrac{E_{p}}{P}\right)^{-1}} \tag{3.1.23}$$

式中：w 为植被有效水分系数（plant - available water coefficient），取值范围为 0.5～2.0，其中，森林取 2.0，草地和农作物取 0.5，裸土<0.5；可能蒸散发 E_{p} 用 Priestley - Taylor 表达式计算。

（3）互补相关法（Complementary Relationship）。Penman 认为，当水分供应不充分时，实际蒸散发与可能蒸散发成正比，其大小取决于水分的有效性。基于这一假设，许多关于实际蒸散发估算研究的重点都放在了寻找限制水分有效性的因子上（如土壤水分）。然而，Penman 这一假设的正确性并无严格的理论支持或证明。

1963 年，Bouchet 首次提出了互补相关理论，其观点与 Penman 观点截然不同。Bouchet 认为，可能蒸散发的大小取决于实际蒸散发，即实际蒸散发是因，可能蒸散发是果。实际蒸散发与可能蒸散发成反比。Morton（1983）等人用大量的实验数据证明了局地蒸发潜力与实际蒸散发之间的互补相关确实存在，而且两者成负指数关系。

Bouchet 最初提出：在长 1～10km 大而均匀的表面上，外界能量不变，当水分充足时，表面上的蒸散发为湿润环境蒸散发 ET_{w}。若土壤水分减少，则实际蒸散发 ET_{a} 也将减小，原先用于蒸散发的能量过剩，则

$$ET_{w}-ET_{a}=q \tag{3.1.24}$$

当蒸散发减少时，若无平流存在，能量保持不变，实际蒸散发 ET_{a} 的减少将使该地区的温、湿度等发生变化，因而剩余能量将增加潜在蒸散 ET_{p}，其增加量应与剩余能量相等，即

$$ET_{p}=ET_{w}+q \tag{3.1.25}$$

两式联立，得到陆面实际蒸散发与潜在蒸散发互补关系的表达式。ET_{a}、ET_{p}、ET_{w} 的关系如图 3.1.2 所示。

$$ET_{p}+ET_{a}=2ET_{w} \tag{3.1.26}$$

建立蒸散发互补相关关系的最大难点是选择合适的“潜在蒸散量”和“湿润环境蒸散量”的估算式。1979 年 Brutsaert 和 Stricker 依据 Bouchet 的互补相关原理提出了平流干旱模型，用 Penman 公式计算潜在蒸散发，用 Priestley - Taylor 公式计算湿润表面蒸散发，从而得到计算实际流（区）域蒸散发的模型：

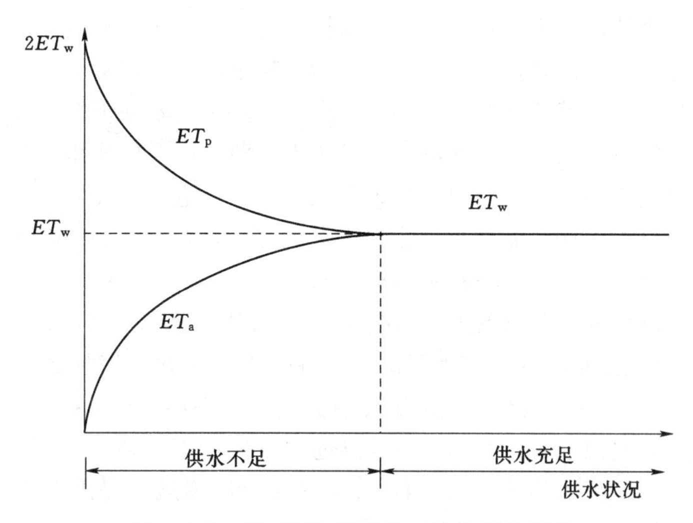

图 3.1.2　流（区）域蒸散互补关系示意图

$$ET_a = 2\alpha\frac{\Delta}{\Delta+\gamma}(R_n - G) - \left[\frac{\Delta}{\Delta+\gamma}(R_n - G) + \frac{\gamma}{\Delta+\gamma}E_a\right] \tag{3.1.27}$$

式中：Δ 为饱和水汽压曲线与温度关系曲线的斜率；γ 为干湿表常数；R_n 为地表净辐射；G 为土壤热通量；E_a 为干燥力，mm；α 为常数，Priestley 和 Taylor 分析了海洋和大范围饱和陆面资料，认为常数 α 的最佳值为 1.26。

蒸散发互补相关关系理论的意义在于：①考虑了区域蒸散发对近地层大气的反馈作用，即由于陆面上有效供水量的减少，引起陆面蒸散发量的减少，陆面温度升高，使近地层的气温升高，湿度降低，湍流增强，导致潜在蒸散发增加。反之，由于陆面上有效供水量的增加，引起陆面蒸散发量的增加，陆面温度降低，使近地层气温降低，空气湿度增加，湍流减弱，导致潜在蒸散发减小。②明确了实际蒸散发与潜在蒸散发之间的因果关系，即是由于陆面有效供水的减少导致潜在蒸散发的增加，而不是潜在蒸散发的增加导致实际蒸散发的减小。

近年来蒸散发互补理论在世界各地得到了应用。此类方法，避开了土壤-植被-大气系统的复杂性，只需要常规气象观测资料就可以求得陆面蒸散发量；既适用于计算多年平均陆面实际蒸散发量，又适用于计算旬、月、年的陆面实际蒸散发量；不存在参数随时间和空间变化的缺点，便于大范围推广。然而，目前这一互补关系理论还有待于进一步证实，模型中的“区域可能蒸散发”和“湿润环境区域蒸散发量”的概念还必须进一步明确，蒸散发互补关系还有待于在更多的气候区内进行验证[17]。

(4) 遥感 (RS) 法。近几十年来，遥感技术的发展为估算流（区）域蒸散发量提供了一种新的手段。Brown (1973) 等根据能量平衡与作物阻抗原理，构建了利用作物表面温度的红外遥感技术估算一定面积范围内蒸散发量的能量平衡——空气动力学阻抗模式；Seguin (1983)[18] 等利用卫星资料建立了冠层日蒸发量的遥感统计模型。这些方法开创了卫星遥感估算区域蒸散发的先例。

利用遥感方法研究蒸散发的理论基础仍然是能量平衡，所用波段主要是可见光、近红外和热红外。前两个波段用于估算冠层密度和行星反照率，热红外则提供了地表温度的信息。遥感的可见光、近红外和热红外波段的数据反映了区域植被覆盖与地表温度的时空分布特征，这对能量平衡的模拟是非常重要的。虽然，遥感技术并不能直接测量蒸发或蒸散发，但比起传统的气象学和水文学方法，遥感技术有两方面重要作用：首先，遥感技术提供了外推站点测量或将经验公式应用到更大区域的方法，包括气象资料极其稀少的地区；其次，遥感资料可以用于计算能量和水分平衡中的变量，如温度等。因此，利用遥感方法计算区域尺度上的日蒸散发量能得到更为准确的结果。

目前，利用遥感研究蒸散发的方法有很多[19]，可概况为以下3种。

1）统计模型。利用瞬时的遥感观测值，并对感热通量 H、潜热通量 LE 和净辐射 R_n 与土壤热通量 G 的关系进行假定，来确定日蒸散发量。例如，Jackson 等通过遥感测量地表辐射温度来计算日蒸散发量；Menenti 等通过建立反照率与地表辐射温度的线性关系，研究了北非沙漠地区地下水的蒸发量；Humes 等提出利用遥感得出地表温度和反照率外推能量通量的模型。从1979年开始许多研究者侧重研究地表辐射温度与植被指数（如 $NDVI$）的相关关系，认为这种关系揭示了植被的蒸腾作用。

2）物理模型。这些模型大多是用剩余法来计算潜热通量 LE，即 $LE=R_n-G-H$。土壤热通量 G 可用净辐射 R_n 与 $NDVI$ 来计算，感热通量 H 用式（3.1.28）计算：

$$H=\frac{\rho C_p(T_{aero}-T_a)}{r_{ah}} \tag{3.1.28}$$

式中：ρ 为空气密度，kg/m^3；C_p 为空气的定压比热，J/(kg·℃)；r_{ah} 为空气动力学热输送阻抗，s/m，受风速、大气稳定度和表面粗糙度的影响；T_{aero} 为表面动力温度，℃，由于不能直接用遥感测量，一般用地表温度代替。对于全植被覆盖区域，两者之差小于2℃；对于部分植被覆盖区域，两者之差可达10℃。

3）数值模型。经验方法和物理模型都是用瞬时的遥感资料来估算蒸散发，再按一定的比例关系转换成日蒸散发量，而数值模型则能够连续模拟能量通量过程的时间变化，并用遥感资料及时更新。由于数值模型需要输入很多与土壤和植被属性有关的参数，这些参数在流（区）域尺度上很难获得，这就需要减少参数以提高模型的可操作性。Brunet 等用 Penman-Monteith 公式进行土壤-植被-大气（SVAT）能量传输的参数化，用大气边界层（ABL）模型计算区域能量通量。与经验方法和物理模型相比，数值模型的优点是：首先，它考虑了土壤-植被-大气间能量传输的物理特性；其次，借助内部和边界条件，可以模拟能量通量变化的连续过程。

目前，遥感技术与地面观测资料相结合来研究流（区）域蒸散发已经达到一个新的阶段。利用每日一次的遥感观测值估算蒸散发量的简单模型已具有很强的可操作性，应用于复杂气候和水文模型的 SVAT 模型也处于进一步发展之中。但是，目前仍有许多问题亟待解决，比如，遥感观测的瞬时性与所需数据的时间尺度匹配问题，从像元到区域的空间尺度转换问题，遥感得到的地表温度资料受辐射率、太阳高度角和仪器视角大小等多种因素的影响问题。

另外，在计算流域实际蒸散发时，传统的水文学方法在不考虑蒸散发在流域面上不均匀性的情况下，可根据土壤含水量的垂直分布，采用模式计算法。它包括：①一层模式。

把流域蒸散发层作为一个整体，认为蒸散发量同该层土壤含水量及流域潜在蒸散发成正比。②二层模式。将流域可蒸发层分为上、下两层，上层按蒸发能力蒸发，上层水分耗尽才蒸发下层；下层蒸散发量与剩余蒸散发能力及下层土壤含水量成正比。③三层模式。在二层模式基础上考虑深层水分对蒸散发的补给。深层水分蒸发量很小且比较稳定时，常采用较小数值，如 0.3～1.0mm/d 或采用流域蒸散发能力的 1/10～1/5。

3.2　下渗与土壤水运动原理

下渗（又称入渗，Infiltration）是指降雨、融雪或灌溉的水从地表渗入土壤内部的运动过程。土壤水运动是指土壤内部水分的运移过程。这两个过程不能完全分开，下渗速率受到土壤内部水分运动速率的控制。渗入土壤中的水分，一部分转化为土壤水，而后通过植物吸收蒸散发和土壤表面蒸发返回大气；另一部分渗入地下补给地下水，再以地下径流的形式进入河流。下渗与土壤水运动是径流形成的重要环节，直接决定壤中流和地下径流的生成。

3.2.1　下渗

3.2.1.1　下渗的物理过程

渗入土壤中的水在分子力、毛细管力和重力的综合作用下进行运动。整个下渗过程按照作用力的组合变化及其运动特征，可划分为 3 个阶段。

（1）渗润阶段。降水初期，当土壤干燥时，下渗水主要受分子力的作用，吸附在土壤颗粒表面，形成薄膜水，这时下渗能力很大。当土壤含水量达到最大分子持水量时，这一阶段结束。

（2）渗漏阶段。下渗的水分主要在毛细管力、重力作用下，沿土壤孔隙向下作不稳定运动，直到土壤孔隙充满水分而达到饱和，此时毛细管力消失。这一阶段的下渗率变化很大。

（3）渗透阶段。土壤饱和后，水分在重力作用下呈稳定流动，此时下渗以稳定的下渗率进行。

上述 3 个阶段并无截然的分界，特别是在土层较厚的情况下，可能同时交错进行。此外，渗润与渗漏阶段结合起来，统称渗漏。渗漏属于非饱和水流运动，而渗透则属于饱和水流运动。

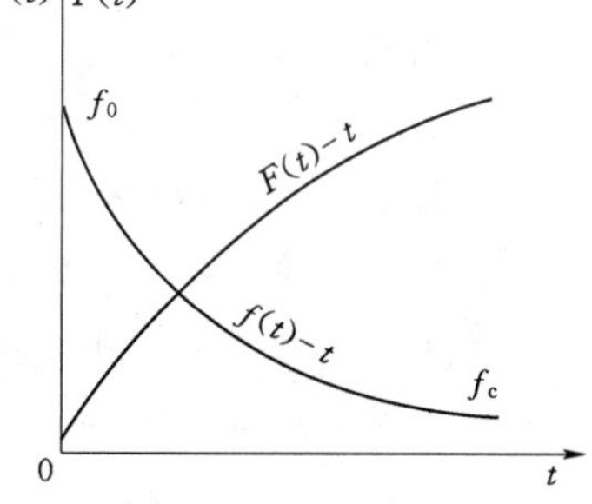

图 3.2.1　下渗曲线和下渗累计曲线

下渗状况一般用下渗率和下渗能力来定量描述。下渗率（亦称下渗强度）是指单位时间渗入单位面积土壤的水量（mm/min 或 mm/h）。下渗能力是指在充分供水和一定土壤类型、一定土壤湿度条件下的最大下渗率。图 3.2.1 所示的是下渗（能力）曲线 $f(t)-t$，描述下渗能力随时间的变化过程。f_0 是初始下渗率，f_c 是稳定下渗率。达到 f_c 以前属于不稳定下渗的渗漏阶段，f_c 以后属于稳定的渗透阶段。下渗的水量用累计

下渗量 F 随时间增长曲线 $F(t)-t$ 表示。

根据 Bodman 和 Colman 的实验，在积水条件下（保持 5mm 水深），下渗水在土体中的垂向分布，大致可划分为 4 个带。

（1）饱和带。位于土壤表层，在持续不断地供水条件下，土壤含水量处于饱和状态，但无论下渗强度有多大，土壤浸润深度怎样增大，饱和带的厚度不超过 15mm。

（2）过渡带。位于饱和带之下，土壤含水量随深度的增加而急剧减少。过渡带的厚度不大，一般在 50mm 左右。

（3）水分传递带。位于过渡带之下，土壤含水量沿垂线均匀分布，在数值上大致为饱和含水量的 60%～80%。水分运动主要靠重力作用，在均质土中，下渗率接近于一个常值。

（4）湿润带。位于水分传递带之下，含水量随深度迅速递减的水分带。湿润带的末端称为湿润锋面。锋面是上部湿土与下层干土之间的界面，两边土壤含水量突变。随着下渗历时的延长，湿润锋面向土层深处延伸，直至与地下潜水面上的毛细管水上升带相衔接。在此过程中，如中途停止供水，地表下渗结束，土壤水仍将继续运动一定时间，土层内的水将发生再分配的运动过程，其分布情况则决定于土壤特性。

3.2.1.2　下渗的测定

下渗是非常复杂的过程，一般通过实验用直接测定法（点测定法）和水文分析法（面测定法）加以测定。

（1）直接测定法。是在流域内选定很小的代表性场地进行实验，利用仪器直接测定下渗过程。目前，测定下渗的仪器有积水环式或筒式、喷水式、张力式和犁沟式 4 种类型。环状下渗仪（如同心环下渗仪）可以确定土壤淹没情况下的入渗，如积水和漫灌等。喷水式下渗仪用于研究不同的雨强和下垫面变化情况下的入渗。张力式下渗仪用于确定有大孔隙存在的土壤基质的入渗率。犁沟式下渗仪用于要考虑流水作用的地方，例如沟灌中的入渗。

（2）水文分析法。是利用径流实验站或小流域实测的降雨和流量资料，根据水量平衡方程来分析平均下渗过程，属于面入渗测定法。

3.2.1.3　影响下渗的因素

影响下渗的因素包括土壤、降雨、下垫面和人类活动等。

（1）土壤因素，包括土壤物理特性和土壤水特性（如土壤均质性、土壤质地、孔隙率、土壤初始含水率等）。土壤因素对下渗的影响主要决定于土壤的透水性能及土壤的前期含水量。其中透水性能与土壤质地、孔隙率大小有关。一般来说土壤颗粒越粗，孔隙直径越大，其透水性能越好，土壤的下渗能力亦越大。

（2）降雨因素，包括雨强、雨型等。雨强直接影响土壤下渗强度及下渗水量，在雨强小于下渗率的条件下，降雨全部渗入土壤，下渗过程受降水过程制约。在相同土壤水分条件下，下渗率随雨强增大而增大，尤其是在草被覆盖条件下更加明显。但对裸土，由于强雨点可将土粒击碎，并充填于土壤的孔隙中，从而可能减少下渗率。此外，在相同条件下连续性降雨的下渗量要小于间歇性降雨的下渗量。

（3）下垫面因素，包括植被覆盖、地形条件等。植被覆盖能够保护土壤表面，避免裸土遭到雨滴冲击形成表面硬壳，表土结皮能减少入渗量达80%左右。另外，由于植被及地面上枯枝落叶具有滞水作用，增加了下渗时间，从而减少了地表径流，增大了下渗量。

地形变化会影响地面漫流的速度和汇流时间。在相同的条件下，地面坡度大，漫流速度快、历时短，下渗量就小。

（4）人类活动因素，包括水保工程和农业耕作管理等。例如，坡地改梯田、植树造林、蓄水工程等均增加水的滞留时间，增大下渗量。反之，砍伐森林、过度放牧、不合理的耕作，则加剧水土流失，减少下渗量。在地下水不足的地区采用人工回灌，则是有计划、有目的地增加下渗水量。反之，在低洼易涝地区，开挖排水沟渠则是有计划、有目的地控制下渗和地下水的活动。

3.2.1.4　下渗的模拟计算

实际下渗率的计算受外部供水率的控制，计算公式如下：

$$f=\min\{f_p, r\} \tag{3.2.1}$$

式中：f 为实际下渗率；f_p 为下渗能力（或下渗容量）；r 为外部供水率。

目前，关于下渗能力的计算方法很多，可以分为三类：物理的、近似理论的和经验的。物理模型要求给定合适边界条件和详尽的资料，用Richards方程模拟下渗和土壤水运动。比较实用的是基于简化概念的经验模型和近似理论的模型。

（1）经验模型。是通过实验观测建立下渗曲线，再根据下渗曲线来估计模型的参数。最常见的3种经验公式是考斯加柯夫（Kostiakov）公式，霍顿（Horton）公式和霍尔坦（Holtan）公式。

1）考斯加柯夫公式[20]。主要用于灌溉情况，它需要一组实测下渗资料以率定参数：

$$f_p=Kt^{-a} \tag{3.2.2}$$

式中：K、a 为经验参数，取决于土壤和初始条件；t 为时间。

2）霍顿公式[21]。反映了下渗强度随时间递减，并最终趋于稳定下渗。Horton模型公式只适用于有效降雨强度大于稳定下渗率的情况，其中的3个参数必须根据实测资料来率定：

$$f_p=f_0+(f_0-f_c)e^{-kt} \tag{3.2.3}$$

式中：f_0 为暴雨开始时的最大下渗率；f_c 为稳定下渗率；k 为经验参数；t 为时间。

3）霍尔坦公式[22]。Holtan认为土壤蓄水量、与地面相通的孔隙以及根茎作用是影响入渗能力的主要因素，并给出修正后的公式：

$$f=GIAS_a^{1.4}+f_c \tag{3.2.4}$$

式中：f 为下渗率；f_c 为稳定下渗率；GI 为作物生长指数，在生长季节中从0.1变化到1.0；A 为下渗能力与有效蓄水量的1.4次方之比值；S_a 为地表层有效蓄水量。

（2）近似理论模型。最常用的有格林-安普特（Green - Ampt）模型和菲利普（Philip）模型，此类模型计算结果相差不大，难点在于参数估计。

1）格林-安普特模型[23]，是根据Darcy定律建立的一种近似模型。模型最初是针对地面积水、深厚均质土层以及初始含水量均匀分布条件下的下渗建立的。假定水流以活塞流形式进入土壤，在湿润和未湿润区之间，形成一个剧变的湿润锋面（图3.2.2），忽略地面积水深度的Green - Ampt入渗率公式是

$$f=K\left[1+\frac{(\varphi-\theta_i)S_f}{F}\right] \tag{3.2.5}$$

其积分形式为

$$K_t=F-S_f(\varphi-\theta_i)\ln\left[1+\frac{F}{(\varphi-\theta_i)S_f}\right] \tag{3.2.6}$$

式中：K 为有效水力传导度；S_f 为湿润锋面处的有效吸力；φ 为土壤孔隙率；θ_i 为初始含水量；F 为累积入渗量；f 为入渗率。式中假定地面积水，因此入渗率等于入渗能力。

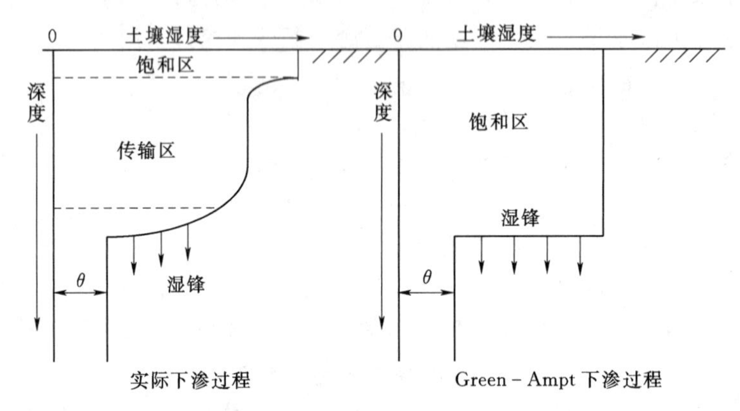

图 3.2.2　Green - Ampt 模型下渗与实际下渗过程的比较

Mein 和 Larson（1973）发展了 Green - Ampt 模型，将其应用于降雨入渗的模拟。在地面发生积水之前的降雨强度 R 等于入渗率 f，累积入渗量 F_p 等于发生积水时刻 t_p 之前的全部降雨量，稳定降雨下渗率为

$$\begin{cases} f=R; & t\leqslant t_p \\ f=K+\dfrac{K(\varphi-\theta_i)S_f}{F}; & t>t_p \end{cases} \tag{3.2.7}$$

式中：t_p 为地面积水发生时间，$t_p=F_p/R$；F_p 为累积入渗量，$F_p=[S_f(\varphi-\theta_i)]/(R/K-1)$。

其积分形式如下：

$$K(t-t_p+t_p')=F-S_f(\varphi-\theta_i)\ln\left[1+\frac{F}{(\varphi-\theta_i)S_f}\right] \tag{3.2.8}$$

式中：t_p'为在地面积水的初始条件下入渗量达到 F_p 的当量时间。

2）菲利普模型[24]。建立在包气带中水动力平衡和质量守恒原理（非饱和下渗理论）基础上，考虑均质土壤、起始含水量均匀分布及充分供水等条件下，将 Richards 方程经过代换和微分展开，取展开公式的前两项求得

$$f=\frac{1}{2}St^{1/2}+A \tag{3.2.9}$$

式中：f 为下渗率；t 为从开始积水时刻起算的时间；S 为吸收率；A 为经验参数，在 $0.33Ks\sim1Ks$ 之间，Ks 为土壤饱和水力传导度。

上式中的参数可由下渗实验资料回归分析确定，也可根据土壤资料估计，参数 S 可

以用 Youngs 公式近似确定：

$$S=\sqrt{2(\varphi-\theta_i)KS_f} \tag{3.2.10}$$

式中：S_f 为 Green－Ampt 模型中的有效湿润锋吸力；φ 为总孔隙率；θ_i 为初始土壤体积含水量；K 为有效水力传导度。

3.2.2　土壤水

按土壤孔隙被水分充填的状态，将地表土层划分为包气带（非饱和带）和饱和带。水文学中将存在于包气带中的水称为土壤水。土壤水同地表水、地下水一起构成陆地上普遍存在的三种水体。在陆地水循环过程中，土壤水运动直接影响到下渗和蒸发过程，并决定了径流（地面径流、壤中流和地下径流）产生的比例。研究土壤水的运动，是认识陆地水循环的重要环节。

3.2.2.1　土壤水的基本特性

（1）土壤水的类型。土壤水是吸附于土壤颗粒和存在于土壤孔隙中的水。当水分进入土壤后，在分子力、毛细管力或重力作用下形成以下 4 种类型。

1）吸湿水。土壤颗粒表面积很大，具有很强的吸附力，能够将周围的水汽分子吸附于自身表面。这种被束缚在土壤颗粒表面，不能流动也不能被植物利用的水分称为吸湿水。

2）薄膜水。当吸湿水达到最大后，土粒只能吸持周围的液态水分子。由于这种作用力使吸湿水层外的水膜加厚，形成连续的水膜称为薄膜水。薄膜水不受重力的影响，但能够从水膜厚的土粒向水膜薄的土粒缓慢移动。

3）毛细管水。是土壤孔隙中由毛细管力所持有的水分。分为毛细管上升水和毛细管悬着水。

4）重力水。是在重力作用下，能够沿土壤孔隙流动的水。重力水可以传递静水压力，当到达不透水层时会聚集形成饱水带；而当到达地下水时，会使地下水位升高。

（2）土壤水特性。

1）土壤含水量（率）。又称为土壤湿度，表示土壤中所含水分的大小。在实际工作中，常常将某个土层所含的水量以相应的水深来表示，以 mm 计。另外，还常用土壤重量含水率、土壤体积含水率和饱和度来表示。

土壤重量含水率是土壤中水分的重量和相应土壤总重量的比值。

土壤体积含水率是土壤中水分占有的体积和土壤总体积的比值。

饱和度是土壤中水的体积与孔隙体积的比值，表示孔隙被水充满的程度。

表征土壤水分的形态和性质发生明显变化时的土壤含水量（率）称为土壤水常数。常用的土壤水常数如下。

最大吸湿量（或吸湿系数）：在饱和空气中，土壤能够吸附的最大水汽量，表示土壤吸附气态水的能力。

最大分子持水量：是土壤薄膜水达到最大时的土壤含水量（率）。表示土粒分子力所能够结合的水分最大量。

凋萎含水量（凋萎系数）：是植物根系无法从土壤中吸收水分，开始凋萎枯死时对应的土壤含水量。可见，只有大于凋萎含水量的水分才是参加水分交换的有效水量。

毛细管断裂含水量：是毛细管悬着水的连续状态开始断裂时的土壤含水量。低于此值时，连续供水状态遭到破坏，土壤中水分的交换以薄膜水和水汽的形式进行。

田间持水量：是土壤中所能保持的最大毛细管悬着水量。超过此值时，土壤水将以自由重力水的形式向下渗透。

饱和含水量（全蓄水量）：是土壤中所有孔隙都被水充满时的土壤含水量，其值取决于土壤孔隙的大小。

2）土壤水分特征曲线。是土壤水吸力（或土壤水的基质势）与土壤含水量（率）的关系曲线，也称毛细管压力与饱和度的关系曲线。它表示土壤水的能量和数量之间的关系，是研究土壤水的保持和运动的重要特征曲线。

土壤水的基质势是土壤基质对土壤水分的吸持作用所引起的，是土壤水能态的度量。类似的概念有土壤水吸力、毛细管势、毛细管压力水头、基质压力水头、张力势和压力势。土壤水吸力一般为基质势的负数。土壤水自发运动的趋势是由吸力低处向吸力高处流动。

目前，土壤含水量和基质势的关系尚不能从理论上分析得到，各种土壤的水分特征曲线均由实验测定。通常，由实验结果拟合出的经验关系为幂函数关系，常用的描述模型有Brooks-Corey模型（1964年）、Campbell模型（1974年）和Van Genuchten模型（1980年）等。

3）水力传导度。是土壤传输水分的能力度量，其大小取决于土壤特性（总孔隙度、孔隙大小分布和孔隙连续性）和液体特性（黏滞性和密度）。水力传导度单位为m/d。其中，饱和含水量的土壤中，水力传导度称为饱和水力传导度。非饱和含水量的土壤中，水力传导度称为非饱和水力传导度。水力传导度与土壤含水量之间为非线性函数关系。

4）滞后现象。表现为减湿和吸湿两个不同的曲线，这是由于在吸湿过程中空气被禁锢在部分孔隙中造成的。在实际应用上，滞后现象往往被忽略。

5）土壤水特性的空间变化。土壤特性的空间变异性带来了土壤水特性的空间变化。过去对土壤水特性空间变化的性质和统计结构进行了大量研究，描述方法有频率分布、空间趋势或偏移、空间自协方差或自协相关，以及相似介质或有关比尺类型。

3.2.2.2　土壤水特性的测定

（1）土壤含水量的测定。分为直接法和间接法。

1）直接法。称重法是最基本的直接测定法，也是确定土壤含水量的一种标准方法。

2）间接法。是通过测定土壤特性或土壤中受含水量影响的某种感应物体的特性，来间接推算出含水量。常见方法有放射法、电阻法、时域反射法（TDR）、核磁共振法和遥感技术等。

其中，TDR是野外连续测定同一地点土壤含水量的有效方法。此法通过测定埋设在土壤中相距一定距离的一对平行金属棒之间的电磁脉冲输送时间，来确定土壤的电介常数，再利用电介常数和含水量之间的单一关系确定出土壤含水量。

遥感技术的发展为大面积测定土壤含水量提供了一种可能。土壤水的遥感监测可以通过以下3种途径实现：一是，应用反射太阳辐射的光谱段，根据反射率的大小，直接测定土壤含水量；二是，应用热红外波段，根据土壤表面温度直接测定土壤含水量；三是，应用微波技术测定土壤含水量，包括主动微波和被动微波法。微波遥感具有全天候、高精度等特点，是未来土壤水分遥感监测的发展方向。

（2）土壤水分特征曲线的测定。即测定一系列土壤含水量及其对应的基质势。测定方法根据测定土壤水基质势（或吸力）的方法来进行分类：①负压计法，即用负压计测定土壤吸力，用称重法测定相应含水量；②沙性漏斗法；③压力仪法；④稳定土壤含水率剖面法。

（3）水力传导度。测定土壤水力传导度的野外和实验室方法很多。钻孔法和压力计法是两种被广泛用来测定地下水位以下饱和水力传导度的方法。饱和水力传导度在实验室常用稳态水流方法测得，非饱和水力传导度的确定常用稳态流法、瞬时剖面法等。

3.2.2.3　土壤水的运动原理与模型

当降水（或灌溉水）满足一定初损以后，下渗进入土壤包气带，包气带可分为根系带、中间带和毛细水带（图3.2.3）。下渗的水分由于再分配作用，在入渗之后，土壤水仍然将持续运动。当且仅当包气带的土壤含水量达到田间持水量后，多余的水分中才有一部分以重力水的形式，通过大空隙直接进入饱和地下水层，引起地下水位抬升。当部分流域面积地下水位抬升至地表面，地表面就成为饱和面。在这种饱和地表面积（即源面积）上将产生饱和坡面流（包括降雨产生的直接径流和回归流）。在近表层土壤水力传导度大以及坡面重力梯度大时形成壤中流。土壤水运动在径流形成过程中具有十分重要的决定性作用，决定了径流中各成分的比例关系。

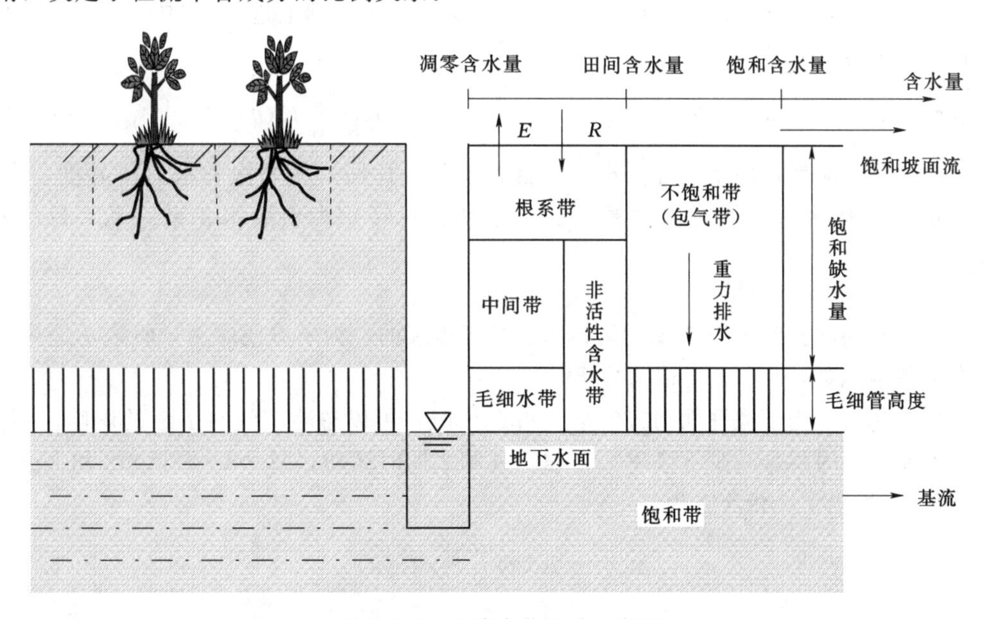

图3.2.3　土壤水分运动示意图

（1）饱和土壤水运动——Darcy定律。Darcy（1856年）[25]通过水流饱和沙床实验得出水流速度正比于水头损失，反比于路径长度，比例因子为常数，这一发现即是著名的Darcy定律：

$$Q=KA\frac{\Delta H}{\Delta L} \tag{3.2.11}$$

式中：Q 为通过断面 A 的流量，m^3/s；ΔH 为长度为 ΔL 的土柱两端水头差，m；K 为比例常数，m/s，即水力传导度，表征土壤与水的特性。

对稳定流上式微分可得一维水流 Darcy 定律：

$$q=-K\frac{dH}{dL} \tag{3.2.12}$$

式中：q 为单位土壤断面积的流量或比流量，m/s，常称为 Darcy 速度或通量；L 为水流方向上的距离；H 为水头，为单位重力水的能量，可表达为

$$H=h+z \tag{3.2.13}$$

式中：h 为土壤水压力水头，$h=\frac{\rho}{\gamma}$，ρ 为土壤水压力，γ 为水的比重；z 为某基准面以上的高程。

Darcy 定律适用于均质（土壤水特性不随位置变化）和各向同性（土壤水特性不随方向而变）的饱和土壤。对于层状土，如每层土壤均质和各向同性也可用 Darcy 定律，但层间界面处 H 和 q 应该连续。

（2）非饱和土壤水——Buckingham - Darcy 方程。实际上，土壤很少完全达到饱和，大多数情况下土壤水是在非饱和状态下流动的。为了便于研究，通常忽略了空气对土壤中水流的阻力，并假定不饱和水流是等温和等压的，土壤中水汽的输送也被忽略不计。基于这些简化假定，Buckingham（1907 年）[26]在 Darcy 定律基础上进行改进，提出了一维非稳定垂向水流方程：

$$q=-K(\theta)\left[\frac{\partial h(\theta)}{\partial z}-1\right]=-\left[D(\theta)\frac{\partial \theta}{\partial z}-K(\theta)\right] \tag{3.2.14}$$

式中：z 为土壤深度，向下为正；θ 为土壤含水量；$K(\theta)$ 为非饱和水力传导度；$h(\theta)$ 为土壤水基质势水头，绝对值为基质吸力水头；$D(\theta)$ 为土壤水扩散系数，$D(\theta)=K(\theta)\frac{dh}{d\theta}$。

在应用于层状土时，因 θ 在层间界面上是不连续的。为了方便应用，假定 θ 是基质势水头 h 的单值函数，$K(\theta)$ 可以写成 $K(h)$。

（3）二相流。当下渗锋面前方的空气可逸出时，可以忽略空气对下渗的影响；但是，若空气不能逸出时将会减少下渗率。考虑空气和水同时运动，Morel - Seytoux 和 Noblanc（1972 年）[27]提出了二相流方程：

$$v_w=-K(\theta)\frac{\partial h_w}{\partial z}+K(\theta) \tag{3.2.15}$$

$$v_a=-K_s\frac{\mu_w}{\mu_a}K_{ra}\frac{\partial h_a}{\partial z} \tag{3.2.16}$$

式中：v_w、v_a 为土壤中水、空气的流动速率或 Darcy 流速；h_w、h_a 为水和空气的压力，以水柱高度计；μ_w、μ_a 为水和空气的黏滞性，是二相流方法所需的附加信息；K_{ra} 为空气的相对渗透率，是含水量的函数。这种方法中的参数确定比较困难，使其难以在实际中应

用；K_s 为土壤饱和水力传导度。

（4）Richards 方程。Richards（1931 年）[28]将 Darcy 定律与质量守恒定律相结合，提出非饱和土壤三维水流偏微分方程，即 Richards 方程。其垂向一维表现形式如下：

$$\frac{\partial\theta(z,t)}{\partial t}=\frac{\partial}{\partial z}\left[K(\theta,z)\frac{\partial h(\theta,z)}{\partial z}-1\right] \tag{3.2.17}$$

式中：$K(\theta,z)$、$h(\theta,z)$ 为层状土中 $K(\theta)$ 和 $h(\theta)$ 随深度 z 的变化；θ 为土壤含水量；t 为时间；若假定 θ 是 h 的单值函数，可以得到$\frac{\partial\theta}{\partial t}=\left(\frac{\mathrm{d}\theta}{\mathrm{d}h}\right)\frac{\partial h}{\partial t}=C(h)\frac{\partial h}{\partial t}$，并得到：

$$C(h,z)\frac{\partial h(z,t)}{\partial t}=\frac{\partial}{\partial z}\left[K(h,z)\frac{\partial h(z,t)}{\partial z}-1\right] \tag{3.2.18}$$

式中：$C(h,z)$ 为土壤含水量的比容；K 为水力传导度。

在水流运动过程中，土壤达到饱和的地方，$C(h,z)$ 项变为零，$K(h,z)$ 变为常数，即饱和水力传导度 $K_s(z)$，方程（3.2.18）简化为 Laplace 方程：

$$\frac{\partial}{\partial z}\left[K_s(z)\frac{\partial h(z,t)}{\partial z}-1\right]=0 \tag{3.2.19}$$

在降雨或灌溉之后的水分再分配和向下排水期间，根的吸水是一项重要因素，这通常作为源汇项 S_w 添加到方程中，以表达一个单位的某种土壤根系吸水率：

$$\frac{\partial\theta(z,t)}{\partial t}+S_w(z,t)=\frac{\partial}{\partial z}\left[K(\theta,z)\frac{\partial h(\theta,z)}{\partial z}-1\right] \tag{3.2.20}$$

3.3　地下水运动原理

3.3.1　地下水

广义上的地下水是指存在于地表以下岩土的孔隙、裂隙和洞穴中各种状态的水，包括包气带水（土壤水）、潜水（浅层地下水）和承压水（深层地下水）。水文学中一般把处于饱和带内能在重力作用下运动的重力水（即潜水和承压水）统称为地下水。

3.3.1.1　潜水

潜水（也称为浅层地下水）是处于地表以下第一个不透水层上，具有自由水面（潜水面）的地下水。潜水通过包气带与大气连通，补给来源主要是降水和地表水等，干旱区还有凝结水补给。排泄方式有侧向和垂向两种方式。侧向排泄是在重力作用下潜水沿水力坡度补给河流或其他水体，或形成泉水。垂向排泄主要是指潜水蒸发。潜水埋深一般在山区较深，而在平原区较浅，有的甚至只有几米。

由于潜水直接通过包气带与大气圈和地表水圈发生联系，因此，潜水受气候、水文因素的影响显著。潜水积极参与水循环，易于补充恢复，但同时也易被污染。

3.3.1.2　承压水

承压水（也称为深层地下水）是饱和带中处于两个不透水层之间，具有压力水头的地下水。承压水的水质不易被污染，水量也比较稳定，是河川枯水期水量的主要来源。承压含水层由补给区、承压区和排泄区三部分组成。补给区是含水层露出地表部分，接受降水和地表水体的补充，具有潜水性质；承压区部分与当地的地表水体无直接的水力联系；排泄区是位置较低露出地表的部分。

3.3.2 地下水的几个特性参数

3.3.2.1 给水度

给水度是指当潜水面下降一个单位水头时，从单位面积的含水层柱体中所释出的水的体积与该柱体的体积之比值。给水度是地下水资源评价、地下水动态预测、农田排水和地表水、地下水相互转化规律研究中的重要参数。给水度越大，表明含水层能够释放的水量越大。

影响给水度大小的因素有含水层的岩性、潜水埋深等。当含水层为松散沉积物时，颗粒粗、大小均匀，给水度大。另外，当潜水埋深小于岩土中毛细管水最大上升高度时，给水度是一个变数。潜水埋深越浅，给水度越小。只有当潜水面较深时，给水度才是常数。

通常，测定给水度的方法有以下几种。

(1) 筒测法。取土样为含水层未经扰动的原状土样，将其装入试验圆筒，待充分饱和后将水排出，测定排出水的体积，进而计算出给水度。对颗粒较细的土样，要考虑滞后排水的影响。

(2) 非稳定流抽水试验。在潜水含水层中进行抽水，对相同抽水量下观测经历不同时间后的地下水位，绘制地下水位随时间的变化曲线，并把它与标准曲线对比，算出给水度。

(3) 水量平衡法。根据降水、蒸发、地下水位和地下水开采量等资料，建立区域地下水水量平衡方程，进而来估算给水度。

(4) 数值解法。把地下水非稳定流方程和定解条件离散化，根据区域内各垂向补给量、排水量和各观测井地下水位变化的资料来反求给水度。

3.3.2.2 降水入渗补给系数

降水入渗补给系数是指在一定时期内降水入渗补给地下水的水量与同期降水量的比值。其受时段内降雨量、包气带的岩性、降水前的含水量、地下水埋深、下垫面及气候因素等的影响，降水入渗补给系数会随时间和空间发生变化。

确定降水入渗补给系数的方法有以下几种。

(1) 动态分析法。在地下水排泄微弱的平原地区，降水补给潜水引起地下水位上升，水位上升幅度和相应给水度值的乘积大致等于降水入渗补给量，将它除以同期的降水量即得降水入渗补给系数。当计算时段内有数次降水时，则将每次降水引起的地下水位上升幅度相加，再乘以给水度，除以该时段的总降水量，得到该时段的降水入渗补给系数。在地下水水平径流强的山区或山前地区，该法不适用。此时，可布置多个观测孔，同时观测地下水水位，用有限单元法或有限差分法近似计算降水入渗补给量，再求出降水入渗补给系数。

(2) 水量平衡法。在闭合流域内设置一个地下水平衡试验场，通过实测各水循环要素，求得降水入渗补给系数。每次降水后，将实测的降水量减去实际蒸发量、植物截留量、坑塘河沟拦蓄量、地表径流量、包气带土壤含水量的增量等，即可求得降水入渗补给量，进而求得降水入渗补给系数。

3.3.2.3　潜水蒸发系数

潜水蒸发是指地下水埋深较浅时地下水对土壤水的补给。土壤水分由于蒸散发的消耗而减少，在土水势作用下地下水向上补给从而引起潜水的消耗即潜水蒸发。潜水向上的补给量就是潜水蒸发量，潜水蒸发量与大气蒸发能力密切相关。潜水蒸发系数是指潜水蒸发量与水面蒸发量的比值。

潜水蒸发系数的测定通常采用实验法，即采用地中渗透仪测定出潜水蒸发量和水面蒸发量，进而求出潜水蒸发系数。

3.3.2.4　渗透系数

渗透系数是指单位水力坡度作用下（水力坡度是指单位距离内的水位差），从单位面积含水层通过的流量，也称水力传导度。它是表示岩土透水性能的一个重要指标。渗透系数的大小主要取决于含水层中相连通的空隙的尺度。具有较大空隙的含水层，渗透系数也较大。同时，渗透系数也和流动的液体的容重、黏滞度等有关。

渗透系数的测定方法很多，可以归纳为室内测定和野外测定两类。室内测定法主要是对从现场取来的试样进行渗透试验；野外测定法则是依据稳定流和非稳定流理论，通过抽水试验等方法，求得渗透系数。

3.3.2.5　弹性释水系数

由于承压含水层水头的降低，含水层中的水体膨胀、土体受到压缩释放出水，称之为弹性释水。弹性释水系数是指承压含水层中降低单位水头时，从单位面积的含水层柱体中所释出的水的体积与该柱体的体积之比值。

弹性释水系数的测定通常采用抽水试验法。抽水试验可分为单孔抽水、多孔抽水、群孔干扰抽水和试验性开采抽水等。单孔抽水试验采用稳定流抽水试验方法，多孔抽水、群孔干扰抽水和试验性开采抽水试验一般采用非稳定流抽水试验方法。在特殊条件下也可采用变流量抽水试验方法。

3.3.2.6　导水系数和压力传导系数

从渗透系数和释水系数可以派生出导水系数、压力传导系数等特征参数。导水系数是渗透系数与含水层厚度的乘积，表征含水层的输水能力。对某一垂直于地下水流向的断面来说，导水系数相当于水力坡度等于1时流经单位宽度含水层的地下水流量。导水系数大，表明在同样条件下，通过含水层断面的水量大，反之则小。导水系数只有当地下水二维流动时才有意义，对于三维流动是没有意义的。压力传导系数是指岩土的渗透系数与释水系数之比，它反映含水层中任一点的水位或压力有所变动时，在一定距离外的其他地点受到影响所需时间的长短。

3.3.2.7　越流系数

当承压含水层与相邻含水层之间存在水头差时，地下水便会通过弱透水层从高水头含水层流向低水头含水层，这种现象称为越流。该承压含水层称为越流含水层。

弱透水层的垂向渗透系数与该层厚度之比，称为越流系数。越流系数的测定方法同弹性释水系数。

3.3.2.8　地下水可开采系数

在一定的储存、补给和开采条件下，多年平均允许开采利用的地下水量称为地下水可开采量。地下水可开采量与该区域内地下水总量的比值称为地下水可开采系数。其测定方法也是通过实验方法测定。

3.3.3　地下水的运动及数学模型

3.3.3.1　地下水流运动规律

由于岩土空隙中地下水的运动要素（如流速）的分布在微观尺度上变化无常，关于地下水流运动规律的探讨，主要从宏观尺度上进行研究。

首先，假设一个流场，该流场不能将水流束缚在空隙之中，否则水流在空间上不连续，一切基于连续函数的微积分手段将不能用。其次，用假想的水流代替真实的地下水流。假想的水流是充满整个多孔介质（包括空隙和固体部分）的连续体；假想水流的阻力与实际水流在空隙中所受的阻力相同；任意一点的水头和流速等要素与实际水流在该点周围一个小范围的均值相等。这种假想水流便是宏观尺度下的地下水流，也称“渗流”。其所占空间称“渗流场”。

描述渗流的基本定律有线性和非线性之分。线性渗流定律即前文提到的著名 Darcy 定律，它适用于描述雷诺数 $Re<10$ 的层流运动情况，此时，渗透流速与水力坡度呈线性关系。当 $Re>10$ 时，渗透流速与水力坡度呈非线性关系。

非线性渗流定律：Forchheimer（1901 年）提出在雷诺数 $Re>10$ 时，渗透流速与水力坡度之间的关系式为

$$J=Av+Bv^2 \tag{3.3.1}$$

式中：J 为水力坡度；v 为渗流速度；A、B 为参数。

综合水均衡方程（根据质量守恒建立的渗流连续方程）、水和多孔介质的压缩方程（根据虎克定律建立的）和达西线性渗透定律（适用于 $Re<10$ 的流动条件），便可以建立以水头为因变量的渗流基本微分方程：

$$K_{xx}\frac{\partial^2 H}{\partial x^2}+K_{yy}\frac{\partial^2 H}{\partial y^2}+K_{zz}\frac{\partial^2 H}{\partial z^2}=\mu_s\frac{\partial^2 H}{\partial t^2} \tag{3.3.2}$$

式中：H 为水头；K_{xx}、K_{yy}、K_{zz}分别为 x、y、z 方向上的渗透系数；μ_s 为弹性给水度或单位储水系数，表示下降单位水头时，从单位体积空隙介质中释放的水量（体积）。

3.3.3.2　地下水数学模型

地下水的运动过程十分复杂，通常借助数学模拟方法进行研究。地下水数学模型按描述对象可以分为水头（水位）模型、水质模型和水温模型。按描述各变量之间的关系，可以分为确定性模型和随机性模型。

求解地下水流的方法有解析法、数值法和物理模拟法。其中，数值法是地下水模型的主要求解方法（参见 7.1 节）。

目前，地下水模型的发展十分迅速，出现了大量模拟软件，比较著名的有 MODFLOW、GMS、PHREEQC、HST3D 等。

MODFLOW是美国地质调查局的McDonald和Harbaugh于20世纪80年代开发的一套专门用于孔隙介质中三维有限差分地下水流数值模拟的软件。MODFLOW在科研、生产、环境保护、水资源利用等多方面得到广泛的应用，成为最为普及的地下水运动数值模拟的计算软件。

GMS（Groundwater Modeling System）是集成MODFLOW、MODPATH、MT3D、FEMWATER、SEEP2D、SEAM3D、RT3D、UTCHEM、PEST、UCODE等地下水模型而开发的可视化三维地下水模拟软件包。可进行水流模拟、溶质运移模拟和反应运移模拟，可建立三维地层实体，进行钻孔数据管理，二维（三维）地质统计，可视化二维（三维）模拟结果。

PHREEQC是用C语言编写的进行低温水文地球化学计算的程序，可进行正向和反向模拟，几乎能解决水、气、岩土相互作用系统中所有平衡热力学和化学动力学问题。

HST3D是一个三维热及溶液运移模型，可以模拟三维空间地下水流及有关的热、溶液运移，进行地质废物处置、填埋物浸出、盐水入侵、淡水回灌与开采、放射性废物处理、水中地热系统和能量储藏等问题的分析。

3.4　产汇流原理

径流过程是水循环中最关键和最复杂的物理过程。降落到陆地上的水，一部分蒸发，返回大气；一部分经植物截留、下渗、填洼及地面滞留后，通过不同途径形成地面径流、壤中流和地下径流，汇入江河湖海。产汇流理论可用来揭示径流形成和演变的机制与原理，为水循环过程的模拟与研究提供重要的理论依据。

3.4.1　产流理论

3.4.1.1　产流机制

产流机制是指降雨产生径流的基本物理条件，它取决于下垫面结构及降雨特性。研究表明，“超渗”产流和“蓄满”产流是自然界中两种基本的产流模式，它们是现行流域产流量计算方法的基础。

（1）超渗产流。早在1935年Horton在《地表径流现象》论文中明确指出，降雨强度（i）超过地面下渗能力（f_p）、包气带缺水量（D）得到满足，即下渗到包气带中的水量（I）与其蒸发量（E）之差超过其缺水量（D），是产流的基本物理条件。Horton断言：

当$i \leqslant f_p$、$I-E \leqslant D$时，无径流产生，河流处于原先的退水状态；

当$i > f_p$、$I-E \leqslant D$时，河流中将出现尖瘦且涨落洪段大致对称的洪水过程线，它是由单一地面径流所形成；

当$i \leqslant f_p$、$I-E > D$时，河流中将出现矮胖且涨落洪段大致对称的洪水过程线，它是由单一地下水径流所形成；

当$i > f_p$、$I-E > D$时，河流中将出现涨洪快速、落洪缓慢、具有明显不对称的洪水过程线，它显然是由地面和地下两种径流成分混合所形成。

Horton 产流理论正确地阐明了均质包气带情况下超渗地面径流和地下水径流产生的物理条件。在某种程度上讲，他指出了径流产生的最基本规律。

(2) 蓄满产流。在自然界中，许多情况下包气带的岩土结构并非均质，而是具有一定的层次结构。人们从一些流域的退水曲线分析中发现有多于两种的径流成分存在；在一些表层土壤十分疏松、下渗能力很大的地区，即使降雨强度不够大，也可以观测到地面径流现象。这些现象为经典的 Horton 产流理论所不能解释。从 20 世纪 60 年代起 Hewlett 就开始注意到这个问题。直到 70 年代初，Kirkby 等在大量水文实验研究基础上提出了一种新的产流理论，称为山坡水文学产流理论。

山坡水文学产流理论揭示了蓄满产流的机制。在两种透水性有差别的土层形成的相对不透水界面上，可形成临时饱和带，其侧向流动即成为壤中径流；如果该界面上土层的透水性远远好于其下面土层的透水性，则随着降雨的继续，这种临时饱和带容易向上发展，直至上层土壤全部达到饱和含水量，这时如仍有降雨补给，则将出现地面径流现象。这样产生的地面径流有别于超渗地面径流，称为饱和地面径流。山坡水文学产流理论使得人们对自然界复杂的产流现象有了更深入的认识，它是对 Horton 产流理论的重要补充。

(3) 界面产流。剖析超渗地面径流、地下水径流、壤中水径流和饱和地面径流等 4 种基本径流成分的产生机制，可以发现任何一种径流成分都是在两种不同透水性介质的界面上形成的。这就是所谓的界面产流规律。此时，如果将界面作为下渗面，则任何径流量都是这种界面的“超渗量”；但如果着眼于界面以上土层的水量平衡，则又可以得知，任何径流量都是该水量平衡方程式中的“余额”。

现有产流机制忽略了地形坡度和土层各向异性对产流的影响，对非饱和侧向流在壤中流和地下水流形成中的作用也注意不够。关于地形坡度对产流的影响，1981 年，Zaslausky 曾引用过这样一个例子：若用下渗能力作为指标来决定茅草是否可作为盖屋顶的材料，则必定会作出由于其下渗能力太大而不宜作屋顶材料的结论。但事实上，人们并未发现雨水透过茅屋顶漏入室内。究其原因，是由于茅屋顶不仅具有陡峻的坡度，而且具有各向异性，即垂直于茅屋顶方向的渗透性远小于平行于茅屋顶方向的渗透性。可以确定，对地形坡度、土层各向异性及非饱和侧向流的作用进行深入的实验和分析，将会有力地推动对产流机制的进一步研究。

3.4.1.2 流域产流分析

降落在流域上的雨水，经产流的作用，有一部分将通过流域出口断面流出，这便是流域产流量。在降雨过程中，流域上产生径流的区域称为产流区，其面积称为产流面积。流域产流面积的大小及位置在降雨过程中是变化的，这是流域产流的一个重要特点，对其变化规律的揭示和定量描述，是流域产流量计算的关键。

据观察，流域产流面积的变化过程一般可描述如下（图 3.4.1）：降雨开始前，河流中的水量主要来自流域中包气带相对较厚的中、下游地区的地下水补给，在流域上游地区，由于土层浅薄，一般是没有地下水补给枯季径流的。降雨开始后，流域中易产流的地区先产流，这时河沟开始向上游延伸，河网密度开始增加。随着降雨的继续，河网密度不断增加，产流面积不断扩大，组成了流域出口断面涨洪段不同时刻的流量。降雨停止后，流域中河网密度逐步减小，河中流量处于消退阶段。

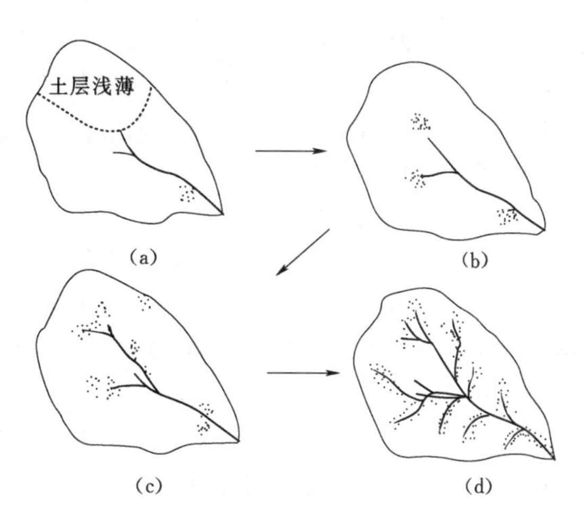

图 3.4.1　流域产流面积变化[30]

(a) 降雨开始前；(b) 降雨初期；(c)、(d) 继续降雨

流域产流面积的变化显然取决于降雨特性和下垫面特性空间分布的不均匀性及其配合关系。这里涉及的降雨特性主要是降雨量和降雨强度，涉及的下垫面特性主要是指包气带厚度、土质、土壤结构和初始土壤含水量等。可见，产流面积的变化是十分复杂的。但如果降雨特性的空间分布均匀，则易知产流面积的变化仅与下垫面特性空间分布的统计性质有关。此时，人们对蓄满产流和超渗产流两种基本产流模式的产流面积变化的基本特点和描述方法进行了讨论。

为分析蓄满产流的产流面积变化问题，可引进流域蓄水容量分配曲线。该曲线是一条单增曲线，对一个流域它是唯一的。根据蓄满产流条件，就可以在流域蓄水容量分配曲线上求得其产流面积变化过程。在降雨特性空间分布均匀的情况下，蓄满产流的产流面积变化与降雨强度无关，仅随着降雨量的增加而增加。

为分析超渗产流的产流面积变化问题，可引进流域下渗容量分配曲线。该曲线对一个流域不是唯一的，而是以流域蓄水容量为参变量的一组曲线。根据超渗产流条件，就可以在流域下渗容量分配曲线上求得其产流面积变化过程。在降雨特性空间分布均匀情况下超渗产流的产流面积变化不仅与降雨强度有关，而且还与降雨过程中流域蓄水容量变化有关。

由于产流问题的复杂性以及许多过程还未被揭示或认识，使得产流机制研究仍任重而道远。

3.4.2　汇流理论

3.4.2.1　汇流过程

降落在流域上的雨水，从流域各处向流域出口断面汇集的过程称为流域汇流。流域汇流包含坡面流、壤中流、地下水流以及河道汇流等多种水流的汇集，可分为坡面汇流和河网汇流两个阶段。

在坡面汇流阶段，雨水经过产流阶段扣除损失后形成净雨，净雨在坡面汇流过程中，有的沿坡面注入河网成为地面径流；有的下渗形成表层流（壤中流）和地下径流再流入河网。地面径流流速较大且流程短，因而汇流时间较短；地下径流要通过土层中各种孔隙再汇入河网，流速小，汇流时间较长；表层流介于两者之间。地面径流在坡面流动过程中，有一部分会渗入土层中成为表层流；而表层流在流动中，部分水流又会回归地面成为地面径流。各种水源的径流进入河网后，即开始河网汇流阶段。在该阶段，各种水源的水流汇集在一起，从低一级河流汇入高一级河流，从上游到下游，最后汇集到流域出口断面。因此，该阶段不同水源的径流在汇流时间上就存在着差异。河网中水流的汇流速度比坡面大得多，但因汇流路径长，汇流时间也较长。上述两个汇流阶段，在实际降雨过程中并无截然的分界，而是交错进行的。

3.4.2.2　汇流的概化

由于流域汇流的复杂性，目前还不能用纯粹的水力学方法求解水流的运动过程，需要对汇流过程进行概化。实际上，人们也不需要掌握水流在流域空间上和时间上变化的全部发展过程，只需了解由降水所形成的流域出口断面的流量过程。

一般对流域的概化主要有两种途径：一是单位线，二是等流时线。单位线是将流域设想成一种自然积分器，净雨进入其中，形成一条光滑的出流过程，单位净雨得到单位线。当假定积分器是线性时，则可以利用迭加原理，通过单位线将净雨过程转变为流量过程。等流时线则把流域设想成按照相同汇流时间勾绘出的若干等流时面积，每块面积上的净雨按各自的汇流时间平移到流域出口，同时利用迭加原理，将各等流时块的净雨转变成流量过程线。两种途径的共同点都是采用卷积，不同点在于单位线按净雨时序实现卷积，等流时线则按照汇流时间实现卷积。

20世纪50年代，水文学家J.E.Nash等将系统概念引入流域汇流，将流域概化成一种水文动力系统，用线性水库（代表坦化）与线性渠道（代表平移）作为流域系统的概念性组成元件。然后设想净雨进入流域后经过不同组合的水库和渠道，最后在流域出口形成出流过程。

60年代以后，非线性汇流逐渐为水文学者所关注。80年代中期又开始了地貌瞬时单位线的研究。不同的概化，得出不同的汇流计算模型。非线性单位线与变动等流时线仍然是概化的主流。

自然界产汇流机制十分复杂，人类活动的影响又增加了其复杂性。在21世纪，进一步揭示不同气候和下垫面条件下的产汇流规律，尤其是探讨人类活动对产汇流的影响，仍然是十分重要的研究课题。发挥多学科交叉与相互渗透的作用，采用新的科学理论和技术，是探求新的产汇流理论和计算方法的重要手段。在流域产流理论和计算方法方面，重点要研究下垫面结构的各向异性、地形坡度等在产流中的作用，人类不同的土地利用方式对产流的影响，以及能分别计算出各种径流成分的流域产流量计算方法。在流域汇流理论和计算方法方面，重点要研究水系发展与流域汇流的关系，流域地形地貌与流域汇流的关系，以及在流域汇流计算中时空尺度对这些关系的影响。

参考文献

［1］ Richards F, Arkin P. On the relationship between satellite - observed cloud cover and precipitation [J]. Monthly Weather Review, 1981, 109 (5): 1081 - 1093.

［2］ Lecam L. A stochastic theory of precipitation: Fourth Berkeley Symposium on Mathematics, Statistics, and Probability [C]. Univ. of Calif., Berkeley, Calif, 1961.

［3］ Brutsaert W. Evaporation into the Atmosphere. Theory, History, and Applications. [M]. Dordrecht: D. Reidel Co., 1982.

[4] 邱新法，曾燕，缪启龙，等．用常规气象资料计算陆面年实际蒸散量［J］．中国科学（D辑：地球科学），2003（3）：281-288.

[5] 刘绍民，李银芳．梭梭柴林地蒸散量估算模型的研究［J］．中国沙漠，1996（4）：80-83.

[6] 欧阳海，周英．利用零通量面法计算农田蒸散的研究［J］．干旱地区农业研究，1990（1）：76-83.

[7] Makkink G. Testing the Penman formula by means of lysimeters [J]. Journal of the Institution of Water Engineerrs，1957，11：277-288.

[8] Jensen M E，Haise H R. Estimating evapotranspiration from solar radiation [J]. Proceedings of the American Society of Civil Engineers，Journal of the Irrigation and Drainage Division，1963，89：15-41.

[9] Hargreaves G H，Samani Z A. Reference crop evapotranspiration from temperature [J]. Applied Engineering in Agriculture，1985，1（2）：96-99.

[10] Monteith J. Light distribution and photosynthesis in field crops [J]. Annals of Botany，1965，29（1）：17-37.

[11] Slatyer R，Mcilroy I. Evaporation and the principle of its measurement：Practical Meteorology [C]. Paris：CSIRO（Australia）and UNESCO，1961.

[12] Priestley C，Taylor R. On the assessment of surface heat flux and evaporation using large-scale parameters [J]. Monthly Weather Review，1972，100（2）：81-92.

[13] 冯国章．区域蒸散发量的气候学计算方法［J］．水文，1994（03）：7-11，65.

[14] Schreiber P. Über die Beziehungen zwischen dem Niederschlag und der Wasserführung der Flüsse in Mitteleuropa [J]. Z Meteorol，1904，21（10）：441-452.

[15] Ol'dekop E. On evaporation from the surface of river basins [J]. Transactions on Meteorological Observations，1911，4：200.

[16] 傅抱璞．论陆面蒸发的计算［J］．大气科学，1981，5（1）：23-31.

[17] 买苗，邱新法，曾燕．西部部分地区农田实际蒸散量分布特征［J］．中国农业气象，2004（04）：28-32.

[18] B. Seguin，B. Itier. Using midday surface temperature to estimate daily evaporation from satellite thermal IR data [J]. International Journal of Remote Sensing，1983，4（2）：371-383.

[19] 郭晓寅，程国栋．遥感技术应用于地表面蒸散发的研究进展［J］．地球科学进展，2004，19（1）：107-114.

[20] Kostiakov A N. On the dynamics of the coefficient of water percolation in soils and the necessity of studying it from the dynamic point of view for the purposes of amelioration [J]. Trans Sixth Comm Int Soc Soil Sci，1932，1：7-21.

[21] Horton R E. An approach toward a physical interpretation of infiltration-capacity [J]. Soil Science Society of America Journal，1940，5（C）：399-417.

[22] Holtan H N. Concept for infiltration estimates in watershed engineering [M]. Agricultural Research Service，U. S. Department of Agriculture，1961.

[23] Green W H，Ampt G. Studies on Soil Phyics [J]. The Journal of Agricultural Science，1911，4（1）：1-24.

[24] Philip J R. The theory of infiltration：4. Sorptivity and algebraic infiltration equations [J]. Soil Science，1957，84（3）：257-264.

[25] Darcy H P G. Les Fontaines Publiques de la Ville de Dijon [M]. Dalmont，Paris，1856.

[26] Buckingham E. Studies on the movement of soil moisture [J]. US Dept Agic Bur Soils Bull，1907，38.

[27] Noblanc A，Morel - Scytoux H J. Perturbation analysis of two - phase infiltration [J]. Journal of the Hydraulics Division，1972，98 (9)：1527 - 1541.

[28] Richards L A. Capillary conduction of liquids through porous mediums [J]. Physics，1931，1 (5)：318 - 333.

[29] Forchheimer P. Wasserbewegung durch boden [J]. Z Ver Deutsch，Ing，1901，45：1782 - 1788.

[30] 芮孝芳，姜广斌．产流理论与计算方法的若干进展及评述 [J]. 水文，1997 (4)：16 - 20.

第4章　水文不确定性理论

水文系统中广泛存在着不确定性。正是由于水文系统“具有不确定性”这一固有特性，使得人们对某些水文现象的预测十分困难，导致水灾害时有发生（如洪水、干旱）。为了认识和减小水文系统中不确定性带来的影响，国内外很多学者致力于这方面的研究。水文不确定性问题一直是水文学研究的前沿科学问题。

本章先介绍水文系统的不确定性，然后分别介绍几种水文不确定性理论，包括随机水文学、模糊水文学、灰色系统水文学，最后对水文不确定性研究进行展望。

4.1　水文系统不确定性

4.1.1　客观存在的不确定性及其处理方法

不确定性是自然界和人类社会广泛存在的一种特性，其产生的原因也多样，可能是事物本身的结果无法预料，也可能是对事物描述的概念不清晰，也可能是由于人们认识的局限性带来的，因此，不确定性广泛存在又多种多样。在《现代水文学（第二版）》[1]中，介绍了人们已经认识到的4种不确定性：随机性、模糊性、灰色性、未确知性。当然，也有一些学者提出其他类型的不确定性。这里仅对这4种不确定性的定义介绍如下[2]。

(1) 由于条件提供的不充分和偶然因素的干扰，使几种人们已经知道的确定结果的出现呈现偶然性，在某次试验中不能预料哪一个结果发生。这种不确定性即为“随机性”。

(2) 由于事物的复杂性，导致事物的界线不分明，对其概念不能给出确定的描述，不能给出确切的评定标准。这种不确定性即为“模糊性”。

(3) 由于事物的复杂性、信道上噪声干扰和接收系统能力（含人的辨识能力）的限制，人们只知系统的部分信息或信息量所呈现的大致范围。这种部分已知、部分未知的不确定性即称为“灰色性”。

(4) 纯主观上的、认识上的不确定性称为“未确知性”。与灰色性相比，它具有较多的信息量，不但知道信息量的取值范围，还知道所求量在该区间的分布状态。

处理各种不确定性已有了各自的数学方法。处理随机性的数学方法是随机理论与概率统计；处理模糊性的数学方法是模糊数学；处理灰色性的数学方法是灰色数学；处理未确知性的数学方法是未确知数学。但在实践中常常遇到在同一个系统中几种不确定性同时出现或交叉出现的情况。因此，有必要研究综合处理多种不确定性的数学方法，而目前这方面的研究仍不足，是不确定性研究的难点问题，也是主要研究方向之一。

4.1.2　水文系统广泛存在着不确定性

从水文系统的输入、输出以及系统内部结构三方面组成来看，既存在确定性一面，又存在不确定性一面。一般来讲，水文系统的不确定性来自三个方面：其一是系统输入存在的不确定；其二是系统内部结构本身存在的不确定性；其三是系统输出存在的不确定性。以水文-生态模拟研究为例：第一，水文-生态模型的输入，往往包括来自大气环流模式（GCMs）或中尺度区域模式的输出，存在明显的不确定性，且水文-生态模型对这种不确定性十分敏感；第二，水文-生态模型本身结构复杂、参数众多且变化多端，表现出水文-生态模型本身的不确定性；第三，通过水文-生态模型的运算，输出结果也常常存在一定的偏差，即也是不确定的。所以，无论是水文-生态模拟本身还是与大气系统模式耦合以及系统模型的输出，均需要研究上述多种不确定性问题。

（1）水文系统中存在的随机性。从系统的输入与输出关系来看，由于系统环境的变化可能会影响系统功能的变化，这种变化常常表现为随机性。比如，流域降雨径流量的大小会随着降雨的随机变化而变化，从而表现为随机性。

从系统结构及内部状态来看，由于水文系统结构的复杂性，使得人们对水文规律的认识和参数的获得常常带有随机性。比如，对地下水水文地质参数的试验，常常是随机地选择钻探点和抽水试验点，得到的水文地质参数当然也存在一定的随机性。

（2）水文系统中存在的模糊性。水文系统是一个复杂的系统，在系统输入与输出、系统结构与状态等方面，很多有关的概念界限不分明。比如，我们常说的"洪水季节"与"枯水季节""稳定流"与"非稳定流""含水层"与"隔水层"，等等，都是界限不分明的模糊概念。

（3）水文系统中存在的灰色性。从水质点的运移机理、流速状态以及介质结构来看，人们不可能对其完全清清楚楚，即永远是灰色的。

从建立的系统模型来看，由于受人类认识能力的限制、测试手段的限制，使得人们获取的资料不全或精度不高。当然，在这种条件下建立的系统模型也是灰色的。

从系统的功能来看，由于人们对系统的结构、内部状态以及系统边界都不可能完全清楚，因此对系统功能的了解和认识也不完全清楚和精确。比如，对降雨径流量的计算，由于种种原因，常常计算结果误差较大，即所得的结论也是灰色的。

（4）水文系统中存在的未确知性。由于水文系统是一个庞大的复杂系统，对系统的内部结构、状态以及输入输出关系等的了解，一方面不可能完全清楚，另一方面也不需要百分之百的清楚。比如，对"隔水层"的了解，隔水层是否完全隔水，是否存在导水通道，导水通道又在何处。虽然这一判断可能对人们很有用，但如果要准确做出这一判断，必然要耗费很大的人力、物力。也就是说，我们总可以在一定程度上做得到。但实际中不需要我们完完全全了解，只需要通过某些手段较准确地估计或计算出隔水层的渗透量即可。这就是未确知性。

4.1.3　水文系统不确定性研究方法

我国水文水资源学者对水文不确定性问题进行了广泛深入的研究，也取得了一些带有理论开创性和独具特色的研究成果，如，以河海大学、四川大学、西安理工大学等为代表的随机水文学理论与方法，以大连理工大学等为代表的模糊水文学理论与方法，以武汉大学为代表的灰色系统水文学理论与方法等，为现代水文学不确定性研究开拓了新的思路和新的途径。这些研究方法将在以下几节分别介绍。

这里简单介绍一个例子。某系统参数的不确定性，假定用某个半量化的数值区间来表达，比如，假定某天气或水文特征量的真值为 X_{true}，采用动力学模拟总是存在一定的误差，对 X_{true} 模拟的平均值记为 X_{avg}，则模拟过程不确定性来源有：系统偏差（$X_{avg}-X_{true}$）；模型模拟值相对 X_{avg} 的误差 U_{prec}；由于采用的模型或者观测技术不同，在它们之间反映的误差 U_{prot}；由于时间和空间尺度的不同所反映的不确定性误差 U_{scale} 等。它们的不确定性数值区间总和为 $(X_{avg}-X_{true})+U_{prec}+U_{prot}+U_{scale}$。对此需要研究的问题是：如何在水循环模拟和系统耦合中描述、量化和运算这些数值区间？如何将输入输出的不确定性与水循环模拟的确定性关系耦合在一起来认识水文的复杂性和模拟的不确定性？这是水文模拟不确定性量化研究比较困难的问题，需要采用不同的研究途径与方法[3]。

其中，一种可行的研究途径是运用随机统计理论，通过随机动力学的系统模拟，识别水循环模拟和耦合中的不确定性。其面临的问题是：推求随机动力学系统模拟的解十分困难，在实际应用中往往缺乏足够的系统观测（如大气降水量）和系统状态（如土壤含水量）样本资料。

另一种研究途径是模糊数学和灰色系统区间分析的不确定性理论方法。例如，针对水文模拟信息不完善的问题，可以把前述的系统不确定性数值区间定义为一种特定的灰数 $X_g(\otimes)=[X_d,X_o,X_u]$，其中 X_d 是下界值，X_u 是上界值。为了减少参数，定义灰数的白化值为 $X_o=(X_d+X_u)/2$，区间灰半径为 $\delta X=(X_u-X_d)/2$，则数值区间只需用两个参数描述 $X_g(\otimes)=\langle X_o,\delta X\rangle$，其中 X_o 可描述系统确定性或趋势的变化项，而 δX 反映了系统不确定性信息。利用灰区间四则封闭运算，将描述系统不确定性的数值区间，纳入到水循环动力学系统方程中参加运算，既可以获得系统模拟确定性的解，又可以量化系统不确定性的数值区间解[3]。

由于水文系统中广泛存在着不确定性，再加上处理各种不确定性问题的研究方法还处于探索或发展阶段，使得水文不确定性研究一直是一个难点问题，也是现代水文科学研究的热点内容之一。

4.2 随机水文学基础

4.2.1 随机水文过程与随机水文学的概念

前文已对随机性的概念做过介绍。在水文学中，水文现象随时间的变化过程称为水文过程。一般来说，水文过程包含确定性成分和随机性成分。确定性成分表现为水文现象的趋势变化和周期性变化等，随机性成分表现为水文现象的相依性和纯随机变化。我们把包含有随机性成分的水文过程称为随机水文过程。比如，一条河流的月径流过程是一个随机水文过程，它既受地球围绕太阳公转影响而呈现出丰、平、枯周期性变化特征，也受流域各种因素的影响而显示出相依性，又表现为受外界偶然因素影响而显现的纯随机性[4]。所谓随机水文学就是指“以随机水文过程为研究对象，运用随机过程理论与方法来描述和处理水文复杂性和不确定性问题的一门交叉学科”。它是随机过程理论与方法在水文学中的应用，并逐渐派生出的一门专门研究随机水文过程的边缘学科，为研究水文系统中广泛存在的“随机性”提供了方法论。

随机水文学填补了确定性水文学（研究确定性过程）和概率性水文学（研究纯随机过程，即概率过程）的缺口。在确定性水文学中，认为水文现象随时间的变化可完全由其他变数加以表达。在概率性水文学中，问题不牵涉时间，而只涉及某一事件的概率。在随机水文学中，现象发生的时间先后次序至关重要。随机水文学的研究重点在于与时间紧密有关的随机现象，即随机水文过程。表示这种过程的数学模型，称为随机水文模型或随机模型[4]。

4.2.2　随机水文学体系及内容介绍

4.2.2.1　随机水文学体系

随机水文学的分支学科体系可以概括为相互联系的两个部分：随机水文学理论基础部分和随机水文学方法论及应用部分（图 4.2.1）。

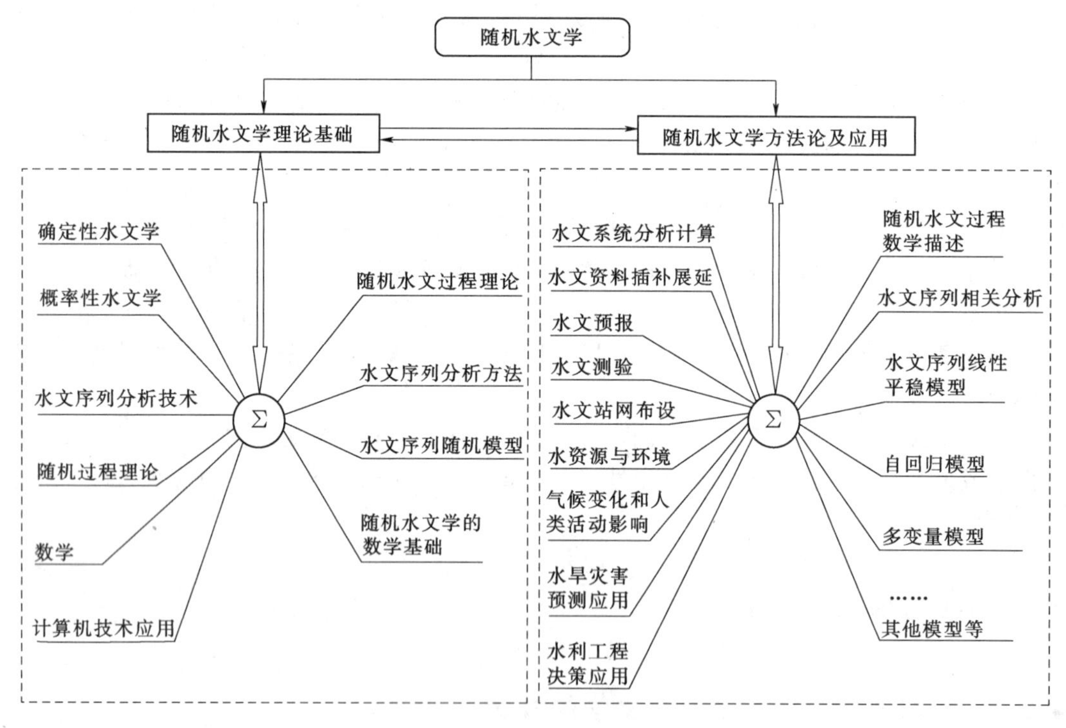

图 4.2.1　随机水文学体系示意图

随机水文学理论基础部分，是在确定性水文学、概率性水文学的基础上，以水文序列分析技术、随机过程理论、数学、计算机技术应用等基础科学技术为支撑，研究水文过程的变化规律及随机水文学的基础理论。其主要内容包括随机水文过程理论、水文序列分析方法、水文序列随机模型、随机水文学的数学基础。这些内容是随机水文学的理论基础，也是随机水文学方法论研究和应用研究的理论依据。

随机水文学方法论及应用部分，是随机水文学基础理论在水文系统分析计算、水文资料插补展延、水文预报、水文测验、水文站网布设、水资源与环境、气候变化和人类活动对径流影响分析、水旱灾害预测、水利工程决策等领域的应用中，不断发展起来的随机水文学方法论，包括随机水文过程数学描述、水文序列相关分析、水文序列线性平稳模型、自回归模型、多变量模型以及其他模型等。

4.2.2.2　随机水文学主要内容介绍

1. 随机水文过程理论

随机水文学是以随机水文过程为对象，主要研究随机水文过程的数学描述与模拟。因此，随机水文过程理论是随机水文学的数学基础，也是随机水文学的重要基础内容。

2. 水文序列分析方法

水文序列是水文学中分析问题时常常用到的一类研究对象。通过对水文序列的统计分析，估计水文序列的总体特征，为进一步建立最佳随机水文模型提供依据。自相关分析和谱分析技术是研究水文序列统计特性的有用工具[4]。自相关分析是研究水文序列内部线性相依性的统计技术，常用自相关系数来表示，是在时间域上分析水文序列的内部结构。谱分析是研究水文序列在频率域上的内部结构，常用方差线谱、方差谱密度、最大熵谱等来表示，是在频率域上分析水文序列的内部结构。这里仅简单列举自相关系数、方差谱密度的计算式。

实测样本序列 $x_t(t=1，2，\cdots，n)$ 的自相关系数 $r_k(k=1，2，\cdots，m)$ 为

$$r_k=\frac{\hat{C}_k}{\hat{\sigma}_t\hat{\sigma}_{t+k}} \tag{4.2.1}$$

式中：$\hat{C}_k$ 为样本协方差；$\hat{\sigma}_t$、$\hat{\sigma}_{t+k}$ 为样本方差。

$\hat{C}_k$、$\hat{\sigma}_t$、$\hat{\sigma}_{t+k}$ 分别用下式计算：

$$\hat{C}_k=\frac{1}{n-k}\sum_{t=1}^{n-k}(x_t-\overline{x}_t)(x_{t+k}-\overline{x}_{t+k})$$

$$\hat{\sigma}_t=\left[\frac{1}{n-k}\sum_{t=1}^{n-k}(x_t-\overline{x}_t)^2\right]^{\frac{1}{2}}$$

$$\hat{\sigma}_{t+k}=\left[\frac{1}{n-k}\sum_{t=1}^{n-k}(x_{t+k}-\overline{x}_{t+k})^2\right]^{\frac{1}{2}}$$

式中：$\overline{x}_t$ 和 $\overline{x}_{t+k}$ 为均值，$\overline{x}_t=\frac{1}{n-k}\sum_{t=1}^{n-k}x_t$ ，$\overline{x}_{t+k}=\frac{1}{n-k}\sum_{t=1}^{n-k}x_{t+k}$ 。

实测样本序列 $x_t(t=1，2，\cdots，n)$ 的方差谱密度 S_w 的估计值 $\hat{S}_w$ 为

$$\hat{S}_w=\frac{1}{\pi}\left[1+2\sum_{k=1}^{m}r_k\cos(kw)\right] \tag{4.2.2}$$

式中：w 为角频率，$w=\pi/m$。

3. 水文序列随机模型

随机水文学的重要应用方面是依据不同水文过程建立合适的随机模型。在随机过程理

论中，随机模型类型很多，比如线性平稳模型、自回归模型、多变量模型等。这些模型在水文过程模拟中的广泛应用，组成了随机水文学方法论的主体。这里简单介绍几种模型。

对于水文序列 x_t，线性平稳模型一般形式如下：

$$x_t-\mu=\phi_1(x_{t-1}-\mu)+\phi_2(x_{t-2}-\mu)+\cdots+\phi_p(x_{t-p}-\mu)+\varepsilon_t \quad (4.2.3)$$

式中：μ 为序列均值；ϕ_1，ϕ_2，…，ϕ_p 为参数；p 为阶数；ε_t 为随机变量，一般 ε_t 为独立随机序列（白噪声序列）。在这个模型中，水文序列 x_t 表示为一般变量与随机变量的线性组合，它有多种变化形式。

自回归滑动平均模型［ARMA(p,q)］是线性平稳模型的一种形式，一般形式如下：

$$x_t-\mu=\phi_1(x_{t-1}-\mu)+\phi_2(x_{t-2}-\mu)+\cdots+\phi_p(x_{t-p}-\mu)+\varepsilon_t-\theta_1\varepsilon_{t-1}-\cdots-\theta_q\varepsilon_{t-q} \quad (4.2.4)$$

式中：ϕ_1，ϕ_2，…，ϕ_p 为自回归系数；p 为自回归阶数；θ_1，θ_2，…，θ_q 为滑动平均系数；q 为滑动平均阶数。

在式（4.2.4）中，当 $q=0$ 时，式（4.2.4）转化为自回归模型［简记 $AR(p)$］，如式（4.2.3）；当 $p=0$ 时，式（4.2.4）转化为滑动平均模型［简记 $MA(q)$］，如式（4.2.5）：

$$x_t-\mu=\varepsilon_t-\theta_1\varepsilon_{t-1}-\cdots-\theta_q\varepsilon_{t-q} \quad (4.2.5)$$

4.3　模糊水文学基础

4.3.1　模糊性与模糊水文学的概念

1965年，美国学者 L. A. Zadeh 针对广泛存在的模糊性提出了模糊（Fuzzy）集概念，创建了模糊数学。经过几十年的发展，迄今已发展成为一个较完善的数学分支，且在很多领域具有广泛的应用。

由于水文系统中广泛存在着模糊性，再加上生产实践又急需要处理这些模糊性，因此，模糊数学在水文学领域中的应用具有得天独厚的优势。模糊数学与水文学交叉，逐步形成了模糊水文学，并在应用实践中取得了很多卓有成效的研究进展。

所谓模糊水文学就是指“以水文系统为研究对象，运用模糊数学理论与方法来描述和处理水文复杂性和不确定性问题的一门交叉学科”。它是模糊数学理论与方法在水文学中的应用，并逐渐派生出的一门专门研究水文系统中模糊性的边缘学科，为研究水文系统中广泛存在的“模糊性”提供了方法论。

人们在界定水文系统中的某些概念时常遇到模糊性，如汛期和非汛期、洪水与干旱、饱和含水层与非饱和含水层、暴雨与特大暴雨、清洁与污染等。这些客观存在的模糊概念使得模糊数学在水文学中具有广泛的应用领域。已经形成的模糊水文学是模糊数学与水文学理论的有机结合，从水文学原理和水文系统分析的角度去研究水文系统的不确定性，探索水文系统变化规律，并逐步形成一套学术思想新颖的模糊聚类分析、模式识别、综合评判、统计、规划、控制、预测、决策等，极大地促进了现代水文学关于水文系统中“模糊”不确定性的研究。

4.3.2 模糊水文学体系及内容介绍

4.3.2.1 模糊水文学体系

模糊水文学的分支学科体系可概括为相互联系的两个部分：模糊水文学理论基础部分和模糊水文学方法论及应用部分（图 4.3.1）。

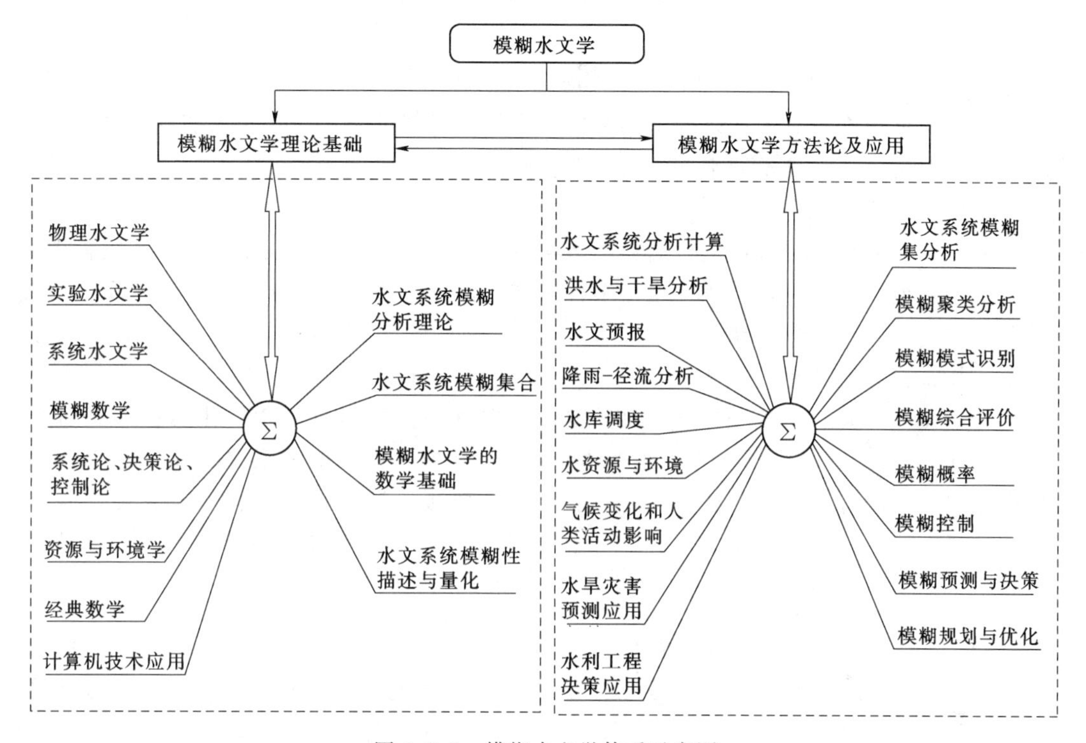

图 4.3.1 模糊水文学体系示意图

模糊水文学理论基础部分，是以物理水文学，实验水文学，系统水文学，模糊数学，系统论、决策论、控制论，资源与环境学，经典数学，计算机技术等为支撑，研究水文系统模糊性及模糊水文学的基础理论，主要内容包括水文系统模糊分析理论、水文系统模糊集合、模糊水文学的数学基础、水文系统模糊性描述与量化。

模糊水文学方法论及应用部分，是模糊水文学基础理论在水文系统分析计算、洪水与干旱分析、水文预报、降雨-径流关系、水库调度、水资源与环境、气候变化和人类活动影响、水旱灾害预测、水利工程决策等领域的应用中，不断发展起来的模糊水文学方法论，包括水文系统模糊集分析、模糊聚类分析、模糊模式识别、模糊综合评价、模糊概率、模糊控制、模糊预测与决策、模糊规划与优化等。

4.3.2.2 模糊水文学主要内容介绍

1. 模糊集理论

模糊集合是在 Cantor 集合的基础上形成的又一类重要“集合”抽象概念，是模糊数学发展的重要基础。Cantor 集合描述确定性信息和随机性信息，能够解决经典系统和随机系统的建模和量化描述问题。为了确切地描述“亦此亦彼”的模糊信息，美国学者

L. A. Zadeh 于 1965 年提出模糊数学的概念，把特征函数中论域 U 到 {0，1} 的映射拓广为 U 到 [0，1] 闭区间上的映射，建立了模糊集合。

所谓 $\underset{\sim}{A}$ 是论域 U 上的一个模糊子集，是指给定了一个从 U 到 [0，1] 闭区间上的映射：

$$\mu_{\underset{\sim}{A}}: U \mapsto [0,1]$$

$$u \mapsto \mu_{\underset{\sim}{A}}(u) \in [0,1], u \in \underset{\sim}{A} \tag{4.3.1}$$

式中：$\mu_{\underset{\sim}{A}}$ 为 $\underset{\sim}{A}$ 的隶属函数；$\mu_{\underset{\sim}{A}}(u)$ 为 u 相对于 $\underset{\sim}{A}$ 的隶属度。

基于模糊集理论，对水文系统中的模糊性进行描述与量化，对水文系统进行分析，特别是进行模糊集分析，是模糊水文学的重要基础。

2. 水文模糊聚类分析

按照一定标准对客观事物进行分类的数学方法称为聚类分析。在水文学中，模糊聚类分析方法具有很广的应用，也派生出很多种具体的计算方法。如基于模糊等价关系的模糊聚类分析方法，其步骤介绍如下。

第一步：建立模糊相似关系。

设 $U=\{u_1,u_2,\cdots,u_n\}$ 为待分类的全体，其中每一分类对象均由一组数据表征 $u_i=(x_{i1},x_{i2},\cdots,x_{in})$。可以选择某一方法来建立 u_i 与 u_j 的模糊相似关系 $R(u_i,u_j)=r_{ij}$。建立模糊相似关系的方法很多，如数量积法、相关系数法、最大最小法、算术平均最小法、几何平均最小法、绝对值指数法、绝对值减数法等。这里仅列举相关系数法，计算公式如下：

$$r_{ij}=\frac{\sum_{k=1}^{m}|x_{ik}-\overline{x}_i||x_{ik}-\overline{x}_j|}{\sqrt{\sum_{k=1}^{m}(x_{ik}-\overline{x}_i)^2}\sqrt{\sum_{k=1}^{m}(x_{jk}-\overline{x}_j)^2}} \tag{4.3.2}$$

其中
$$\overline{x}_i=\frac{1}{m}\sum_{k=1}^{m}x_{ik}, \quad \overline{x}_j=\frac{1}{m}\sum_{k=1}^{m}x_{jk}$$

第二步：建立等价关系。

由第一步建立的模糊关系矩阵 R，采用平方法求 R 的传递闭包 $\hat{R}=R^2$，$\hat{R}$ 便是所求的等价矩阵：

$$\hat{R}=\begin{vmatrix} \hat{r}_{11} & \hat{r}_{12} & \cdots & \hat{r}_{1n} \\ \hat{r}_{21} & \hat{r}_{22} & \cdots & \hat{r}_{2n} \\ \vdots & \vdots & \ddots & \vdots \\ \hat{r}_{n1} & \hat{r}_{n2} & \cdots & \hat{r}_{nn} \end{vmatrix} \tag{4.3.3}$$

其中
$$\hat{r}_{ij}=\bigvee_{k=1}^{n}(r_{ik}\wedge r_{kj})$$

第三步：通过 $\hat{R}$ 对 U 进行分类。

针对等价矩阵 $\hat{R}$，选择任意 $\lambda\in[0,1]$，得到 λ-水平上的 Boole 阵 $\hat{R}_\lambda$。设 $\hat{R}_\lambda=(b_{ij})_{n\times n}$，$b_{ij}$ 只取 0 或 1。当 $\hat{r}_{ij}\geqslant\lambda$ 时，$b_{ij}=1$；当 $\hat{r}_{ij}<\lambda$ 时，$b_{ij}=0$。在矩阵 $\hat{R}_\lambda$ 中，把

$b_{ij}=1$ 的 i 和 j 归为一类，逐步完成分类。

当 λ 由1逐步降至0时，$\hat{R}$ 确定的分类所含元素由少变多，逐步归并，最后成一类。这个过程形成一个动态聚类图。根据动态聚类图，可以选择不同的 λ，得到不同类型的分类结果。

3. 水文模糊模式识别

对于某一具体对象识别它属于何类的问题称为模式识别。由于许多客观事物的特征具有模糊性，所以模糊模式识别具有很广的应用。在模糊水文学中，模糊模式识别方法是其重要的方法论之一。模糊模式识别大致有两种方法：一是直接方法，按"最大隶属原则"归类，主要用于个体识别；二是间接方法，按"择近原则"归类，一般应用于群体识别。

"最大隶属原则"识别方法为：设 A_i（$i=1，2，\cdots，n$）为论域 U 上的模糊子集。对 $u_0\in U$，若存在 i_0，使 $A_{i0}(u_0)=\max\{A_1(u_0),A_2(u_0),\cdots,A_n(u_0)\}$，则认为 u_0 相对属于 A_{i0} 类。

"择近原则"识别方法为：设 A_i、B（$i=1，2，\cdots，n$）为论域 U 上的模糊子集。若存在 i_0，使 $N(A_{i0},B)=\max\{N(A_1,B),N(A_2,B),\cdots,N(A_n,B)\}$［式中 $N(A_i，B)$ 为某种贴近度公式］，则认为 B 与 A_{i0} 最贴近，即判断 B 与 A_{i0} 为一类。

4. 水文模糊综合评价

按照多个评价因素和确定的评价标准，对某个或某类对象进行的整体评价，称为综合评价。综合评价也是一类决策过程，是综合决策的数学工具。在水文系统中，由于影响水文系统的因素众多且广泛存在模糊性，因此采用模糊综合评价方法是模糊水文学中常用的方法。模糊综合评价方法按其计算方法的不同有很多种，如一级综合评价、二级综合评价、变权法评价等。这里简单介绍常用的模糊综合评价方法。

设 $U=\{u_1,u_2,\cdots,u_m\}$ 为评价因素集，$V=\{v_1,v_2,\cdots,v_n\}$ 为评语集。确定映射 μ：$U|\rightarrow V$，对于任意 $u_i\in U$，记 $\mu_i=\mu(u_i)$，称 μ_i 为对单因素 u_i 的评价，μ 为单因素评价函数。称 $f(x_1,x_2,\cdots,x_m)=f(\mu(u_1),\mu(u_2),\cdots,\mu(u_m))$ 是对 U 的综合评价，f 为综合评价函数。

设权向量为 $W=(w_1,w_2,\cdots,w_m)$，一般满足"归一化"要求，即 $\sum_{i=1}^{m}w_i=1$。

常用的综合评价函数有以下几种。

加权平均型，如式（4.3.4）：

$$f(x_1,x_2,\cdots,x_m)=\sum_{i=1}^{m}w_ix_i \tag{4.3.4}$$

几何平均型，如式（4.3.5）：

$$f(x_1,x_2,\cdots,x_m)=\prod_{i=1}^{m}x_i^{w_i} \tag{4.3.5}$$

单因素决定型，如式（4.3.6）：

$$f(x_1,x_2,\cdots,x_m)=\bigvee_{i=1}^{m}(w_i\wedge x_i) \tag{4.3.6}$$

写成矩阵形式。已知单因素评判矩阵 R：

$$R=\begin{vmatrix} r_{11} & r_{12} & \cdots & r_{1n} \\ r_{21} & r_{22} & \cdots & r_{2n} \\ \vdots & \vdots & \ddots & \vdots \\ r_{m1} & r_{m2} & \cdots & r_{mn} \end{vmatrix} \tag{4.3.7}$$

模糊综合评价矩阵写成：

$$B=WR=(w_1,w_2,\cdots,w_m)\begin{vmatrix} r_{11} & r_{12} & \cdots & r_{1n} \\ r_{21} & r_{22} & \cdots & r_{2n} \\ \vdots & \vdots & \ddots & \vdots \\ r_{m1} & r_{m2} & \cdots & r_{mn} \end{vmatrix}=(b_1,b_2,\cdots,b_n) \tag{4.3.8}$$

上式中模糊合成采用加权平均型变换，其表达式为

$$b_i=\sum_{k=1}^{m} w_k r_{ki} \tag{4.3.9}$$

5. 水文模糊概率

水文模糊概率包括三类：第一类是事件本身是模糊的，而概率值是普通数值，即模糊事件的概率；第二类是事件本身是明确的，但概率是模糊的，即事件的模糊概率；第三类是事件和概率都是模糊的，即模糊事件的模糊概率。

设 U 为论域，A 为 U 上的一个模糊子集，$A=A(u)$ 是一个随机变量。模糊事件 A 的概率定义为

$$p(A)\triangleq\int_U A(u)\mathrm{d}p \tag{4.3.10}$$

若 U 是有限集，$U=\{u_i|i=1,2,\cdots,n\}$，$p(u_i)=p_i$，$i=1,2,\cdots,n$，则有

$$p(A)\triangleq\sum_{i=1}^{n} A(u_i)p_i \tag{4.3.11}$$

6. 水文模糊控制

模糊控制与一般控制系统相似，由被控对象、模糊控制器、反馈通道等环节组成。模糊控制在水文学中有广泛的应用前景，比如水库调度控制。一般的模糊控制有如下 4 个计算步骤。

第一步：确定现时误差和误差变化率。用一定手段观测误差 x 和误差变化率 $\dot{x}$ 的值。为了方便，将它们分成若干等级，得到论域 X。误差 x 和误差变化率 $\dot{x}$ 的语言值 A_i 和 B_i 都是 X 上的模糊子集。

第二步：将误差 x 和误差变化率 $\dot{x}$ 模糊化。根据实际情况，对误差 x 和误差变化率 $\dot{x}$ 的语言值 A_i 和 B_i 给出相应的隶属函数。

第三步：确定模糊控制规则（合成算法）。若输入一个模糊子集 R_i，通过模糊控制规则就可得出一个输出 C_i，即控制量，记作 C。

第四步：确定模糊控制量 C。有多种计算方法，如最大隶属度法、中位数法、加权平均法。通过计算得到每一个输入的确切输出值。

7. 水文模糊预测与决策

在许多预测和决策问题中，其目标、任务、对象和需要处理的信息往往含有模糊性，

针对这类问题所作的预测与决策就是模糊预测与决策。模糊数学与一般预测方法相结合，形成多种预测方法，如模糊时间序列预测、回归预测、聚类分析预测、逻辑推理预测等。决策一般包括多目标规划与多属性决策两类。

8. 水文模糊规划与优化

规划问题就是在约束条件下寻求目标的最优（最大或最小），也称优化问题。它可以分为多种类型，比如确定性模型和不确定性模型、线性和非线性模型、单目标模型和多目标模型等。这里简单介绍目前常用的线性规划模型和模糊线性规划模型。

目标函数：
$$\max Z=c_1x_1+c_2x_2+\cdots+c_nx_n \tag{4.3.12}$$

约束条件：
$$\begin{cases} a_{11}x_1+a_{12}x_2+\cdots+a_{1n}x_n\leqslant b_1 \\ a_{21}x_1+a_{22}x_2+\cdots+a_{2n}x_n\leqslant b_2 \\ \vdots \\ a_{m1}x_1+a_{m2}x_2+\cdots+a_{mn}x_n\leqslant b_m \\ x_1,x_2,\cdots,x_n\geqslant 0 \end{cases} \tag{4.3.13}$$

上述是一般线性规划模型形式。求解线性规划模型常用的方法是单纯形法，即根据问题的标准，在由约束条件切割成的凸多面体各极点中，从一个极点转移到相邻极点，使目标函数值逐步增加（或减小），直到目标函数值达到最大（或最小）时为止。此时，极点所对应的决策变量值就是最优解。

在实际问题中，有的约束条件可能带有弹性，有的目标函数也存在模糊性。这类问题归结为模糊线性规划问题。一般形式如下：

目标函数：
$$\max Z\underset{\sim}{=}c_1x_1+c_2x_2+\cdots+c_nx_n \tag{4.3.14}$$

约束条件：
$$\begin{cases} a_{11}x_1+a_{12}x_2+\cdots+a_{1n}x_n\underset{\sim}{\leqslant} b_1 \\ a_{21}x_1+a_{22}x_2+\cdots+a_{2n}x_n\underset{\sim}{\leqslant} b_2 \\ \vdots \\ a_{m1}x_1+a_{m2}x_2+\cdots+a_{mn}x_n\underset{\sim}{\leqslant} b_m \\ x_1,x_2,\cdots,x_n\geqslant 0 \end{cases} \tag{4.3.15}$$

求解模糊线性规划模型，需要根据模糊数学方法先将模糊线性规划模型转化为普通线性规划模型，再求解。

4.4 灰色系统水文学基础

4.4.1 灰色系统与灰色系统水文学的概念

灰色系统理论是我国学者邓聚龙教授于 1982 年创立的一门学科。该学科已经在社会、经济、军事、医学、地学、水利、生态、环境、信息等众多领域得到了广泛的应用，并取得了显著效果。在不确定性广泛存在的水文系统中也得到了成功应用，并形成了一门边缘学科——灰色系统水文学。

在客观存在的系统中，由于人类的认识能力有限，使得反映系统中因素的信息部分明确、部分不明确，这样的系统即为灰色系统。研究灰色系统的数学基础和应用的体系就是灰色系统理论。灰色系统理论应包括两方面内容：一是灰色数学基础，包括灰集合理论、灰数理论、灰函数、灰方程、灰代数、灰矩阵、灰积分和灰微分等；二是灰色系统应用理论，主要包括灰色决策理论、灰色预测理论、灰色控制理论、灰色相关分析、灰色聚类分析、灰色综合评判等。

灰色系统水文学是运用灰色系统理论与方法描述和处理水文复杂性和不确定性问题的一门新兴交叉学科[3]。它是灰色系统理论在水文学中应用并逐渐派生出的一门边缘学科，为水文学的研究提供了新的方法论视野，促使一些水文工作者开始引用、实践和探讨灰色系统水文学问题。

人类面对的水文系统是一个包含部分已知、部分未知信息的灰色系统。可以说，没有一个水文系统的所有信息全部已知，也很难面对完全未知的水文系统。因此，确切地说，水文系统是一个灰色系统，称为水文灰色系统。传统水文学面临以下挑战，需要借助灰色系统理论来解决。

（1）水文系统中信息的挖掘。一方面，要尽可能借助传统的和现代水文学实验手段，观测水文系统中已知信息（如降水量、蒸发量、气温、径流量、水位等），为进一步认识水文系统奠定基础；另一方面，又需要采用灰色系统水文信息论分析方法，来挖掘、处理和度量水文灰色系统的信息，为水文系统研究提供更多的基础信息。

（2）水文模型非唯一、参数非唯一、研究对策非唯一等问题。由于水文系统信息不完全，引起对水文系统特征或规律认识的非唯一，建立的水文模型非唯一，需要得到的参数非唯一，研究得到的对策也非唯一。这给传统水文学认识自然、建立水文模型、识别水文参数以及获得研究对策带来本质上的困难。因此，需要借助灰色系统理论方法来处理和分析信息不完全的水文系统。

（3）“黑箱”方法和确定性数学方法用于分析水文系统，无法充分利用部分已知信息。由于水文系统自身的复杂性，若单靠“黑箱”方法，往往只能考虑系统外部作用，而忽视系统内部的部分已知信息；若单靠确定性数学方法（如微分动力学方法），往往只能表达近似的、简化的、看上去似乎“精确”的关系，而忽视了系统固有的不确定性。为了更好地反映水文系统的客观实际，可以采用两者（指黑箱和确定）相结合的、折中的“灰箱”概念和研究方法。

正是由于水文系统中资料信息不完全的特性，使得灰色系统理论在水文学中具有广泛的应用。已经形成的灰色系统水文学是灰色系统理论与水文学理论的有机结合，从水文学原理和水文系统分析的角度，去研究水文系统的不确定性，探索水文系统变化规律，并逐步形成一套水文灰色系统模拟、预测、统计、评价、决策等研究方法，极大地促进了现代水文学关于水文系统不确定性的研究。

4.4.2　灰色系统水文学体系及内容介绍

4.4.2.1　灰色系统水文学体系

灰色系统水文学的分支学科体系可以概括为相互联系的两个部分：灰色系统水文学理论基础部分和灰色系统水文学方法论及应用部分（图 4.4.1）。

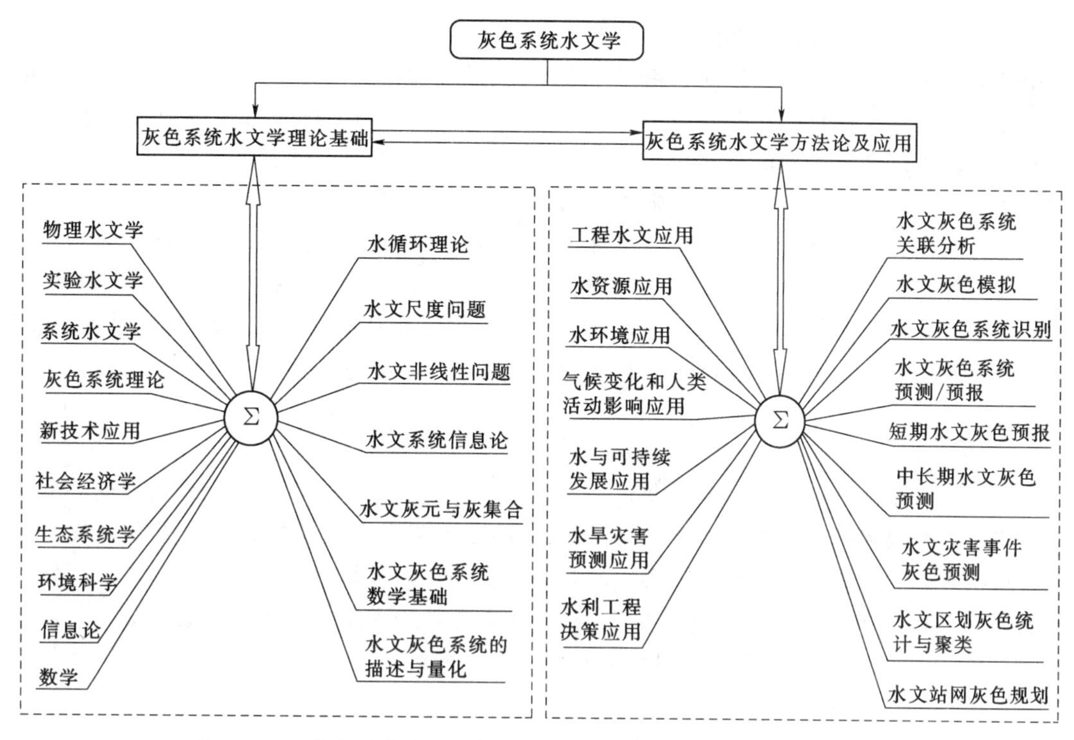

图 4.4.1　灰色系统水文学体系示意图（参考夏军，2000，有改动）

灰色系统水文学理论基础部分，是以物理水文学、实验水文学、系统水文学、灰色系统理论、新技术应用、社会经济学、生态系统学、环境科学、信息论、数学等基础科学技术为支撑，研究水文规律及灰色系统水文学的基础理论，主要内容包括水循环理论、水文尺度问题、水文非线性问题、水文系统信息论、水文灰元与灰集合、水文灰色系统数学基础、水文灰色系统的描述与量化等。

灰色系统水文学方法论及应用部分，是灰色系统水文学基础理论在工程水文、水资源、水环境、气候变化和人类活动影响、水与可持续发展、水旱灾害预测、水利工程决策等领域的应用中，不断发展起来的灰色系统水文学方法论，包括水文灰色系统关联分析、水文灰色模拟、水文灰色系统识别、水文灰色系统预测/预报、短期水文灰色预报、中长期水文灰色预测、水文灾害事件灰色预测、水文区划灰色统计与聚类、水文站网灰色规划等。

4.4.2.2　灰色系统水文学主要内容介绍

本书第 2、3 章已对水循环过程原理与理论做过详细论述，这也是灰色系统水文学分析水文规律及水文系统不确定性的重要基础。此外，水文尺度问题和水文非线性问题是本书第 1 章介绍的水文学中两个前沿科学问题，也是灰色系统水文学研究必须面对的两个难点问题。部分学者已把灰色系统理论与水文学相结合，来探讨这两方面问题。比如，夏军曾采用灰色系统方法建立了大气宏观尺度模型（GCMs）向水文局部尺度模型的尺度转化关系[3]。

1. 水文系统信息论

这是研究灰色系统水文学的重要基础之一。水文工作者的重要任务之一是要从水文系统中获取更多的水文信息。然而，由于水文系统的复杂性、广泛存在的不确定性，人们不可能完全掌握水文信息。在实际应用上也不必要一定掌握所有信息，我们只需掌握部分必需的信息就可以通过人们的感知来分析、总结水文规律。当然，随着掌握信息的增多，人们对水文系统认识的准确性可能会随着增加。信息论的重要基础内容是信息度量，包括信息的结构度量、语义度量和统计度量3种形式。结构度量是研究大量信息的离散构造，它通过简单计算信息单元（量子）方法，或者用大量信息简易编码所提供的组合方法对信息进行度量。语义度量是估计信息的适用性、价值、效应和真实性。统计度量是利用“熵”作为统计发生概率的不确定性度量，从而得出这些或那些消息的信息量[3]。水文信息度量主要针对统计度量。

2. 灰色数学方法

灰色系统水文学的数学基础是灰色数学方法。灰色数学方法也是灰色系统理论的重要基石之一，主要包括灰元与灰集合、灰数、灰函数、灰方程、灰极限、灰导数、灰行列式、灰矩阵、灰空间、灰线性规划等。其目的是设法从数学量化基础方面，为水文灰色系统模型的建立、未知部分的识别、灰色预测与决策等，提供量化和半量化的方法论[3]。灰集合是在Cantor集合、模糊集合的基础上形成的又一类重要“集合”抽象概念，是灰色数学发展的重要基础。

所谓G是论域U上的一个灰子集，是指给定了一个从U到［0，1］闭区间上的两个映射：

$$\left.\begin{aligned}\overline{\mu}_G:U\rightarrow[0,1],\quad u\mapsto\overline{\mu}_G(u)\in[0,1]\\ \underline{\mu}_G:U\rightarrow[0,1],\quad u\mapsto\underline{\mu}_G(u)\in[0,1]\end{aligned}\right\}\tag{4.4.1}$$

式中：$\overline{\mu}_G$、$\underline{\mu}_G$分别为G的上隶属函数和下隶属函数，$\overline{\mu}_G\geqslant\underline{\mu}_G$；$\overline{\mu}_G(u)$、$\underline{\mu}_G(u)$分别为元素$u$相对于$G$的上隶属度和下隶属度。

当论域U是实数集R时，由上式定义的灰集合就称为灰数。在灰数和灰集合的基础上，可以进行集合运算，建立灰函数、灰方程、灰极限、灰导数、灰行列式、灰矩阵、灰空间、灰线性规划等。

3. 水文灰色系统关联分析

这是灰色系统水文学方法论的重要方法之一，也是其应用的重要方面。为了定量描述事物之间的关联程度，找出系统内部的关联因素，人们给出了不少数学处理方法，如线性回归、自回归、多因素回归等。这些方法都是基于统计学原理，需要大量的统计数据。为了定量描述事物之间的灰关系，在灰色系统理论中提出了比较事物发展几何曲线的差异度来计算事物之间关联程度的方法。

灰色系统关联分析是根据事物和因素的时间序列曲线的相似程度来判断其关联程度的。若两条曲线比较平行，则认为两者的关联程度大。反之，关联程度就小。灰色关联度的计算方法目前主要有绝对值关联度和速率关联度两种。

假设参考时间序列为：$Y_0=(Y_0(1),Y_0(2),\cdots,Y_0(n))$；比较时间序列为：$X_i=(X_i(1),X_i(2),\cdots,X_i(n)),i=1,2,\cdots,m$。灰色速率关联函数的表达式为

$$\xi_i(t)=\frac{1}{1+\left|\frac{\Delta X(t)}{X_i(t)\Delta t}-\frac{\Delta Y(t)}{Y_i(t)\Delta t}\right|} \tag{4.4.2}$$

式中：$\Delta X(t)=X_i(t+1)-X_i(t)$，$\Delta Y(t)=Y_0(t+1)-Y_0(t)$，$t=1,2,\cdots,n$。

则灰色速率关联度的计算公式为

$$r_i=\frac{1}{n-1}\sum_{t=1}^{n-1}\xi_i(t) \tag{4.4.3}$$

绝对值关联函数的表达式为

$$\xi_i(t)=\frac{\min\limits_{1\leqslant i\leqslant m}\min\limits_{1\leqslant t\leqslant n}|Y_0(t)-X_i(t)|+\zeta\max\limits_{1\leqslant i\leqslant m}\max\limits_{1\leqslant t\leqslant n}|Y_0(t)-X_i(t)|}{|Y_0(t)-X_i(t)|+\zeta\max\limits_{1\leqslant i\leqslant m}\max\limits_{1\leqslant t\leqslant n}|Y_0(t)-X_i(t)|} \tag{4.4.4}$$

式中：ζ 为分辨率，是选定的常数，$\zeta\in(0,1)$。

则绝对值关联度的计算公式为

$$r_i=\frac{1}{n}\sum_{t=1}^{n}\xi_i(t) \tag{4.4.5}$$

这种方法已在社会实践中得到广泛应用，在水文学中的应用主要有：河流径流变化的影响因素分析、地下水多水源主要补给来源的辨识、水质变化和生态环境变化影响因素分析、人类活动和气候变化对水文水资源的影响分析等。

4. 水文灰色系统模拟

这是将确定性水文物理方法或概念性水文模型与灰色系统建模方法有机地结合起来，提出既吸收了先验物理知识又可由实验资料辨识未知或不确定部分，且有较好弹性的灰结构/灰参数模型[3]。这部分内容是灰色水文学区别于传统水文学思想的重要特征之一。

水文灰色系统模拟的主要步骤或内容包括：水文灰色系统结构与参数化过程、结构与参数识别、模型检验与应用。水文灰色系统模拟已经应用到地表水、地下水动力学过程模拟、水质模拟、生态环境模拟、降雨-径流模拟等方面。

5. 水文灰色系统预测、预报

这是灰色系统水文学方法论的重要应用之一。一般系统理论只能建立差分模型，不能建立微分方程模型。差分方程模型是一种递推模型，只能按阶段分析系统的发展，只能用于短期分析，只能了解系统显露的变化。灰色系统理论在白化灰导数的基础上提出了线性微分方程模型的思想和建立方法。在灰色系统理论中最常用到的预测模型是 GM(1，1) 模型。该模型是邓聚龙教授最早提出的，从一个时间序列自身出发来进行建模的灰色预测模型。下面仅对此模型进行简单介绍。

设系统某行为数列（要求非负）为：$x(k),k=1,2,\cdots,N$。其 GM(1，1) 建模步骤如下。

第一步：对原始数列 $x(k)$ 作一次累加生成。

$$x_{(k)}^{(1)}=\sum_{m=1}^{k}x(m)\quad(k=1,2,\cdots,N) \tag{4.4.6}$$

第二步：构造矩阵 $\boldsymbol{B}$ 和 $\boldsymbol{Y}$。

$$\boldsymbol{B}=\begin{bmatrix} -\frac{1}{2}(x^{(1)}_{(1)}+x^{(1)}_{(2)}) & 1 \\ -\frac{1}{2}(x^{(1)}_{(2)}+x^{(1)}_{(3)}) & 1 \\ \vdots & \vdots \\ -\frac{1}{2}(x^{(1)}_{(N-1)}+x^{(1)}_{(N)}) & 1 \end{bmatrix} \quad \boldsymbol{Y}=\begin{bmatrix} x_{(2)} \\ x_{(3)} \\ \vdots \\ x_{(N)} \end{bmatrix} \tag{4.4.7}$$

第三步：求模型中系数向量。

$$\begin{pmatrix} a \\ b \end{pmatrix}=(\boldsymbol{B}^{\mathrm{T}}\boldsymbol{B})^{-1}\boldsymbol{B}^{\mathrm{T}}\boldsymbol{Y} \tag{4.4.8}$$

第四步：建立模型。

$$\tilde{x}^{(1)}_{(k+1)}=[x^{(1)}_{(0)}-b/a]\mathrm{e}^{-ak}+b/a \tag{4.4.9}$$

其中，$x^{(1)}_{(0)}=x_{(1)}$，$k=0,1,\cdots,N-1$。

第五步：还原数列。

$$\tilde{x}_{(k)}=\tilde{x}^{(1)}_{(k)}-\tilde{x}^{(1)}_{(k-1)} \quad 或 \quad \tilde{x}_{(k)}=-a(x_{(1)}-b/a)\mathrm{e}^{-a(k-1)} \tag{4.4.10}$$

第六步：精度检验。检验方法有相对误差法、关联度法、反验算法等。若拟合精度达到要求，即可进行预报。有时还需要再建立一个 GM(1，1) 残差修正模型，以提高拟合精度。

灰色系统水文预测预报的应用涉及三类时间尺度[3]：一是短期水文预报，主要有流域暴雨洪水实时预报、城市雨洪预报、地表或地下水体水质预报、洪水期水库或湖泊水位预报、旱情预报等；二是中长期水文预测，主要有径流量时间序列预测、降雨量及其他气象因子的中长期预测、地下水位中长期预测等；三是水文灾害事件预测，主要有洪水灾害预测、干旱灾害预测、水库诱发地震灾害预测等。

6. 水文灰色统计方法

灰色统计方法是灰色系统决策的方法之一，是以灰数的白化函数生成为基础的一种映射。它将收集到的分散信息（数据）按照某种灰数所描写的类别进行归纳和整理，从而得到分类统计结果。灰色统计方法大致可以分为 5 步。

第一步：给出白化统计量 d_{ij}（又称实际样本值）。$i=1,2,\cdots,N$，i 表示统计对象编号；$j=1,2,\cdots,M$，j 表示统计指标编号。

第二步：确定统计灰类，即划分成哪几个类别，并对各类别建立相应的白化函数：$f_1(d)$、$f_2(d)$、…、$f_L(d)$，L 为划分的类别。

第三步：求灰色统计数 η_{jk} 和 γ_{jk}。记 $f_k(d_{ij})$ 为实际的样本值 d_{ij} 通过第 k 个白化函数 $f_k(d)$ 查出的数值，$\eta_{jk}=\sum\limits_{i=1}^{N}f_k(d_{ij})$，称 η_{jk} 为第 j 种统计指标的样本值属于第 k 种灰类的统计数。$\eta_j=\sum\limits_{k=1}^{L}\eta_{jk}$，称 η_j 为第 j 种统计指标样本值的灰色统计数。

η_{jk} 与 η_j 之比称为所有统计对象对第 j 种统计指标相对第 k 种统计灰类的灰色统计数，记为

$$\gamma_{jk}=\frac{\eta_{jk}}{\eta_j} \tag{4.4.11}$$

第四步：确定统计决策矩阵，即灰色统计数 γ_{jk} 的全体。它表达了不同统计指标与不同统计灰类的可信度大小。

第五步：判断灰类。按照最大统计数的可信原则，得到灰色系统决策的结论。即，如果所有 γ_{jk} 中第 k^* 个分量 γ_{jk}^* 最大，$\gamma_{jk}^*=\max\limits_{k}\{\gamma_{jk}\}$，则第 j 种统计指标属于第 k^* 个统计灰类。

7. 水文灰色聚类方法

灰色聚类分析方法是灰色系统综合评价的方法之一，是将聚类对象对于不同聚类指标所拥有的白化数，按几个灰类进行归纳，以判断该聚类对象属于哪一类。大致有以下 6 步。

第一步：给出聚类白化数 d_{ij}，$i=1,2,\cdots,N$，i 表示聚类对象编号；$j=1,2,\cdots,M$，j 表示聚类指标编号。

第二步：确定灰类白化函数 $f_1(d)$、$f_2(d)$、…、$f_L(d)$，L 为灰类总数。

第三步：求聚类权（η_{jk}），$k=1$，2，…，L，k 表示灰类编号。设权函数为 λ_{jk}，则

$$\eta_{jk}=\frac{\lambda_{jk}}{\sum\limits_{j=1}^{M}\lambda_{jk}} \tag{4.4.12}$$

第四步：求聚类系数（σ_{ik}）：

$$\sigma_{ik}=\sum_{j=1}^{M}f_k(d_{ij})\eta_{jk} \tag{4.4.13}$$

第五步：构造聚类向量 $[\sigma_{i1},\ \sigma_{i2},\ \cdots]$。

第六步：聚类。在构造的聚类向量 $[\sigma_{i1},\sigma_{i2},\cdots]$ 中，选择最大的 σ_{ik}，其对应的 k 就是“属于 k 类”。

8. 水文灰色系统规划

这是在系统规划中考虑了灰性特征，比如，灰线性规划模型，就是含有灰元的线性规划模型。这里仅介绍模型系数含区间型灰数的线性规划模型，即区间灰线性规划模型。一般的区间灰线性规划模型表达式：

$$\begin{cases}\min(\text{或 }\max)Z=\sum\limits_{j=1}^{n}[c_j,d_j]x_j\\ \sum\limits_{j=1}^{n}[a_{ij},b_{ij}]x_j\geqslant(\text{或}=,\leqslant)[e_i,f_i]\quad(i=1,2,\cdots,m)\\ x_1,x_2,\cdots,x_n\geqslant 0\end{cases} \tag{4.4.14}$$

其求解的基本思路是通过转化把原规划模型变成确定性线性规划模型，再求解。其求解过程简单介绍如下。

第一步：模型标准化。把原模型转化成如下标准型：

$$\begin{cases}\min Z=\sum_{j=1}^{n}[c_j,d_j]x_j\\ \sum_{j=1}^{n}[a_{ij},b_{ij}]x_j\geqslant[e_i,f_i]\quad(i=1,2,\cdots,m)\\ x_1,x_2,\cdots,x_n\geqslant 0\end{cases}\tag{4.4.15}$$

第二步：确定约束条件下的最大取值范围和狭义最小取值范围。

最大取值范围：
$$\begin{cases}\sum_{j=1}^{n}b_{ij}x_j\geqslant e_i\quad(i=1,2,\cdots,m)\\ x_j\geqslant 0\quad(j=1,2,\cdots,n)\end{cases}$$

狭义最小取值范围：
$$\begin{cases}\sum_{j=1}^{n}a_{ij}x_j\geqslant f_i\quad(i=1,2,\cdots,m)\\ x_j\geqslant 0\quad(j=1,2,\cdots,n)\end{cases}$$

第三步：把模型转化为两个一般确定性线性规划模型。

目标函数记为

$$\min Z=\sum_{j=1}^{n}[c_j,d_j]x_j=[z_1,z_2]\tag{4.4.16}$$

求 $\min Z$ 下限 z_1 的线性规划模型为

$$\begin{cases}\min Z_1=\sum_{j=1}^{n}c_jx_j\\ \sum_{j=1}^{n}b_{ij}x_j\geqslant e_i\quad(i=1,2,\cdots,m)\\ x_j\geqslant 0\quad(j=1,2,\cdots,n)\end{cases}\tag{4.4.17}$$

求 $\min Z$ 上限 z_2 的线性规划模型为

$$\begin{cases}\min Z_2=\sum_{j=1}^{n}d_jx_j\\ \sum_{j=1}^{n}a_{ij}x_j\geqslant f_i\quad(i=1,2,\cdots,m)\\ x_j\geqslant 0\quad(j=1,2,\cdots,n)\end{cases}\tag{4.4.18}$$

第四步：利用确定性线性规划模型，得出结果。

设：上述的两个线性规划模型求解得到的目标值分别为 z_1 和 z_2（假如有解），对应的规划值分别为 $x_1',x_2',\cdots,x_n'$ 和 $x_1'',x_2'',\cdots,x_n''$。于是，得到目标值：

$$\min Z=[z_1,z_2]\tag{4.4.19}$$

规划值可记成：

$$\begin{bmatrix}x_1\\x_2\\\vdots\\x_n\end{bmatrix}=\left[\begin{bmatrix}x_1'\\x_2'\\\vdots\\x_n'\end{bmatrix},\begin{bmatrix}x_1''\\x_2''\\\vdots\\x_n''\end{bmatrix}\right]\tag{4.4.20}$$

4.5　水文不确定性研究进展与展望

4.5.1　近几年研究进展

（1）随机水文学研究进展。随机水文学近几年主要研究成果涉及地下水随机理论方法与应用、径流随机分析与模拟、水文序列分析、随机水文模拟和预测等方面。总体来说，相关研究成果较多，主要集中在各种随机理论方法在水文学中的应用研究[4]。

在地下水随机理论方法与应用方面，随着随机水文地质学的发展，统计学方法被引入不确定性模型中，并采用随机变量来描述模型参数，能够较形象地刻画含水层的非均质性与随机特征。近年来基于随机理论的随机模拟方法或模型在地下水环境评价、地下水污染风险评价、地下水流数值模拟、地下水埋深变化研究、地下水水位预测、地下水溶质迁移转化等研究领域得到广泛的应用。例如，在水质评价方面，采用随机森林模型的地下水水质综合评价模型与一般水质评价模型相比具有较大的灵活性；在地下水污染风险评价方面，在研究方法上从传统的解析算法逐渐向基于随机理论或多种不确定性研究方法耦合的风险评价模型过渡。

在径流随机分析与模拟方面，水文随机模拟技术除最初的线性平稳随机模型之外，人工神经网络、小波分析、混沌理论、Copula 函数、经验模态分解法等被引入随机模型中，在模拟径流过程、径流预报和预测方面取得了很大进展。例如，针对非平稳年径流序列随机模拟和预报研究，应用改进的经验模态分解法能较好地适应水库年入库径流序列的模拟和预报，提高了径流数据的可靠性；将小波分析、人工神经网络和随机分析结合建立的径流预测模型，与传统人工神经网络方法的预测结果相比预测效果更好。

在水文序列分析方面，基于非线性理论、信息熵理论等新技术和新方法引用到随机水文学领域，提高了水文事件序列分析结果的精度和可靠性，促进随机水文学理论和方法的发展。例如，基于水文频率分析法求解流域或地区内不同水平年的降雨量和径流量等水文设计值；基于 F 检验、滑动 t 检验法等统计学方法建立水文变异诊断系统在研究流域水文序列变异点均取得了较多研究成果。但单一的研究方法会影响结果的可靠性，为克服单个方法的缺陷，目前许多研究探讨了不同方法的结合使用，如随机与模糊结合、随机与神经网络结合等。

在随机水文模拟方面，水文随机模拟技术的关键是建立合理可靠的随机水文模型，目前主流的随机水文模型可分为三类：回归类模型（如平稳自回归模型、混合回归模型等）、解集类模型（如动态解集模型、连续相依解集模型等）、物理基础类模型。在随机水文模拟的应用方面，早期国内外在干旱重演、梯级水电站优化调度、水环境容量评价、水库防洪安全设计、水文风险分析等方面对水文随机模拟开展了大量研究。近年来，采用洪水随机模型的防洪安全设计、基于随机模拟技术的水资源风险分析和运用随机模拟方法进行水利工程规划、调度与经济评价等取得了一定进展。

（2）模糊水文学研究进展。模糊水文学近几年相关成果较多，在水资源评价应用、径流模糊模拟与预测及水资源模糊优化和规划等方面对多种模糊理论开展了大量的研究工作[6]。

在水资源评价方面，模糊不确定性分析方法主要是基于模糊数学理论建立最优模糊划分矩阵和最优模糊分类中心矩阵的目标函数，并对其进行求解。基于可变模糊理论、模糊综合评判法等分析方法在水环境质量及风险评价、水资源承载力研究、水安全评价研究、水资源优化配置研究等应用成果较多，近年来更注重多方法对比优选，或在模糊理论的基础上引入新方法。例如，基于模糊综合评判法的区域水资源承载力的研究，更加注重将层次分析法、熵权法与模糊分析法相结合评价区域水资源承载力状况。

在模糊模拟与预测方面，模糊不确定性分析方法在水文系统研究中有着广泛应用，如基于模糊聚类、小波分析与模糊神经网络相结合的年径流中长期预报研究、采用多种不确定性理论（将随机理论与模糊理论相结合）的水文模拟研究较多。例如，在通常的神经网络预报模型及模糊模式识别预报模型的基础上建立的模糊模式识别神经网络预报模型及其相应算法，加强了系统的输出表达能力。此外，以往关于水旱灾害预测研究成果较少，近年来利用模糊逻辑关系、模糊综合评判法等对水旱灾害等级预测已成为研究热点。

在模糊优化与规划方面，传统的遗传算法常利用罚函数法来处理优化问题中的约束条件，但存在较难选择罚函数的缺陷。近年将模糊技术与遗传算法结合起来，通过对目标函数、约束条件的模糊化来重构适应度函数，将原问题转变为一个无约束条件问题，在水库优化调度有较好的应用。同时，基于模糊决策的水资源工程规划的应用研究，运用二级模糊识别模型对工程建设方案进行评价，为水资源工程的科学决策提供依据。

（3）灰色系统水文学研究进展。灰色系统水文学的研究成果主要涉及水资源系统灰色理论方法与应用、灰色预测与预报、灰色系统关联分析等[3]。

在水资源系统灰色理论方法与应用方面，基于灰色理论方法如灰色聚类分析、多方法结合等在水资源优化配置、水资源承载力研究、水安全评价、水环境质量评价等方面应用较多。例如，在水资源优化配置研究方面，涉及采用灰色物元理论、灰色关联度分析法与多目标决策模型结合等实现对水资源配置方案的优选；在水安全评价方面，基于灰色聚类、灰色模糊评判法等的研究也有所涉及。

在水文灰色预测与预报方面，基于灰色系统理论的灰色预测模型是目前研究较多、应用较广的灰色系统模型之一，其中以GM(1，1）模型及其派生模型应用研究最多。例如，基于灰色GM(1，1）预测和多目标规划模型方法的结合确定水资源优化配置方案；利用灰色预测模型研究水资源可持续利用问题；采用弱化算子处理方法改进后的灰色GM(0，N)模型预测用水总量均得到了较好的结果。此外，基于灰色理论的分析方法在供需水预测、水灾害预测、地下水埋深等方面研究成果较多，如基于灰色系统模型的水资源供需平衡预测更倾向于将灰色理论与随机分析方法（如马尔科夫链模型）、数学优化方法(如最小二乘法)、神经网络模型等相结合。

在灰色系统关联分析模型方面，早期的灰色关联分析模型主要是基于点关联系数的灰色关联分析模型和基于整体或全局视角的广义灰色关联分析模型，随后提出的基于接近测度相似性的灰色关联分析模型和基于相似性和接近性视角构造的灰色关联分析模型得到广泛应用。基于灰色关联分析模型在水文领域的应用十分广泛，例如，基于灰色关联度来描述和判断两组数列间的关联程度，克服了传统评价方法中主观随意性大的缺点，为水资源承载力评价提供了一条直观有效的分析途径。此外，基于灰色关联分析方法在水资源综合效益评价、水环境评价、需水预测、水权分配等方面也取得一定的进展。

（4）其他不确定性研究进展。基于贝叶斯理论的水文不确定性分析，能将认知的先验信息和样本信息有效结合，以概率分布的形式描述水文不确定性。在水文模型进行水文过程的模拟和预报时，存在模型输入、模型参数和模型结构的不确定性，利用贝叶斯方法耦合模型输入、模型结构和模型参数的综合不确定性，用以评价模拟或预报的不确定分析方法和成果逐渐显现。例如，在区域洪水频率分析中应用贝叶斯方法通过改进参数估计以提高其可靠性；在洪水预报中基于贝叶斯概率水文预报理论定量地描述水文预报的不确定度。此外，在其他水科学领域包括水文气象、地下水和水环境方面的不确定性分析中也广泛应用贝叶斯理论，例如应用贝叶斯理论解决地下水稳流状态下的逆问题、采用贝叶斯理论分析水质模型参数的不确定性等。

混沌理论是近年来国内外水资源研究关注的热点之一，它将确定论和随机性有机结合，丰富了水文不确定性研究的发展。混沌理论是解决非线性问题的重要工具，以往的研究结果表明水文时间序列中存在混沌现象，对降雨、径流时间序列的混沌识别研究较多，近年来更多考虑了时间序列长度对序列混沌特性识别的影响，增加了混沌识别的可靠性，使水文序列选取长度更加合理。同时，在水文时间序列的混沌预测、噪声处理、混沌优化和混沌控制等方面研究也是重点研究方向。

4.5.2　研究展望

随机水文学从早期概念提出至今大约有 1 个世纪，国际上不少学者一直致力于这一学科的研究，特别是随着随机过程理论不断被引进到随机水文学中，大大促进了随机水文学的发展。模糊水文学从提出到发展成目前的状况也就只有 30 多年的历史，灰色系统水文学则只有 20 多年的历史。可以说模糊水文学和灰色系统水文学是一个新兴的学科，在学科体系、基础理论和实践应用等方面仍处于探索阶段[1]。总结水文不确定性研究最新进展，针对目前存在的问题以及完善学科体系的需求，对水文不确定性研究展望如下。

（1）进一步完善随机水文学、模糊水文学、灰色系统水文学的学科体系。随机水文学在 20 世纪中期发展比较迅速，之后处于稳步发展、应用推广和完善阶段。为了进一步完善和发展随机水文学，需要在基础理论、技术方法、应用推广等方面加强研究工作。模糊水文学和灰色系统水文学的发展刚刚起步，学科体系还很不完善，需要在理论探讨和实践应用的基础上，逐步充实学科理论基础和应用实践，形成更加完善的学科体系。这是水文不确定性理论进一步发展和应用的重要基础。

（2）加强水文学基础研究。随机水文学、模糊水文学、灰色系统水文学分别是水文学与随机过程理论、模糊数学、灰色系统理论的交叉边缘学科。形成该学科是随机过程理论、模糊数学、灰色系统理论应用推广的需要，也是水文学研究方法论发展的需要。水文学基础理论是水文不确定性理论发展的重要基础，也是解释、分析和应用随机水文学、模糊水文学、灰色系统水文学基本原理、方法的重要依据。此外，推动新兴理论在水文学科的应用十分重要，例如贝叶斯理论、混沌理论等进一步发展了水文不确定性研究。因此，发展水文不确定性理论需要充分应用水文学基础理论，需要与其他水文学分支一道开展水文学基础理论研究，并在研究过程中体现本学科体系的特点，即考虑水文系统随机性、模糊性、灰色性及其他不确定性。

（3）加强水文不确定性理论的数学基础研究。关于不确定性系统理论的数学基础研究还处于探索阶段，到目前还没有形成“不确定性数学”体系。我国学者一直在不断探索这一方面的研究内容，但由于不确定性系统本身的复杂性、数学表达上的局限性，使得不确定性系统的数学基础还很薄弱。如果要进一步发展水文不确定性理论就必须要从数学基础上加强研究，这是学科发展的“基石”。

（4）加强随机水文学、模糊水文学、灰色系统水文学方法论研究。在理论研究的基础上，需要不断完善方法论的研究。这是水文不确定性理论应用推广和服务于人类社会的“工具”。目前已经提出很多种研究和分析的方法，如随机水文学中的线性平稳模型、自回归模型、多变量模型；模糊水文学中的模糊聚类分析、模糊模式识别、模糊综合评价、模糊统计、模糊控制、模糊预测与决策、模糊规划与优化；灰色系统水文学中的灰色系统关联分析方法、预测方法、聚类方法。一方面需要在实践的基础上不断完善和发展这些方法；另一方面需要在实践过程中不断创新，提出新的、更好的方法，不断充实水文不确定性理论的方法论。

（5）加强水文不确定性理论的应用研究。水文不确定性理论发展的动力主要来源于它的应用价值，该学科就是在实际应用中为了处理水文不确定性而提出和发展起来的。因此，需要进一步加强它的应用研究，不断推动该学科的理论研究和学科体系完善。

参考文献

[1]　左其亭，王中根. 现代水文学［M］. 2版. 郑州：黄河水利出版社，2006.

[2]　左其亭，吴泽宁，赵伟. 水资源系统中的不确定性及风险分析方法［J］. 干旱区地理，2003，26（2）：116-121.

[3]　夏军. 灰色系统水文学［M］. 武汉：华中理工大学出版社，2000.

[4]　丁晶，邓育仁. 随机水文学［M］. 成都：成都科技大学出版社，1988.

[5]　陈守煜. 模糊水文学与水资源系统模糊优化原理［M］. 大连：大连理工大学出版社，1990.

第2篇

技术方法

第5章 水文监测与实验

水文科学的发展表明，迄今为止所有对水文现象和水文过程的认识进展，几乎无不来源于以水文观测和水文实验为基础的室内室外的实验工作[1]。水文监测是水文研究的基础，是获取水文信息、掌握水文情势的直接有效手段。水文信息是水文分析计算、水情预报、水资源评价、水文水资源科学研究等的基础资料，是水资源调度、防治水旱灾害的决策依据。水文实验是探索水文规律、阐释和验证水文理论及其公式的重要手段，是水文研究的基础环节和核心技术。本章主要介绍水文监测方法与应用、水文实验方法与应用、"五水"转化研究与实验、同位素技术在水文学中的应用等。

5.1 水文监测方法与应用

5.1.1 水文监测概述

水文监测是获取水文资料、掌握河湖等各种水体水文动态变化的重要手段。水文学的学科属性决定了其必须依靠监测获得各种水文数据和资料（如降水、蒸发、径流、地下水等）。水文研究的尺度、精度问题决定了其数据、资料量的庞大；水文现象的解释、实验的设置、模型的建立、水文预测预报等也是以水文监测为基础的[2]。根据《中华人民共和国水文条例》，水文监测是指通过水文站网对江河、湖泊、渠道、水库的水位、流量、水质、水温、泥沙、冰情、水下地形和地下水资源，以及降水量、蒸发量、土壤墒情、风暴潮等实施监测，并进行分析和计算的活动，也就是说传统的水文监测主要依托水文站网开展的。近年来，随着"3S"技术尤其是遥感技术在水文学中的广泛应用，遥感技术可提供长期、动态和连续的面源水文信息，尤其是一些传统水文监测无法获取的水文变量和参数，极大地拓宽了水文信息的获取渠道，丰富了水文数据和资料库，水文监测的内容和范围因此也得以扩展和延伸。因此，水文监测是指利用各种技术手段监测降水、蒸发、水位、流量、泥沙、水质等水文要素并进行分析和计算的活动。

5.1.1.1 水文监测发展历程

水文学的形成、发展源于水文监测。水文监测的历史悠久，水文监测的发展历程大致可分为17世纪以前、17世纪—19世纪上半叶、19世纪下半叶—20世纪上半叶、20世纪下半叶至今4个阶段。

1. 17世纪以前

远古时期，人类过着游荡式的采集渔猎生活，时常遭受洪水伤害，但由于人类生活又离不开水，离不开河流湖泊，当时还没有能力与洪水作斗争，所以择丘陵而处之，以躲避洪水灾害。随着农耕的发明和农业技术的进步，人类逐步放弃了游荡式的采集渔猎生活，从山丘走向平原，开垦耕地，开始定居生活。随着耕地范围的扩大和连续种植，原始农业区以及人口比较集中的居住区逐步形成。为保卫耕地和家园，一味被动躲避洪水的办法已经不能适应社会发展的需要，逼迫人类主动采取措施，积极抵御洪水，开始观察和探索自然界水的运动规律，逐渐开展了原始的河流水位和降雨量观测，以便采取兴利避害的措施。随着观测者经验的增长和定性描述资料的丰富，逐渐出现了简单的观测工具和记录观测信息的工具，如水尺、雨量器等。

降水与农作物生长、生产是息息相关的，古代对降水的观测历来都很重视。印度在公元前4世纪开始观测降水量。我国降水观测可追溯到商代，甲骨文中记载有大雨、小雨等对降水观测结果的定性描述。秦代规定地方要观测降雨并向朝廷报告情况，包括降雨受益和受灾面积等。此后，上报降雨情况的制度一直为历代沿用。1247年，秦九韶著成《数书九章》，该书有四道有关降水量的算术题，分别是"天池测雨""圆罂测雨""峻积验雪"和"竹器验雪"，这是我国最早有关实测降水量的记载，由此可见当时已使用雨量器观测降水量，但尚未统一雨量器。1424年，中国全国使用雨量器观测雨量。1442年，朝鲜使用统一制作的雨量器观测雨量。

江河水位的高低决定了堤防的高度以及引水工程能否实现自流引水，与水位直接相关的水深又是决定流量大小的主要因子，因此，对江河水位进行测量是古代水文科学的重要内容。公元前3500—前3000年，古埃及为引水灌溉开始观测尼罗河水位。2200多年前，李冰在都江堰设石人水尺观测水位，是中国水位观测之始。隋代开始使用木桩、石碑或在岸边崖壁上刻画"水则"观测水位。宋代水位测量已使用等距刻画的"水则"，江浙一带已普遍应用"水则"测量水位；北宋在黄河干流的险工段设立水尺测量水位，并记录河水涨落的水位日志[3]。此外，洪水水位、枯水水位的刻画也是中国古代观测水位的重要方式。

战国时期，慎到曾在黄河龙门用"流浮竹"测定河水流速。宋元丰元年（1078年），开始出现以河流断面面积和水流速度来估计流量的概念。约1500年，意大利的达·芬奇提出了水流连续性原理，并提出用浮标法测量流速。1535年，中国的刘天和创制了"乘沙量水器"取含沙水样[4]。

总体来说，这一阶段的水文监测属于定性观测范围，观测的主要对象有降水、水位、流速及泉水、地下水等，主要依靠观测者的经验，对水文现象进行描述性的观测。

2. 17世纪—19世纪上半叶

欧洲的文艺复兴运动、欧洲工业革命极大地促进了自然科学包括水文科学的发展，雨量器、蒸发器和流速仪等水文观测仪器的发明，为科学观测水文现象、定量化水文要素提供了基础。

1610年，意大利内科医生桑托里奥博士研制出了世界上第一台流速仪。1628年，意大利的卡斯泰利提出测量河渠流量的方法；1732年，法国的皮托发明了皮托管测速仪，该仪器可测量水体不同深度的流速，从而使人们对河流断面的流速分布有了新的认识。1790年，德国的沃尔特曼发明转子式流速仪。1809—1821年，H.K. 埃舍尔·冯·德尔·林特在上莱茵河的巴塞尔附近测量流量。1639年，意大利的卡斯泰利研制了欧洲第一个雨量筒。1663年，英国的雷恩等人发明了自记雨量计，并与胡克共同发明了翻斗式自记雨量计。这些雨量器的发明为现代雨量器的制造提供了重要依据。1687年，英国的哈雷设计发明了蒸发器，用于测量海水的蒸发量。1736年，中国绘制了降水量等值线图，法国在1778年、日本在1783年绘制了降水量等值线图。1841年，中国开始使用现代雨量器观测和记录降水量。

总体来说，这一时期，得益于水文观测仪器的快速发展，降水、流速等水文要素得以定量，水文监测进入了定量观测阶段。定量化的水文观测也为水文科学奠定了基础。

3. 19世纪下半叶—20世纪上半叶

伴随着工业革命的深入发展，水文观测技术有了很大进步，观测仪器也有了很大改进。水位、流量、降水、蒸发等水文观测仪器都已实用化，水文测量向业务化方向发展。这一时期，西方国家因为灌溉、航运、能源的需求而大兴水利，大量水利工程的建设需要业务化的水文观测和面向水利工程的应用水文学。近代水文仪器的发明推动了水文测量的发展以及水文站的建立。这一时期，水文学的工程性胜过了科学性，水文观测也主要为水利工程服务[2]。

4. 20世纪下半叶至今

进入20世纪下半叶，在新技术、新发明的支持下，水文仪器得到了改进，从而提高了水文仪器监测的精度和可操作性。计算机技术、信息技术、"3S"等新技术的发展使得水文监测的尺度得以扩大，丰富了水文监测的手段，拓展了获取水文信息的来源。这一时期，水文监测走向业务化，大量的水文站、气象站被布设，传统的水文站网、气象站网建设日趋完善，同时，地下水、水质等也纳入了水文站网统一规划和建设，基本上实现了水文要素监测全覆盖。信息技术尤其是无线传输技术的高速发展，为水文监测自动化提供了强大支持，目前我国水位的监测基本上已经实现了自动化。雷达测雨技术和遥感技术的发展，使降水和蒸发的测量出现了根本性的变化。新技术和交叉学科的发展给水文观测技术带来了新契机和新思路，使水文监测技术向多样化、多层次、多尺度、全方位的方向发展[2]。

近年来，全球气候变化对水循环的影响越来越显著。遥感卫星技术的发展为监测全球水循环要素变化提供了重要手段。为监测全球水循环要素的变化，国际上先后发射了或拟发射全球水循环要素变化观测卫星，包括1997年发射的热带降雨观测卫星（Tropical Rainfall Measuring Mission，TRMM）、2002年发射的重力卫星（Gravity Recovery and Climate Experiment，GRACE）、2014年发射全球降水观测卫星（Global Precipitation Measurement Mission，GPM）、2015年发射的土壤水分主动无源卫星（Soil Moisture Active Passive，SMAP）等以及预计2020年发射的地表水体和海洋观测卫星（Surface Water and Ocean Topography）。总的来说，尽管这些卫星可以很好地应用于水文研究，但目前还没有专门为水循环研究而设计的遥感卫星。

为揭示全球变化背景下水循环变化特征，深化理解水循环对全球变化的响应与反馈作用的科学规律，我国计划发射全球水循环观测卫星（WCOM），该卫星将实现对地球系统中水的分布、传输与相变过程的机理及水循环系统的时空分布特征认识上的突破。全球水循环观测卫星（WCOM）计划将在国际上首次通过对水要素敏感的3个主被动微波传感器联合的探测，实现包括对土壤湿度、雪水当量、地表冻融、海水盐度、海面蒸散与降水等水循环关键要素时空分布的前所未有观测精度和系统性的同步观测；进一步发展基于卫星观测数据的水循环相关模型参数优化方法以改进水循环过程模拟能力，并综合观测和模型以及历史观测数据的校正进行集成分析，揭示全球变化背景下水循环的变化特征与趋势和水循环对全球变化的响应与反馈作用。2016年，“全球水循环观测卫星”已完成了主被动协同反演和有效载荷关键技术的攻关和试验验证，背景型号研制通过验收。

5.1.1.2 水文监测分类

从水文监测的定义可以看出，水文监测的对象包括了降水、蒸发、水位、流量、泥沙、水质、土壤水、地下水、水温、冰凌等水文要素。根据监测对象，水文监测可分为降水监测、蒸发监测、水位监测、流量监测、泥沙监测、水质监测、土壤水监测、地下水监测、水温监测、冰凌监测等。

根据监测方式，水文监测可分为人工监测和自动监测，人工监测是指监测人员使用监测仪器对水文要素进行测量的活动，包括驻测、巡测等；自动监测是指通过各种监测仪器对水文要素进行自动测量、就地记录或远传到室内控制中心的活动，自动监测与人工监测的区别是监测人员是否需要参与测量水文要素的主要过程。自动监测是未来水文监测的发展方向，根据《水利部印发关于深化水文监测改革指导意见的通知（水文〔2016〕275号）》，2020年基本实现雨量、水位、墒情、蒸发等要素的监测自动化；到2030年，建成项目齐全、功能完备的水文监测站网体系，先进实用的水文监测自动化系统，集约高效的水文监测运行管理体系，实现水文监测现代化。

按监测的时效性要求，水文监测分为常规水文监测和应急水文监测。常规水文监测是按照监测规范要求对水文要素进行的日常性监测工作；应急水文监测是指在发生危害公众安全的重大涉水事件情况下的水文要素监测工作，如分洪溃口、堰塞湖、突发性水污染事件、重大旱情等。应急水文监测与常规水文监测主要区别是时效性不同，应急水文监测要求时效性强，要求尽快获取并提供监测数据，为制定抢险救灾方案提供决策依据；此外，在监测标准、监测仪器方面也要求不同，一般来说应急监测由于受制于现场监测环境，可以在尽可能保证精度的前提下，适当简化测验流程；由于有时效性要求，应急监测一般应尽可能地使用自动化监测设备。

按监测范围，水文监测可分为站点监测和遥感监测。站点监测是依托水文站点对水文要素进行监测，优点是精度高，缺点是覆盖性不强，只能代表站点附近的水文信息。遥感监测是指利用地基雷达或卫星遥感等对水文要素进行动态监测，遥感监测一般不能直接得到水文变量值，需要经过反演才可以得到监测的水文信息，其优点是监测范围广、长期且连续，可以快速获取区域面上水文信息或水文状态，缺点是精度有待提高。站点监测水文数据是遥感监测的基础，遥感监测反演所需的有关参数需利用站点监测水文数据进行校准和率定。站点监测和遥感监测的有机结合将有助于提高水文监测效率和监测精度。

5.1.2 水文监测方法与应用

5.1.2.1 水文测站与站网

1. 水文测站

（1）水文测站定义及其分类。水文测站是为收集水文监测资料在江河、湖泊、渠道、水库和流域内设立的各种水文观测场所。根据监测项目不同、测站性质，水文测站有不同的分类。按主要监测项目，水文测站可分为雨量站、蒸发站、水位站、流量站等，通常将流量站称为水文站，根据测站的性质，水文测站又可分为基本水文站、专用水文站、水文实验站、辅助站。

1）基本水文站是指为公益目的，经统一规划设立，对江河、湖泊、渠道、水库和流域基本水文要素进行长期连续观测的水文测站。按测站的重要性，基本水文站可分为重要水文测站和一般水文测站，重要水文站是指对防灾减灾或者对流域和区域水资源管理等有重要作用的基本水文测站。

2）专用水文站是为特定目的设立的水文测站，如为交通、航运、环境保护等需要专门设立的水文测站。

3）水文实验站是根据水文实验研究或者其他科学研究需要而设立的，如径流、蒸发、水库、湖泊、河口、河床演变、地下水等水文实验站，实验站可兼做基本水文站。

4）辅助站是在基本水文测站未覆盖的区域设立的单个或一组水文测站。

（2）水文测站的设立。水文测站的设立包括选择测验河段和布设观测断面两项工作。

选择适当的测验河段是有效开展水文监测工作的基础。测验河段的选择主要遵循以下要求：①满足设站目的和要求；②保证各级水位下（包括洪、枯水期）测验信息具有必要的精度和工作安全；③在满足设站目的要求的前提下，保证工作安全和测验精度，并有利于简化水文要素的观测和信息的整理分析工作，具体来说就是要尽可能使测站的水位与流量之间呈良好的稳定关系（单一关系）；④符合观测方便、建站及测验设施经济可行。

布设观测断面是指在确定的测验河段设立测站，主要包括基线、水准点和各种观测断面布设等工作。观测断面包括基本水尺断面、流速仪测流断面、浮标测流断面、比降断面。

2. 水文站网

（1）水文站网定义及其分类。不同地区或区域的水文现象差别很大。某一水文测站监测的水文要素只能代表其控制范围内或站址处的水文信息情况，例如某一雨量站监测的降水量，只能代表该雨量站附近很小区域内的降水情况。然而，流域或区域防灾减灾和水资源管理往往需要掌握流域或区域面上的水文信息。因此，为掌握流域或区域各类水文要素的时空变化情况，必须在流域或区域内的一些适当地点布设各类水文测站，这些各类水文测站在地理上的空间分布网称为水文站网。

按监测项目的不同，水文站网可划分为流量站网、水位站网、降水量站网、蒸发站网、地下水监测站网、水质站网、泥沙站网等。根据测站性质，水文站网可分为基本站网和专用站网，其中基本站网是由国家统一规划建设的，测站与测站之间具有密切的联系，一处水文站的站址变动会影响站网内临近测站的布局。

（2）水文站网规划。水文站网的密度及其布局，对整个水文工作都有着极其重要的影响。水文测站布设在何处、测站布设数量多少合适、如何以最少的测站数来掌握流域区域水文要素的变化，必须进行水文站网规划。为使水文站网布设科学、经济合理，水文站网的规划主要遵循以下原则。

1）整体性原则。将各测站、各监测项目作为有机的整体，借助于相关、内插或移用等方法，利用监测的水文信息能达到流域或区域任何地点的特征值的目的。

2）经济性原则。一般来说，水文站网的密度越大，则内插得到的水文特征值的精度越高，但随之而来的设站及监测运行成本会大大增加。水文站网的布设应要求一个经济合理的密度，它同水文要素在地区上的变化急剧程度、经济社会发展以及设站条件与费用等因素有关。

3）动态性原则。水文监测信息的内容和精度要求是随经济社会的发展而变化的，同时对水文规律的认识水平也是随着水文资料的积累和科技水平的不断发展而逐步提高的，水文站网应是可以逐步发展和完善的动态系统。

3. 中国水文站网建设概况

我国的水文站网于1956年开始统一规划，经过几十年的建设，目前已经形成布局比较合理的网络。近几年，各类水文站网在保持基本稳定的同时，逐步得到优化调整，水位站、雨量站、墒情站、水质站、地下水监测站、实验站数量均有所增加。据《2016年全国水文统计年报》，截至2016年，全国已建成基本水文站3140处、专用水文站3626处、水位站12591处、降水量站51084处、蒸发站14处、土壤墒情站1989处、水质监测站14499处、地下水监测站16967处、水文实验站52处。

5.1.2.2　降水观测

降水是水循环的重要过程之一，是地球上各种水体得到更新的源泉。降水的时空分布变化规律直接影响流域或区域水文情势以及水资源的时空分布。持续性强降水事件是导致洪涝的重要因素。开展降水观测，掌握降水的时间和空间分布，系统收集降水资料，探索降水量在地区和时间上的分布规律，对于水资源评价、防汛抗旱等具有重要意义。降水观测的方法有站点观测法、遥感探测降水。

1. 降水站点观测

降水站点观测是指在雨量站或气象站使用仪器观测降水，是最常用的降水观测方法，其结果是率定和校核其他降水观测方法的基础。

常见的降水量观测仪器可分为雨量器和自记雨量计两类。雨量器需要观测人员手动操作仪器进行观测。自记雨量计由仪器自动观测和记录降水量。自记雨量计主要有虹吸式雨量计、翻斗式雨量计、称重式雨量计等类型。虹吸式雨量计、翻斗式雨量计只能观测液态降水，称重式雨量计可用于观测任何类型的降水。虹吸式雨量计由于自身原理的限制，不能将降水转换为可供处理的电信号，不适用于降水自动化监测。翻斗式雨量计、称重式雨量计的记录系统可将机械记录装置的运动转换为电信号，可以实现有线远传或无线遥测，可适用于降水自动化监测。

2. 降水遥感探测

降水的时空分布和强度极不均匀，是目前最难精确测量的水文要素之一。降水量站点分布不均，尤其是在降水量站点分布较稀的地区，且单一站点不能反映相距较远位置与区域的降水情况，因此，降水站点观测法很难准确获取大区域降水的空间分布。要使用站点观测法监测降水的时空分布特征，需要建立足够密集的降水观测站点，但站点设置的影响因素很多，比如外界自然条件（如地形）、仪器维护难度、建设经费等。然而，即使有足够密的降水站网，也很难捕捉降水的形成、降水的空间连续性特征、降水中心、降水事件的时空变异规律等动态特征与演变情况，特别是很难捕捉暴雨中心，而这些对于防汛减灾往往是十分关键的信息。相较于降水点观测方法，遥感可以提供大范围、高分辨率的动态降水数据。遥感探测降水的方法主要有地基雷达、可见光/红外遥感、微波遥感等。

地基雷达是通过雷达反射率因子与降水强度的关系来探测降水，其优点是可以探测一定体积内瞬时雨滴大小分布、探测降水的精度较高，缺点是地基雷达易受地形、地表建筑物等影响，探测范围有限，一般在200～400km，但利用多个地基雷达联合组网探测时，就可以获得降水站网更为精细的降水时空分布信息。

可见光/红外遥感探测降水通过建立云顶反射的太阳辐射与降水之间的间接关系来完成降水估测，主要有生命周期法、云指数法。生命周期法是利用每隔半小时就可获取的静止轨道气象卫星图像来确定对流性降水的生命期，从而达到降水估测目的。云指数法是通过建立降水指数与云表亮温函数的关系来估测降水。可见光/红外遥感探测的优点是其空间分辨率较高，具有时间上的大量样本，缺点是由于实际降水过程发生在云体的下部，云顶反射率和温度与云下温度并不是一种直接关系，所以利用云顶辐射信息估算降水存在较大的局限性。

微波遥感是通过穿透降水的微波与降水粒子的相互作用来反演降水。由于微波可以穿透云层，云层内部的产生的辐射信息被微波辐射计接收，因而反射回来的信息包含了降水的空间结构信息，因此，微波遥感探测降水方法更为直接有效，也比可见光/红外遥感更具有物理基础。微波遥感分为被动微波遥感和主动微波遥感。

遥感探测降水不是直接对降水进行测量，其反演的降水是否能准确、真实地反映实际情况，需要利用地表的降水量站网观测资料进行对比分析，并对其有关参数进行率定。

5.1.2.3　蒸散发观测

蒸散发是水循环的重要环节之一，是海洋和陆地水分进入大气的唯一途径。对于流域或区域而言，蒸散发包括水面蒸发、土壤蒸发和植物散发三部分，其中又把土壤蒸发和植物散发合称为陆面蒸发。蒸散发是流域或区域的水量平衡支出项中的主要组成部分，是水量平衡研究中的决定性影响因素之一。开展蒸发观测，探索蒸散发的形成过程、影响因素以及蒸散量的时空分布规律，对于农业水资源高效利用、区域水资源总量评价以及水资源优化配置具有重要意义。

1. 器测法

（1）水面蒸发观测。水体水面蒸发是研究陆面蒸发的基本参证资料，是水利工程水文水利计算、河湖等水体水量平衡研究的重要资料。水体水面蒸发一般使用蒸发器进行观测。一般来说，由于蒸发器的蒸发面较天然水体以及影响蒸发的因素（如风速、温度、湿度等）差异较大，水面蒸发器测得蒸发量不等于天然水体蒸发量，需要通过折算才能得到天然水体蒸发量。水面蒸发的观测方法包括人工观测和自动观测。

人工观测水面蒸发的仪器主要是E601B型水面蒸发器，通过测定蒸发器的蒸发桶内水位变化量，得到水体的蒸发量。自动观测蒸发是通过使用具备蒸发量自记功能的蒸发器实现的。蒸发自动观测仪器是在E601B型水面蒸发器的基础上改进而来的，主要增加了自动化“水位计”和自动补水功能，从而实现蒸发自动观测。

（2）土壤蒸发观测。土壤蒸发是土壤中所含水分以水汽的形式逸入大气的现象。土壤蒸发器种类很多，常用的有ГГИ－500型土壤蒸发器，蒸发器有内、外两个铁筒。内筒用来切割土样和装填土样。外筒的筒底封闭，埋入地面以下，供置入内筒用。内筒下有一集水器承受蒸发器内土样渗漏的水量，内筒上接一排水管与径流筒相连，以接纳蒸发器上面所产生的径流量。定期对土样称重，并利用相应公式推算土壤蒸发量。器测时土壤本身的热力条件与天然情况不同，其观测结果只是适用于单点，难以应用于条件复杂的流域或区域上。

（3）植物散发观测。植物散发指在植物生长期，水分从叶面和枝干蒸发进入大气的过程，又称植物蒸腾。植物散发比水面蒸发及土壤蒸发更为复杂，它与土壤环境、植物的生理结构以及大气状况有密切的关系。在天然条件下，由于无法对大面积的植物散发进行观测，只能在实验条件下对小样本进行测定分析，过程如下：用一个不漏水圆筒，里面装满足够植物生长的土块，种上植物，土壤表面密封以防土壤蒸发，水分只能通过植物叶面逸出。视植物生长需水情况，随时灌水。试验期内，测定时段始末植物及容器重量和注水重量，进而估算得到植物的散发。

2. 蒸散发遥感估算

遥感不能直接观测蒸散发，而是通过测量与蒸发有关的环境参数对蒸散发进行间接估算。遥感探测蒸散发的方法主要有可见光和近红外遥感、热红外遥感。

可见光和近红外遥感估算蒸散发是通过建立植被指数和地表蒸散发的关系反演区域蒸散发，具体来说就是利用局地获得的地表蒸散量与遥感反演的地表参数，进行拟合分析和建立两者之间的统计关系，然后利用遥感影像和统计关系，计算得到区域地表蒸散量，比如利用归一化差异性植被指数（NDVI）或增强型植被指数（EVI）与蒸散量建立统计关系估算区域蒸散量。

热红外遥感估算蒸散量则是利用了热红外遥感的特性来实现的。热红外遥感直接反映了地表的能量特性及变化过程，而地表蒸散的主要驱动力是地表气温和地面温度之间的温度梯度。热红外遥感估算蒸散量有地表温度差值法、蒸发互补原理法、能量余项法等。其中，能量余项法是基于能量平衡方程，首先计算净辐射、土壤热通量、显热通量，然后使用余项法计算潜热通量，最后得到地表蒸散量。

5.1.2.4 河湖水位监测

水位是河湖等水体的重要特征参数，直接反应河湖水体蓄水的变化情况。水位是推算流量等其他水文要素并掌握其变化过程的间接资料，如利用水位-流量关系由水位观测值推算相应的流量，从而简化流量测验过程。水位是涉水工程规划设计、施工建设和运行管理的重要特征值，是水库、堤防等防汛的重要预警指标，是掌握流域或区域水文情况和进行水文预报的重要依据。

1. 河湖水位站点观测

根据所采用的观测设备和记录方式，水位站点观测的方法包括人工观测、自记水位计记录。

人工观测是使用水尺、水位测针、洪水水尺并人工读取水位。人工观读水尺是最广泛的水位观测方法。当利用水尺观测水位时，需要有专门人员定时观测，观测精度受观测人员经验、周围环境等因素影响，且人工观测的水位一般是不连续的。在进行水文分析计算或研究时，往往关注一些重要的水文特征值，比如洪水的涨落变化过程。对于陡涨陡落的洪水，当采用人工观测时，则很难完整地记录洪水的水位涨落过程。

与人工观测相比，自记水位计可连续自动记录水位变化过程。按感应水位的方式，自记水位计分为浮子式、压力式、超声波式、微波式等多种类型；按传感距离，自记水位计可分为就地自记式与远传水位计、遥测自记式水位计等。

2. 河湖水位遥感估算

水位遥感估算目前仍是一个非常复杂的课题，它与所使用的遥感传感器探测波段关系密切。运用遥感手段获取水位的方法主要有高度计法、DEM 叠合法、水位-面积关系曲线法。

高度计法是利用星载高度计向测点的水面发射脉冲，记录脉冲往返的时间，然后计算高度计至水面的垂直高度，再与高度计至参考水准面之间的距离相减，得到测点的水面水位。高度计包括雷达高度计和激光高度计两类。高度计法受到卫星轨道、往返周期以及水体大小等限制性因素的制约。雷达高度计要求测量水体的水域宽度在公里数量级以上，激光高度计一般要求水域宽度在 70m 以上。雷达高度计或激光高度计一般在水域宽阔的湖泊测量水位可获得较高的精度，而在内陆河使用可能会有较大误差，且测量中要确保所测点位返回的波形数据是真实来自于水体。

DEM 叠合法，是利用卫星影像提取水陆分界线或水域分布，再结合地形图或 DEM 数据，得出水陆交界处的水位。该方法在地形较为复杂地区容易引起较大误差，且反演水位的精度很大程度上取决于 DEM 资料的精度高低。

水位-面积关系曲线法是利用不同时期的遥感影像提取河湖水域面积，结合同时期的水文站点观测的水位资料，建立水位-面积关系曲线，根据水位-面积关系曲线推算水位的方法。该方法需要较多的水位资料且代表性、可靠性要高。

总体来说，水位遥感不像降水、蒸发等水文要素遥感那么成熟，研究成果相对也较少，精度也有待提高，代表性成果有法国的 LEGOS 实验室卫星高度计全球地表水位数据库。

5.1.2.5　流量监测

流量是反映水体（河流、湖泊、水库等）水量变化规律的基本要素，也是河流最重要的水文特征值，是衡量流域或区域水资源丰富程度的重要指标之一，流量的大小决定了水资源开发利用的可能性。流量是水利工程规划设计、施工建设和运行管理以及水文预报和防汛抗旱、流域或区域水资源统一分配和调度的重要依据。

1. 流量测验

根据流量测验的工作原理，流量测验的方法包括流速面积法、水力学法、化学法、物理法、直接测量法等。流速面积法是最为常用的流量测验方法，分为流速仪测流法、浮标测流法等，其中流速仪测流法是目前国内外广泛使用的测流方法，也是最基本的流量测验方法，其测量成果是率定和校核其他测流方法的标准。本节仅简要介绍流速仪测流法。

流速仪测流法是用流速仪测定水流速度，由流速与过水断面面积的乘积来推求流量。

（1）过水断面的测量。过水断面的测量主要包括以下步骤：①根据测深垂线布设有关标准，在测流断面上均匀地布设一定数目的测深垂线，将测流断面分割成多个分断面；

②施测每条测深垂线处的水深，以及每条测深垂线至岸边起点桩的水平距离；③用施测的水位减去水深，既可得到每条测深垂线处的河底高程，进而可得到相应水位下过水断面，以及各相邻两条测深垂线包围的部分面积及整个过水断面的面积。当过水断面稳定，河流没有发生明显的冲淤变化，则过水断面与水位之间应呈稳定的单一关系。在测量过水断面时，只需对水位进行测量，就可以利用这种关系得到相应水位下的过水断面面积，从而可以简化测流的工作流程，提高测流的工作效率。

水深可利用测深杆或测深锤、铅鱼、超声波测深仪等进行测量。起点距的测量方法包括固定标志法、绳子计数器法、经纬仪岸上交会法、六分仪船上交会法、GPS定位法等。

（2）断面流速的测量。断面流速常采用点流速仪（如旋桨式流速仪）进行测量，首先在断面上布设一定数目的测速垂线（一般在测深垂线中选择若干条同时兼作测速垂线），每条测速垂线上布设一定数目的测速点进行测速，根据每条测速垂线上各测点的流速求得该条测速垂线的平均流速，再由测速垂线的平均流速求得部分断面上的平均流速，进而求得整个过水断面的流量。

当不具备使用点流速仪测量点流速的条件时，可以采用浮标或电波流速仪测得水面流速，但测得的水面流速还需乘以相应的折算系数。此外，可直接测量剖面流速的仪器也逐步得到使用，例如，声学多普勒剖面流速仪测得剖面流速和断面面积后就可以直接得到断面流量。

2. 流量遥感估算

目前，遥感技术还难以直接观测河川流量，主要是通过遥感手段获取的水域面积、水位、水面宽度等水文参数来估算流量，相应的方法有经验关系法、曼宁公式法。经验关系法是利用水域面积或水位或水面宽度与实测的流量之间的相关性来估算流量。曼宁公式法是利用遥感提取水深（或水位）、水面宽度（或水域面积）、水面流速以及水面比降等参数，然后利用曼宁公式计算流量，但基于曼宁公式估算径流量仅适用于宽而浅的河道。另外，耦合遥感信息的水文模型法也是一种可行的估算流量方法，利用紧密耦合遥感获取的下垫面条件（如土地利用、地形、植被等）、降水、蒸散发等信息的水文模型，通过模型模拟得到河道流量，但该方法需要详细的资料来建立水文模型。

5.1.2.6　地表水水质监测

水质又称水化学，是指各种水体中溶解质的化学成分及其含量。近年来，随着经济社会的快速发展，大量的生活污水、工业废水、农业回流水及其他未经处理、直接排向河湖等各种水体，造成水体污染，引起水质恶化，水污染形势日渐突出。开展水质监测，检查水体的质量是否达到国家标准要求，确定水体污染物的时空分布及其迁移和转化，追踪水体污染物的来源、排放途径，对于防治水污染、保护水资源水环境及保障供水安全具有重要意义。

1. 地表水水质监测常规方法

地表水水质监测方法分为人工采样分析法、现场人工直接测量法、水质自动监测法[5]。

（1）人工采样分析法。监测人员使用规定的水样采样器，以规定的方法采得水样，经现场处理后，用规定的运输方法送水质分析实验室，按规定的分析方法和仪器分析各个水质参数，有些参数需要在现场测量。人工采样分析法被认为是最准确的水质监测方法，常用来和自动水质监测法进行比对，由此评价和修正自动水质仪器所测得的水质数据。

（2）现场人工直接测量法。监测人员携带便携式的水质自动测量仪器在现场对水体水质进行自动测量。便携式水质自动测量仪器包括便携式直接法水质测量仪、便携式水质分析仪，可用于地表水水质、地下水水质的现场人工测量，可以直接投入水体测量水质，也可以在现场取水样，用仪器直接测量水样或用便携式水质分析仪对水样进行人工分析。一般应用的是便携式电极法水质直接测量仪和现场水质分析仪。

（3）水质自动监测法。应用水质电极法自动测量仪器和水质自动分析仪可以在现场自动测量记录水质，并且可以自动传输、遥测数据。

2. 地表水水质遥感监测

地物的波谱特性反映地物本身的属性和状态，不同的地物，波谱特性不同。水体的光谱特征是由其中的各种光学活性物质对光辐射的吸收和散射性质决定的。遥感获取水质参数的方法是通过分析水体吸收和散射太阳辐射能形成的光谱特征实现的。通过遥感系统量测一定波长范围的水体的辐射值得到的水体的光谱特征是遥感监测水体水质的基础。遥感监测水质是通过研究水体反射光谱特征与水质指标浓度之间的关系，建立水质指标反演算法，它具有快速、大范围、低成本和周期性的特点，可以有效地监测水体表面水质参数在空间和时间上的变化状况，还能发现一些常规方法难以揭示的污染源和污染物迁移特征，具有不可替代的优越性。

随着遥感技术的不断发展和对水质参数光谱特征及算法研究的不断深入，遥感监测水质逐渐从定性发展到定量，并且通过遥感可监测的水质参数种类逐渐增加，反演精度也不断地提高。水质遥感监测常用的方法有经验法、半经验法、物理法。经验法是建立实测水质数据与遥感数据之间的统计关系来反演水质参数值。半经验法是对某些部分采用经验关系，将已知的水质参数光谱特征与统计分析模型相结合，选择最佳的波段或波段组合作为相关变量，估算水质参数值的方法。物理法是用光学模型描述水体组分与辐照度之间的关系，模拟水体的辐照比，水体中各组分是用其单位吸收系数和单位散射系数表示，用辐射传输模型模拟光在大气和水体中的传播，然后利用遥感数据反演水体各组分的含量。

5.1.2.7　泥沙监测

泥沙直接影响河床的发展和演变。泥沙含量过大的河流容易影响河床剧烈演变甚至发生改道。开展河湖泥沙测验，收集泥沙资料，探明泥沙的来源、数量、特性，掌握泥沙的运动变化规律，对于河湖的开发、治理和保护以及涉水工程的规划设计和运行管理具有重要意义。

泥沙按运动形式可分为悬移质、推移质和河床质。悬移质泥沙浮于水中并随之运动；推移质泥沙受水流冲击沿河底移动或滚动；河床质泥沙则相对静止而停留在河床上。三者特性不同，测量方法也各异。

1. 泥沙测验

（1）悬移质泥沙测验。河流中悬移质定量描述的常用指标包括含沙量和输沙率。常规的含沙量测量步骤包括采样、量积、沉淀、过滤、烘干、称重，也可使用同位素测沙仪测量含沙量。输沙率测验工作包括含沙量测定与流量测验两部分。由于断面内含沙量分布是不均匀的，因此，需要首先在观测断面上按照有关标准布置适当数量的取样垂线（测沙垂线），测定各测沙垂线上的测点流速及含沙量，计算测沙垂线平均流速及垂线平均含沙量，最后计算断面得到流量及输沙率。

（2）推移质泥沙和河床质泥沙测验。推移质泥沙测验是为了测定推移质输沙率及其变化过程。测验推移质泥沙时，首先确定推移质泥沙的边界，在有推移质泥沙的范围内布设若干垂线，施测各垂线的单宽推移质输沙率；计算部分宽度上的推移质输沙率；最后累加求得断面推移质输沙率（断推）。在实际测验中，经常利用常测得的单推（代表性垂线的推移质输沙率）和单推-断推之间的关系来推求断面推移质输沙率，以简化推移质泥沙测验工作。

河床质测验的基本工作是采集测验断面或测验河段的河床质泥沙，并进行颗粒分析。

2. *悬移质泥沙遥感估算*

泥沙遥感一般只针对悬移质泥沙，推移质和河床质一般位于河流的中下部，难以使用遥感进行反演。水文站点测量悬移质泥沙的方法只能获得时间、空间分布都相对离散的少量数据，难以对大面积水域悬移质泥沙的特性进行动态、连续的同步观测。遥感作为一种高效的信息采集手段，具有分辨率高、范围大、连续性强、成本低等特点，在悬移质泥沙监测中具有较大的应用潜力。

遥感定量反演悬移质泥沙的关键在于建立水体的遥感反射率与泥沙含量之间的关系，具体来说，首先在野外典型河段开展悬移质泥沙测验获取实测泥沙含量；然后利用地物光谱仪测量天空散射光及标准反射板的光谱值，由天空散射光及标准反射板测得的光谱值分别提取出水体的离水辐亮度和水面入射辐照度，离水辐亮度与水面入射辐照度之比即为水体的遥感反射率，由遥感反射率等效计算出卫星传感器（如ETM+）相应各波段反射率，建立光谱反射率与悬浮泥沙含量的回归方程，从而反演得到悬移质泥沙含量。目前，TM、MODIS、ETM+等遥感影像在悬移质泥沙监测中应用比较广泛。

5.1.2.8　地下水监测

地下水是水资源的重要组成部分，在保障城乡居民生活、支持经济社会发展和维护生态平衡等方面具有十分重要的作用。近年来，随着经济社会的发展，经济社会用水持续增长，一些地方由于地表水短缺或地表水体污染，不得不长期依靠地下水来维持经济社会发展，由于长期过量开采，地下水水位持续下降，部分含水层被疏干，引发了地面沉降、地裂缝、海（咸）水入侵、土地荒漠化、水质恶化等一系列环境地质问题。同时，一些地区还存在因不合理的水资源开发利用方式导致的土壤盐渍化问题。开展地下水监测，掌握地下水的动态，探索地下水的变化规律，为地下水资源评价、地下水合理开发、地下水严格管理和保护以及环境地质问题防治等提供依据。

地下水储存于地表以下，其本身的信息不能直接观测，地下水遥感主要是依据地下水与地表参数的作用原理，利用遥感提取地表参数，建立与地下水水位相关的模型来反演地下水水位。总体来说，遥感在地下水监测方面的研究及应用的成果较少，本节仅对常规的地下水监测方法进行简要介绍。

1. 地下水监测方法

地下水的监测要素主要包括水位、水质、开采量等。地下水水质的监测方法和地表水水质监测方法基本相同。这里主要介绍地下水水位监测方法。

地下水水位可使用地下水水面的高程（相对于某一固定基准面）或地下水埋深进行表示。地下水埋深是指地下水静止水面到地面的垂直高度。地下水水位的监测方法分为人工观测和自动监测。

人工观测是地下水水位监测的基本方法，是校核地下水自记水位计的标准。地下水深埋于地下，与人工观测地表水水位不同，人工观测不能利用水尺直接读取地下水水位值，一般使用测钟、悬锤式水位计等测量仪器接触或感应地下水水面。人工观测时，将测尺或悬锤式水位计放入监测井内，当到达地下水水面时，读出在井口处的水位测量基准点上的测尺的读数，从而测得地下水水位的埋深，进而根据井口处的水位测量基准点的高程换算得到地下水水位，水位测量基准点高程一般事先采用水准仪器测量得到。

地下水水位的自动监测方法与和地表水水位的基本相同。原则上，地表水水位的自动监测设备都可用于监测地下水水位，但由于两者之间的观测场所不一样，地下水的观测场所是井口狭小的监测井，有些地表水自动监测仪器不一定能用于地下水水位监测。地下水水位自动监测仪器主要有浮子式水位计、压力式水位计、超声波水位计、激光水位计等。

2. 国家地下水监测工程简介

我国的地下水监测起步于20世纪50年代，经过几十年的建设，初步形成了国家（流域）、省（自治区、直辖市）、地（市）各级地下水监测管理体系、地下水监测站网体系和技术管理体系。尽管我国地下水监测工作有了一定的基础，但总体上还十分薄弱，主要存在监测站布局（监测站密度）不合理、专用监测站数量严重不足、监测设备和手段落后（大部分监测井采用人工观测）、信息传输方式落后和缺乏分析服务等问题，难以满足地下水科学管理需求。

2014年，国家启动地下水监测工程建设，力求建立比较完整的国家级地下水监测站网，形成一个集地下水信息采集、传输、处理、分析及信息服务为一体的信息系统，基本实现对全国地下水动态的有效控制，以及对大型平原、盆地及岩溶山区地下水动态的区域性监控和对重点地区地下水监测点的实时监控，提供及时、准确、全面的地下水动态信息，满足科学研究和社会公众对地下水信息的基本需求，为优化配置、科学管理地下水资源，防治地质灾害，保护地质环境提供优质服务，为水资源可持续利用和国家重大战略决策提供基础支撑，实现经济社会的可持续发展。国家地下水建设工程共建设地下水监测站点20401个。其中，水利部门建设地下水监测站点10298个，国土资源部门建设地下水监测站点10103个。站网布设范围覆盖了31个省（自治区、直辖市）及新疆建设兵团，涵盖了全国七大流域片和16个重要水文地质单元，控制面积达350万km^2。

5.2 水文实验方法与应用

5.2.1 水文实验概述

实验是科学求真的重要手段，同样，水文研究也离不开水文实验，对水文认知的深入是通过水文观测、水文实验研究获得的，水文学理论的发展必须借助水文实验研究[6]。纵观水文学的发展历程可以发现，大多数水文原理的阐释和公式的建立都是通过水文实验得到的。在水文观测和调查的基础上，提出假说和推理，然后通过水文实验和试验在人为可控的条件下进行模拟，这是水文学基本原理和各种描述公式的重要来源[2]。

水文现象受许多自然因素制约和人类活动影响，一般的水文观测和分析难以清楚地揭示其物理过程和相互关系，需要在野外或实验室内用特定的程序、装置和设备进行系统的、有控制的观测和试验，揭示水文循环过程各环节中水流运动或变化的某些规律，如下渗的物理过程、径流形成规律、土壤水运动规律、土壤的蒸发规律、人类活动的水文效应等。水文实验是指以水文循环为基本原理，以水量平衡为基本准则，通过联合被动的现象观测和主动的控制试验与实验，从定性、定量到定解，分析水文现象和水文过程的状态与成因，阐明其变化规律和内在联系[7]。

5.2.1.1 水文实验发展历程

1. 国外水文实验发展历程

国外的水文学实验研究起始于17世纪70年代，1674年，法国的法兰西门·皮埃尔·伯罗对塞纳河（Seine River）所作的降雨径流实验研究被认为是科学水文的开端，尽管是被认为一种初级的实验[7]。18世纪，流速仪、自记雨量计和皮托管等水文测验仪器的精度都有提高，伯努利方程、谢才公式等水力学原理相继提出，为科学开展水文实验提供了重要基础。19世纪，受益于水文测验仪器的发展以及一些水文原理的提出和建立，水文实验开始兴起，但此时的水文实验以单一水文要素实验为主。1802年，道耳顿通过蒸发实验，建立了反映蒸发面的蒸发速率与影响蒸发诸因素的关系式，即道耳顿蒸发公式。1855年，弗朗西斯通过地表水流实验得出了堰流公式。1856年，基于水通过饱和砂的实验，达西总结得出了渗透能量损失与渗流速度之间的相互关系，建立了达西定律。

国际上系统的水文实验始于20世纪30年代。1933年，苏联瓦尔达依（Varda Bea）水文实验站建立。1934年，科韦泰（Coweeta）水文实验站建立。20世纪40年代后，室内水文实验得到了快速发展；1943年，美国C.F.伊泽德进行了模拟降雨条件下的坡面汇流实验，得出有名的坡面流公式；1952年J.P.马米绍开始进行流域比尺模型的实验；1966年，美国的周文德在伊利诺伊大学建成的实验室试验系统，试验面积149m^2，可模拟各种暴雨的时空分布及其所产生的洪水；1974年日本防灾研究所建成的大型降雨实验设施为一移动式人工降雨装置，降雨面积为3168m^2。国际水文十年设立了代表性流域和实验流域工作组，极大地促进了流域水文实验的发展，国际水文实验研究进入现代化阶段。

水文尺度问题一直是水文学研究的难点。为探索水文学尺度问题，英国纽卡斯尔大学等单位合作开展的“流域水文与可持续管理（CHASM）”，其中“多尺度镶嵌式流域水文观测实验”被列为关键内容，多尺度观测试验的开展改变了以往仅进行单点试验的状况，在大区域上进行观测，对于解决水文尺度转换难题有重要意义[8]。

进入21世纪后，气候变化及人类活动影响进一步加剧，导致地表圈层的演化速度加快，为观测这种剧烈的变化及采取有效的应对措施，国际上提出了涵盖、整合包含水文学科在内的各个学科特点、多要素协同观测方法的关键带（Critical Zone）观测计划，为水文实验的研究提供了新的视角和学科增长点[9]。

2. 国内水文实验发展历程

我国的水文实验研究最早可追溯到1924年，1924—1925年期间南京金陵大学美籍教授罗德民在山西省沁源、方山、宁武和山东省青岛林场设置了径流泥沙实验小区，观测和研究不同植被覆盖度对水土流失的影响。新中国成立初期，我国水文实验研究取得了较快发展，此后受社会、经济等因素影响，水文实验的发展经历过一些曲折。总体上，我国水文实验发展历程大致可分为兴起和发展、停滞和倒退、恢复和维持、全面规划和提升等几个阶段。

(1) 兴起和发展阶段(1953—1965年)。1953年，为研究淮北平原区除涝排水标准和排涝模数计算方法，在安徽北淝河青沟流域设立了青沟径流实验站，该站是我国建立的第一个水文实验站。随着我国经济社会建设对水文科学的需求日益增长，1956年，全国开始建设一批新的径流实验站，包括浙江江湾径流试验站、山西太原径流实验站等；同年，重庆大型蒸发实验站、江苏太湖大型蒸发实验站、河南三门峡水库蒸发实验站等专门蒸发实验站建立。为改进水文计算和水文预报方法，1958年，水利部水文局制定了《全国径流实验站网规划(草案)》，在许多省、区设立了第一批广泛分布于全国主要气候区、水文区的径流实验站。1959年，据统计，全国有径流站、径流实验站和野外水文实验基地达255处。1958年，水科院水文研究所以河南省蟒河核桃树沟为原型，利用人工降雨系统，进行不透水下垫面条件下的流域汇流实验，开创了国内室内水文模型实验之先河。1965年，中科院北京地理研究所建成室内流域水文实验平台，可同时研究地表径流和壤中流水文过程。

(2) 停滞和倒退阶段(1966—1976年)。1966—1976年期间，世界水文实验研究进入了现代化研究阶段。这一时期，由于受“文化大革命”影响，我国水文实验研究全面停滞，许多水文实验站在“文化大革命”中毁于一旦，我国水文实验研究事业远落后于国际水平。

(3) 恢复和维持阶段(1977—2006年)。1977年12月，水利电力部部署全国水文实验整顿会议，水文实验研究事业开始复苏。1981年，南京水文水资源研究所滁州水文实验基地建立，是这一时期水文实验研究最重要的发展。这一时期，由于尚未理顺市场经济条件下发展基础科学经费的问题，正常的水文实验研究经费得不到保证，众多水文实验站已不复存在，为数不多的水文实验站只能处于维持状态。

(4) 全面规划和提升阶段(2007年以后)。2006年，为加强水文实验站的建设与管理，水利部原水文局开展了全国水文实验站调查。为研究和掌握变化环境下的水文变化规律，2009年《全国水文实验站规划》发布，未来全国规划建设78处水文实验站。2013年，《全国水文基础设施建设规划(2013—2020年)》得到批复，规划要求“进一步优化水文实验站布局，提升水文实验手段和水平”，拟对53处水文实验站进行建设改造，其中新建20处、改建33处。

近年来，随着气候变化和人类活动影响加剧，中国水资源与水环境问题凸显，变化环境下水文水资源情势与产汇流机制成为水文实验研究的热点。水文实验中大量引进了以声、光、电原理为基础的观测设备，地球化学、同位素和微生物方法在水文过程与水环境研究中迅速普及。同时，强调在实验观测网的基础上实现流域尺度学科的综合与集成，开展了一系列遥感与地面观测一体化、覆盖流域水分能量、生物化学循环与社会经济活动的陆面过程观测实验，如黑河地区地气相互作用野外观测实验、内蒙古半干旱草原土壤-植被-大气相互作用、黑河综合遥感联合实验与黑河流域生态-水文过程综合遥感观测联合实验等，为水文、气象、生态变量及其参数反演、估算和模型应用积累了宝贵的经验[10]。

5.2.1.2 水文实验分类

根据研究内容，水文实验可划分为以下4种类型[11]：①水文循环要素（降水、蒸发、径流、土壤水、地下水、水质、泥沙、冰情等）实验；②自然区域（划分为山区、平原区、河网区，或划分为湿润区、干旱区，或划分为喀斯特区、牧区等）水文实验；③人类活动的水文效应（森林、城市、农业、水利工程等）实验；④水文测试技术（实验途径、测试仪器和方法、新技术应用等）实验。

水文现象和水文过程的水文实验研究方法，一般而言有纯化和粗化两个方向[9]。从复杂的实际水文过程中，抽取其中的一小部分，使它从周围的环境中孤立出来，使环境因素对它的影响单一化，由此去探索某项规律，即想方设法尽可能构成一种相对纯净的场以进行实验，此即为纯化。这样的设想就导致把真实的水文环境除掉，代之以某种模拟或者模拟组合，也即室内水文实验，如室内土槽实验、土壤水分实验等。与此相反的方向是粗化方向，承认实际水文过程的复杂性，只作很少的或根本不作干预，尽量维持真实的水文环境，即室外水文实验，如实验流域、径流小区、蒸散发测量实验等。因此，水文实验可分为室内水文实验和室外水文实验。

室内水文实验分为专项水文模型实验、流域模型实验，其中专项水文模型实验可分为坡面流模型实验、土柱入渗实验、河道模型实验、专门为测试仪器性能和参数的实验。流域模型试验是以自然流域为原型，按一定比例缩尺制作的相似模型。室外水文实验是在实验流域进行的。实验流域是在一定的人为条件控制下，为深入研究水文现象和水文过程的某些方面，特别是为研究人类活动影响而设置的野外闭合小流域。实验流域概念是在国际水文十年时提出的，因其空间尺度相对较小，便于进行水文组分观测和边界条件控制，在水文实验中应用最为广泛。

5.2.2 水文实验研究方法

水文实验研究方法就是通过对实验流域中水文现象的对比观测、重复试验和人为改变影响水文过程的某些因素等方法，探索水文现象的物理过程和形成机制[2]。

根据实验流域的类型，水文实验的研究方法可分为[12]：①天然流域法：流域维持真实的水文环境，不对其进行任何人为干预；②人工模拟流域法：流域的水文环境完全由人为控制，如由刘昌明等设计的用于“五水”转化的实验系统：③复合流域法：对流域中部分水文环境进行人为控制，使其既属于天然条件又具有物理模型的特点。以上述不同类型流域为研究对象的水文实验，实际上是选择了不同的系统形式和不同程度的可控变量。

根据边界条件控制方法，水文实验的研究方法又可分为[12]：①前后对比法：将同一流域原始状态与进行水文要素控制后的前后状态进行对比研究；②平行对比法：选择除了控制要素外其他水文环境基本相同的流域，对其水文过程进行对比研究；③控制流域对比法：对水文环境基本相同的流域进行平行观测，一段时间后，一个流域保持原状，而对其他流域进行水文要素控制，经过一段时间的水文观测，分析水文要素改变的水文效应。对比实验法要求有意识地寻求流域下垫面特性，突出所要对比实验的因素。对于山区流域，由于其特性差异很大，一般缺乏可对比的条件。对于人类活动措施，如城市化、水利水保工程措施等，也很少具有平行对比的条件，因而较多地采取前后对比实验方法。

5.2.2.1 室内水文实验

室内水文实验室可以人为地控制水文过程发生的初始条件和边界条件，这样就可以根据实验目的和目标要求开展相应的水文实验，室内水文实验对于水文研究具有重要作用，是补充和辅助室外水文实验研究的重要手段和途径。

1. 室内水文实验系统构成

室内水文实验系统主要由模型流域、人工降雨器、测量仪器和自动控制系统三部分组成。

（1）模型流域。模型流域分为有比尺模型流域和无比尺模型流域。比尺模型流域要求与原型几何相似、型动力相似，模型与原型水流的相应质点所受外力要成一定比例。无比尺模型流域用于原型系统试验，必须有足够大的面积，尽量使水流现象接近真实水文系统中的水流现象。

（2）人工降雨器。人工降雨器应覆盖模型流域的承雨面积，人工降雨的雨强、雨滴粒径和降落速度需应尽量接近天然降雨的特征。

（3）测量仪器和自动控制系统。由于室内水文实验的水流微小且变化迅速，因此要求精度和自动化程度都很高的测量仪器，应使用计算机对整个试验系统进行控制，比如计算机控制人工降雨的雨强变化，试验过程应自动化。

典型的室内水文实验包括坡面径流实验、“五水”转化实验（见5.3节内容）、土壤水文实验等。

2. 可变坡土槽降雨入渗实验

本节简要介绍河海大学可变坡土槽降雨入渗实验，该实验可用于降水-地表水-土壤水-地下水转化研究。实验装置包括可变坡土槽（作为模拟流域）、人工降雨器（位于土槽上方）、测量仪器（土壤水势自记仪器、雨量计、水位计）、计算机控制系统（控制降雨雨强、接收实验数据）等，下面介绍几种装置。

（1）可变坡土槽。可变坡土槽由钢板焊接而成，其有效容积为：长12m，宽1.5m×2，高1.5m。整个土槽分为左右两个部分，每边宽1.5m，分别称为A槽和B槽。土槽在液压驱动之下可作0°～30°的变坡。土槽的深度定为1.5m，主要考虑到南方湿润区大部分地区包气带厚度不超过1.5m，而干旱、半干旱地区土壤水分及植物根系活动也主要集中在这一范围内。主槽底部填充有5cm厚的石英砂作为反滤层，上部填充有约1.3m厚的太湖流域沿江冲积平原母质发育良好的草甸土。土槽右边安装有溢流钢槽，用来承接从地下流出的地下水。可变坡土槽见图5.2.1。实验仪器装置图见图5.2.2。

（2）土壤水势自记仪器。实验土槽中埋设有6套土壤水势自动采集器，安装深度分别为20cm、40cm、60cm、80cm、100cm、130cm。土壤水势自动采集器用于记录土壤水势变化规律，是由压力传感器将负压计测得的负压（kPa）转化为电讯号（mV），经过A/D

图 5.2.1 可变坡土槽实物图

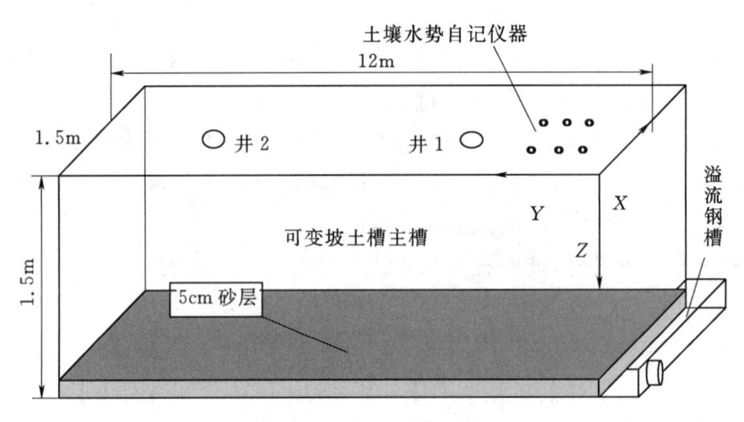

图 5.2.2 实验仪器装置图

转化器将模拟信号转化为数字信号输入计算机，并通过标定好的 mV～负压关系转化为土壤负压值，期间计算机通过专用单片机发出指令进行剖面与通道选择，从而实现采样自动化。整套土壤水势自动采集设备由南京土壤所研制。土壤水势监测系统测试精度为±0.1%，测试范围为 0～85kPa。

（3）雨量计。雨量计是南京水利水文自动化研究所生产的 JDZ0.1－1 型翻斗式自动雨量计，该雨量计精度为 1mm，数据由整个土槽计算机系统自动采集。雨量计除用来测雨量外，也可用于小流量水流观测。

（4）水位计。为观测地下水位，此次实验中在土槽中钻了 2 口观测井（井 1、井 2），井壁采用一端管壁镂空的 1.6m 左右的塑料圆管。地下水位观测仪器采用 HOBO U20 水位计，共 2 个。HOBO U20 水位计可用于测量地下水井、河流、湖泊的水位，其使用自定义绝对压力的陶瓷压力传感器，并具有不锈钢外壳。水位计利用精密的电子设备测量压力和温度，分别测量大气压力和水中压力，其差值可以通过水的压强公式转换为相对水位，而通过参照水位，HOBOware® 软件可以自动将压力读数转换为水位读数。

5.2.2.2　室外水文实验

实验流域空间尺度相对较小，可以获得水循环过程的原型观测数据。实验小流域是研究水文、水资源、水环境的理想对象，是探索变化环境下水文、水资源及水环境系统演变规律的重要手段[13]。下面简要介绍一些代表性实验流域。

1. 五道沟水文水资源实验站

五道沟水文水资源实验站是平原区大型综合实验站，地处东经 117°21′、北纬 33°09′，位于安徽省蚌埠市北 25km 处的安徽省新马桥原种场境内，占地面积 1.4 万 m^2。实验站前身为 1953 年成立的淮河水利委员会青沟径流实验站，1969 年并入安徽省水利科学研究院，1985 年迁建新马桥镇南京沪铁路西现址，为大型水文水资源综合试验站，1989 年建成为淮北平原水文水资源综合实验研究基地。

实验站所在流域为第四系松散岩层，包气带岩性以亚砂土和亚黏土为主，地面高程 19.5m 左右，多年平均气温 14.6℃，多年平均降水量 750～950mm，自南向北递减且降水年内分配不均，年际变化大。实验站自 1953 年至今 50 多年来，一直围绕水资源、水环境、灌溉排水、饮水安全等方面的实际问题，开展范围广泛的水文水资源实验研究。实验站拥有多套实验基地，其中，潜水动态观测场由 62 套地中蒸渗仪和内径 11.0m、深 6.5m 的地下观测室组成，可同时开展十余项实验；径流实验场主要由集水面积 1600m^2、60000m^2、1.36km^2 相互嵌套的 3 个大、中、小封闭径流实验场组成。径流实验场内设 8 个地下水位观测点，2 个土壤水测点，可探讨人类活动影响下的平原产流、汇流规律和排涝模数等，为治理农田涝渍灾害、规划农田排水系统、低产土改良等提供科学依据；农业气象场及室内试验室全套设备，主要为配合农田灌溉与排水、不同农作物的需水规律和水文水资源实验研究而进行的常规地面气象观测项目。

实验站除常规观测项目外，可开展“四水”转化、水文循环、农田排水指标、农作物对地下水的利用量、有作物和无作物潜水蒸发规律、水均衡分析、生态环境、水资源以及水资源评价参数等专项实验研究。

2. 新安江水文实验站

新安江水文实验站是经过水利部批准，由河海大学与太湖流域管理局水文局共建。实验站研究区域位于新安江屯溪以上流域，实验流域地处皖南山区，属江南古陆的东末端。

新安江水文实验站根据流域水文地理规律和理论研究需求，按大、中、小流域空间嵌套设计，在进行流域植被分布情况调查和土壤特性分析的基础上，建设原型小流域及坡地水文综合要素观测场、嵌套式强化观测流域（屯溪以上）、水文综合实验与分析测试中心及远程接收中心，构成一个以探索变化环境下流域水文水资源规律为目标的更为完善的新安江水文实验站。

（1）原型小流域及坡地水文综合要素观测场。原型小流域及坡地水文综合要素观测场包括天然径流观测场 2 处，人工降雨径流观测场 1 处，气象观测场 1 处（含自动气象站 1 处），自动称重式地中蒸渗仪 1 处，土壤水 FDR 观测阵列 1 处，雨量阵列站 1 处，流量监测量水堰 4 处，雨量、墒情站 13 个，地下水位站 15 个。

（2）嵌套式强化观测流域（屯溪以上）。嵌套式强化观测流域（屯溪以上）新增雨量遥测站30个，呈村水文站1处，中和村测流断面1处，墒情和地下水位监测站10处，计划在月潭水库建成时新建自动气象站1处，水面蒸发站1处。

另外，实验站还设有水文综合实验与分析测试中心及远程接收中心，对小流域进行精细化监测分析，对水分和污染要素在土壤中迁移转化进行水质和同位素监测分析，远程接收中心同时接收整个实验流域内远程观测数据。

新安江水文实验站主要是探索环境变化条件下流域水文水资源规律，进行水环境生态等专项研究，促进基础实验研究与理论成果在生产实践中的应用转化。通过新安江水文实验站，可进行流域天然嵌套原型流域水文实验，揭示变化环境下研究区产汇流机制，阐明流域面源污染对千岛湖水质水生态影响机理，研制新时期的新安江流域多尺度全要素水文模型。

5.3 “五水”转化研究与实验

5.3.1 “五水”转化概述

土壤、作（植）物、大气系统中的水分运行、转化规律是节水农业研究的基本问题之一。1960年Gardner等首次将土壤-植物-大气作为统一整体加以研究；1965年，Cowan在Gardner等研究的基础上，认为尽管各子系统的介质不同、界面不一，但水分在系统内的运动过程是密切联系、相互衔接的，可视为连续、统一的复合体系；1966年，Philip将该复合系统命名“土壤-植物-大气连续体”SPAC（Soil - Plant - Atmosphere - Continuum）的概念，奠定了现代农田水分研究的理论基础。SPAC系统的一个缺陷就是没有很好地考虑地下水在整个系统中的作用，地下水、土壤水、植物水、大气水是一个连续的水分过程，尤其是浅层地下水参与和影响SPAC系统地下水分、生物、化学过程更是突出[14]。直到20世纪90年代，地下水的作用才开始引起了一些学者的注意。刘昌明提出了在SPAC系统界面中包括土壤水-地下水界面，并探讨了从界面上控制水分消耗的可能性。考虑到农田作物的水分利用与农业节水的应用基础问题，刘昌明等提出了包括作（植）物水分在内的“五水”转化系统概念，扩充了SPAC理论的内涵[14]。

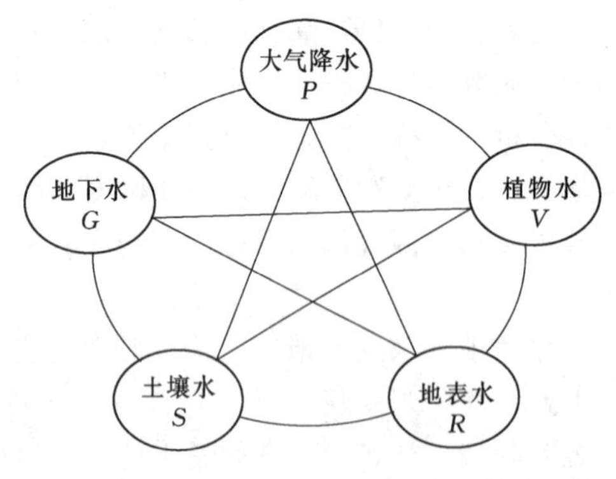

图5.3.1　基于水循环原理的“五水”转化网络图

“五水”是指大气降水、植物水、地表水、土壤水、地下水，“五水”转化是指五水之间的相互作用和相互关系。农田水分运行、存储在大气、土壤、作（植）物、地表与地下岩层五个系统中。水分在各系统中，受热力、重力和分子力的驱动，不断地循环运行，在农田内体现了自然界的主要水循环过程，包括主要的相、态的变化。大气降水、植物水、地表水、土壤水、地下水分别用符号P、V、R、S、G代表（如图5.3.1所示），图中的不同连线构成的网络表示“五水”之间的相互作用与转化关系[15]。

“五水”之间对应转化也可用表 5.3.1 所示的矩阵来表述。如 $P-S$ 与 $S-P$ 表示降水和土壤水之间的关系，后者还表示水由液态变为气态的相变，因此表 5.3.1 中 P/S 与 S/P 说明了流向的不同含义。

表 5.3.1　　“五水”之间 2 元双向转化矩阵[15]

水种	P	R	S	G	V
P	1	P/R	P/S	P/G	P/V
R	R/P	1	R/S	R/G	R/V
S	S/R	S/R	1	S/G	S/V
G	G/P	G/R	G/S	1	G/V
V	V/P	V/R	V/S	V/G	1

“五水”之间构成的系统网络有多种耦合关系，且是多元和双向的。当选取两个系统进行耦合时，“五水”系统的耦合共有 10 种组合，比如 $P-R$ 组合（降水-径流）、$P-G$ 组合（地下水降水补给）；当选取 3 个系统进行耦合时，“五水”系统的耦合共有 10 种组合，比如 $P-R-G$（降水-地表水-地下水“三水”转化）；当选取 4 个系统进行耦合时，“五水”系统的耦合共有 5 种组合，比如 $P-R-S-G$（降水-地表水-土壤水-地下水），就是“四水”转化；当选取 5 个系统进行耦合时，“五水”系统的耦合只有 1 种组合，也就是“五水”转化。若考虑双向流动，“五水”系统的耦合则有 52 种或更多的方式。

5.3.2 “五水”转化实验

“五水”是在“四水”（大气水、地表水、土壤水和地下水）以及 SPAC（土壤-植物-水）转化关系研究的基础上发展起来的，是陆面水文循环的一个主要部分，研究手段与水文学发展密切相关。“五水”转化与“四水”转化相比进一步考虑了植物水在水循环过程中的作用，对农田水分运动和转化过程的研究具有重要意义。“五水”转化水文实验研究逐步揭示了大气降水、地表水、土壤水、地下水和植物水相互转化、相互制约的作用关系。这里简要介绍中国科学院地理科学与资源研究所的“五水”转化实验装置。

“五水”转化实验装置是刘昌明先生提出和亲自设计的室内水文循环实验系统（图 5.3.2）。该实验系统以大气-植物-土壤-地下系统内的水量转化及其伴随的物理、化学和生物过程为研究内容，可综合控制大气环境条件（光照、温度、湿度和 CO_2 浓度）和土壤水分状态、鉴别土壤-植物-大气连续体（SPAC）水分传输过程，具备观测和模拟生态水文过程能量传输过程和水分变化过程的能力。该系统首次将大型蒸渗仪与人工气候原理耦合起来，用于研究耦合降水-地表水-土壤水-地下水-植物水的转化关系，测定各个界面的相关参数。基于“五水”转化动力学装置，可分别或集成模拟自然气候要素和土壤环境变化影响下的 SPAC 系统内物质迁移、能量平衡和水分循环，模拟人类活动直接和间接影响下的 SPAC 系统内物质、能量平衡和水分循环之间的相互关系，模拟地下水的渗流过程等[16]。

“五水”转化实验装置的大小为 5m×7m×7.5m（土壤表层以上高度为 4.5m，土壤

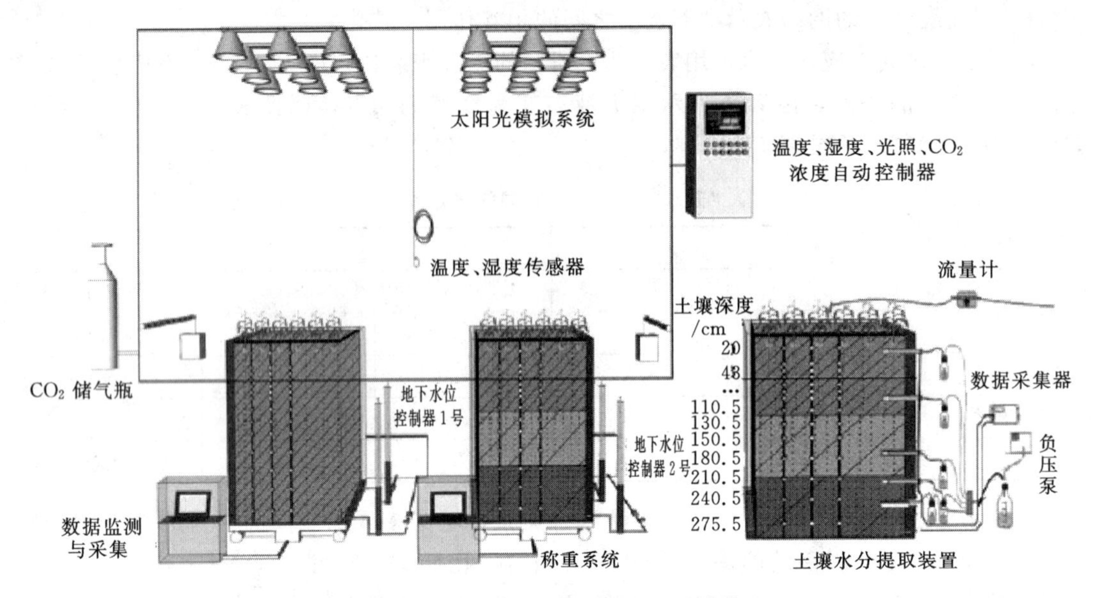

图 5.3.2 “五水”转换实验装置[17]

表层以下深度为3m)，由环境要素控制子系统、土壤水分转化观测子系统和地下水控制子系统3个子系统构成，各子系统构成及主要功能如下[17]。

(1) 环境要素控制子系统。环境要素控制子系统主要模拟自然界的温度、湿度、光照和 CO_2 浓度4个气象因子。该系统为房室结构，面积 $35m^2$，净体积 $140m^3$。采用空调机内循环制冷、制热和除湿；离心式自动上水加湿器增湿；农艺钠灯和金卤灯作光源（24只)，分3组控制和切换，当3组光源全部开启时最高光强可以达30000lx；CO_2 系统由传感变送器、电磁阀、减压阀、流速计等组成，气源采用99.99%食用级 CO_2。室内配置空气温度、相对湿度、CO_2 浓度、光照强度和光合光量子通量密度（PPFD）传感器，整系统各变量由计算机自动控制和记录。

(2) 土壤水分转化观测子系统。土壤水分转化观测子系统主要由土壤箱体和高精度称重系统组成。土壤箱体大小为3m×2m×3m。从土表以下按照20cm、43cm、53cm、63cm、73cm、83cm、92.5cm、110.5cm、130.5cm、150.5cm、180.5cm、210.5cm、240.5cm和275.5cm的深度，分别埋设有测定土壤温度、电导率和含水率的5TE土壤三参数传感器（美国Decagon公司生产)、测定土壤水势和温度的MPS-2二参数传感器（美国Decagon公司生产)、提取土壤溶液的DLS-Ⅱ型张力计（中国科学院地理科学与资源研究所研制)。称重系统满载时负荷可达81t，称重分辨率为180g，可以连续高精度测量蒸渗过程中水分的变化。

(3) 地下水控制子系统。地下水控制子系统由自控蓄水箱、输水管道和供排水装置三部分组成。该系统以固定的储水管柱取代移动的平水漏斗（和供水箱)，以可自由上下移动的液位测针（由安装在蓄水管柱上的可逆电机操纵）和相应的控制元件构成整个供排水过程的自动控制电路，将相关的控制信息输送至计算机监控系统，使得数据采集智能化，可精确控制实验所需设置的地下水位，精度为0.1cm。

5.4 同位素技术及其在水文学中的应用

同位素技术是伴随核科学迅速发展起来的新技术，在水文学中有广泛的应用。同位素和水化学能很好地标记水体的属性，可以通过对比不同水体（降水、河水、湖水、地下水等）的同位素和化学成分，确定水循环途径、水体之间的水力联系和水资源可再生能力等，为水循环研究、水环境保护、水资源可持续利用等提供一种十分有价值的分析工具。

5.4.1 同位素技术概述

5.4.1.1 基本概念

原子是由原子核和电子构成，原子核又由质子和中子组成。质子数相同而中子数不同的原子称为同位素，原子核决定着原子的性质，相同元素同位素的化学性质相同。例如，氕、氘和氚，它们的原子核中都有1个质子，但是它们的原子核中分别有0个、1个、2个中子，所以它们互为同位素。

按照同位素是否衰变，可将同位素分为放射性同位素和稳定同位素。凡能自发地放出粒子并衰变为另一种同位素者为放射性同位素；无可测放射性的同位素称为稳定同位素。稳定同位素中：一部分是由放射性同位素衰变形成的最终稳定产物，如^{206}Pb和^{87}Sr等；另一部分是天然的稳定同位素，如H、D、^{13}C和^{12}C等[17]。

按照同位素是否是由人工产生的，可将同位素分为：天然同位素和人工同位素。在自然界中天然存在的同位素称为天然同位素，人造产生的同位素称为人工同位素。

水中的稀有同位素成分可视为水的“DNA”，在水中具有“指纹”效应和作用。根据经典化学概念，相同元素的同位素在核外电子数及其排布上相同，同位素及其化合物的化学性质应该相同。但事实上，由于同一元素的不同同位素之间存在着质量差异，因此它们的物理化学行为表现出一定的差异，并且不同同位素之间的相对质量差越大，性质差异越大。例如，3种水的同位素变体$H_2{}^{16}O$、$D_2{}^{16}O$和$H_2{}^{18}O$的许多性质就存在微小但可察觉的差异[17]。因此，可以通过水的同位素分析，研究水的年龄、地下水的成因、各类水的相互作用及转化关系。这一十分有意义的工具就是“同位素技术”，已经广泛应用于水循环研究、水环境保护、水资源利用等众多领域，并且越来越突现出其潜在的价值和应用前景。

归纳起来，同位素技术就是利用水中天然存在的环境同位素（如^{2}H、^{3}H、^{18}O、^{14}C等）来标记和确定水的年龄、特征、来源及其组成，或者在水中加入放射性含量极低的人工同位素作为示踪剂来确定水的运移和变化过程。前者称为环境同位素技术，后者称为人工同位素示踪技术。

自20世纪50年代起，同位素技术在水文学中广泛应用，并逐步形成了一门新兴学科——同位素水文学。它主要利用环境同位素、人工同位素示踪技术，追踪水中的同位素成分及变化特征，快速获得一些水的“DNA”信息，从而解决水文学中的一些关键问题。近年来，随着同位素分析技术水平的提高、同位素技术实践经验的不断积累，在水文学中的应用不断扩大和成熟，逐渐发展成一种成熟、安全、独特的分析技术，是研究水循环、地表水与地下水转换关系、分析水库坝底渗漏等的一种十分有效的手段。

5.4.1.2 同位素技术方法

水体中稳定同位素成分及其含量的变化主要是由于水体在储藏、循环运动过程中受物理、化学、生物作用而发生的同位素分馏作用所引起的。放射性同位素成分及其含量的变化，主要是由于核物理作用产生放射性衰变所引起的。这里主要介绍同位素丰度（表达同位素含量）概念、同位素分馏作用、放射性同位素衰变作用。

1. 同位素丰度

前文已对同位素技术的应用原理进行了阐述，其实质就是利用一定的分析技术，确定水中的同位素成分及其变化特征。根据这一成分及其变化特征来分析水的特性，这是同位素技术应用的主要基础。

反映同位素成分组成的指标有两种：同位素绝对丰度、相对丰度。绝对丰度是指某一同位素在所有同位素总量中的相对份额，常以该同位素与^{1}H或^{28}Si的比值来表示。相对丰度是指同一元素各同位素的相对含量，用百分比来表示。

事实上，由于水体所处的位置、地质条件、气候条件、人为因素影响等不同，可能反映的同位素丰度也不同，利用水中同位素丰度这一微妙变化特征可以分析水的年龄、转化关系、组成及运移规律等。

2. 同位素分馏

同位素分馏是指在某一系统中，某元素的同位素以不同的比值分配到两种物质或两相中的现象。例如水蒸发时，水蒸气富集$H_2{}^{16}O$，而残余水相中则相对富集$D_2{}^{16}O$和$H_2{}^{18}O$。其根本原因是由于不同同位素之间的质量差异，引起物理化学性质的差异，导致其在物理、化学和生物过程中发生同一元素的各种同位素分别富集在不同相中的现象[17]。这种导致稳定同位素成分发生改变的作用称为同位素分馏作用，主要包括同位素交换反应、单向反应、蒸发作用、扩散作用、吸附作用和生物化学作用等。

为了对同位素分馏作用作出定量评价，通常用分馏系数α来衡量。分馏系数α是一个表征同位素成分及其含量变化程度的系数，定义为两种物质中同位素比值之商，即

$$\alpha=\frac{R_A}{R_B} \tag{5.4.1}$$

式中：R_A为在分子A或A相态中重同位素与轻同位素的比值；R_B为在分子B或B相态中重同位素与轻同位素的比值。

由于同位素分馏过程受其所处的环境因素的影响，不同来源样品的元素丰度存在着变异，变异携带有环境因素的信息，利用其可对所处环境进行反演。因此，通过同位素分馏作用分析，可以进行原位标记和示踪分析。

3. 放射性同位素衰变过程

原子核自发地放射出各种射线的现象称为放射性，能发生这种放射性的同位素称为放射性同位素。放射性同位素发射的射线主要类型是α、β、γ，除此之外还有正电子、质子、中子、中微子等。放射性同位素有天然和人工两种，天然放射性同位素是天然存在的一类能发射某些射线的同位素，人工放射性同位素是指利用核反应方法人工获得的一类能发射某些射线的同位素。

放射性同位素由于发射某些射线，导致原子核内部发生变化，这种现象称为放射性同位素的放射衰变。实验已证明，放射性同位素的衰变是原子核内部发生的现象，与核外电子的运动状态变化基本无关，与外界影响因素没有显著的关联。其衰变是按指数规律随时间衰减的，满足以下规律：

$$N=N_0e^{-\lambda t} \tag{5.4.2}$$

式中：N_0 为 $t=0$ 时同位素的放射性强度；λ 为常数，表示单位时间内原子核的衰变概率，其大小只与放射性同位素的种类有关；t 为时间；N 为经历时间 t 后同位素的放射性强度。

放射性同位素衰变的这一特性，已广泛应用于国民经济建设的实践中。其在水文学中的应用也很成熟，比如用于检测水库渗漏位置、测定含水层水文地质参数、研究断层渗透率等。

4. 同位素技术方法的一般程序

应用同位素技术研究的一般程序可以归纳为样品采集、分析测试和结果分析三大步骤。首先，要按照一定要求，采集待测试的样品，并按规定进行包装；其次，把样品送到实验室进行测试；最后，根据测试结果进行仔细分析。

5.4.2　同位素技术在水文学中的应用

自20世纪50年代，同位素技术就已经应用到水文学中。在研究早期，主要侧重于水循环过程中的同位素机理研究，尤其是水循环过程中由于水的物态变化引起的稳定同位素分馏作用的研究。比如，早期进行的海水和降水$^{18}O/^{16}O$比率变化的调查、天然水$^{2}H/^{1}H$比率的研究等。

国际原子能协会（IAEA）始建于1958年，积极参与和推动同位素技术的发展及其在成员国水文学中的广泛应用。1961年，在国际原子能协会（IAEA）和世界气象组织（WMO）的积极推动下，在全球范围内建立了100多个观测站，对降水中稳定同位素成分（主要测定其中的^{2}H和^{18}O）进行连续观测。这一举措为降水中稳定同位素含量变化的研究奠定了扎实基础，促进了同位素水文学全球合作与交流，推动了同位素技术在水文学中的应用。目前，同位素技术已广泛应用于水文学的很多领域，本节仅作简单介绍。

5.4.2.1　利用放射性同位素技术测定地下水的年龄

如前所述，放射性元素的衰变并不依外界因素（如温度、压力、化学组分）而变，一种放射性元素的半衰期是一个确定的常数。根据这一特性，可以测定地下水在含水层中储存的时间，即常说的地下水年龄。根据测定的地下水年龄可以帮助分析地下水的起源、成因和再生能力等。

目前，地下水年龄测定较成熟的是^{14}C测定技术。^{14}C具有5730年的半衰期，可以由自然和人工两种作用产生。在自然作用下，由宇宙射线产生的次中子和氮相互作用，可形成^{14}C。在大气中，^{14}C被氧化，以$^{14}CO_2$的形式存在。当$^{14}CO_2$溶解于水表面时，衰变计时开始。因此，水体与大气隔绝的时间越久（即年龄越老），^{14}C含量越低，即^{14}C含量与正常的稳定同位素^{12}C含量的比值就越低。根据这一原理，就可以通过测试地下水^{14}C含量，反过来算出地下水的年龄。

由式（5.4.2）转换得到如下式子：

$$t=\frac{1}{\lambda}\ln\frac{N_0}{N} \tag{5.4.3}$$

其中 $\lambda=0.693/T^{\frac{1}{2}}$，$T^{\frac{1}{2}}$ 为 ^{14}C 的半衰期，代入式（5.4.3），可以得到计算 ^{14}C 的年龄公式：

$$t=\frac{T^{\frac{1}{2}}}{0.693}\ln\frac{N_0}{N} \tag{5.4.4}$$

式中：符号含义同前。

短周期放射性同位素 ^{3}H 和长周期放射性同位素 ^{14}C 的研究，为现代地下水和古老地下水年龄的测定提供了依据。20 世纪 50 年代以来的核试验引起了大气降水中 ^{3}H 含量的急剧增加，这为确定大气降水对现代地下水补给提供了有益条件，也提高了地下水年龄的测定精度。

5.4.2.2　利用放射性同位素示踪技术研究地下水的运动规律，确定水文地质参数

利用放射性同位素（比如，H^3 和 I^{131}）作示踪剂，可以进行示踪实验，研究水循环过程，特别是用于地下水运动规律分析。一般在某井（或地表水源）中投放示踪剂，在特定位置井中多次重复取水样，并及时进行同位素分析。

根据不同位置井中地下水同位素含量的变化情况，分析地下水运动方向、运动速率、补给来源等。假如在某井中同位素含量一直变化不大，就说明投放井的地下水（或地表水源）不是该井地下水的主要补给来源，或者说水力联系不大。相反，假如在某井中同位素含量很快增加，就说明：水力联系密切，且根据不同采样井的同位素含量变化情况，可以确定地下水的运动方向，计算地下水运动速率。

采用不同条件下的实验结果对比分析，可以研究自然和人类活动变化对水循环过程的影响作用机理。这是研究“自然和人类活动变化条件下水循环规律”的重要技术手段，也是目前高新技术在水文学中应用的主要研究方向之一。

根据实验结果反求水文地质参数，如水流速度、渗透系数等。这是同位素示踪实验重要应用之一。通过实验，可以计算得到水流运移时间，根据距离和时间就可以计算水流速度，再依据地下水位就可以计算得到渗透系数。

5.4.2.3　利用稳定同位素技术研究地下水的起源和形成过程

地下水按其成因和成生环境可区分为大气成因溶滤水、海相成因沉积水、变质成因再生水和岩浆成因初生水 4 种类型。这 4 种成因类型地下水由于其水的来源和成生环境的不同，在其氢、氧同位素的组成上也存在着很大差异。这样，就可依据不同成因类型地下水的 δD 和 $\delta^{18}O$ 的变化范围来大致地判定地下水的起源和成因[17]。

目前，常采用 δD 和 $\delta^{18}O$ 等同位素来研究地下水的起源，研究流域降水、径流之间的转化关系。由于稳定同位素能很好地标记水体的属性，通过对流域地表、地下径流定期取样，对水中的氢、氧同位素进行分析，不但可以研究流域地表、地下径流的起源、变化以及与大气降水在时间、空间上的关系，还可以更深入地了解流域水循环过程及演变规律。

另外，如果地下水有几种不同地区的降水补给来源，还可以依据 H. Craigh 降水直线来判定地下水的当前补给来源。由于不同地区降水、蒸发、凝结的条件各不相同，因此根据不同地区降水所作的 $\delta D - \delta^{18}O$ 直线图的斜率和截距也会不同，据此就可以判定地下水的不同补给来源。

5.4.2.4 利用稳定同位素技术研究水中化学组分的来源

假如不同水源的稳定同位素（δD 和 $\delta^{18}O$）存在明显差异，且同位素含量基本稳定，就可以根据水体稳定同位素含量与不同水源稳定同位素含量之间的关系，来大致估算不同水源对水体的补给比例。这一技术方法可以用于确定地下水特别是深层地下水的补给来源，可以用于确定矿坑充水主要来源。这些研究可以为水文地质分析、矿坑防治水工作提供重要的参考依据。

5.4.2.5 利用稳定同位素或放射性同位素技术确定不同含水层之间的水力联系

一方面，可以依据稳定同位素技术来确定不同含水层之间的水力联系。假如不同含水层没有水力联系，它们的稳定同位素含量也会有所不同，根据这种差异的程度就可以判定不同含水层之间的水力联系。

另一方面，还可以依据人工放射性同位素实验，来确定不同含水层之间的水力联系。比如，可以在一个含水层井中投放同位素示踪剂，在另一含水层观测井中取样，并进行同位素分析。根据同位素含量的变化情况就可以判定不同含水层之间的水力联系程度。

5.4.2.6 利用同位素技术研究堤防渗漏问题

利用同位素的“标记”功能，对地下水、河水、降水进行同位素分析，确定水体之间的水力联系，从而能判别地下水的补给源、渗漏区的位置与范围。这一技术可以应用于堤坝的渗漏研究中，有助于堤坝渗漏原因调查和堤坝防渗治理[20]。

5.4.2.7 同位素技术的其他应用举例

在青藏高原及其毗邻地区，章新平等应用同位素技术对喜马拉雅山朗塘流域降水中 $\delta^{18}O$ 的变化进行研究，对青藏高原及其毗邻地区降水中稳定同位素成分的时空变化进行研究，分析了青藏高原及其毗邻地区降水中稳定同位素的时空变化规律，揭示出不同影响因子对降水中稳定同位素的影响[21]。

在运用同位素技术研究气候的水文响应方面，侯书贵等在乌鲁木齐河源 1 号冰川冰芯采样，探讨冰芯 $\delta^{18}O$ 纪录的冰川形成过程和影响因素，研究 $\delta^{18}O$ 与气温之间的关系，提出本区大气降水中的 $\delta^{18}O$ 与气温之间存在着显著的正相关关系[22-23]。

在同位素技术实验研究方面，顾慰祖等[7]自 1987 年起对滁州实验流域和代表流域的流量过程线进行划分，并就两种径流成分的环境同位素方法的基本假定进行了实验检验，研究了实验流域降雨径流关系、径流水文分割、径流形成过程，并揭示出流域水文系统同位素条件的复杂性；根据阿拉善高原地下水的稳定同位素特征，顾慰祖等分析了黑河流域治理规划实施后可能对地下水资源产生的工程影响；刘相超等人依托华北山区典型实验流域，运用同位素技术研究了北京市怀柔区汤河口镇东台沟流域内大气降水中氧同位素特征，得到了降水的雨量效应、高程效应，并确定了降水季节的水汽来源[24]。

参考文献

[1] 刘昌明，陈效国. 黄河流域水资源演化规律与可再生性维持机理研究和进展 [M]. 郑州：黄河水

利出版社，2001.
[2] 王浩，严登华，杨大文，等. 水文学方法研究 [M]. 北京：科学出版社，2012.
[3] 周魁一. 中国科学技术史水利卷 [M]. 北京：科学出版社，2002.
[4] 水利部水文司. 中国水文志 [M]. 北京：中国水利水电出版社，1997.
[5] 姚永熙，章树安，杨建青. 水资源信息监测及传输应用技术 [M]. 北京：中国水利水电出版社，2013.
[6] 刘昌明. 地理水文学的研究进展与21世纪展望 [J]. 地理学报，1994 (S1)：601-608.
[7] 顾慰祖，陆家驹，唐海行，等. 水文实验求是传统水文概念——纪念中国水文流域研究50年、滁州水文实验20年 [J]. 水科学进展，2003 (3)：368-378.
[8] 贾仰文，王浩，倪广恒，等. 分布式流域水文模型原理与实践 [M]. 北京：中国水利水电出版社，2005.
[9] 韩小乐，刘金涛，张文平. 变化环境下流域水文实验的发展述评 [J]. 水资源研究，2014 (3)：240-246.
[10] 李新，刘绍民，马明国，等. 黑河流域生态——水文过程综合遥感观测联合试验总体设计 [J]. 地球科学进展，2012，27 (5)：481-498.
[11] 陈志恺. 中国水利百科全书 水文与水资源分册 [M]. 北京：中国水利水电出版社，2004.
[12] 吴雷，许有鹏，王跃峰，等. 水文实验研究进展 [J]. 水科学进展，2017，28 (4)：632-640.
[13] 付丛生，陈建耀，曾松青，等. 国内外实验小流域水科学研究综述 [J]. 地理科学进展，2011，30 (3)：259-267.
[14] 宫兆宁，宫辉力，邓伟，等. 浅埋条件下地下水-土壤-植物-大气连续体中水分运移研究综述 [J]. 农业环境科学学报，2006 (S1)：365-373.
[15] 刘昌明，张喜英，胡春胜. SPAC界面水分通量调控理论及其在农业节水中的应用 [J]. 北京师范大学学报（自然科学版），2009，45 (Z1)：446-451.
[16] 周成虎，刘苏峡，于静洁，等. 从实验水文到水文系统模拟——刘昌明先生水文科学思想学习的几点认识 [J]. 地理学报，2014，69 (5)：588-594.
[17] 吴亚丽，宋献方，马英，等. 基于“五水转化装置”的夏玉米耗水规律研究 [J]. 资源科学，2015，37 (11)：2240-2250.
[18] 郑永飞，陈江峰. 稳定同位素地球化学 [M]. 北京：科学出版社，2000.
[19] 沈照理. 水文地球化学基础 [M]. 北京：地质出版社，1986.
[20] 陈建生，杨松堂，刘建刚，等. 环境同位素和水化学在堤坝渗漏研究中的应用 [J]. 岩石力学与工程学报，2004，23 (12)：2091-2091.
[21] 章新平，中尾正义，姚檀栋，等. 青藏高原及其毗邻地区降水中稳定同位素成分的时空变化 [J]. 中国科学：地球科学，2001，31 (5)：353-361.
[22] 侯书贵，秦大河，李忠勤，等. 乌鲁木齐河源1号冰川冰芯δ～(18) O记录的现代环境过程分析 [J]. 地球化学，1998 (2)：108-116.
[23] 侯书贵，秦大河，任贾文. 乌鲁木齐河源1号冰川冰芯δ～(18) O记录气候意义的再探讨 [J]. 地球化学，1999 (5)：438-442.
[24] 刘相超，宋献方，夏军，等. 东台沟实验流域降水氧同位素特征与水汽来源 [J]. 地理研究，2005，24 (2)：196-205.

第6章 现代水文信息技术

21世纪之后，人类社会逐步进入信息化时代。在全球展开的信息和信息技术革命，正以前所未有的方式决定着社会变革及各行业的发展方向。现代信息技术的快速发展，也极大引发了水文学及其相关领域的变革。本章首先概述信息技术在水文学中的应用。其次，介绍水文数据采集、传输、集成与数据挖掘等现代水文信息技术手段。并重点讨论DEM技术在水文模拟中的应用，包括数字流域。最后，结合国家水利信息化发展需求，初步探讨智慧水利理论框架与发展方向。

6.1 水文学中信息技术应用概述

6.1.1 基本概念

信息技术（Information Technology，IT），是主要用于管理和处理信息所采用的各种技术的总称。广义而言，是指能充分利用与扩展人类信息器官功能的各种方法、工具与技能的总和。狭义而言，是指利用计算机、网络等各种硬件设备及软件工具与科学方法，对不同来源和不同类型的信息进行采集、传输、存储、加工、表达的各种技术的总和。

水文信息是指从采集的水文数据中获取的有用信息。简单而言，水文数据经过加工处理，去除数据冗余之后就成为有用的水文信息，即：水文信息＝水文数据－数据冗余。从概念上讲，水文信息技术可以看作是信息技术在水文学领域中的拓展应用，属于信息技术的一种外延。广义而言，是指管理和处理水文信息所采用的各种技术的总称。狭义而言，是指水文信息采集与处理技术，对不同信源的水文数据采集、传输、存储、加工、表达的各种技术的总和。水文信息技术作为一门学科而言，是以水文测验为基础，结合信息技术逐步发展起来，是研究各种水文信息的测量、计算与数据处理的原理和方法的一门学科[1]。

6.1.2 关键信息技术的应用

现代信息技术在水文学领域已得到了广泛应用，涉及水文数据采集、传输、存储、加工、表达等多个环节，目前主要使用的关键信息技术如下。

6.1.2.1 RS技术

遥感（Remote Sensing，RS），是20世纪60年代随着空间科学、近代物理学和计算机科学的发展而诞生的一门综合性探测技术。它是一种以非直接接触方法对远距离目标进行探测的技术。遥感技术系统由遥感平台、传感器、遥感介质、数据处理和应用5部分组成。通过搭载在飞机或卫星上的遥感器，获取目标物反射或辐射的电磁波信息，来判定目标物的存在和性质。遥感的物理基础是："一切物体，由于其种类及环境条件的不同，具有反射或辐射不同波长电磁波的特性"。遥感数据的使用方式主要是纠正处理后的影像，根据影像解译编制的专题图件和数字数据。

近几十年来，遥感技术快速发展极大促进了水文观测技术的革新，并逐渐形成了一个学科交叉的研究领域——水文遥感[2]。遥感技术在水文应用中的优势凸显[3]，能够直接或间接地获取描述流域水循环环境的面上数据，如气温、湿度、风速、地形、土壤类型和土地利用方式等；能够测量常规手段无法测量到的描述水循环过程本身的面上数据，包括用于水文计算的关键水文变量和参数，如降水量、蒸发量、下渗量和产汇流量等；此外，遥感技术探测范围广，可以获取偏远地区的信息；可以提供长期、动态和连续的高时空分辨率的面状数据信息；具有周期短、信息量大和成本低的特点。作为一种新的数据来源，是对传统水文站点观测数据的有益补充。

6.1.2.2 GIS技术

地理信息系统（Geographic Information System，GIS），是从20世纪中叶开始，人们采用数字化技术、存储技术、空间分析技术、环境预测与模拟技术、可视化技术等各种技术手段来处理地理信息，开发了许多用于采集、存储、处理、分析、检索和显示空间数据的计算机信息系统的统称。

广义而言，地理信息系统是指在计算机硬、软件系统支持下，对地理空间分布数据进行采集、储存、管理、运算、分析、显示和描述的技术系统。按照西方国家一些学者的观点，GIS由4部分组成：①管理和使用地理信息系统的人；②描述地球表面空间分布事物的地理数据，包括空间数据和属性数据；③管理与分析空间数据的软件；④输入、存储、处理和输出地理数据的硬件，如工作站、微机、数字化仪、扫描仪以及自动绘图仪等。

狭义而言，地理信息系统是一个具有多种功能的计算机软、硬件系统。它是一个"具有空间数据的采集、存储、检索、分析和可视化的数据库管理系统"。

GIS主要功能如下：①数据采集与编辑功能。GIS的核心是一个地理数据库，建立GIS的第一步就是将地面上的实体图形数据和描述它的属性数据输入数据库中，并利用数据管理系统提供的数据编辑功能来管理。②地理数据库管理功能。对庞大的地理数据，需要数据管理系统来管理。对于数据库管理系统，应具备数据定义、数据库的建立与维护、数据库操作、数据通信等功能。③制图功能。GIS是一个功能极强的数字化绘图系统，它可以提供全要素地图，也可根据用户需要分层提供专题图，如行政区划图、土地利用图、植被图、土壤图、水资源图等，而且通过分析还可以得到地学的分析地图，如坡度图、坡向图、坡面图等。④空间查询与空间分析功能。空间查询和空间分析是指从GIS目标之间的空间关系中获取派生的新信息和新知识，并得出预测结论。⑤地形分析等多种功能。地形分析功能包括数字高程模型DEM的建立和地形分析两项，地形分析包括对等高线的分析、对透视图的分析、坡度和坡向分析、断面图分析、地形表面面积和挖填土石方体积的计算等。目前DEM是构成流域分布式水文模型的基础，在水文模拟中具有广泛应用

（详见6.4节）。

6.1.2.3　GPS技术

全球定位系统（Global Positioning System，GPS），与GIS、RS合称为“3S”技术。GPS是一个高精度、全天候和全球性的无线电导航、定位和定时的多功能系统。在海空导航、精密定位、大地测量、工程测量、动态观测、速度测量等方面具有十分广泛的用途。

GPS的基本系统由GPS卫星星座、地面监控系统和GPS信号接收机三部分构成。GPS卫星星座共有24颗卫星，其中21颗是工作卫星，3颗是在轨的备用卫星。这些卫星分布在6个倾角为55°的圆形轨道上。卫星的平均高度为2万km，运行周期为12恒星时（718min）。星座的这种分配可以确保地球上任何地点，都能同时在地平线10°以上区域内接收到导航定位必需的4颗卫星的GPS信号，从而实现全球的三维定位和导航。

GPS是一种采取距离交会法的卫星导航定位系统，利用测距码来测定距离。测距码是一种周期性的按照某种特定规律编排的二进制代码。GPS测距码分为粗码和精码。粗码的码元长度为293m，精码的码元长度为29.3m。由于相关处理的精度大约为码元长度的百分之一。目前美国精密定位服务（PPS）的定位精度为16m，标准定位服务（SPS）的定位精度为100m。利用GPS差分技术可以把一般用户的实时定位精度提高至2～5m或更高。

目前，成熟的全球卫星导航定位系统除了GPS之外，还有俄罗斯格洛纳斯卫星导航系统（GLONASS）和中国北斗卫星导航系统（BeiDou Navigation Satellite System，BDS）。其中，北斗卫星导航系统BDS由空间段、地面段和用户段三部分组成，可在全球范围内全天候、全天时为各类用户提供高精度、高可靠定位、导航、授时服务，并具短报文通信能力，已经初步具备区域导航、定位和授时能力，定位精度10m，测速精度0.2m/s，授时精度10ns。

6.1.2.4　物联网技术

物联网（Internet of Things），是在互联网的基础上，利用射频识别（RFID）、无线数据通信等技术，按约定的协议，把任何物品通过物联网域名相连接，进行信息交换和通信，以实现智能化识别、定位、跟踪、监控和管理的一种网络概念。也即，通过各种信息传感设备，实时采集任何需要监控、连接、互动的物体或过程等各种需要的信息，与互联网结合形成巨大网络，从而实现物与物、物与人，所有的物品与网络的连接，方便识别、管理和控制。

物联网的核心和基础仍然是互联网，是在互联网基础上的延伸和扩展的网络；通过智能感知、识别技术与普适计算等通信感知技术，其用户端延伸和扩展到了任何物品与物品之间，进行信息交换和通信，也即物物相息。物联网既是网络，也是业务和应用。

在物联网应用中有三项关键技术：①传感器技术：通过传感器把模拟信号转换成计算机能够处理的数字信号，这也是计算机应用中的关键技术；②RFID标签：也是一种传感器技术，RFID技术是融合了无线射频技术和嵌入式技术为一体的综合技术，RFID在自动识别、物品物流管理有着广阔的应用前景；③嵌入式系统技术：是综合了计算机软硬件、传感器技术、集成电路技术、电子应用技术为一体的复杂技术。如果把物联网用人体做一个简单比喻，传感器相当于人的眼睛、鼻子、皮肤等感官，网络就是神经系统用来传递信息，嵌入式系统则是人的大脑，在接收到信息后要进行分类处理。

物联网是新一代信息技术的重要组成部分，可以把它看作是互联网正在出现的末梢神经系统的萌芽，代表着IT技术智能化发展的大趋势。物联网也是“信息化”时代的一个重要发展阶段，人们的生活、工作、娱乐和出行方式因此而改变，人类将进入一个全新的万物互联的新世界。也因此被称为继计算机、互联网之后世界信息产业发展的第三次浪潮。

物联网把新一代IT技术充分运用在各行各业之中。在水文学及水资源管理中，各类固定或移动采集设备和各类水工建筑物，便是物联网中的“物”。通过各类传感设备对水文信息、工情信息等进行远程的自动采集；通过多种传输方式将所感知到的数据传送到信息处理中心。通过对各类实时信息的采集、控制、传输、处理加工和应用，提升水管理的综合能力和管理水平，实现向动态管理、精细管理、定量管理和科学管理的转变，达到“智慧”状态。

6.1.2.5　云计算技术

云计算（Cloud Computing）的定义有上百种之多，美国国家标准与技术研究院（NIST）定义为：云计算是一种按使用量付费的模式，该模式能通过可用的、方便的、随需的网络来访问资源可动态配置的共享池（包括网络、服务器、存储、应用和服务等），资源可配置的共享池可以通过最少的管理或与服务提供商的交互来实现资源的快速配置和释放，其中所包含的弹性、共享、随需访问、网络服务及记次收费是云计算的关键要素。

云计算的出现代表着“第三次IT浪潮”，是分布式计算（Distributed Computing）、并行计算（Parallel Computing）、效用计算（Utility Computing）、网络存储（Network Storage Technologies）、虚拟化（Virtualization）、负载均衡（Load Balance）、热备份冗余（High Available）等传统计算机技术和网络技术发展融合的产物。

云计算是互联网中神经系统的雏形，相当于人的大脑，是物联网的神经中枢。物联网的智能处理依靠云计算、模式识别等先进的信息处理技术，云计算是促进物联网和互联网的智能融合的关键所在。目前很多物联网的服务器部署在云端，通过云计算提供应用层的各项服务。云计算相当于一个非常大的线上资源池，一旦有需要，可以在任何时间、任何地点联网快速地找到所需资料并进行处理，永不担心资料丢失。

云计算在水文信息化中的应用在于实现多源信息等资源的整合与业务的协同，提升对海量数据存储、分享、挖掘、搜索、分析和服务的能力。通过数据集成和融合技术，打破部门间的数据堡垒，实现部门间的信息服务与共享，为更多公众服务。同时，通过云计算的方式达到标准化、模块化与规范化，促进水文业务应用系统软件产品的通用性和适用性，减少重复开发，提高综合应用水平。目前，基于云计算和物联网技术构建的现代化水利信息服务与共享平台（称为云水利平台），是智慧水利发展的重要标志（图6.1.1）。通过云水利平台能够提供最可靠、最安全的水利数据存储中心，用户不用再担心数据丢失、病毒入侵等麻烦。对用户端的设备要求低，使用方便。随时随地可以通过各种终端进行访问，包括智能手机。能够轻松实现不同设备间的数据与应用共享。利用云计算技术，以低成本提供超强的计算能力、高可靠性、高安全性等优势，将水利信息化建设推进信息共享时代。有效实现水利信息资源的整合，提高信息资源的利用率与应用水平。

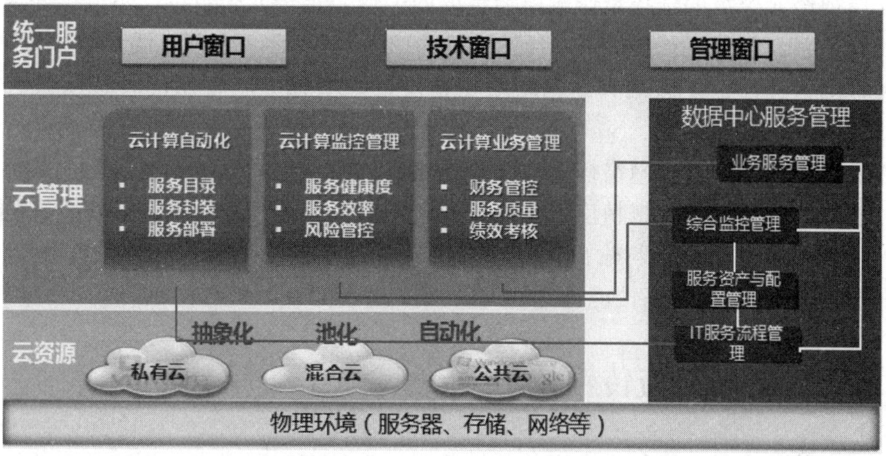

图 6.1.1　云计算平台示意图

6.1.2.6　人工智能技术

人工智能的定义有多种不同的解释，如 Nilson 教授认为“人工智能是关于知识的学科，即怎样表示知识以及怎样获得知识并使用知识的学科”；Winston 教授认为“人工智能就是研究如何使计算机去做过去只有人才能做的智能的工作”；也有学者认为“人工智能是研究、设计和应用智能机器或智能系统，来模拟人类智能活动的能力，以延伸人类智能的科学”“人工智能是对人的意识、思维的信息过程的模拟”，等等。人工智能本质上是研究使计算机模拟人的某些思维过程和智能行为（如学习、推理、思考、规划等）的学科，主要包括计算机实现智能的原理、制造类似于人脑智能的计算机，使计算机能实现更高层次的应用。整个过程中涉及计算机科学、心理学、哲学和语言学等学科。

简而言之，人工智能是让机器实现原来只有人类才能完成的任务，其核心是各种算法。从分类上看，人工智能有四大主流分支：模式识别、机器学习、数据挖掘、智能算法；从组成上看，有两个必要前提条件：要训练一个巨大的神经网络（NN）、要有大数据。在云计算平台上，应用的各种算法是决定最终性能的关键因素。人工智能离不开大数据，更是基于云计算平台完成深度学习进化。需要根据大量的历史数据和实时数据来对未来进行预测，通过数据分析和数据挖掘等手段，发现新的业务场景。物联网的海量节点及应用产生的数据是人工智能所需的持续数据流的重要来源之一。通过物联网感知产生数据、收集的海量数据存储于云平台，再通过云计算支撑大数据分析和数据挖掘，能够让人工智能为人类生活、生产活动提供更好的服务。因此，人工智能可看作是程序算法和大数据结合的产物，即人工智能＝云计算＋大数据。其中，大数据主要来自物联网。

目前，在水文领域中广泛应用的人工智能技术，主要是人工神经网络技术（Artificial Neural Networks，ANN）。ANN 技术是通过数学方法去模拟人脑或自然神经网络，是一种模仿人脑结构及其功能的非线性信息处理系统。ANN 技术应用于降雨径流预报、洪水预报等方面，具有超强适应性、计算速度快和自主学习等特点。一般的神经网络模型包括输入层、隐含层和输出层。输入条件为流域降雨过程等；输出条件为出口断面的流量过程。隐含层神经元个数的选择是影响模型精度的关键，神经元个数少，不能很好反映降雨径流非线性关系，神经元个数过多，容易产生“过度训练”，从而降低预报精度。此外，神经元转移函数选择也是影响神经网络模型精度的重要因素，常用的转移函数有线性函数、非线性函数、阶跃函数、Sigmoid函数等，需要根据实际应用情况，选择合适的转移函数。在实际应用中，神经网络模型对学习样本的依赖性很大，数量充足、代表性强的训练样本，能够提高模型的预报精度。总之，神经网络模型构建需要深入了解研究区水循环物理特性，采用合适的输入与输出条件，确定合理的隐含层（包括神经元个数与转移函数），同时离不开大数据和高性能计算能力的支撑。

6.2　水文信息采集与传输技术

水文信息的获取是水文科学研究的数据基础，也是支撑现代水管理的必要条件。在防汛抗旱、水利工程建设、水资源管理、水生态与环境保护，以及与水相关的经济社会可持续发展中，发挥着不可或缺的巨大作用。随着高性能计算和物联网、通信等IT新技术的迅猛发展，水文信息采集与传输技术手段也在发生着巨大变革，从最初的人工采集向自动化、同遥感遥测相结合的“天-空-地”一体化立体感知方向发展。

6.2.1　水文信息采集

水文信息采集源于水文测验，在生产实践中发挥了重要作用。早在4200年前，大禹治水观察河流的水文变化情势，认识到“顺水之性”，采用了疏导之策取得成功。公元前3世纪，李冰父子修建都江堰水利工程，设置了3个石人分别观测内江、外江和渠首的水位，并巧妙地利用地形，合理地解决了分洪、排沙和灌溉、航运等水文问题[1,4]。

6.2.1.1　水文信息采集项目

水文信息采集涉及陆地水循环几个关键过程与要素，包括降水、蒸发、流量、水位、泥沙、冰凌、水温、地下水，以及其他相关的气象信息等。传统的水文信息采集主要是：①基于水文站定位观测水文事件实际发生时的信息，如水文站点实测的水位、流量等数据；②对水文事件发生后进行水文调查的信息，如历史洪水调查等数据。

6.2.1.2　水文信息采集方式

水文信息采集除了基于传统水文站定点采样之外，近年来基于遥感技术的非定点采样得到快速发展。固定采样点基于采样方法获取离散的信息与非定点采样基于遥感技术空间上连续的信息，通过“点”“面”数据融合，能够极大提高水文采集信息的数量与质量，以及时效性与空间范围，以适应复杂流域下垫面条件下的高精度水文预报与精细化水资源管理的应用需求。

6.2.1.3　水文采集常用仪器

水文信息采集关键依赖于各种类型的传感器。目前在水文观测中常用的仪器如下：水位观测仪器有气泡式水位计、压力式水位计、雷达水位计和电子水尺等；降水量观测仪器有新型翻斗式雨量计、加热式雨雪量计、称重式雨雪量计和光学雨量计等；流量测验仪器有自动测流缆道、ADCP流速剖面仪和电波流速仪等；泥沙测验仪器有红外测沙仪、振动测沙仪等；水温、气温观测有温度传感器等。

随着新技术的应用，传感器不断向高精度、小型化、集成化、数字化和智能化的方向发展，自动化水平越来越高，大大提高了数据采集的速度。如水平式多普勒流速剖面仪，能够在线实时完成瞬时流量测量；自动化缆道在无需人员干预下完成整个流量外业测量和数据快速处理。

6.2.2　水文信息传输

大量的水文信息采集后，需要快速、准确地传输到相关水文信息管理部门，如流域机构、地方和国家的水文信息中心，进行信息集成处理和分析，形成管理决策知识。水文信息传输技术与有线与无线、微波与卫星等多种通信技术的发展紧密相关[1]。受科技发展驱动，水文信息传输技术从以电话、电台呼叫为主，通过人工读取报送或有线、无线传送定点观测信息的传统方式，逐步发展到以有线网络、短波、超短波、卫星通信为代表的新型数据传输方式。目前，用于水文信息传输的通信方式主要有6种：超短波通信、短波通信、微波通信、流星余迹通信、卫星通信、公用电话网络通信。

6.2.2.1　基于超短波通信的无线传输方式

超短波通信方式出现较早，是水文信息传输的传统组网方式之一。目前技术最成熟，仍被广泛使用（图6.2.1）。一般选用230MHz频段的超短波进行水情数据的传输，具有较好的通信质量和一定的绕射能力。超短波通信信号传播稳定、通信质量较高、传输距离可达20～45km。用户根据国家无线管理委员会分配给水文监测的专用频率进行传输。具有自主性好、使用方便、无需通话费、运行维护费用较低等优点，是目前水情遥测系统中应用最多的通信方式。

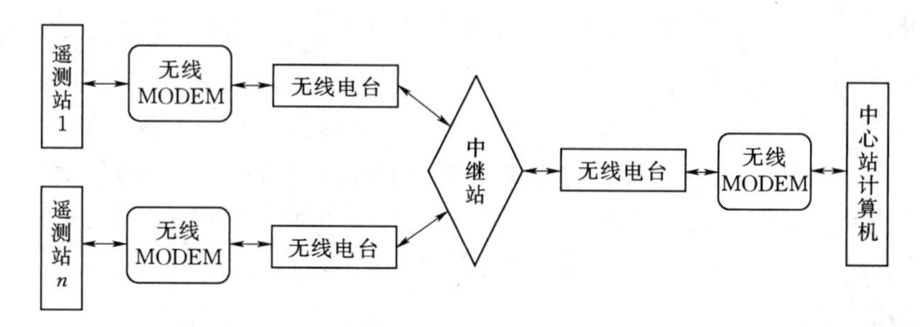

图6.2.1　基于超短波通信的无线传输系统

6.2.2.2　基于公用电话网络通信的有线传输方式

该有线方式以公用交换电话网为通信线路，采用有线拨号方式（图6.2.2）。公用交换电话网传输的信号是模拟信号，通过调制解调器MODEM实现数字信号和模拟信号的相互转换。

以公用交换电话网的通信方式进行水情数据传输，具有以下优点：①公用交换电话网由电信部门进行管理维护，维护成本低；②在进行数据传输时占用语音通道，没有无线电干扰问题；③技术成熟，设备简单，易于实现低功耗设计；④投资费用低，安装成本也比

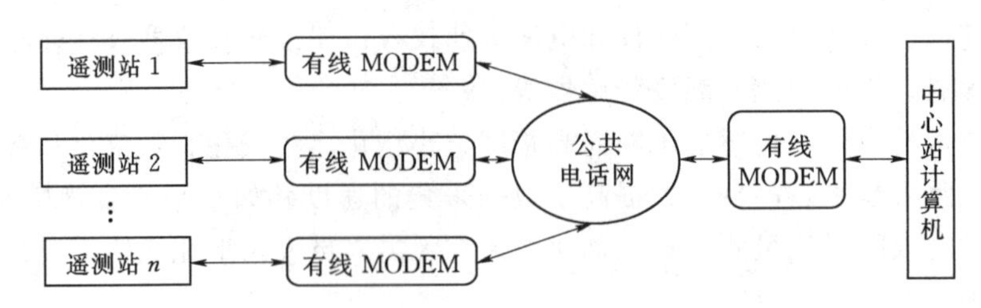

图 6.2.2　基于公用电话网络通信的有线传输系统

较低。当然，该方式也具有以下局限性：①受地理条件的影响大，没有公用电话网络的地方无法进行通信；②MODEM 在进行数据传输前需核对协议，需要较长的等待时间；③通信费用比较高；④受到雷击、人为因素等影响，通信线路容易中断。

6.2.2.3　基于 GSM/GPRS 通信的无线传输方式

该无线方式利用无线移动通信公网通信，在移动用户之间和数据网络之间实现高速、连续的无线远程水文数据传输。

GSM（Global System for Mobile Telephony）是基于时分多址技术的移动通信体制中最完善、应用最广的一种系统，以短消息进行水情数据传输。具有组网简单、建设周期短、通信费用低的特点，通信网由电信部门负责维护，保障了信息传送的低廉和稳定性。只要有 GSM 信号的地方就能使用，有效解决了水情数据在大范围传输的难题。短消息不仅发送快、不需拨号，还可实现点对点批量发送。相关设备标准化程度高、体积小巧、重量轻、功耗较低。

GPRS（General Packet Radio Service）是通用分组无线服务技术的简称，是一种基于 GSM 系统的无线分组交换技术，提供端到端的、广域的无线 IP 连接。GPRS 作为 GSM 的延续，允许用户在分组转移模式下发送和接收数据，能够提供一种高效、低成本的无线分组数据业务，具有传输速率高、网络接入速度快、计费方式灵活等特点。

基于 GSM/GPRS 通信的无线传输，其传输过程如图 6.2.3 所示。在组网时，由于测站到分中心（中心）环境不同、通信条件不同，可采用多种通信系统，如 GPRS、短信、DDN、卫星等；根据不同节点、工作方式和要求不同，可选用不同的通信方式来完成。为了提高系统的可靠性，减少传输节点，从移动的 GPRS 网络中心到信息监测中心一般采用 DDN 专线。DDN 专线接入传输质量高，时延小，稳定性好，路由可以自动迂回，可靠性及可用率高。

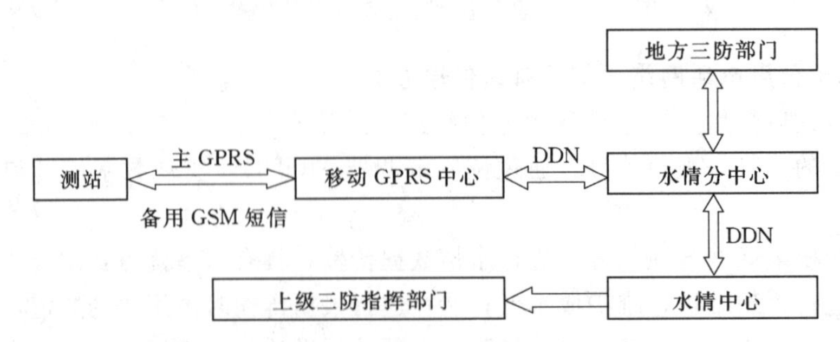

图 6.2.3　基于 GSM/GPRS 通信的无线传输系统

移动通信网络与短信息数据传输是移动通信部门面向公众服务的主要业务之一。采用GSM/GPRS移动通信传输技术的水文部门不需要重复投资建设传输基础设施与通信平台，信息接口与设备简单，标准化程度高，通信设备通用性好，易于与计算机、通信网联结，实现传输数据的网络化处理，数据传输距离可以遍及世界。可利用手机在世界任何一个移动通信网覆盖的地方监测水情数据，并可通过国际互联网、电话、手机把信息传输到任何地方[5]。

6.2.2.4　基于卫星通信等其他无线传输方式

（1）卫星通信是地面微波通信的一种特殊形式，相当于高空设置一个中继站。一般采用一个中心主站和多个遥测子站的星形网络结构。利用多路复用技术（如频分多路、时分多路）把多个用户的信息在基带信道内复用。在卫星通信系统中还采用多址链接技术，把多个地球站发射的信号在卫星转发器提供的射频信道上复用，使多个地球站同时利用一个卫星的信道进行双边或多边通信。卫星通信系统不仅能提供数据传输服务，也可以提供图片、语音等其他综合业务，具有数据传输实时性好、通信质量高，方便资源共享的特点。

（2）短波数据通信是指利用电离层或大地的反射形成的信号通道来进行。信号传播的距离很远，能改善高山地区远距离通信的困难。但因电离层受太阳辐射和太阳黑子的影响而变化无常，导致短波信道的衰落严重。此外，受大气和季节影响及其他无线电台干扰也很大。

（3）利用流星余迹作为反射层进行数据通信。当无数的流星通过大气层时被燃烧气化，产生电离尾巴，形成一个离地面80～120km的电波反射层，可作为通信的信道，通信距离最远可达1000～2000km。与短波通信一样，常因背景噪声大，使通信效果不佳。

6.2.3　水文自动测报

随着计算机和通信技术的发展，20世纪70年代中期以来水文自动测报得到了快速发展，逐渐成为现代水文信息采集与传输的重要标志。1976年美国SM公司与美国天气局合作研制成一套水情自动测报设备；20世纪80年代，随着遥控设备的发展完善，数据传输方式的多样化、可靠性的增加，水文自动测报技术得到了广泛应用；90年代后期以来，为适应防汛和水利调度现代化、信息化的要求，基于物联网、云计算的“天-空-地”立体感知网络系统成为发展主流。

水文自动测报涉及的几个关键技术是：①传感技术。各种类型的传感技术，声学、光学、力学和化学的传感技术，不断丰富可自动监测的水文信息。②通信技术。有线和无线通信技术，自建和公共通信网等，实现快捷、准确的实时传输。③计算机及电子技术。从单片机到个人电脑、服务器，从高可靠的RTU到双机冗余，不断提高水文自动测报系统的功能和可靠性。④网络技术。测报系统组网技术：超短波、短波、微波、卫星、GSM、GPRS、PSTNa等；计算机网络技术：光纤、网桥、公共通信等。水文信息自动测报系统示意图见图6.2.4。

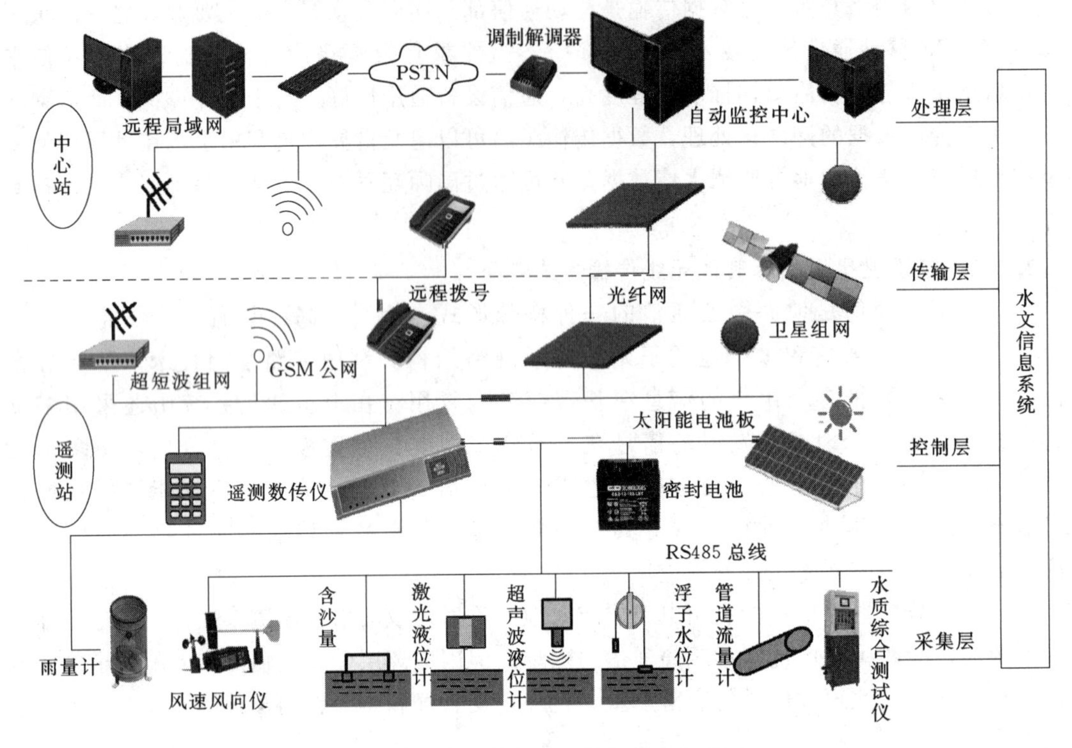

图6.2.4　水文信息自动测报系统示意图

6.3　水文信息集成与数据挖掘技术

随着水文站网建设和水文测报技术的快速发展，采集的各类水文信息呈现“爆炸式”增长。海量的多源异构水文数据如何高效地集成与共享，需要按一定的业务应用逻辑对原始数据资料进行组织、描述和存储，把大量非规范化数据有效组织起来，产出具有较小冗余度、较高数据独立性和易扩展性的数据，并开展数据挖掘，实现数据综合服务功能，有效消除“信息孤岛”，这是水文信息化建设中最为关键的技术环节之一。

6.3.1　水文信息集成

6.3.1.1　数据集成有关概念

（1）数据集成。是指将具有一定关联的、不同来源、异构的数据通过一定的方法在逻辑上或物理上集中起来，主要通过不同业务应用之间的数据交换达到解决数据的分布性和异构性的问题，从而为用户提供数据共享。

（2）水文数据集成系统。是指实现分布式异构数据集成的系统平台（图6.3.1），能够提供水文领域内相关数据源的透明访问，为用户提供访问数据源的统一的接口，并执行用户对数据源的查询请求。

6.3.1.2　多源异构数据集成方法

目前，多源异构数据集成已有很多成熟的技术方法。其中，比较典型的方法有以下

3种。

(1) 联邦数据库系统。由半自治数据库系统构成，联盟各数据源之间相互提供访问接口，达到相互之间分享数据的目的。同时联盟数据库系统可以是集中数据库系统、分布式数据库系统以及其他联邦式系统。具有紧耦合和松耦合两种模式：紧耦合提供统一的访问模式，一般是静态的，在增加数据源上比较困难；而松耦合则不提供统一的接口，但可以通过统一的语言访问数据源，其中核心的是必须解决所有数据源语义上的问题。

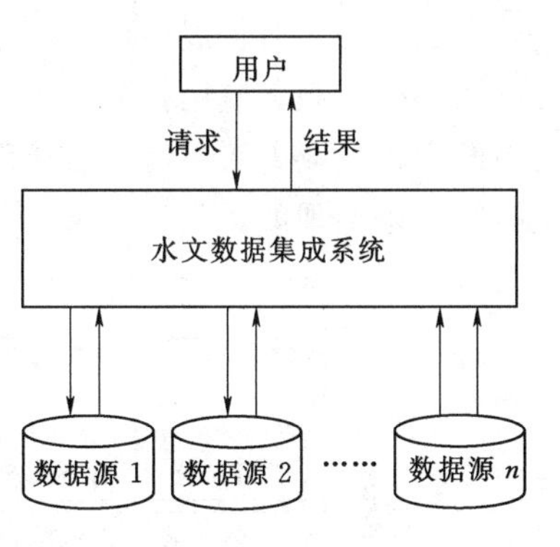

图6.3.1　数据集成平台

(2) 中间件模式。是一种比较流行的数据集成方法，通过在中间层提供一个统一的数据逻辑视图来隐藏底层的数据细节，使得用户可以把集成数据源看为一个统一的整体（图6.3.2）。中间件位于异构数据源系统（数据层）和应用程序（应用层）之间，通过统一的全局数据模型来访问异构的数据资源，向下协调各数据源系统，向上为访问集成数据的应用提供统一数据模式和数据访问的通用接口。实际上，中间件系统主要为异构数据源提供一个高层次检索服务，如何构造这个逻辑视图并使得不同数据源之间能映射到这个中间层是技术关键所在。该模式优点在于能够集成结构化、半结构化和非结构化数据源中的信息（如Web信息），具有比较优越的查询性能。其缺点在于中间件的设计缺乏通用的标准，不同业务应用系统之间移植困难，而且基于中间件的集成通常是只读的，而联邦数据库对读写都支持。

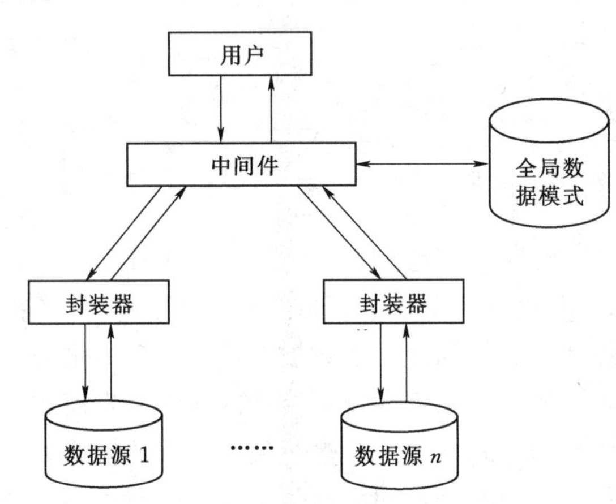

图6.3.2　基于中间件的数据集成

(3) 数据仓库模式。是针对某个特定应用提出的一种数据集成方法，需要建立一个满足应用系统整体需求的存储数据的数据仓库，将来自多个不同的数据源的数据副本，按照预先设计好的统一视图进行预处理，转换成符合数据仓库的模式，最后装载到数据仓库中。其优点在于数据高度集中于数据仓库，易于创建用户快速高效查询，适合于数据挖掘和决策支持等系统对大量集成数据进行高效处理的需求；其缺点在于数据仓库中的数据来源于不同的数据源，对单个的数据源中的数据进行操作时，并不会触发数据仓库更新数据，将导致数据仓库与数据源中数据不一致。

6.3.1.3　水文信息集成系统平台

(1) 水文信息集成系统总体架构。一般包括数据层、服务层、业务层三部分（图6.3.3)：①数据层为数据共享交换平台提供数据支撑；②服务层是系统的核心，基于数据共享交换中间件实现，可以部署实现具体业务所需的访问控制等服务，具有标准调用接口，开放性好，可扩展，可复用。为业务层提供强有力的服务支撑；③业务层中的各种业务应用和公众服务应用，是依据相关业务逻辑与需求，通过调用或复用各类服务进行相应的系统组建。业务层不能直接访问底层的数据库，所有的数据请求是通过服务层数据共享交换平台来实现的。

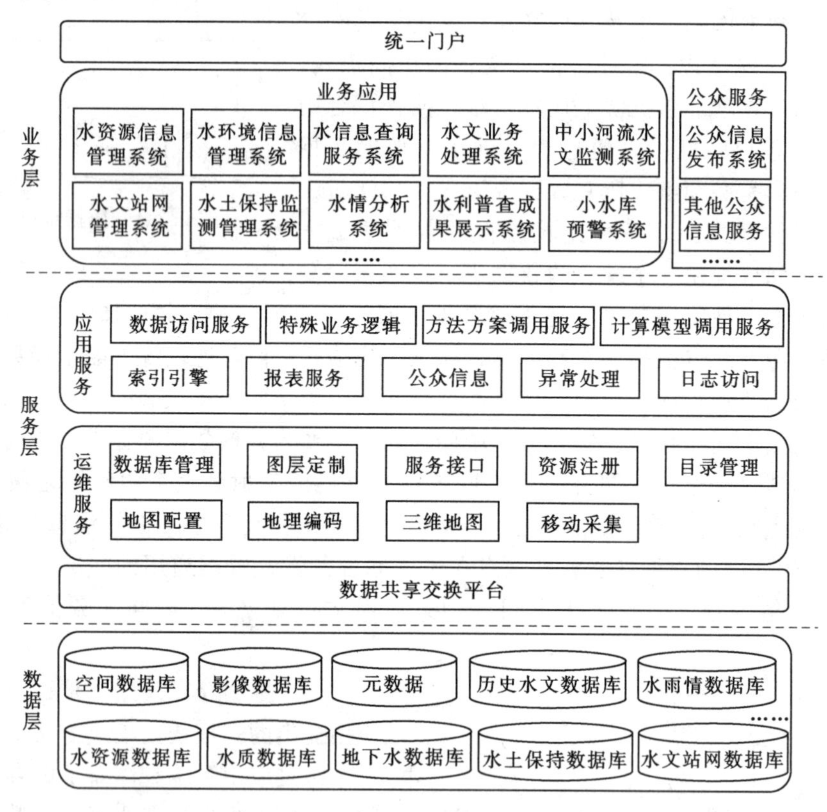

图 6.3.3　水文信息集成系统总体架构图[6]

(2) 多源异构数据库系统设计方法。标准数据库设计流程主要由需求分析、概念设计、逻辑设计、物理设计、数据库实施和运行维护等 6 个环节组成（图 6.3.4）。为了提高数据库的设计效率及成功率，有效降低数据库的设计风险，在数据库设计过程中也需要融入软件工程领域的新思想、新方法和新技术。常用于数据库设计流程的典型开发模式主要包括瀑布模式、渐增/演化/迭代模式、原型模式、螺旋模式、喷泉模式、智能模式和混合模式等[7]，在进行数据库设计时应根据具体设计过程中不同阶段的特点和需求动态选择适当的开发模式。

水文信息集成多源异构数据库系统的设计，可采用瀑布模型和螺旋模型相结合的开发模式进行设计和建设。其主要设计流程包括：明确所需基础数据的范围和类型，并通过多种渠道完成原始数据资料的收集和整理；选择合适的数据库系统运行平台、关系数据库管理软件和空间数据库管理软件；遵循平台的数据流程，设计统一的数据存储概念结构，实现对多源异构原始数据资料的重组与聚合；将数据存储概念结构转换为特定的数据模型（关系模型和空间模型），并按照数据库设计规范对其进行相关设计；生成、装载、测试和校验数

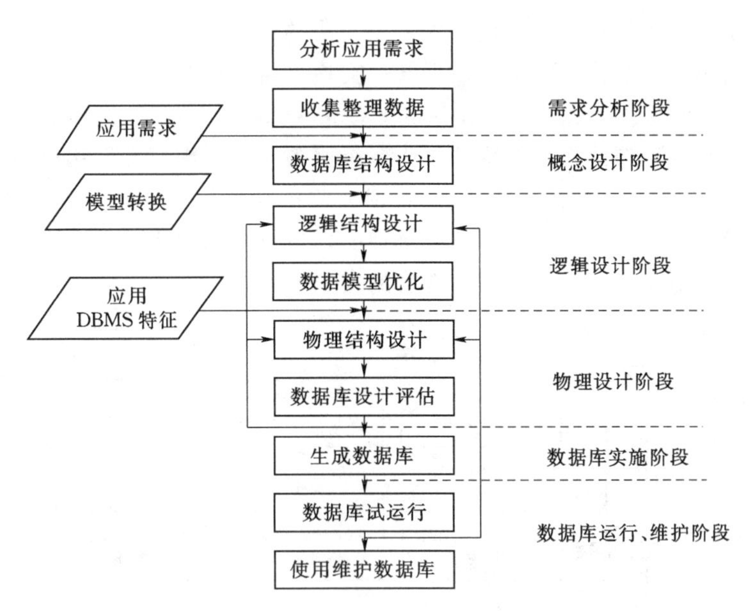

图 6.3.4　一般数据库的设计流程

据库；集成数据库管理软件提供的数据库维护功能，开发扩展专用的数据库维护功能等，并进行包括数据库代码、数据约束、触发器和存储过程等数据库基本要素的设计与开发。

水文信息集成多源异构数据库系统一般可由水文基础信息库、基础地理信息库、多媒体库、计算模型库、知识库、专题库和元数据库、系统数据库组成，各数据库之间的关系如图 6.3.5 所示。

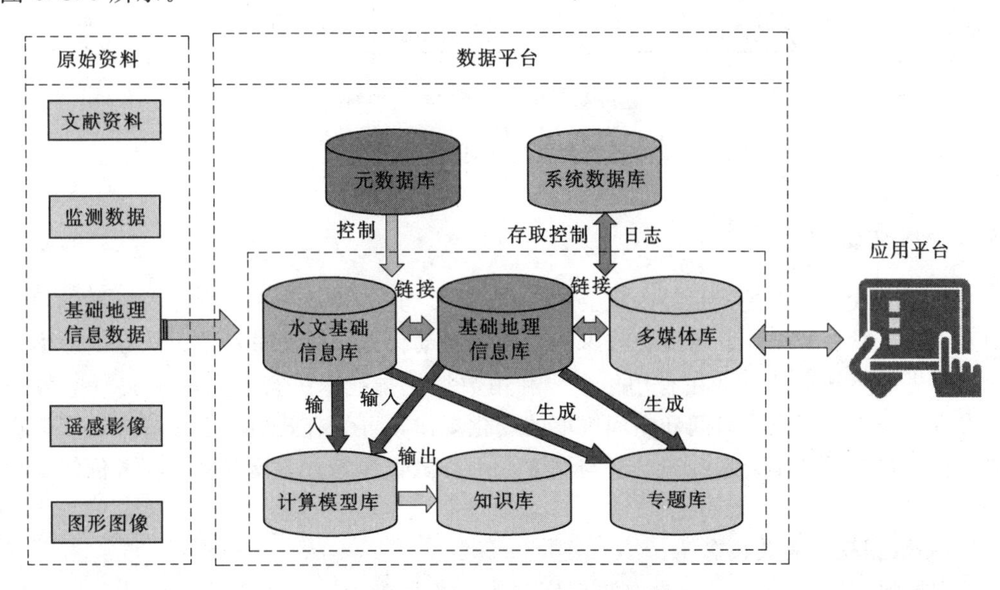

图 6.3.5　多源异构数据库系统构建模式

(3) 数据共享交换平台架构设计。可实现包括水情、水资源、水环境、水文站网、水土保持、空间数据、元数据等共享交换，以及应用业务逻辑处理等，并为相关服务提供结果集，共享交换是多源异构数据集成首先需要解决的难题。

图6.3.6给出了一个典型案例的数据共享交换平台总体技术架构图。其数据共享交换平台是依托某省水利专网，以MQ（Message Queueing）为中间数据传输通道，以交换平台服务总线为核心的分布式系统架构。作为一个服务总线，需要开发相应的服务组件，如组件库、服务组合工具、数据转换、配置管理、监控管理、运行管理等。对于各个节点，数据的共享交换是基于交换平台服务总线实现的，节点服务器之间不允许直接通信，减少了数据库的访问压力，增强了数据共享交换的安全性。

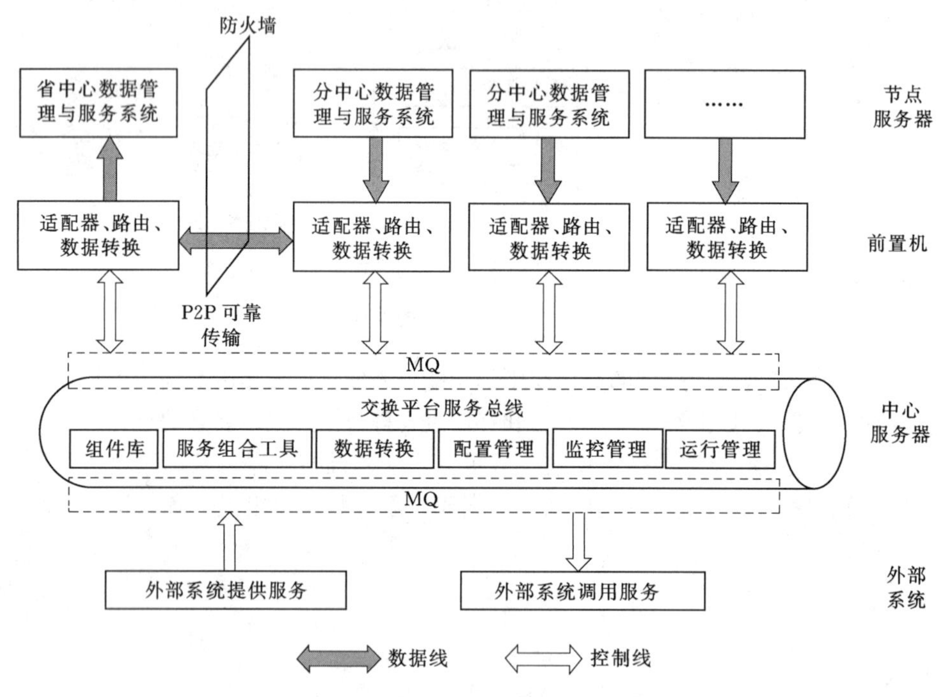

图6.3.6 典型案例数据共享交换平台总体技术架构图

6.3.2 水文数据挖掘

大数据时代，数据挖掘是最为重要的工作之一，其主要基于人工智能、机器学习、模式识别、统计学、数据库、可视化技术等，高度自动化地分析海量数据，从数据库中发现隐含的、先前不知道的、潜在有用信息。利用数据挖掘技术进行复杂的水文时空数据分析，发现各类水文要素在时间和空间维度的变化规律，可为有效预测水文情势的变化提供相关依据，在防汛抗旱、水资源分配与调度、水资源管理等方面具有重要参考价值和现实指导意义[8]。

6.3.2.1 数据挖掘有关概念

数据挖掘（Data Mining）是在数据库技术、机器学习、人工智能、统计分析、模糊逻辑、人工神经网络和专家系统的基础上发展起来的新概念和新技术。广义而言，是指高度自动化地分析数据，做出归纳性的推理，在一些事实或观察数据的集合中挖掘出潜在寻找模式，帮助决策者做出正确决策的决策支持过程。狭义而言，是指从大量的、不完全的、有噪声的、模糊的、随机的实际应用数据中提取隐含的、未知的、潜在的、有用的信息和知识的过程。

与数据挖掘相近的同义词有数据融合、人工智能、商务智能、模式识别、机器学习、知识发现、数据分析和决策支持等。数据挖掘与传统数据分析的本质区别是：数据挖掘是在没有明确假设的前提下去挖掘信息、发现知识。数据挖掘所得到的信息应是先前未知、有效和可实用的。先前未知的信息是指该信息是预先未曾预料到的，即数据挖掘是要发现那些不能靠直觉发现的信息或知识，甚至是违背直觉的信息或知识，挖掘出的信息越是出乎意料，就越可能有价值[9]。

6.3.2.2　数据挖掘主要过程

数据挖掘的过程一般可分为：问题定义→数据收集及预处理→模型建立→结果解释及模型评估→模型应用5个阶段[10]。

（1）问题定义。开始阶段也是整个过程中最重要阶段，必须要从专业的角度理解和明确数据挖掘的具体需求和目的，制订数据挖掘的初步计划。

（2）数据收集及预处理。收集数据挖掘所需要的数据，对数据进行选择、清洗和转换，以适合建模要求。数据预处理在整个数据挖掘过程中至少占60%以上的精力和时间。

（3）模型建立。根据数据挖掘的目标和数据的特征，选择和应用各种方法，建立相应的模型并调试好参数。

（4）结果解释及模型评估。对建立的模型进行测试、评估，如不符合要求，返回之前的阶段，对数据的整理、算法的选择、参数的调试进行重新检查和完善，直至模型满足要求。

（5）模型应用。将建立的模型应用实际获得输出结果，并用一种用户可以使用的方式来组织和展示结果。该阶段主要由用户参与实施。

数据挖掘过程并不是一次完成的，而是一个循环、重复的过程，每一个步骤都可能会有反复。在反复过程中，不断地趋近事物的本质，不断地优化问题的解决方案[11]。

6.3.2.3　数据挖掘常用方法

数据挖掘的常用技术方法有分类分析、回归分析、聚类分析、关联分析、特征分析、变化和偏差分析等，从不同的角度对数据进行挖掘。

（1）分类分析。找出数据库中一组数据对象的共同特点，并按照分类模式将其划分为不同的类。是一种有监督的学习，事先知道训练样本的标签，通过挖掘将属于不同类别标签的样本分开，可利用得到的分类模型，预测样本属于哪个类别。

（2）回归分析。利用数理统计原理，对大量统计数据进行处理，并确定因变量与某些自变量的相关关系，建立一个相关性较好的回归方程，并加以外推，用于预测因变量的变化。

（3）聚类分析。把一组数据按照相似性和差异性分为几个类别。是一种无监督的学习，事先不知道样本的类别标签，通过对相关属性的分析，将具有类似属性的样本聚成一类。聚类技术主要包括传统的模式识别方法和数学分类学。

（4）关联分析。若两个或多个变量的取值之间存在某种规律性，就称为关联。关联可分为简单关联、时序关联、因果关联。关联分析的目的是找出数据库中隐藏的关联网。关联规则挖掘发现大量数据中项集之间有趣的关联或相关联系。

（5）特征分析。从数据库中的一组数据中提取出其特征式，这些特征式表达了该数据集的总体特征。

（6）变化和偏差分析。偏差包括很大一类潜在有趣的知识，如分类中的反常实例，模式的例外，观察结果对期望的偏差等，其目的是寻找观察结果与参照量之间有意义的差别。意外规则的挖掘可以应用到各种异常信息的发现、分析、识别、评价和预警等方面。

6.3.2.4　数据挖掘主要功能

数据挖掘旨在于从数据库中发现隐含的、有意义的知识，主要有以下5类功能。

（1）趋势预测。数据挖掘自动在大型数据库中寻找预测性信息，以往需要进行大量手工分析的问题如今可以迅速直接由数据本身得出结论。

（2）关联识别。发现大量数据中项集之间有趣的关联或相关联系。有时并不知道数据库中数据的关联函数，即使知道也是不确定的，因此关联分析生成的规则带有可信度。

（3）聚类划分。数据库中的记录可被划分为一系列有意义的子集，即聚类。聚类增强了人们对客观现实的认识，是概念描述和偏差分析的先决条件。

（4）概念描述。对某类对象的内涵进行描述，并概括这类对象的有关特征。概念描述分为特征性描述和区别性描述，前者描述某类对象的共同特征，后者描述不同类对象之间的区别。生成一个类的特征性描述只涉及该类对象中所有对象的共性。生成区别性描述的方法很多，如决策树方法、遗传算法等。

（5）偏差检测。数据库中的数据常有一些异常记录，从数据库中检测这些偏差很有意义。偏差包括很多潜在的知识，如分类中的反常实例、不满足规则的特例、观测结果与模型预测值的偏差、量值随时间的变化等。偏差检测的基本方法是，寻找观测结果与参照值之间有意义的差别。

6.3.2.5　水文数据挖掘系统

水文数据挖掘可以应用决策树、神经网络、概念树、遗传算法、统计分析、模糊论等理论与技术，构造满足不同应用目的的水文数据挖掘系统[9]。

（1）系统架构。水文数据挖掘一般由数据层、组织层、挖掘层与决策层4部分组成（图6.3.7）。①数据层。进行水文数据分析和挖掘的数据集，包括历史数据和实时数据（统计年鉴、水资源数据库、水雨情数据库等），也包括通过净化、综合、分类、识别等手段建立的面向不同主题的信息集合。数据仓库能够集成和汇总异构的数据源，为数据挖掘提供统一、完善的数据基础。②组织层。通过数据同化技术，对各类水文及相关专业数据进行集成，形成支持数据挖掘和在线分析的多维数据。通过元数据管理统一管理数据仓库和数据挖掘工具。③挖掘层。是整个体系的核心，包括数据挖掘和在线分析。其中，在线分析以数据预处理和高级应用查询为目的、数据挖掘以知识发现为目的。数据挖掘中应用的各种分析方法存储在模型库中，包括“物理成因模型”和“统计分析模型”两类。统计分析模型不考虑流域物理机制，需要大量的输入、输出数据以获得经验模型。物理成因模型是基于水文物理机制构建的模型。统计分析与物理成因分析相结合，在大数据集合中发现隐藏的、以前未知的知识，用于决策支持。④决策层。是一个面向决策者的用户接口层，将数据挖掘发现的新知识并结合知识库中相关知识，通过各种形式提供给决策者，对数据挖掘结果进行解释与表达，同时将新的结果存入知识库[11]。

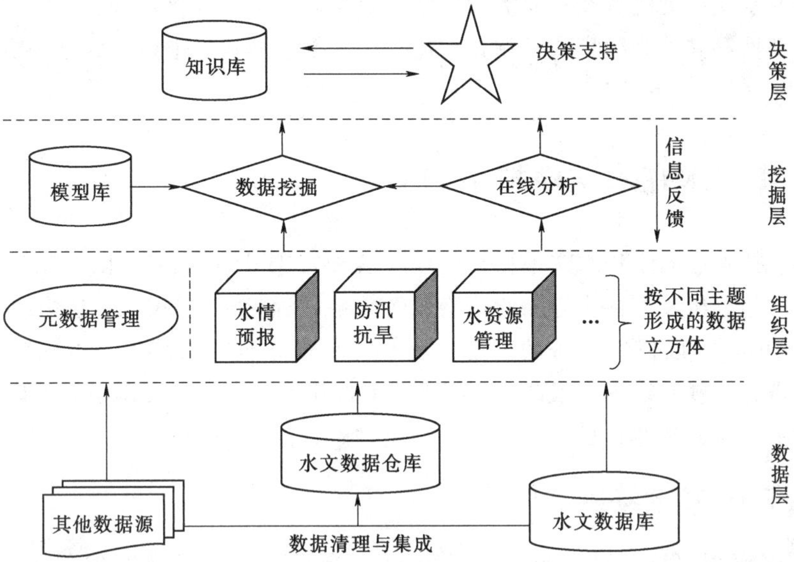

图 6.3.7　水文数据挖掘总体框架

(2) 关键技术。目前广泛应用的水文数据挖掘技术主要包括 4 种：①分类分析。在收集的数据中找出数据的类型，根据类型建立模型。②关联分析。发现数据之间的关联性。③聚类分析。在没有任何指导的学习，通过对相关属性的分析，将具有类似属性的样本聚成一类。④时间顺序分析。水文时空数据系列的变化趋势分析。

(3) 主要类型。根据数据挖掘的基本概念，水文数据挖掘主要分为描述式挖掘和预测式挖掘。描述式数据挖掘对水文数据进行特征化与比较，从而发现水文数据有用的一般性质；预测式数据挖掘通过分析历史水文数据集，建立单个或一组模型，并通过模型对新数据集的行为做出预测，这是水文数据挖掘研究的重点。

(4) 重要功能。根据水文科学研究与应用的实际需要，水文数据挖掘重要功能包括相似搜索、序列模式挖掘和周期分析。①相似性搜索。是指找出与给定序列最接近的其他序列。在水文序列中，找出各类相似的子序列。其表征的水文知识包括气候及下垫面的演变过程及趋势。可用于雨洪过程预测、环境演变分析、水文过程规律分析等方面，回答诸如“当前水文过程相当于历史上哪一时期的同类过程”等问题；水文时间序列相似性搜索也是聚类、分类、关联规则等其他数据挖掘应用的基础。②序列模式挖掘。是指挖掘相对时间或其他模式出现频率高的模式。已有的时间序列中的模式发现方法主要关注于发现全局的模式，该模式的频繁度量通过扫描序列的所有记录产生。③周期分析。是指从序列数据中找出重复出现的模式，一般分为挖掘全周期模式、挖掘部分周期模式和挖掘循环或周期关联规则。水文序列的周期分析，即是以一组分片序列为持续时间的序列模式挖掘，同时也与相似性搜索挖掘密切相关。

(5) 建设重点。①在国家水文数据库的基础上，结合其他相关信息资源，建设各类水文研究与生产需要的主题数据库和多维数据立方，形成国家水文数据仓库系统。②根据数据挖掘技术的特点，以水文时间序列的分析为基础，在分析水文时间序列基本特征的基础上，重点研究水文序列的分类、聚类和关联规划挖掘技术及优化算法。③围绕水文序列的相似性、周期性和其他序列模式挖掘，构造水文数据挖掘软件平台，为进一步研究与应用提供环境[12]。

6.4　DEM技术在水文模拟中的应用

水文模拟技术趋向于将水文模型与地理信息系统（GIS）集成，以便充分利用GIS在数据管理、空间分析及可视化方面的功能。而数字高程模型（DEM）是构成GIS的基础数据，利用DEM可以提取流域的许多重要水文特征参数，如坡度、坡向、水沙运移方向、汇流网络、流域界线等。因此，基于DEM的流域分布式水文模型的推广应用是现代水文模拟技术发展的必然趋势。

6.4.1　关于DEM的概述

数字高程模型（Digital Elevation Model，DEM）是由美国麻省理工学院Chaires L. Miller教授于1956年提出来的，其目的是用摄影测量或其他技术手段获得地形数据，在满足一定精度的条件下，用离散数字的形式在计算机中进行表示，并用数字计算的方式进行各种分析。DEM作为地理信息系统的基础数据，已在测绘、地质、土木工程、水利、建筑等许多领域得到广泛应用。

6.4.1.1　DEM的基本知识

1. 地形的数字描述

20世纪中叶，随着计算机科学、现代数学和计算机图形学等的发展，各种数字的地形表达方式得到迅猛的发展。1958年Miller和Laflamme提出了数字地形模型（Digital Terrain Model，DTM）的概念，并给出了定义："数字地形模型是利用一个任意坐标场中大量选择的已知X、Y、Z的坐标点对连续地面的一个简单的统计表示"。

实际上，数字地形模型DTM是通过地表点集的空间直角坐标（x，y，z）并视需要进一步伴随若干专题特征数据来表示地形表面的。它的更通用的定义是描述地球表面形态多种信息空间分布的有序数值阵列。从数学的角度，它可以用以下二维函数系列来概括地表示数字地形模型的丰富内容和多样形式：

$$K_p = f_k(u_p, v_p) \quad (k=1,2,3,\cdots,m; p=1,2,3,\cdots,n) \tag{6.4.1}$$

式中：K_p为第p号地面点（可以是单一的点，但一般是某点及其微小邻域所划定的一个地表面元）上的第k类地面特性信息的取值；u_p，v_p为第p号地面点的二维坐标，可以是采用任一地图投影的平面坐标，或者是经纬度和矩阵的行列号等；m为地面特性信息类型的数目（$m\geqslant 1$）；n为地面点的个数。

数字地形模型DTM是对某一种或多种地面特性空间分布的数字描述，是叠加在二维地理空间上的一维或多维地面特性向量空间，是地理信息系统（GIS）空间数据库的某类实体或所有这些实体的总和。DTM的本质共性是二维地理空间定位和数字描述。

2. DEM的含义与特点

DEM是构成DTM的基础，它是对地球表面地形地貌的一种离散的数字表示。实际上，在式（6.4.1）中，当$m=1$且f_1为地面高程的映射，（u_p，v_p）为矩阵行列号时，式（6.4.1）表达的数字地面模型即所谓的数字高程模型DEM。显然，DEM是DTM的一个子集，用函数的形式描述为

$$V_i=(X_i,Y_i,Z_i) \quad (i=1,2,3,\cdots,n) \tag{6.4.2}$$

式中：X_i，Y_i为平面坐标；Z_i为（X_i，Y_i）对应的高程。

当该序列中各平面向量的平面位置呈规则格网排列时，其平面坐标可省略，此时DEM就简化为一维向量序列$\{Z_i, i=1, 2, 3, \cdots, n\}$。

DEM作为地形表面的一种数字表达形式，有如下特点：①容易以多种形式显示地形信息。地形数据经过计算机软件处理后，可产生多种比例尺的地形图、纵横断面图和立体图。②精度不会损失。常规地图随着时间推移，图纸将会变形，失掉原有的精度。DEM采用数字媒介，因而能保持精度不变。③容易实现自动化和实时化。由于DEM是数字形式的，所以增加或改变地形信息只需将修改信息直接输入计算机，经软件处理后立即可产生实时化的地形图。

概括起来，数字高程模型具有以下显著特点：便于存储、更新、传播和计算机自动处理；具有多比例尺特性，如1m分辨率的DEM自动涵盖了更小分辨率如10m和100m的DEM内容；特别适合于各种定量分析与三维建模。

3. DEM的分类

根据不同的分类标准，DEM具有以下几种类型。

（1）根据大小和覆盖范围分类：局部的DEM（Local），全局的DEM（Globel），地区的DEM（Regional）。

（2）根据DEM数据的规则性分类：直测型DEM，产生于原始量测过程，且大都呈不规则空间分布，如不规则三角形格网（TIN）；计算型DEM，将不规则分布的DEM转变为规则分布结构（主要是格网矩形结构，或栅格型）的DEM。

（3）根据模型的连续性分类：不连续的DEM，用每个观测点的高程代表其邻域范围内的值，这样一系列局部的表面被用来表示整个地形。连续的DEM，每个数据点代表的仅是连续表面上的一个采样值，表面的一阶导数是不连续的。这样，一系列相互连在一起的局部表面或面片构成地形整体的一个连续表面。光滑的DEM表面的一阶导数或更高阶导数是连续的，通常在区域或全局的尺度上实现。创建这种模型一般基于以下假设：模型表面不必经过所有原始观测点，待构建的表面应该比原始观测数据所反映的变化要平滑得多。

4. DEM数据生成

DEM数据包括平面位置和高程数据两种信息，可以直接在野外通过全球仪或者GPS、激光测距仪等进行测量，也可以间接地从航空影像或者遥感图像以及现有的地形图上得到。

目前，大规模采集DEM数据最有效的方式是摄影测量和地形图数字化。

（1）摄影测量采样方法主要包括等高线法、规则格网点法、选择采样法、渐进采样

法、剖面法、混合采样法等，这些方法可以是人机交互式，也可以是自动化。

（2）地形图数字化主要是对地形图要素如等高线进行数字化处理，采用的方式有手扶跟踪数字化和扫描数字化（或称屏幕数字化）。数字化后的等高线数据需通过一定的处理如粗差剔除、高程点内插、高程特征生成等便可产生最终的DEM数据。

5. DEM的数据格式

在流域地形分析中，常用的DEM有三种格式：栅格型（Grid）、不规则三角网（TIN，Triangular Irregular Network）和等高线（Contour）。

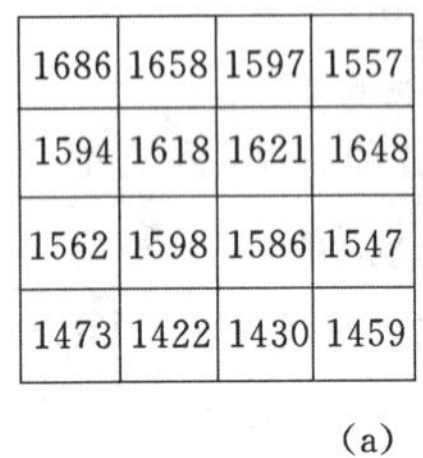

1686	1658	1597	1557
1594	1618	1621	1648
1562	1598	1586	1547
1473	1422	1430	1459

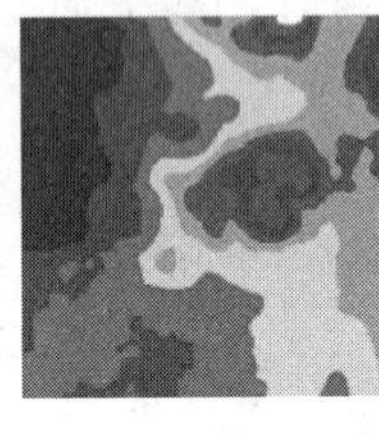

(a)

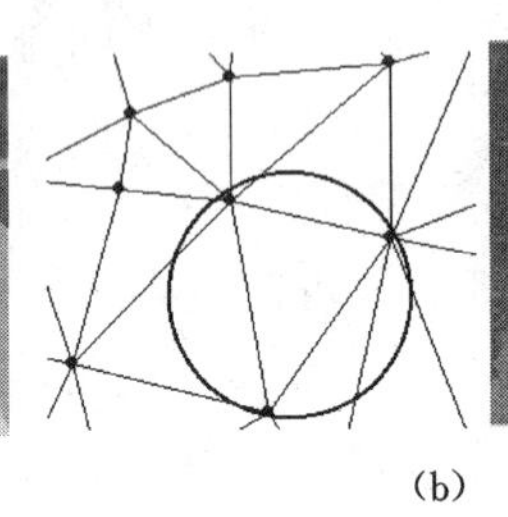

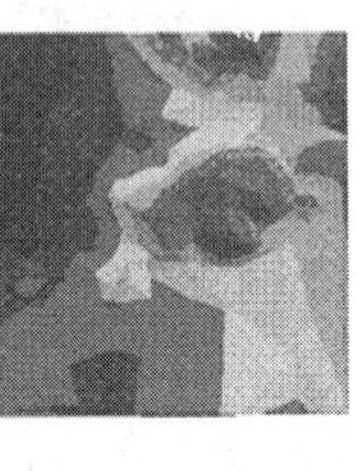

(b)

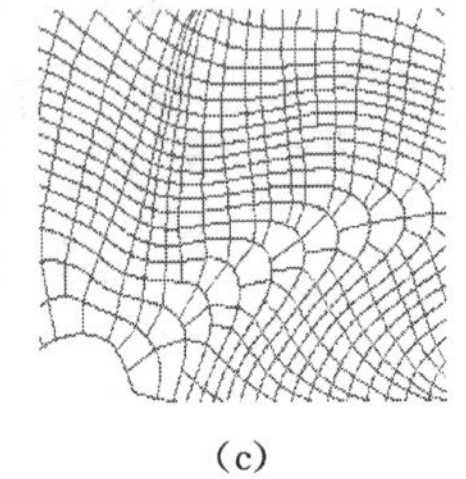

(c)

图 6.4.1　DEM数据格式

(a) 栅格型；(b) 不规则三角网；(c) 等高线

其中栅格DEM的计算处理方法较简单，在结构上容易与遥感数据相匹配，缺点在于对复杂的地形难于确定合适的格网大小。格网太小，容易产生大量的数据冗余；格网太大，难于反映复杂的地形。DEM的三种数据格式在GIS的软件中都可以互相转换。

6.4.1.2　流域地形因子的计算

坡度和坡向是两个最常用的基本地形因子，在DEM应用中担当着十分重要的角色。下面将针对规则格网DEM阐述坡度和坡向的计算。

地面上某点的坡度是表示地表面在该点倾斜程度的一个量。因此，它是一个既有大小又有方向的矢量。坡度矢量从数学上来讲，其模等于地表曲面函数在该点的切平面与水平面夹角的正切，其方向等于在该切平面上沿最大倾斜方向的某一矢量在水平面上的投影方向（亦即坡向）。可以证明：任一斜面的坡度等于它在该斜面上两个互相垂直方向上的坡度分量的矢量和。

应当指出，在实际应用中，人们总是将坡度值当作坡度来使用。为方便理解起见，本节仍使用"坡度"这个词来表示实际意义上的坡度值。

自从DEM理论形成以来，人们就对计算坡度的方法进行了大量的研究和试验。迄今为止，其计算方法可归纳为5种：四块法、空间矢量分析法、拟合平面法、拟合曲面法、直接解法。经证明，发现拟合曲面法是求解坡度的最佳方法。

e_5	e_2	e_6
e_1	e	e_3
e_8	e_4	e_7

图 6.4.2　3×3的窗口计算点

拟合曲面法一般采用二次曲面，即3×3的窗口（图6.4.2）。每个窗口中心为一个高程点。点e的坡度、坡向计算公式如下：

坡度的计算公式：

$$Slope=\sqrt{Slope_{we}^{2}+Slope_{sn}^{2}} \tag{6.4.3}$$

坡向的计算公式：

$$Aspect=Slope_{sn}/Slope_{we} \tag{6.4.4}$$

式中：$Slope$ 为坡度；$Aspect$ 为坡向；$Slope_{we}$为 X 方向上的坡度；$Slope_{sn}$为 Y 方向上的坡度。

关于 $Slope_{we}$、$Slope_{sn}$的计算可采用以下算法：

算法 1：
$$Slope_{we}=\frac{e_1-e_3}{2\times cellsize};Slope_{sn}=\frac{e_4-e_2}{2\times cellsize} \tag{6.4.5}$$

算法 2：
$$Slope_{we}=\frac{(e_8+2e_1+e_5)-(e_7+2e_3+e_6)}{8\times cellsize}$$

$$Slope_{sn}=\frac{(e_5+2e_1+e_6)-(e_8+2e_3+e_7)}{8\times cellsize} \tag{6.4.6}$$

式中：$cellsize$ 为格网 DEM 的格网间隔。

算法 1 的精度最高，计算效率也是最高的，算法 2 在 ARC/INFO 中 ArcView 被采用。

6.4.2　流域河网水系提取

利用 DEM 提取流域水系是进行分布式水文模型研制与开发的基础。以下介绍 DEM 在水文模拟中的应用，内容包括：3 个基本水文因子数字矩阵的生成方法，基于 DEM 自动提取地表水流路径、河网和流域边界的方法。

6.4.2.1　3 个基本水文因子数字矩阵的生成

利用 DEM 提取流域水系结构，首先涉及无洼地 DEM、水流方向矩阵和水流累积矩阵 3 个基本水文因子数字矩阵的生成。

1. 无洼地 DEM 的生成

洼地是高程小于相邻周边的点，它是进行水文分析的一大障碍。有些洼地源于 DEM 生成过程中带来的数据错误，有些则是真实地形的表示如岩洞等。在确定水流方向以前，必须先将洼地充填。目前，消除洼地的常用方法有滤波和填洼。滤波法只能消除孤立的、较浅的洼地；填洼法可以消除所有的洼地，但会产生大片平坦的地形。上述两种方法都可能改变原有的地形，在处理复杂地形时常常不能产生流域的汇流网络。因此，钱亚东等（1997）[13]针对黄土高原丘陵沟壑地区的复杂地形提出了不对栅格 DEM 进行滤波和填洼处理，即不改变原始地形特征自动生成水流方向与汇流网络的完整算法。李自林等（2000）[14]根据不同的洼地类型（如单点洼地、独立洼地和复合洼地）进行不同的处理。

通过消除洼地的处理可以生成无洼地 DEM。在无洼地 DEM 中，自然流水可以畅通无阻地流至区域地形的边缘。因此，借助无洼地 DEM 可以对原数字模型区域进行自然流水模拟分析。

2. 水流方向矩阵的计算

水流方向是指水流离开网格时的指向，它决定着地表径流的方向及网格单元之间流量的分配。目前，关于水流方向的确定方法有：D8 方法（或单流向法）、Rh08 方法、多流向法、Aspectdrive 方法和 DEMON 方法等。应用比较广泛的是 D8 方法和多流向法。

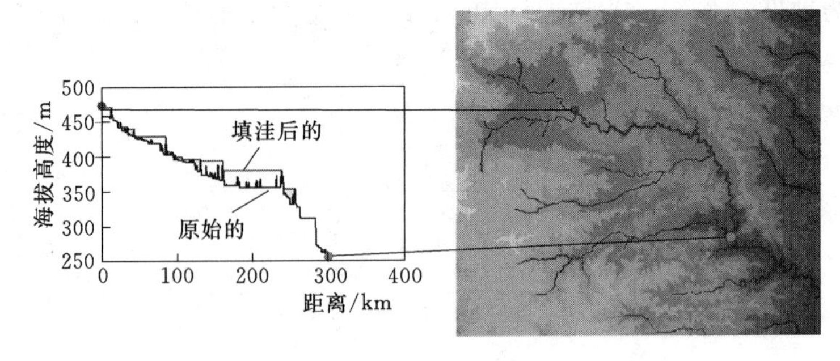

图 6.4.3　DEM 填洼效果

32	64	128
16	X	1
8	4	2

图 6.4.4　水流方向编码图

单流向算法：D8 是采用 3×3 的窗口，如图 6.4.4 所示，8 个方向分别赋不同的编码记录水流的方向，计算单元格与周围 8 个单元格的坡降，按最陡坡度原则确定单元格网的流向。

例如，如果格网 X 水流流向左边，则其水流方向被赋值 16。确定水流方向的具体步骤如下：

(1) 对所有 DEM 边缘的格网，赋以指向边缘的方向值。

(2) 对于在第一步中未赋方向值的网格，计算其对 8 个邻域格网的距离权落差值。距离权落差通过中心网格与邻域网格的高程差值除以格网间距得到，而格网间距与方向有关。如格网的尺寸为 1，对角线上格网间距则为$\sqrt{2}$，其他为 1。

(3) 确定具有最大落差值的格网，执行以下步骤：

1) 如果最大落差值小于 0，则赋以负值以表明此格网方向未定（在无洼地 DEM 中不会出现）。

2) 如果最大落差值大于或等于 0，且最大的只有一个，则将对应此最大值的方向值作为中心格网处的方向值。

3) 如果最大落差值大于 0，且有一个以上的最大值，则在逻辑上以查表方式确定水流方向。也就是说，如果中心格网在一条边上的 3 个邻域点有相同的落差，则以中间的格网方向作为中心格网的水流方向；如果中心格网的相对边上有两个邻域格网落差相同，则任选一格网方向作为水流方向。

4) 如果最大落差值等于 0，且有一个以上的 0，则以这些 0 值所对应的方向值相加。在极端情况下，如果 8 个邻域高程值都与中心格网高程值相同，则中心格网方向值赋以 255。

5) 对没有赋以负值或水流方向值为 1，2，4，…，128 的每一个格网，检查对中心格网有最大落差值的邻域格网。如果邻域格网的水流方向值为 1，2，4，…，128，且此方向没有指向中心格网，则以此格网的方向值作为指向中心格网的方向值。

6) 重复步骤 4)，直至没有任何格网能被赋以方向值；对方向值不为 1，2，4，…，128 的格网赋以负值（此情况在无洼地 DEM 中不会出现）。

多流向法：上述 D8 方法是较传统的算法，在许多商业软件（如 ARC/INFO）中得到了实现。但D8方法属于单流向法，即假定格网的水只流向邻域格网中距离权落差最大的一个，这与实际的流水情况并不十分相符，有时会产生错误，因此，多流向法受到人们重视。多流向法按照梯度比分配从较高格网到相邻较低格网的流量，具体的计算公式如下：

$$f_{ij}=\frac{S_{ij}^{p}}{\sum S_{ij}^{p}} \tag{6.4.7}$$

式中：f_{ij}为从格网i分给格网j的流量部分；p为无量纲常数；S_{ij}为从格网i到格网j的方向坡度。

$$S_{ij}=\frac{Z_i-Z_j}{\sqrt{(x_i-x_j)^2+(y_i-y_j)^2}} \tag{6.4.8}$$

式中：x，y为格网单元的平面直角指标；Z为格网单元的高程。

3. 水流累积矩阵的计算

水流累积矩阵表示区域地形每点的流水累积量，可以用区域地形曲面的流水模拟方法得到。而流水模拟又可用区域DEM的水流累积矩阵来进行。其基本思想是，以规则格网表示的数字地面高程模型每点处有一个单位的水量，按照水从高处流向低处的自然规律，根据区域地形的水流方向矩阵计算每点处所流过的水量数值，便可以得到该区域水流累积数字矩阵。在此过程中，实际上使用了权值为1的权矩阵，如果考虑特殊情况（如降水不均匀），则可以使用特定的权矩阵，以更精确地计算水流累积值。

(a)

78	72	69	71	58	49
74	67	56	49	46	50
69	53	44	37	38	48
64	58	55	22	31	24
68	61	47	21	16	19
74	53	34	12	11	12

(b)

2	2	2	4	4	8
2	2	2	4	4	8
1	1	2	4	8	4
128	128	1	2	4	8
2	2	1	4	4	4
1	1	1	1	4	16

(c)

0	0	0	0	0	0
0	1	1	2	2	0
0	3	7	5	4	0
0	0	0	20	0	1
0	0	0	1	24	0
0	2	4	7	35	1

图6.4.5　一个简单的DEM矩阵及其计算结果

(a) 原始DEM矩阵；(b) 水流方向矩阵；(c) 水流累计矩阵

6.4.2.2　流域边界、子流域划分和河网生成

在上述3个基本水文因子数字矩阵的基础上，可以进一步作流域边界、子流域划分和河网生成的分析计算，为分布式水文模型的研制提供基础。关于流域边界确定、子流域划分和河网生成的计算，可以借助许多成熟的软件，下面仅介绍一些基本的知识。

1. 流域边界的确定

首先需要给定流域出口断面的大致位置，即出口断面所在栅格单元的行列坐标，以便由此准确地定位流域出口断面，一旦出口断面位置确定，就可按照一定的算法勾画出流域边界，最终获得一个定义流域内外的数字矩阵。

2. 子流域的划分

在水文分析中，有时需要将集水流域划分为由主要支流决定的子集水流域。下面给出划分子集水流域的计算过程。

（1）定义限制子集水流域最小面积的阈值；

（2）将所有格网赋以－1值；

（3）计算每一格网的Δ值，Δ值通过从格网的方向累计值中减去它所流向的下一个格网的方向累计值来确定；

（4）方向累计值和Δ值都大于阈值的格网，根据起始数据中相应值对此格网指定唯一正值；

（5）记录子集水流域数目。

3. 河网的生成

如果预先设定一个阈值，将水流方向累积矩阵中数据高于此阈值的格网连接起来，便可形成排水网络。当阈值减小时，网络的密度便相应增加。如果DEM经过填充处理，则以此方式得到的排水网络将是一完整连接的图形，对此图形进行从栅格到矢量的转化处理，便可得到矢量格式的数据。

由于区域地形经洼地填平后，区域地形上各点的水流经各个支汇水线流入主汇水线，最后流出区域。因此，主汇水线的终点在区域的边界上，且该点具有较大的水流量累计值。当主汇水线终点确定后，按水流反方向比较水流流入该点的各个邻近点的水流量累计值，该数值最大的一个地形点，即是主汇水线的上一个流入点。按该方法依次进行，直至主汇水线搜索完毕。当主汇水线确定后，沿主汇水线按从低到高的顺序对其两侧的相邻地形点进行分析。当某点的水流量累计数值较大时，则该点是此主汇水线上的支汇水线的根节点，该点的水流量累计值就是该支汇水线的汇水面积。对所得到的各条一级支汇水线进行同样的分析，确定它们各自的下一级支汇水线。依次进行，便可建立区域地形汇水线的树状结构关系。

6.4.3　数字流域的发展

DEM也是构建数字流域的重要基础。数字流域综合利用“3S”技术、网络技术、虚拟现实等新技术手段，对采集的流域各种信息进行数字化管理，并与水循环各种专业模型集成，形成可视化的流域信息综合管理、情景模拟、虚拟仿真与决策支持平台。

6.4.3.1　基本概念

数字流域的本质是自然界的实体流域在计算机数字虚拟环境下的表达，是对流域过去、现在和未来信息的多维描述。狭义而言，数字流域是以地理空间数据为基础，具有多维显示和表达流域状况功能的虚拟流域，是数字地球的重要组成部分。广义而言，数字流域是对流域地理环境、基础设施、自然资源、人文景观、生态环境、社会经济等各种信息进行数字化采集与存储、动态监测与处理、深层融合与挖掘、综合管理与传输分发，是可视化的流域基础信息综合处理与模拟平台，是构建流域各不同职能部门的现代化业务应用系统的基础平台[15]。

6.4.3.2　系统构成

数字流域用数字化的手段刻画整个流域，以覆盖全流域的水循环模型作为基础，模拟流域运动变化的现象和过程，服务于流域管理实践[16]。数字流域是一个复杂的巨系统，可以划分三部分：可视化基础信息平台（基础信息层）、专业应用系统（专题应用层）、综

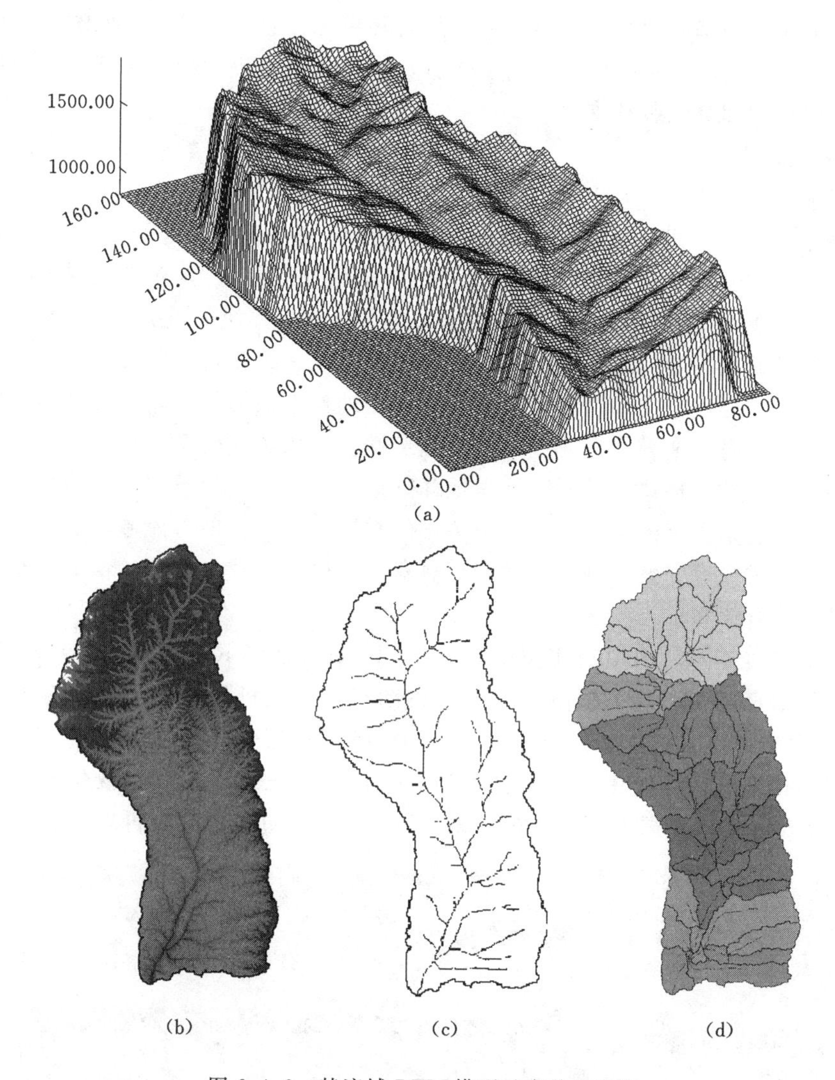

图 6.4.6　某流域 DEM 模型及有关示意图

(a) 流域 DEM 三维图；(b) 流域 DEM 平面图；(c) 基于 DEM 的河网生成图；(d) 基于 DEM 的子流域划分图

合管理与决策系统（综合服务层）[17]。

（1）基础信息层。可视化基础信息平台是数字流域系统的基础底层，主要包括全流域基础信息数据库、流域三维可视化模型及其相关的管理与分析平台。能够实现流域各类信息的查询、显示与输出，集成与共享，及更深层次的数据挖掘与信息融合，提供广泛的数据服务。

（2）专题应用层。按照数字流域的统一信息标准和规范，构建各业务部门的专业数据库、基于空间数据仿真分析与决策分析的专业应用模型库和规则库，及其相关的信息综合管理与各专业应用系统。通过共同的数字流域基础信息平台，实现各业务部门之间的信息共享与业务协同。

（3）综合服务层。以数字流域基础信息平台为依托，结合各专业信息处理与专题分析，实现对全流域的基础地理、自然资源、生态环境和社会经济等各领域的不同信息综合处理与分析，并与流域水系统模型、情景仿真、虚拟现实与决策分析等定量模型集成，为流域综合规划与管理提供服务支撑。

6.4.3.3　关键技术

数字流域在数字地球的理念下构建，对采集到的流域地理数据进行分析、运算、过滤、重组，并引入人工智能技术，形成数字流域系统的知识库、逻辑库、方法库和模型库，组成各专题“流域专家系统”，最终发展为“高级决策系统”，对流域内各种事件进行虚拟和仿真[15]。数字流域关键技术涉及数据采集、传输、集成与数据挖掘技术、“3S”技术、多维信息可视化与虚拟现实技术、水系统模拟技术、跨学科模型集成技术等[18]。

（1）流域水循环模拟技术。流域水循环过程是地球上最活跃的能量交换和物质转移过程，呈现出复杂的时空变异性、非线性和不确定性。流域水文模型是对自然界复杂水文循环现象的一种概化数学描述，是研究认识地球陆地复杂水文过程及水资源演化规律不可缺少的重要工具，也是数字流域建设中最为关键的技术之一。目前，流域水文模型逐步从集总式模型、分布式模型，发展到与高性能计算相结合的新一代大规模、精细化和智能化的跨尺度多过程综合模型。

（2）虚拟现实技术。虚拟现实技术（Virtual Reality，VR），20世纪90年代以来兴起的一种新型信息技术，是一项融合了计算机图形学、人机接口技术、传感技术、心理学、人类工程学及人工智能的综合技术。由于其独有的多感知性、沉浸感、交互性及自主性，虚拟现实技术已广泛应用于水文相关领域。在流域三维建模和可视化基础上，应用VR技术，以人机互动方式实现流域的三维空间及水循环过程的虚拟再现（图6.4.7）。

图6.4.7　数字流域虚拟现实示意图

（3）虚拟会商决策支持技术。是虚拟现实技术在水管理决策中的应用成果，涉及计算机网络层面、地理数据层面、地理多维表现层面和个人感知/认知层面，以及多用户协同工作社会层面5个层面的内容。计算机网络层面是虚拟现实会商平台建立的技术支撑；地理数据层面是虚拟现实会商平台实现的数据集成；多维表现层面是对于不同决策方案的情景仿真模拟的表达；个人感知/认知层面是对于水利、环境要素的感知和分析；多用户协同工作社会层面是对于水利多用户相互间交流、形成互动的社会应用。

此外，“3S”技术、人工智能技术详见6.1.2，数据采集与传输技术详见6.2，数据集成与数据挖掘技术详见6.3。

6.5　智慧水利研究进展

当前以大数据、云计算、物联网等为显著标志的信息新技术发展，有力促进和带动社会各个行业和部门的革新。水利在经历以工程水利、资源水利、生态水利等发展阶段之后，也必将进入以“智慧水利”为显著特征的现代化发展新阶段[19]。智慧水利作为水利信息化发展的高级形态，也是水利现代化的重要特征，能够有效增强防汛抗旱能力、提升水资源管理和公共服务水平、实现水利决策与执行智能化、保障水利可持续发展。为“四化同步发展”和建设美丽中国提供重要水利信息化基础支撑。

6.5.1　基本概念

在云计算、物联网、大数据、移动互联网、人工智能等新一代信息技术的支撑下，2008年11月IBM提出了“智慧地球（Smart Earth)”概念，其核心是把新一代的IT技术充分运用到各行各业中，即把感应器嵌入和装备到电网、铁路、桥梁、隧道、公路、建筑、供水系统、大坝、油气管道等各种物体中，并且被普遍连接形成“物联网”。并通过超级计算机和云计算将“物联网”整合起来，实现网上数字地球和现实人类社会与物理系统的整合。在此基础上，人类可以以更加精细和动态的方式管理生产和生活，从而达到“智慧”状态[20]。按照IBM的定义，智慧地球有3个主要特征：更透彻的感知（物联化)，即能够更透彻地感应和度量世界的本质和变化；更全面的互联互通（互联化)，即促进世界更全面地互联互通；更深入的智能化（智能化)，即在物联化和互联化基础上，所有事物、流程、运行方式都将实现更深入的智能化，因此获得更智能的洞察。最终是“互联网＋物联网＝智慧地球”。

在智慧地球的理念影响下，智慧城市、智能农业、智慧交通、智慧气象等在相关行业得到普遍应用，深刻改变着政府社会管理和公共服务的方式。比如，智慧城市是运用信息和通信技术手段感测、分析、整合城市运行核心系统的各项关键信息，从而对包括民生、环保、公共安全、城市服务、工商业活动在内的各种需求做出智能响应。其实质是利用先进的信息技术，实现城市智慧式管理和运行，进而为城市中的人创造更美好的生活，促进城市的和谐、可持续成长（引自“科普中国”百科科学词条）。即，智慧城市＝数字城市＋物联网＋云计算。智慧农业是农业生产的高级阶段，是集新兴的互联网、移动互联网、云计算和物联网技术为一体，依托部署在农业生产现场的各种传感节点（环境温湿度、土壤水分、二氧化碳、图像等）和无线通信网络实现农业生产环境的智能感知、智能预警、智能决策、智能分析、专家在线指导，为农业生产提供精准化种植、可视化管理、智能化决策。即，智慧农业＝（精准农业、设施农业）＋自动化＋信息化＋物联网。

目前，水利部门在积极推进智慧水利建设，并于2017年10—11月对智慧水利进行了专题调研。总体而言，与交通、电力、气象等部门的智慧行业建设相比，水利行业还处于智慧水利建设的起步摸索阶段，在感知、互联、共享、支撑、应用以及各地认识等方面都存在较大差距。现阶段智慧水利的概念与内涵尚不清晰，相关理论研究还远远滞后于实践工作。在智慧水利概念提出之前，有关学者在物联网（internet of things）概念基础上提出了水联网（internet of water）概念，即基于监测水循环状态和用水过程的实时在线的前端传感器，实现“实时感知”；基于 Web 2.0 的水信息实时采集传输，保障“水信互联”；基于拉格朗日描述的水信息表达，“过程跟踪”各种水的赋存形式（如大气水、河湖水、土壤水、地下水、植被水、工程蓄存水、工业用水、农业用水、城市用水等）；基于市场决策与拓扑优化的云计算功能，“智能处理”各类水事事件，触发自动云服务机制，将用户订单水量适时准确推送给相关用户[21]。并将水联网与智慧水利视为一体，把智慧水利看作是水联网的另一种表达。水联网的架构包括 3 个水网：即，物理水网（现实的河湖连通及供用水通道系统）、虚拟水网（物理水循环通路及其边界的信息化表达）和市场水网（水资源供需的市场信息、优化调配机制及交互反馈）。核心技术标志为“实时感知、水信互联、过程跟踪、智能处理”。

智慧水利实质上是智慧地球（或智慧社会）建设的重要组成部分，“透彻感知、全面互联、广泛共享、深度整合、智慧应用、泛在服务”是其最显著的特征。参照智慧地球的概念和其他智慧行业建设经验，以及智慧水利相关学者研究，本章给出如下定义：智慧水利（smart water）以大数据、云计算、物联网等先进信息技术为支撑，以水系统（Water System）为对象，集“全方位数据采集与信息共享、大数据融合与知识发现、智能辅助决策与综合调度”为一体，实现现代水管理的“高效感知、互联互通、资源共享、业务协同、数字仿真、智能应用”。即，智慧水利＝水系统＋数字流域＋高效感知＋互联共享＋协同整合＋智能应用。

6.5.2　总体框架

智慧水利（也称为“智慧水务”）是改造传统水利、拓展水利内涵、提升行业能力的重大战略举措，是水利引领、支撑和保障经济社会可持续发展的迫切需求，是与智慧城市、智能交通、智慧工业、智慧农业等相对应的现代水利新形态。虽然目前智慧水利的概念尚未统一，但智慧水利建设目标相对比较清晰。总体目标即为：“在政府监管、江河调度、工程运行、应急处置、便民服务等方面，构建全国江河水系、水利基础设施体系、管理运行体系三位一体的网络大平台，建设各层级、各专业和相关行业的大数据，以及建立业务支撑、决策支持、公共服务的大系统”[22]。通过引入云计算、物联网、大数据、移动互联网、人工智能等新一代信息技术，建成完善的水利信息基础设施体系、功能完备的水利业务应用体系、统一规范的技术标准和安全可靠的保障体系，形成与水利现代化要求相适应的水利信息化综合服务体系，全面提升信息技术对水利日常工作及应急处理的支撑与服务能力，促进水利现代化发展，这是智慧水利建设的根本目的。

根据智慧水利建设总体目标，初步给出智慧水利总体框架图（图 6.5.1）。①监控层（或感知层）。依靠云计算、物联网、遥感遥测等技术手段，实现水雨情信息、水质监测信息、水利工程信息、气象信息、用水户信息、引退水信息、社会经济信息、基础地理信息、视频信息以及其他信息等全方位信息的“天-空-地”一体化立体透彻感知。②数据层

（或信息处理层）。大量传感器感知的多源异构数据通过互联网、移动互联网等多种网络传输到基于云计算架构的大数据中心，进行海量数据集成、存储、挖掘、分析、计算，实现全面互联、广泛共享，为智能应用、科学决策和公众服务提供数据支撑。③应用层。在“透彻感知、全面互联、广泛共享”基础上，实现业务协同、上下级衔接，达到业务深度整合、智慧应用和泛在服务的目标。④决策层（执行层）。从数据采集（感知）、信息挖掘（分析）、知识发现（应用），到科学决策和执行反馈，最终形成信息闭环，这是智慧化根本体现。⑤保障体系。通过制定和颁布水利行业信息化标准确保系统融合、资源共享的基本要求；通过建立安全策略、安全法规、安全管理、安全标准、安全技术、安全基础设施和安全服务等安全体系，保证智慧水利的健康、有序发展；通过建立建全运行管理体系加强智慧水利建设的组织协调，合理配置资源，提高管理的效率，使智慧水利建设满足国民经济发展要求。

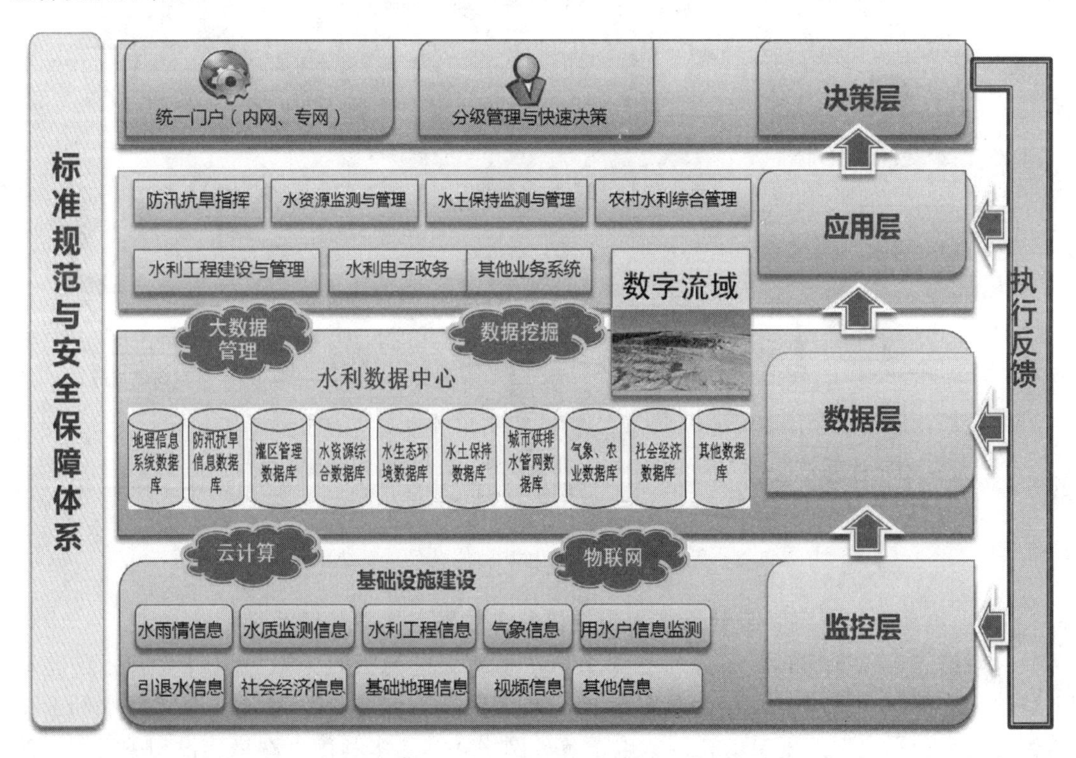

图 6.5.1　智慧水利总体框架图

6.5.3　关键环节

智慧水利建设需要在智慧地球的新理念指引下，贯彻落实“更透彻的感知（物联化）、全面的互联互通（互联化）、更深入的智能化（智能化）”，涉及以下几个关键环节。

6.5.3.1　以先进感知技术为核心的天地空一体化信息采集与传输系统

引进与吸收信息新技术，通过对现有信息采集与传输系统的完善、整合与升级改造，高标准高起点，建设布局合理、结构完备、功能齐全、高度共享的天地空一体化水利基础信息采集与传输系统（图 6.5.2），满足水利业务应用需要。依托国家防汛抗旱指挥系统、国家水资源监控能力建设项目、水利工程建设与管理信息系统、国家水土保持基础信息系统、全国农村水利综合管理信息系统等业务应用建设项目，以及水文、地下水、水质等监测能力建设项目，按照信息多源互补与信息整合的原则，在监测范围和监测内容方面统一部署雨情、水情、墒情、工情，以及水质、水生态与经济社会用水等信息的监测。加强新技术、新方法的引进与吸收，积极开展物联网、卫星遥感、雷达遥测、视频监控、全球定位与信息感知技术的应用，持续增强水利信息监测与采集能力，提高时效、丰富内容。

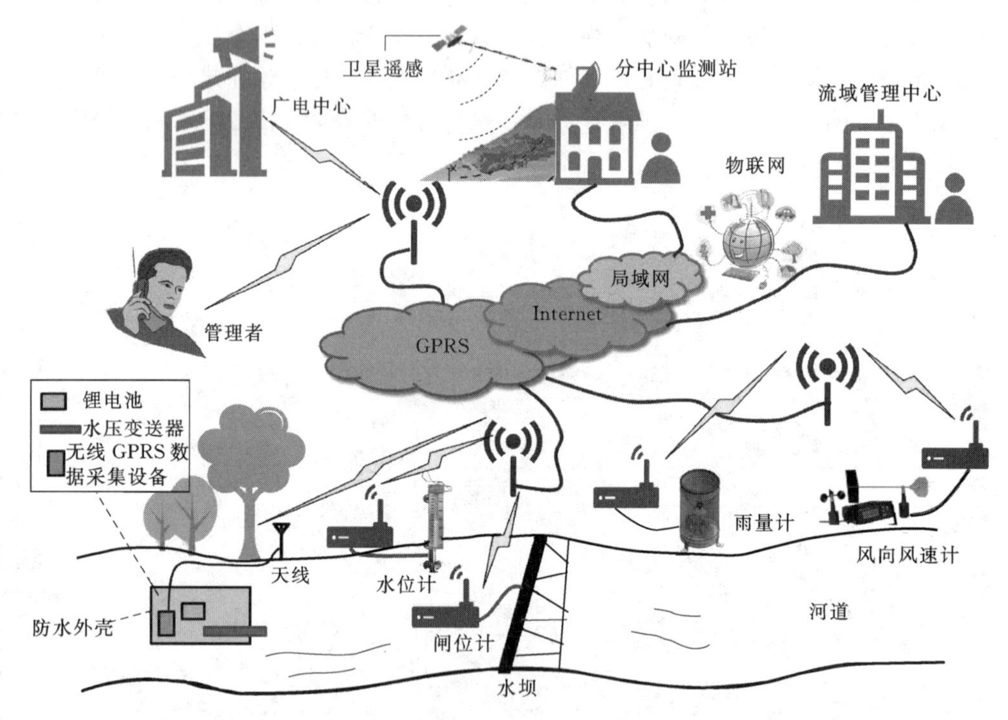

图 6.5.2 天地空一体化水利基础信息采集系统示意图

6.5.3.2 以大数据管理、云计算技术为支撑的大数据存储与处理系统

针对信息迅猛增长的新形势与新要求，在不断引进与吸收大数据云计算技术的基础上，建立完善以云计算、云存储技术为核心的大数据存储与处理系统，即智慧水利云中心。在云水利平台框架下，依托国家电子政务网络，结合水利信息网络建设相关工程，改进完善水利信息网，确保海量信息的快速传输、安全存储与高效利用，为水利业务应用提供及时快捷的数据交换、视频信息传输和语音通信等服务，实现水利信息网络与相关行业和各级政府网络互联互通。加快公网无法满足水利特殊需求的、与人民生命安全密切相关的水利通信工程的建设，重点进行水库通信、水利卫星通信和接入系统等建设，加强防洪重点地区备份信道建设，全面提高水利通信保障能力，为水利重点业务应用提供坚实支撑。

发展数字河网新技术，构建现代化的数字流域平台，实现水文监测、水资源监测、水利部门的其他水利数据、社会经济数据、其他部门的涉水数据、模型计算产生的数据、卫星遥感影像数据和气象信息等结构化、半结构化和非结构化等数据融合、互联互通与集成管理。在数字流域平台上，利用大数据管理、云计算等现代信息技术，建成“先进实用、安全可靠”，集数据存储、管理、交换、发布与应用服务等功能为一体的国家智慧水利数据中心（框架见图6.5.3），建设持续稳定的数据更新机制，并作为国家基础数据共享体系的一部分，在数字流域可视化平台上提供水利信息的社会化服务。

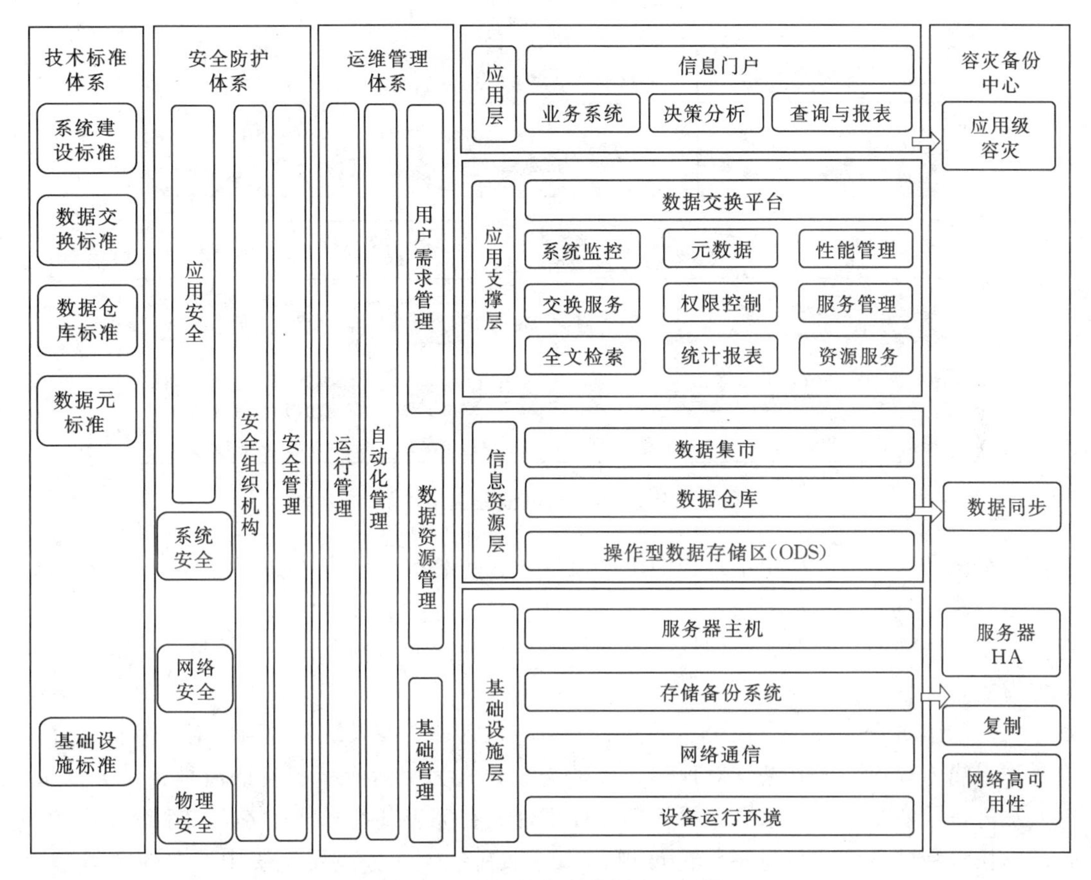

图6.5.3 智慧水利数据中心框图

6.5.3.3 基于资源共享与业务协同的智慧水利业务应用体系

智慧水利业务应用体系（图6.5.4）是在以水文监测与管理、防汛抗旱指挥与管理、最严格水资源管理制度监测与考核、水利工程建设与管理、农村水利综合管理、水土保持监测与管理、水利水电工程移民安置与管理、水利电子政务、水利卫星应用、农村水电业务管理及水利应急管理等为重点的基础上，突出强调业务应用系统的高度协同与高度集成，重点建设基于分级管理的水利统一门户和多层业务协同平台；建设基于仿真模拟与虚拟会商平台的水利应急管理支撑系统。发展基于资源共享与业务协同的水利业务应用系统，全面提高水利业务应用系统建设的水平，以适应水利现代化的发展需求。

（1）基于分级管理的水利统一门户和多层业务协同平台。在水利信息整合与广泛共享的基础上，结合云水利平台的建设，打造具备分级管理功能的水利统一门户和多层业务协同平台，满足国家、流域和地方等不同层面水管理部门的需求，在水利统一门户和业务协同平台上，实时快捷地提供各类水利信息服务，实现大江大河与中小河流的统一管理，实

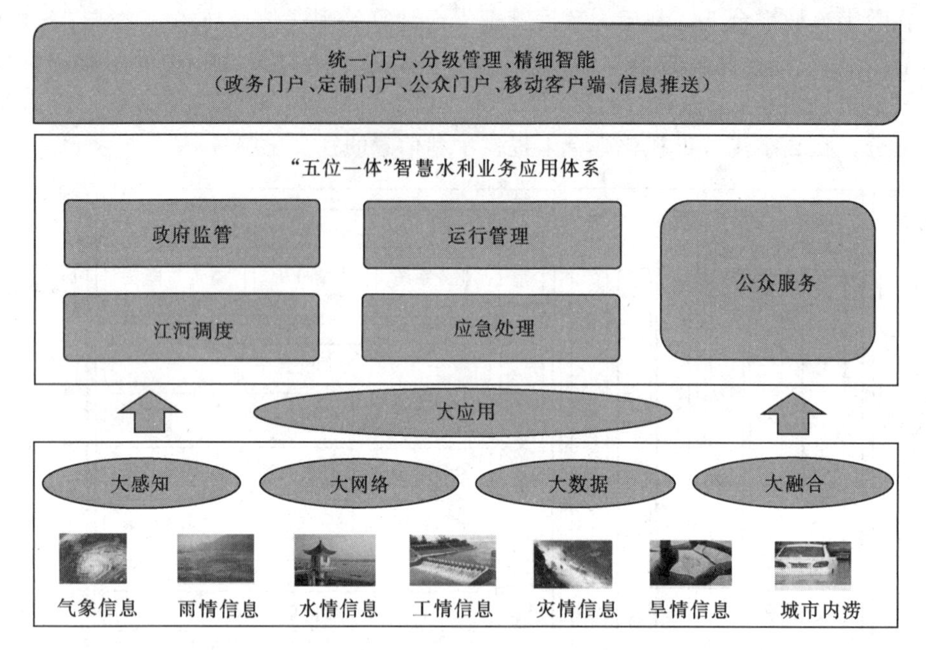

图 6.5.4 智慧水利业务应用体系

现自然水循环与社会经济用水过程的统一监控。在水利统一门户建设过程中，强化各类业务应用系统的整合，通过统一规划、统一部署，打造水利业务协同工作平台，形成上下级衔接、横向协同的水利业务应用综合服务体系，全面提升水利业务应用协同能力和管理服务支撑能力。

（2）基于仿真模拟与虚拟会商平台的水利应急管理支撑系统。增强应对突发性事件的应急管理能力建设，尤其是针对地震、极端天气、人为因素等所引发的溃坝、特大洪水、重大水污染、安全生产、水事纠纷等突发性事件。在完善各类水利业务应用系统建设的同时，依托水利应急管理信息系统建设项目，对水利各类业务应用系统中有关应急管理部分，进行统一规划和业务协同。引进分布式水循环模拟技术和虚拟现实仿真技术，打造可视化的仿真模拟与虚拟会商平台。发展覆盖全国区县级以上水利部门的采集、监测、传输、智能决策支持的水利应急管理系统，形成水利应急的快速采集、上报、响应、处置体系。

6.5.3.4 面向全方位全过程的水利信息化安全保障体系

在以水利信息化标准规范体系、安全保障体系、运行维护体系、体制机制和技术研发等重点的基础上，需要全方位全过程推进，重点建设面向大数据管理的水利信息化标准规范体系；建设以网络信息安全为主的安全保障体系；建设基于分级管理的运行维护体系；建设分工合理、责任明确的体制机制。

（1）标准规范体系。发展面向大数据管理的水利信息化标准规范体系，是水利信息集成与共享、各业务系统协同工作的基础与前提。水利信息化标准规范体系涉及信息分类编码、传输协议、信息管理和业务系统统一接口等多个环节，包括监测设备标准体系、数据库标准体系、业务标准体系、系统标准体系等方面。在《水利技术标准体系》的框架下，需要构建水利信息化建设与发展相适应的信息化标准体系，开展水利信息资源规划，制定急需的基础性、通用性标准和专用标准，重点发展面向大数据管理的以新型河流编码为核心的水利信息化标准规范，建立和完善水利信息化标准管理与协调机制，完善标准形成机制。

（2）安全保障体系。根据国家信息系统安全等级保护相关要求及《水利网络与信息安全体系建设基本技术要求》，逐步完善各级水利部门信息安全防护体系；根据国家涉密信息系统分级保护的相关要求，制定水利行业信息化保密制度，逐步完成全国各级水利部门涉密信息系统的安全保密防护建设和完善；建立健全水利网络与信息安全事件应急响应机制，完善网络与信息安全事件应急管理。

（3）运行维护体系。完善信息系统运行维护机构，确保运行维护经费，形成较为完善的信息系统运行维护体系，提高信息系统运行维护效率、提升运行维护水平和应急响应能力，促进信息系统效益的发挥，保障水利信息化的健康、可持续发展。

（4）机制体制。设立水利信息化专门工作机构，加快推进正规化与制度化建设，建立分工合理、责任明确、权威高效的水利信息化推进协调机制。

参考文献

[1] 魏文秋，张利平. 水文信息技术［M］. 湖北：武汉大学出版社，2003.

[2] J. M. Schuurmans，P. A. Troch，A. A. Veldhuizen，et al. Assimilation of remotely sensed latent heat flux in a distributed hydrological model［J］. Advances in Water Resources，2003，26（2）：151-159.

[3] 杨胜天，李茜，刘昌明，等. 应用“北京一号”遥感数据计算官厅水库库滨带植被覆盖度［J］. 地理研究，2006（4）：570-578，753.

[4] 刘常林，胡春歧. 我国水文科学技术研究发展状况初探［J］. 河北工程技术高等专科学校学报，2008（3）：1-5.

[5] 马福昌. 数字水文信息采集与自动化报送理论及新技术研究［D］. 西安：西安理工大学，2005.

[6] 柏屏，胡金龙，高祥涛，等. 基于GIS的水文水资源应用集成研究［J］. 水利信息化，2013（6）：19-23.

[7] 高禹，毕振波. 软件开发过程模型的发展［J］. 计算机技术与发展，2008（7）：83-86.

[8] 袁定波，艾萍，熊传圣. 水文时空数据挖掘方法及其应用评述［J］. 水利信息化，2018（1）：14-17，22.

[9] 赵新生，赵杰，吉俊峰. 浅论数据挖掘与水文现代化［J］. 人民黄河，2005（9）：28-29，36.

[10] 尹涛，关兴中，万定生. 数据挖掘技术在水文数据分析中的应用［J］. 计算机工程与设计，2012，33（12）：4721-4725.

[11] 张小娟. 数据挖掘技术在水资源领域的应用研究［D］. 北京：中国水利水电科学研究院，2007.

[12] 艾萍，倪伟新. 我国水文数据挖掘技术研究的回顾与展望［J］. 计算机工程与应用，2003（28）：13-17.

[13] 钱亚东，闾国年，陈钟明. 基于格点数字高程模型生成流域水沙运移路径图的研究［J］. 泥沙研究，1997（3）：26-33.

[14] 李自林，朱庆. 数字高程模型［M］. 武汉：武汉测绘科技大学出版社，2000.

[15] 汤君友，高峻峰. 数字流域研究与实践［J］. 地域研究与开发，2003，22（6）：49-51.

[16] 刘家宏，王光谦，王开. 数字流域研究综述 [J]. 水利学报，2006 (2)：240-246.
[17] 张秋文，张勇传，王乘. 数字流域整体构架及实现策略 [J]. 水电能源科学，2001 (3)：5-7.
[18] 李纪人，等. 中国数字流域 [M]. 北京：电子工业出版社，2009.
[19] 左其亭. 中国水利发展阶段及未来“水利4.0”战略构想 [J]. 水电能源科学，2015，3304：1-5.
[20] 李德仁，龚健雅，邵振峰. 从数字地球到智慧地球 [J]. 武汉大学学报（信息科学版），2010，35 (2)：127-132，253-254.
[21] 王忠静，王光谦，王建华，等. 基于水联网及智慧水利提高水资源效能 [J]. 水利水电技术，2013，44 (1)：1-6.
[22] 矫勇. 凝心聚力 攻坚克难 狠抓落实 推动水利改革发展再上新台阶 [J]. 中国水利，2016 (2)：10-12，9.

第7章　水文数学分析方法

数学是人类认识世界和改造世界的重要工具之一，与一切自然科学和社会科学有着广泛的联系。同样，现代水文学的研究也离不开数学的支撑，新的数学工具和数学方法的使用是推动水文学发展与变革的重要动力之一。由于数学本身的博大，以及在水文学中应用的广泛性和复杂性，使得水文数学分析方法难以一一枚举，方法的分类也存在较大困难。

本章先简要介绍水文学中采用数学分析方法的大致内容；再分别对水文模型、水文时间序列、水文统计、水文系统分析中常用的数学方法进行介绍；最后对水文数学分析的研究进展进行总结和展望。

7.1　概述

一方面，水文学中有大量的数据需要进行计算和分析，借用了广泛的数学知识或数学工具。比如，水文站观测的降水量、蒸发量、径流量、水位、流速等，常常进行了长期而又详细的数据观测，获得了大量的数据，需要借用数学分析方法进行计算和分析。比如，应用统计方法对水文频率、均值进行计算，应用系统分析方法对地表水、地下水补给源进行分析。

另一方面，为了完成水文工作任务（比如，水情预报预警、防洪抗旱减灾、水质评价），借用数学工具，提出或研发了大量的水文数学模型，包括简单的一般数学方程，比如地下水运动“达西定律”公式、明渠均匀流计算公式、倒虹吸计算公式；也有较复杂的包含微积分的方程，比如潜水、承压水运动的基本微分方程；也包括根据物理实验或科学推理、大量研究构建的复杂水文模型，比如分布式水文模型。模型的构建和求解用到了大量的数学方法，甚至是专门针对水文模型提出的新的数学方法。

再一方面，大量的数学分析方法需要有检验、应用和推广的对象或行业，水文学正好具备它的条件，具有得天独厚的优势，是其非常好的检验、应用和推广场所。传统的数学分析方法有非常多的和成功的应用。现代新的数学分析方法一经提出，就很快在水文学中进行应用，推动现代水文学的发展，同时也积极推动现代数学分析方法的发展。

因为水文数学分析方法内容非常多，成果也层出不穷，本章只能有选择性地介绍部分方法和应用实例。从目前水文数学分析方法主要内容来看，本书把其划分为4大类，分别包括水文模型常用的数学方法、水文时间序列常用的数学方法、水文统计常用的数学方法、水文系统分析常用的数学方法，实际上还有其他类数学方法，在此不再一一列举。另外，不同类数学方法中可能存在交叉内容，比如，水文模型中包括水文时间序列建立的模型、水文系统模型；再比如，水文系统分析中包括水文系统模型、水文时间序列模型。因此，本章所做的分类，仅仅是为了对其内容介绍的方便，划分不严格，也没有太大的其他意义。

另外，需要说明的是，本章所说的常用数学方法，也是相对的。我们选择这些方法主要是考虑：①目前比较常用；②有些是比较新的方法；③作者比较熟悉且有一些前期成果。

7.2 水文模型常用的数学方法

7.2.1 水文模型中的数学方程

水文模型按照不同的依据有不同的分类，其种类也较多。无论怎么分类，数学模型是水文模型中应用最广泛的一种，或者说，大多数水文模型中应用数学知识或数学方程，数学模型在水文学中应用非常广泛。

当然，在水文模型中应用数学方法的难易程度差异较大，既有很简单的一般数学方程，比如线性方程，也有较复杂的数学方程，比如微积分方程，也有包含大量方程耦合在一起建立的模型，比如分布式水文模型。

(1) 简单的一般数学方程构成的水文模型。比如

地下水运动“Darcy 定律”公式：

$$v=KJ$$

式中：v 为渗流速度；K 为渗透系数；J 为水力坡度。

该公式表达的意思是：渗流速度与水力坡度一次方成正比，即两者呈线性关系。

(2) 微积分方程构成的水文模型。比如

潜水运动的基本微分方程（二维非稳定非均质潜水 Boussinesq 方程）为

$$\frac{\partial}{\partial x}\left(Kh\frac{\partial H}{\partial x}\right)+\frac{\partial}{\partial y}\left(Kh\frac{\partial H}{\partial y}\right)+W=\mu\frac{\partial H}{\partial t}$$

式中：H 为地下水水头；h 为潜水流厚度；K 为渗透系数；μ 为潜水含水层给水度；W 为源汇项水量交换强度；t 为时间；x、y 为坐标系。

承压水运动的基本微分方程（三维非稳定非均质承压水方程）为

$$\frac{\partial}{\partial x}\left(K\frac{\partial H}{\partial x}\right)+\frac{\partial}{\partial y}\left(K\frac{\partial H}{\partial y}\right)+\frac{\partial}{\partial z}\left(K\frac{\partial H}{\partial z}\right)=\mu_s\frac{\partial H}{\partial t}$$

式中：H 为地下水水头；K 为渗透系数；μ_s 为储水率（或释水率）；t 为时间；x、y、z 为坐标系。

(3) 分布式水文模型的构建过程将在本书第 8 章专门介绍。

本节以下内容主要介绍复杂水文模型的求解、参数率定、灵敏度分析等数学方法，基本是水文数学模型应用较多、比较难的数学分析内容。

7.2.2 水文模型求解常用的数值方法

水文数学模型是我们认识和探索自然界复杂水文现象的有效工具。可以说，大多数水

文基础实验和理论研究的成果是为了支撑相关水文数学模型，进而转化为解决现实问题。水文数学模型是水文模型中最常见、使用最广的一种，因此，一般所说的水文模型就是指水文数学模型。水文模型的求解是水文应用研究中面临的难点问题之一。目前，对于大多数复杂水文模型（如地下水模型）的求解应用较多的是数值方法，包括有限差分法、有限单元法、有限体积法、边界单元法等，下面仅作简单介绍，详细内容可参见相关教材。

7.2.2.1　有限差分法

有限差分法（Finite Difference Method，FDM）简称差分法，是以差分原理为基础的一种数值方法。其基本思想是：把微分方程连续的定解区域用有限个离散点构成的网格来代替，然后用各离散格点上待求函数的差商来近似代替该点的微商，原微分方程和定解条件就近似地代之以代数方程组，即有限差分方程组，解此方程组就可以得到原问题在离散点上的近似解。然后再利用插值方法便可以从离散解得到定解问题在整个区域上的近似解。

1. 概述

关于有限差分的格式，从精度上划分有一阶格式、二阶格式和高阶格式。从差分的空间形式划分有中心格式和逆风格式。考虑时间因子的影响划分有显格式、隐格式、显隐交替格式等。常见的差分格式主要是上述几种形式的组合。

构造差分格式的方法一般有3种：①数值微分法，比如用差商代替微商等；②积分插值法，在实际问题中得出的微分方程常常反映物理上的某种守恒原理，一般可以通过积分形式来表示；③待定系数法，构造一些精度较高的差分格式。

目前水文学中常用到的数值微分法是泰勒级数展开方法。其基本的差分形式为：一阶向前差分、一阶向后差分、一阶中心差分和二阶中心差分等。通过对时间和空间这几种不同差分格式的组合，可以组合成不同的差分计算格式。

2. 差分的基本概念

对于某函数 $f(x)$，一阶差分是指当自变量 x 有一个很小的增量（$\Delta x=h$）时，该函数相应的增量为 $\Delta f(x)$，即 $\Delta f(x)=f(x+h)-f(x)$。一阶差分 $\Delta f(x)$ 除以增量 Δx 称为一阶差商，即

$$\frac{\Delta f(x)}{\Delta x}=\frac{f(x+h)-f(x)}{h} \tag{7.2.1}$$

当增量 $\Delta x=h\to 0$ 时，则差商就近似于微商，即

$$\frac{\mathrm{d}f(x)}{\mathrm{d}x}=\lim_{\Delta x\to 0}\frac{\Delta f(x)}{\Delta x} \tag{7.2.2}$$

当增量 h 很小，可以用差商 $\frac{\Delta f(x)}{\Delta x}$ 来近似代替微商 $\frac{\mathrm{d}f(x)}{\mathrm{d}x}$，即

$$\frac{\mathrm{d}f(x)}{\mathrm{d}x}\approx\frac{\Delta f(x)}{\Delta x}=\frac{f(x+h)-f(x)}{h} \tag{7.2.3}$$

或

$$\frac{\mathrm{d}f(x)}{\mathrm{d}x}\approx\frac{\Delta f(x)}{\Delta x}=\frac{f(x)-f(x-h)}{h} \tag{7.2.4}$$

或

$$\frac{\mathrm{d}f(x)}{\mathrm{d}x}\approx\frac{\Delta f(x)}{\Delta x}=\frac{f(x+h)-f(x-h)}{2h} \tag{7.2.5}$$

以上3种差分形式分别称为：一阶向前差分、一阶向后差分、一阶中心差分。其中，中心差分的截断误差最小。

对于二阶微商同样也可以用二阶差商来近似表示，即

$$\frac{\mathrm{d}^2 f(x)}{\mathrm{d}x^2} \approx \frac{1}{h}\left(\frac{\mathrm{d}f(x)}{\mathrm{d}x}\bigg|_{x+h/2} - \frac{\mathrm{d}f(x)}{\mathrm{d}x}\bigg|_{x-h/2}\right) \approx \frac{f(x+h)+f(x-h)-2f(x)}{h^2} \tag{7.2.6}$$

3. *有限差分法的求解过程*

首先，将原微分方程离散化为差分方程组。根据问题的特点将定解区域作网格剖分，各分块边界即网格线的交点称为节点；网格线与边界的交点称为边界节点。这些节点作为待求函数值的离散点。由于各离散点的差分格式都相同，故只需对某一节点列出差分方程式，然后将之应用到其他各节点就可以得到一个差分方程组。对于边界节点，其差分方程式与内节点不同，需要另外列出。

其次，求解差分方程组。有两种方法：直接法和迭代法。直接法就是直接对差分方程组利用各种消元法进行求解。但该法占用计算机容量大，程序较复杂，一般仅在未知数个数 $N<500$ 时使用。迭代法是求解差分方程组较有效的方法，因内节点的差分方程形式相同，所以可采用通用的迭代程序。其优点是大大节省了计算机的内存容量，缺点是计算时间可能较长。根据迭代公式的不同，迭代法又分为：同步迭代、异步迭代和超松弛迭代。

另外，为了保证计算过程的可行和计算结果的正确，还需从理论上分析差分方程组的性态，包括解的唯一性、存在性和差分格式的相容性、收敛性和稳定性。

7.2.2.2 有限单元法

有限单元法（Finite Element Method，FEM）简称有限元法，是基于变分原理和加权余量法的一种应用广泛的数值方法。其基本思想是：首先，利用变分原理把所要求解的边值问题的微分方程化为与之等价的泛函求极值的变分问题；其次，将定解区域划分为有限个互不重叠的子单元，并利用剖分插值把变分问题近似地化为多元函数的求极值问题，从而得到一个线性代数方程组，即所谓的有限元方程；最后，求解得到原问题的数值解。

有限元法最早应用于结构力学，后来用于流体力学的数值模拟。在河道数值模拟中，常见的有限元计算方法是由变分法和加权余量法发展而来的里兹法和伽辽金法、最小二乘法等。

根据所采用的权函数和插值函数的不同，有限元方法分为多种计算格式。

从计算单元网格的形状来划分有三角形网格、四边形网格和多边形网格。

从权函数的选择来划分有配置法、矩量法、最小二乘法和伽辽金法。其中，伽辽金（Galerkin）法是将权函数取为逼近函数中的基函数；最小二乘法是令权函数等于余量本身，而内积的极小值则为待求系数的平方误差最小；配置法是在计算域内选取 N 个配置点，令近似解在选定的 N 个配置点上严格满足微分方程，即在配置点上令方程余量为0。

从插值函数的精度来划分有：线性插值函数和高次插值函数等。插值函数一般由不同次幂的多项式组成，也有采用三角函数或指数函数组成的乘积表示，但最常用的是多项式插值函数。有限元插值函数分为两大类：一类只要求插值多项式本身在插值点取已知值，称为拉格朗日（Lagrange）多项式插值；另一类不仅要求插值多项式本身，还要求它的导

数值在插值点取已知值，称为哈密特（Hermite）多项式插值。

单元坐标有笛卡尔直角坐标系和无因次自然坐标，有对称和不对称等。人们常采用的无因次坐标是一种局部坐标系，它的定义取决于单元的几何形状，一维看作长度比，二维看作面积比，三维看作体积比。对于二维三角形和四边形单元，常采用的插值函数有拉格朗日插值直角坐标系中的线性插值函数及二阶或更高阶插值函数、面积坐标系中的线性插值函数、二阶或更高阶插值函数等。

7.2.2.3　有限体积法

有限体积法（Finite Volume Method，FVD）又称控制体积法、广义差分法。其基本思路是：将计算区域划分为一系列不重叠的、形状规则或不规则的单元或控制体，将待解的微分方程对每一个控制体积分，得出一组离散方程。其中的变量定义在控制体的形心，是网格点上的因变量的数值。根据控制体内质量、动量守恒定律列出质量、动量平衡方程，在计算出通过每个控制体边界沿法向输入、输出量后，对每个控制体分别进行质量和动量平衡计算，即可求出待求未知量。

从积分区域的选取方法来看，有限体积法属于加权剩余法中的子区域法；从未知解的近似方法来看，有限体积法属于采用局部近似的离散方法。有限体积法可用于结构网格和非结构网格。在结构网格中，有限体积法和有限差分法十分相似，有时几乎完全相同。

有限体积法的基本思路易于理解，能给出直接的物理解释。离散方程的物理意义，就是因变量在有限大小的控制体积中的守恒原理，如同微分方程表示因变量在无限小的控制体积中的守恒原理一样。有限体积法得出的离散方程，要求因变量的积分守恒，对任意一组控制体积都得到满足，对整个计算区域，自然也得到满足。这是有限体积法吸引人的优点。对于有限差分法等一些离散方法，仅当网格极其细密时，离散方程才满足积分守恒；而有限体积法即使在粗网格情况下，也显示出准确的积分守恒。就离散方法而言，有限体积法可视作有限单元法和有限差分法的中间物。有限单元法必须假定值在网格点之间的变化规律（即插值函数），并将其作为近似解。有限差分法只考虑网格点上的数值而不考虑值在网格点之间如何变化。有限体积法只寻求结点值，这与有限差分法相类似；但有限体积法在寻求控制体积的积分时，必须假定值在网格点之间的分布，这又与有限单元法相类似。在有限体积法中，插值函数只用于计算控制体积的积分，得出离散方程之后，便可忘掉插值函数；如果需要的话，可以对微分方程中不同的项采取不同的插值函数。

7.2.2.4　边界单元法

边界单元法（Boundary Element Method，BEM）又称边界积分方程——边界元法。是在近代有限元法发展的基础上兴起的一种计算方法，是一种分析连续介质问题的通用数值方法。它以定义在边界上的边界积分方程为控制方程，通过对边界单元插值离散，化为代数方程组求解。它与基于偏微分方程的区域解法相比，由于降低了问题的维数，而显著降低了自由度数，边界的离散也比区域的离散方便得多，可用较简单的单元准确地模拟边界形状，最终得到阶数较低的线性代数方程组。由于它利用微分算子的解析基本解作为边界积分方程的核函数，因此具有解析与数值相结合的特点，通常具有较高的精度。边界元法被公认为比有限元法更加精确高效。由于边界元法所利用的微分算子基本解能自动满足无限远处的条件，因而边界元法特别便于处理无限域以及半无限域问题。

边界元法的主要缺点是它的应用范围必须以存在相应微分算子的基本解为前提，对于非均匀介质等问题难以应用，故其适用范围远不如有限元法广泛，而且通常由它建立的求解代数方程组的系数阵是非对称矩阵，对解题规模产生较大限制。对于一般的非线性问题，由于在方程中会出现域内积分项，从而部分抵消了边界元法只要离散边界的优点。

边界元法主要有以下几个特点。

（1）由于只需对边界进行离散和插值，使解题的维数降低一维，大大减少了工作量。

（2）由于处于边界上的奇异解在线性代数方程组的系数矩阵中会有最大的对角线主元，因此，代数方程组不会是病态的，可以减少计算误差的积累。

（3）离散化的误差只发生在边界，而域内函数值和其导数值是直接用解析公式计算的。函数值和其导数值的计算精度是相同的。

7.2.3　水文模型参数率定常用的数学方法

水文模型参数的率定（Calibration），即调参、参数估计或参数优化，使模型的模拟输出值与实际观测值误差最小。水文模型参数可分为两类：一类具有明确的物理含义，可以根据实际情况进行确定；另一类是没有或者物理含义不明确的参数，这些参数需要根据以往的观测数据进行率定。参数率定是水文模拟中不可避免的重要环节。调参的方法可以根据经验手工进行，但往往费时而且很难得到最优解。随着计算机的发展，利用数学手段进行模型参数的率定成为一种快捷的途径，尤其对于敏感性参数较多的模型。目前，关于参数率定的优化方法从数学方面已经进行了很深的研究，本节仅简要介绍几种水文模型中常用的方法，包括传统的最小二乘法、面向全局优化的遗传算法和贝叶斯方法，详细内容可参见相关教材。

7.2.3.1　最小二乘法

最小二乘法（Least Square Method，LSM）是于19世纪初由勒让德和高斯分别独立提出的。最小二乘法对于数理统计学的贡献犹如微积分对于数学的贡献，是近代统计学发展的基础。

最小二乘法是一种数学优化技术，它通过最小化误差的平方和找到一组数据的最佳函数匹配。最小二乘法用简单的方法求得一些绝对不可知的真值，通常用于曲线拟合。下面简要介绍一般最小二乘法的原理和计算过程。

在研究某一个问题时，往往通过建立一个模型来求得某些量的理论值，通过实验与观测手段可以得到其观测值。由于种种原因，如模型不完全正确以及观测有误差等，理论值与观测值会存在差距，这些差距的平方和 $H=\sum(\text{理论值}-\text{观测值})^2$ 可以作为理论与实测符合程度的度量。通常，理论值中包含有未知参数（或参数向量），最小二乘法要求选择的参数值，使 H 达到最小。因此，最小二乘法的直接意义是作为一种估计未知参数的方法。为方便起见，以简单的线性最小二乘法为例进行原理说明。

例如，对于一组实验观测数据（x_i，y_i）（$i=1, 2, \cdots, m$），自变量 x 与因变量 y 之间有线性函数关系（$y=ax+b$）。由于观测数据存在一定的误差或者不够准确，导致原来的直线没有经过所有的数据点，记偏差 $\varepsilon_i=y_i-(ax_i+b)$，最小二乘法就是寻求使所有偏差的平方和达到最小的那组参数的一种方法。即

$$F(a,b)=\sum_{i=1}^{n}\varepsilon_i^2=\sum_{i=1}^{n}(y_i-ax_i-b)^2 \tag{7.2.7}$$

由极值原理：$\dfrac{\partial F}{\partial a}=\dfrac{\partial F}{\partial b}=0$ 即

$$\left.\begin{aligned}\frac{\partial F}{\partial a}&=-2\sum_{i=1}^{n}x_i(y_i-ax_i-b)=0\\ \frac{\partial F}{\partial b}&=-2\sum_{i=1}^{n}(y_i-ax_i-b)=0\end{aligned}\right\} \tag{7.2.8}$$

解得

$$\left.\begin{aligned}a&=\frac{n\sum_{i=1}^{n}x_iy_i-\sum_{i=1}^{n}x_i\sum_{i=1}^{n}y_i}{n\sum_{i=1}^{n}x_i^2-\left(\sum_{i=1}^{n}x_i\right)^2}\\ b&=\frac{1}{n}\sum_{i=1}^{n}y_i-\frac{a}{n}\sum_{i=1}^{n}x_i\end{aligned}\right\} \tag{7.2.9}$$

从而确定了自变量与因变量之间的函数关系，求得参数（a，b）的估计值。

7.2.3.2　遗传算法

遗传算法（Genetic Algorithm，GA）是借鉴自然界的生物进化规律（适者生存、优胜劣汰的遗传机制）演化而来的一种自适应全局优化概率搜索算法。

遗传算法是20世纪80年代初兴起的启发式算法（Heuristic Algorithm）。它最早由美国J. Holland教授等于1975年提出，并由Goldberg发展完善起来。遗传算法能在搜索过程中自动获取和积累有关搜索空间的知识，并自适应地控制搜索过程以求得最优解，尤其适合于处理传统搜索方法难以解决的高度复杂的非线性问题及多参数优化问题。其主要的特点是直接随机寻优，即直接对结构对象进行操作，不存在优化问题常有的函数连续性和可导性的限制；具有内在的隐并行性和更好的全局寻优能力；采用概率化的寻优方法，能自动获取和指导优化的搜索空间，自适应地调整搜索方向，不需要确定的规则。

遗传算法的主要思想来源于达尔文的生物进化论，适者生存、自然选择、优胜劣汰是遗传算法的主要指导原则。通过自然选择、遗传、变异等作用机制，逐步提高各个个体的适应性。

遗传算法以一种群体中的所有个体为对象，并利用随机化技术指导对一个被编码的参数空间进行高效搜索。其中，选择、交叉和变异构成了遗传算法的遗传操作；参数编码、初始群体的设定、适应度函数的设计、遗传操作设计、控制参数设定5个要素组成了遗传算法的核心内容。遗传算法的基本运算过程如下（图7.2.1）。

（1）参数编码：GA在进行搜索之前先将解空间的解数据表示成遗传空间的基因型串结构数据，这些串结构数据的不同组合便构成了不同的点。

（2）初始群体的生成：随机产生N个初始串结构数据，每个串结构数据称为一个个体，N个个体构成了一个群体。GA以这N个串结构数据作为初始点开始迭代。

（3）适应值评价：适应性函数表明个体或解的优劣性。对于不同的问题，适应性函数

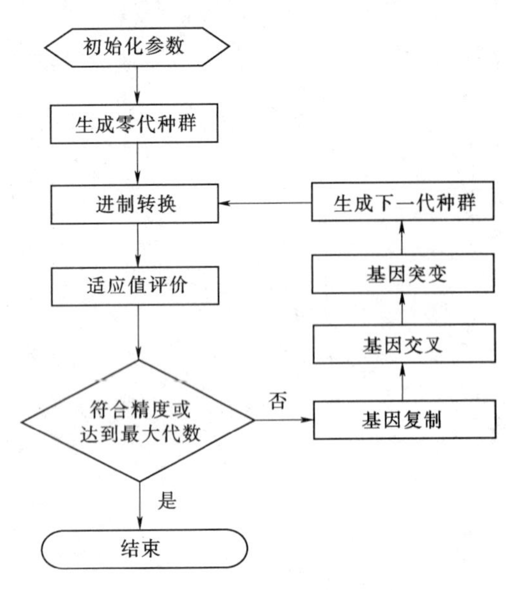

图 7.2.1　简单的遗传算法流程图

的定义方式也不同。对各个个体的适应度值进行评价。

(4) 选择运算：遗传操作之一。进行选择的原则是适应性强的个体为下一代贡献一个或多个后代的概率大。选择实现了达尔文的适者生存原则。

(5) 交叉运算：遗传算法中最主要的遗传操作。通过交叉操作可以得到新一代个体，新个体组合了其父辈个体的特性。交叉体现了信息交换的思想。

(6) 变异运算：变异首先在群体中随机选择一个个体，对于选中的个体以一定的概率随机地改变串结构数据中某个串的值。同生物界一样，GA 中变异发生的概率很低，通常取值在 0.001～0.01 之间。变异为新个体的产生提供了机会。

(7) 终止条件判断：若进化代数 t 达到最大进化代数 T，则以进化过程中所得到的具有最大适应度个体作为最优解输出，终止计算。

遗传算法在实际应用中往往面临的是多目标优化问题，例如，在分布式水文模型的参数率定中，目标函数不仅要满足总水量平衡，而且要在时间过程上拟合好；不仅是径流过程拟合效果好，而且要求蒸发、土壤水等过程也要拟合好；不仅是单一的流域出口过程要拟合好，而且要求中间检验站点也要拟合好。复杂的多目标优化问题需要遗传算法，同时也给遗传算法提出了挑战。如何将目标函数进行有效的综合是首要难题。常用的 GA 求解多目标方法有权重法、目标规划法、目标达成法、权重平均排序法、非繁殖遗传算法、非控分选遗传算法等。

7.2.3.3　贝叶斯方法

贝叶斯方法（Bayesian Method）或贝叶斯统计方法，起源于英国学者贝叶斯发表的一篇论文“论有关机遇问题的求解”（1763），后经许多学者的不断发展和完善，形成统计学中与频率学派不同的贝叶斯学派。与频率学派相比，贝叶斯参数估计不仅利用了总体信息（即总体属于何种分布信息）和样本信息（即样本数据提供的参数信息），而且用到了先验信息（即在抽样之前有关未知参数的某些信息，主要来源于经验和历史资料）。3 种信息的利用是贝叶斯统计学的显著特色。

1. 贝叶斯方法的原理

贝叶斯理论认为未知参数是一个随机变量，记为 θ。它的估计值则是此随机变量的一个抽样值。在具体进行观测之前，根据过去的经验，人们对参数 θ 已积累了一些知识。虽然参数 θ 的具体值未知，但它服从一概率分布 $h(\theta)$（即先验分布）。贝叶斯理论观点认为获得样本 X 的目的是对 θ 的先验知识［体现在先验分布 $h(\theta)$］进行调整，在获得样本 $X=(x_1,x_2,\cdots,x_n)$ 后，标定出参数 θ 在给定 X 时的条件分布 $h(\theta \mid X)$（即后验分布），而这个条件分布就反映了人们对参数 θ 的新认识。

贝叶斯公式推导如下：设观测向量为 $X=(x_1, x_2, \cdots, x_n)$，其概率密度函数为 $h(X \mid \theta)$，参数 $\theta \in \Theta$，在获得观测数据之前，对于未知参数 θ 的认识，为参数 θ 的先验分布 $h(\theta \mid X)$。由全概率公式：

$$h(X|\theta)h(\theta)=h(X,\theta)=h(\theta|X)h(X) \tag{7.2.10}$$

在给定观测向量 X 以后，参数 θ 的条件密度为

$$h(\theta|X)=\frac{h(X|\theta)h(\theta)}{h(X)} \tag{7.2.11}$$

由于 $\int_{\Theta} h(\theta|X)\mathrm{d}\theta=\int_{\Theta} h(X|\theta)h(\theta)\mathrm{d}\theta/h(X)=1$，则

$$h(\theta|X)=\frac{h(X|\theta)h(\theta)}{\int_{\Theta} h(X|\theta)h(\theta)\mathrm{d}\theta}=ch(X|\theta)h(\theta) \tag{7.2.12}$$

式中：c 为与参数 θ 无关的常数；$h(X|\theta)$ 为样本函数即似然函数，为样本带来的关于 θ 的新信息；$h(\theta|X)$ 为未知参数 θ 的后验分布，在得到样本 X 的条件下对于未知参数 θ 的重新认识。

2. 贝叶斯方法的特点

贝叶斯方法的主要特点是在获得后验分布后，即使丢掉总体信息和样本信息，也不影响对参数 θ 的统计推断。基于该特点可以动态估计参数，即设定先验分布后，进行第一步观测，可得到第一次估计的结果。当继续观测得到新的资料时，就可以将第一次估计的后验分布当作第二次估计的先验分布，再运用贝叶斯理论得到第二次的后验分布。这样连续应用贝叶斯理论，就可以不断地对估计参数增加信息，从而对参数有更深入的认识。此外，将观察数据的不确定性和因估计和预测中的误差而引起的不确定性有效结合起来，是贝叶斯方法的另一大特点。

正是贝叶斯方法的这些特点，使得其在许多领域有很大的应用和发展。在水文水资源领域中，贝叶斯方法在参数估计、径流预报、洪水分析以及水资源规划与管理等方面应用十分广泛。

7.2.4　水文模型参数灵敏度分析的数学方法

水文模型参数的灵敏度分析（Sensitivity Analysis）就是研究参数变化所引起的模型响应，是模型参数不确定分析的重要内容之一，也是学习、研发和评价模型不可缺少的重要环节。通过参数灵敏度分析有助于深入理解模型的特性并改进模型结构的稳定性。本节对常用的模型参数灵敏度的分析方法进行简单介绍，内容包括传统的扰动分析法、全局灵敏度分析的 RSA 方法（Regionalized Sensitivity Analysis）和 GLUE 方法（Generalized Likelihood Uncertainty Estimation）。其中，RSA 方法和 GLUE 方法也是一类不同于传统优化方法的参数识别方法。

7.2.4.1　扰动分析法

扰动分析法是一种最简单的参数灵敏度分析方法，即在某个参数最佳估计值附近给定一个人工干扰（如参数值增减 10%），并计算参数在小范围内产生波动所导致的模型输出

的变化率。

扰动分析法的计算思路十分简单，但其结果强烈依赖于优化算法的选择。由于优化算法自身结构设计决定了最佳参数估计值，并得到具有特定收敛特征的参数样本。因此，基于“最佳”估计参数值的灵敏度分析不能完整地描述模型参数的空间分布形态。另外，由于模型结构的复杂性导致了参数间的相关性，因此，在灵敏度分析过程中必须考虑参数之间的相互影响，这也是扰动分析法所无能为力的一个方面。

7.2.4.2 RSA方法

RSA方法（Regionalized Sensitivity Analysis）是一种有效的全局灵敏度分析方法，由Hornberge和Spear于1978年提出的。同时RSA方法还是一种基于行为和非行为的二元划分来进行参数识别的方法，即给定一组参数，如果系统的模拟满足事先设定的条件，那么这组参数就是可接受的，否则是不可接受的。它的特点是将优化条件进行弱化，用一些可以用定量或定性语言描述的条件来决定参数的取舍。

与传统灵敏度分析方法不同，RSA方法抛弃了“寻优”思想，转而考虑参数空间分布的复杂性与相关性，并基于一定准则统计分析大样本随机参数变化下的模型响应。RSA方法将可接受参数的边缘分布与原始均匀分布作对比，如果参数对目标函数具有较大的影响，则目标函数对参数应具有较强的筛选能力。因此，可接受参数的分布离原始分布越远，说明该参数对目标函数的影响越显著，其灵敏度越高。

考虑到参数之间相关性的影响，如果某个参数的变化可以通过其他参数的变化抵消，那么有可能导致可接受参数值的分布与原始分布的差别并不是很大。但是，RSA方法由于参数的取值是在封闭的区间，因而参数在整个区间的取值就不太可能被其他参数同等地抵消。

7.2.4.3 GLUE方法

GLUE方法（Generalized Likelihood Uncertainty Estimation）是一种度量模型不确定性的方法，同时也是一种全局参数灵敏度分析的方法，由Beven于1992年提出。

GLUE方法吸收了RSA方法和模糊数学方法的优点，认为与实测值最接近的模拟值所对应的参数具有最高的可信度，离实测值越远，可信度越低，似然度越小。当模拟值与实测值的距离大于规定的指标时，就认为这些参数的似然度为0。GLUE方法不同于RSA方法对参数集“是”和“否”的二元划分，而是采用似然度对不同的参数进行区分。GLUE方法既考虑到最优即最好这一直观事实，也避免了采用单一的最优值进行预测而带来的风险。

GLUE方法是一种有效的全局灵敏度分析方法。类似于RSA方法以利用可接受参数的分布与原始分布的对比进行灵敏度分析，GLUE方法也可利用累积似然度进行全局性灵敏度分析。如果参数对目标函数没有显著影响，那么参数似然度的分布应接近于原始分布，即均匀分布；如果参数取值对似然度的影响较大，则参数累积似然度的分布与原始分布相差较大。

7.3 水文时间序列常用的数学方法

水文时间序列指某种水文要素在时间顺序上的一系列观测值（可以是在离散点上的观测

值，也可以是时段上的平均值，或是在时间上连续观测的记录经离散化而得的数值）。水文时间序列的长期演变既有确定性的一面，又有不确定性的一面。水文时间序列中的确定成分是根据水文要素和水文循环所遵循的物理机制所形成的，包括水文序列在时间尺度（年、月、日）上表现出的周期性、气候变化和人类活动改变水文循环过程导致水文序列表现出的趋势性和突变性等序列特征。水文时间序列同时也包含不确定性成分，是由多种不确定的要素所共同影响，导致人类目前仍无法准确判别序列中的不规则变化与震荡，主要体现在随机性、模糊性、非线性、非平稳性等方面，难以从物理机制和定量的角度进行解释。

在确定性规律中包含着不确定性，在不确定性中包含着确定性规律。研究水文时间序列的确定性特征可能用到不确定性分析的方法，水文不确定性分析方法中也可能包含确定性的思想。无论用周期分析、趋势分析，还是用随机分析、模糊分析、混沌分析、分形分析和信息熵分析，都至多只能识别水文时间序列的局部特性，而不能识别其全部特性。正因为如此，水文学界至今尚无法在实用精度范围内揭示水文时间序列的长期演变规律。

（1）趋势分析中的数学方法。在水文时间序列趋势分析中，应用较为广泛的数学方法主要有累积距平法、线性回归法以及其他检验方法，其中累积距平法的基本思想是观察时间序列数据相较于平均值的离散程度，数据大于平均值则累积距平值增加，累积曲线上升；反之累积曲线下降，根据曲线形状的变化来判断水文时间序列的变化趋势。线性回归法是根据水文时间序列和时间的相关性来判断序列的趋势变化，并对相关系数进行显著性检验以进一步确定水文时间序列的变化特征，现在常用于水文序列趋势变化和水文要素变化率研究；其他检验方法包括 M－K 秩次相关检验、spearman 秩检验。M－K 秩次相关检验是在时间序列趋势检验中广泛应用的非参数检验方法，其优点在于对数据的要求较低，不要求样本数据遵循一定的分布规律，受数据异常值的干扰较小。spearman 秩检验的基本原理与线性回归法基本相同，区别之处在于 spearman 秩检验是研究时间序列的秩和时间变量间的关系，相比 M－K 秩次相关检验运算更加简洁。

（2）突变分析中的数学方法。目前在水文突变分析中应用较多的数学方法主要包括有序聚类法、Lee－Heghinan 法、秩和检验法、游程检验法、F 检验法、信息测度模型、最优信息二分割模型、R/S 法等。秩和检验法和游程检验法的实质是构造统计检验量（秩和或游程），认为统计检验量在样本一定的情况下服从标准正态分布，并进行假设检验；F 检验实质上是两分割样本均值未知的方差检验；有序聚类法的实质是求最优分割点，使同类之间的离差平方和最小；Lee－Heghinan 法实质是假定总体为正态分布和分割点先验分布为均匀分布的情况下推求后验概率分布的方法；信息测度模型、最优信息二分割模型是通过构造比较序列和计算差异信息的相对测度（或差异幅值）来检验序列的变异性；R/S 法通过计算重新标度的极差，结合一维布朗运动的规律来判断变异点。

（3）周期分析中的数学方法。水文周期指某种水文现象按照一定的时间间隔出现，此时间间隔即称为周期，水文序列周期不是严格意义上的时间间隔，而是概率意义上的周期。目前应用于水文时间序列周期分析的方法主要有简单分波法、傅里叶分析法、功率谱分析法、最大熵谱分析法以及小波分析法等，涉及的数学方法主要有快速傅里叶算法、自相关函数、最大熵原理、小波函数和小波变换等。快速傅里叶变换算法主要支持傅里叶分析法，并对水文时间序列进行频谱分析，进而在频域上分析时间序列的周期震荡；自相关函数用于功率谱分析法，通过自相关函数与功率谱密度的关系，对照功率谱图查找对应的时间周期；最大熵谱分析法通过最大熵原理寻找序列可能存在的最大熵，进而确定熵最大时的频率值和对应的周期；小波函数和小波变换用于计算时间序列的小波方差，通过小波方差图观察时间序列的对应周期。

（4）序列相关性分析中的数学方法。序列相关性分析方法的基础是自回归模型和自回归滑动模型，通过将水文序列看作由确定性成分（趋势、突变、周期等）和不确定性成分组成，并对这些成分分别进行识别和描述。

（5）模糊分析中的数学方法。模糊分析中涉及的数学方法主要是模糊数学，模糊数学是研究和处理模糊现象的一种数学方法，本质是接受事物中存在的模糊性现象，并将其量化成计算机可以明确识别的信息，进而处理和解决研究对象中存在的模糊性问题。1965年，美国学者 Zadeh 提出隶属函数的概念，逐步形成了模糊数学。20 世纪 80 年代我国学者把模糊数学引入水文水资源研究中，并发展出了模糊综合评价、模糊控制、模糊识别、模糊聚类分析、模糊决策等一系列分析方法。

（6）混沌分析中的数学方法。混沌特性指在确定性系统中受多种条件和内在随机性的影响，可能出现类似随机的混乱特性，水系统作为一个复杂非线性系统，具有产生混沌的基本条件。在应用混沌理论对水文水资源系统进行分析时，需要解决 3 个关键问题，即水文系统混沌特性识别或性质判断、重建水文系统相空间结构、水文系统混沌动力学模拟预报。在分析过程中可能应用到的方法主要有混沌动力学、相空间重构等。

（7）信息熵分析中的数学方法。信息熵分析方法主要是采用信息熵理论来描述和分析水文时间序列中的不确定性，把信息中排除了冗余后的平均信息量称为信息熵。信息熵分析的原理是以水文系统整体蕴含的可知信息量来度量水文不确定性，而不局限于单个水文要素。在信息熵分析中，最常用的数学方法是最大熵原理，其原理是当满足一定约束条件时，所有可行解中应该选择熵最大的一个。信息熵作为一种信息不确定性的度量，熵最大即意味着对数据中所蕴含信息的最充分利用，进而得到与实际情况偏差最小的分析结果。

7.4　水文统计常用的数学方法

水文统计从本质上讲是概率论与数理统计在水文随机规律研究中的应用。由于水文现象发生的复杂性和不确定性，使得概率论与数理统计在水文研究领域的应用日益广泛。水文统计分析中涉及的数学方法主要是概率论与数理统计的基本原理及应用，如事件与概率、随机变量及其分布、多元随机变量及其分布、数字特征与特殊函数、极限定理、抽样分布、估计理论、假设检验、相关分析、回归分析、误差分析和随机过程等；在水文应用研究中的数学统计方法主要为水文频率曲线线型、参数估计等。下面分别对最常用的几种水文频率曲线线型和参数估计方法进行介绍。

7.4.1　水文分布曲线线型[1]

（1）Γ分布（皮尔逊Ⅲ型）曲线。三参数Γ分布曲线是国内外应用最广泛的一种概率分布曲线，它能较好地拟合水文资料系列，但仍有一部分得不到满意的结果。由于各地的水文情势差别很大，水文成因各异，致使其有一定的局限性。特别在偏态系数较大（$C_S>2$）时，频率曲线尾部趋平，不符合多数干旱、半干旱地区中小河流的水文特征。

（2）广义（指数）Γ分布曲线。该型分布是将三参数Γ分布中的变数 $x-a_0$ 变换成指数型 $(x-a_0)^b$ 而得，其中 b 为指数。当曲线起点坐标值 $a_0=0$ 时为克-门分布的特例，并有 $C_S/C_V=1\sim6$ 的模比系数。在俄罗斯地区应用较多，在我国则主要适用于北方少数地区，对洪水系列适线较好。

（3）对数Γ分布曲线。该型分布曲线是将Γ分布中的变数取对数转换而得。1982，美国《确定洪水流量频率指南》中将其作为洪水频率计算的基本分布。1985年，李松仕对该型分布的统计特性做了详细分析。此指南经我国水文界在各地适线验证后，一般情况为在北方地区频率曲线呈正偏，而对南方多数洪水资料曲线呈负偏，且有上限。该分布曲线对资料要求较高，若无足够长的数据资料，则偏态系数的不确定度较大，使最终结果有偏差。

（4）极值分布曲线。极值分布分为3种形式：①极值Ⅰ型，曲线两端无限，国内外对其研究较多，但因仅有两个参数，C_S 固定为1.14，适线弹性较差；②极值Ⅱ型，曲线的下端有限和上端无限；③极值Ⅲ型，曲线的下端无限和上端有限。

水文频率分布曲线从本质上讲，是根据水文要素的整体分布规律进行适线拟合，缺少相应的物理基础。因此在进行分析时，还需要结合水文物理基础概念，在符合物理基础和线型分布规律的范围内得到合理的分析结果。

7.4.2　参数估计中的数学方法

（1）矩估计法。矩估计法是利用样本矩来估计总体矩，用样本矩的函数来估计总体矩的函数。首先推导涉及感兴趣的参数的总体矩（即所考虑的随机变量的幂的期望值）的方程。然后取出一个样本并从这个样本估计总体矩。接着使用样本矩取代（未知的）总体矩，解出感兴趣的参数。从而得到那些参数的估计。矩估计法的优点在于原理简单、使用方便，但对样本总体的信息挖掘不够深入，不能较好地体现总体的分布特征。

（2）适线法。适线法是将所选的频率曲线配适经验点的方法，使其拟合最佳。不同拟合准则会有不同的结果。适线法分为目估适线法和优化适线法，其中目估适线法的经验性很强，适线灵活，不受频率曲线线型的限制。适线时可以照顾重要的点据以及有些只能定性不能定量的点据。特别是，其结果在时空上作综合平衡时，适线灵活的优点更为突出。但相应的，此法也存在主观性和任意性较大的问题，不同工作者的分析可能会得到不同的结果。优化适线法则是取目标函数（误差）为最小的估计方法。

（3）权函数法。1984年，马秀峰提出了单权函数法，引入权函数并由此组成一阶和二阶权函数矩来推求 C_S，并以Γ分布为例列出了计算公式，$\overline{x}$ 和 C_V 用矩法计算。该法的要点是权函数类型的选取，经推导取正态密度函数。该法避免了三阶矩的计算，但因正态分布密度值在 $x=\overline{x}$ 处为最大，离 $\overline{x}$ 越远则密度值越小。显然，用此法是增加了靠近均值部位变数的权重，减弱了系列两端变数值的作用。1990年，刘光文认为影响设计洪水精度的参数，首先是 $\overline{x}$ 和 C_V，其次才是 C_S，并提出了改进的双权函数法，即引入第二个权函数来提高 C_V 的精度，并用数值积分法计算权函数矩。取与单权函数法相似的推导方法，得到 C_V 与 C_S 的计算公式。

（4）极大似然法。极大似然法是根据极大似然原理提出的一种参数估计方法，即在参数 θ 的可能取值范围内，选取使似然函数 $L(\theta)$ 达到最大的参数值 θ，作为参数 θ 的估计值。

7.5　水文系统分析常用的数学方法

自然界中的水文现象是一种复杂的过程，定量描述水文过程的数学模型往往也十分复杂，甚至面临着这样或那样的问题。然而，有时又必须要建立这样的定量模型。比如，建立某流域水文过程模拟模型或水量模型，是研究该流域在不同开发方案下水资源变化的基础模型。

不管采用什么方法来建立水文模型，都将面临着一个共同问题，即自然界的水文规律还不能被完全认识，人类获得的水文知识还存在这样或那样的未知部分（包括水文结构或参数）。它们需要通过系统观测的数据信息加以判明或予以估计，其处理适当与否不仅直接影响到所建模型的质量，而且涉及水文特征的正确分析、水文模型的实际应用及其评价等。为了解决这一问题，近几十年发展起来了水文系统识别技术。它是运用系统分析的原理和方法建立可以定量描述水文过程的数学模型，研究和处理验前缺乏或部分缺乏水文信息，以及受各种随机性、模糊性等不确定性因素干扰的水文系统。此外，在系统科学中提出了许许多多的系统分析方法，既可以应用于水文系统复杂问题的分析，也可以在应用中检验和发展系统分析方法。因此，水文系统分析方法是水文学中一类非常重要的研究方法。

7.5.1　水文系统的概念

7.5.1.1　系统的含义

“系统”这个词是“混乱”的反义词，它意味着为实现某个目标而建立起来的秩序、组织、系列、体系、制度、方法等。它是由若干个既相互区别、又相互联系和相互作用的元素所组成，且处在一定的环境中为实现同一目标而存在的有机整体。系统包括两个部分：一个是系统本身；另一个是系统所处的环境。而系统本身又由3个元素所构成，即输入、系统状况和输出。系统环境就是系统工作的限制条件。这样，系统在特定环境下对输入进行工作，就产生输出。把输入变为输出，这就是系统的功能。

7.5.1.2　水文系统的概念及分类

水文系统是地球大气圈环境内由相互作用和相互依赖的若干水文要素组成的具有水循环（演变和转换）功能的整体。从系统观点出发，水文系统包括3个部分，即输入、系统状况和输出。系统状况是一个综合、复杂的过程。比如一个流域的降雨-径流系统，按水源可以划分为地面径流、壤中流和地下径流3个部分。但是，实际上难以严格划分此3种类型的水源，因此，在系统分析中，往往把降雨分为两个部分：一是净雨，作为系统的输入，能产生直接径流；二是下渗及其他损失，下渗补充地下，其中一部分通过蒸散发返回大气，另一部分满足土壤蓄水后下渗补给地下水，形成地下径流。

系统的特性可以从不同的方面加以分类，主要有线性与非线性、时变与时不变、集总参数与分散参数、确定性与不确定性等。

（1）当一个系统的输入与输出之间的关系满足齐次性和叠加性，这个系统就是线性系统。反之，即为非线性系统。比如：

方程式 $y_k=c_1x_k+c_2x_{k-1}+kc_3$（$c_1$，$c_2$，$c_3$为参数），表达的是线性系统；

方程式 $y_k=c_1x_k+c_2x_{k-1}+c_3\ln x_{k-2}$（$c_1$，$c_2$，$c_3$为参数），表达的是非线性系统；

方程式 $y_k=\theta_1x_k+\theta_2\mathrm{e}^{-\theta_3}k$（$\theta_1$，$\theta_2$，$\theta_3$为参数），表达的是线性系统。

从数学观点看，线性系统是服从线性方程的系统。例如，无时间变量的线性系统可用线性代数方程描述；离散时间变量的线性系统则用线性差分方程表征；连续时间变量的线性系统则用线性微分方程模拟。当一个系统具有非线性特征，在数学上就需要用非线性的微分方程（或差分方程或代数方程）描述。

（2）当一个系统中一个或一个以上的参数值、输出值随时间而变化，从而整个特性也随时间而变化的系统，是时变系统。反之，即为时不变系统，其输出不会直接随着时间变化。比如：

方程式 $y_k=b_1x_k+b_2\mathrm{e}^{-k}+b_3\ln x_{k+2}$（$b_1$，$b_2$，$b_3$为参数），表达的是时不变系统；

方程式 $y_k=b_1x_k+b_2\mathrm{e}^{-k}+b_3\ln x_{k+2}+b_4t$（$b_1$，$b_2$，$b_3$，$b_4$为参数，$t$ 为时间），表达的是时变系统；

方程式 $y_k=b_1x_k+b_2\mathrm{e}^{-k}+b_3\ln x_{k+2}+b_4\mathrm{e}^{x_{k+1}(t)}$（$b_1$，$b_2$，$b_3$，$b_4$为参数，$t$ 为时间），表达的是时变系统。

（3）当一个系统中各变量和输出值均与空间位置无关，而把整个系统看成是均一的，不随空间变化，这个系统是集总参数系统。反之，即为分散参数系统。分散参数系统中至少有一个变量或输出与空间位置有关。比如：

方程式 $q=T_0\mathrm{e}^{x}\tan\beta$（$T_0$，$\beta$ 为参数），表达的是集总参数系统；

方程式 $q=T_0\mathrm{e}^{x}\tan\beta$（$i$，$j$）［$T_0$、$\beta$ 为参数；（i，j）为单元编号］，表达的是分散参数系统；

方程式 $q=T_0\mathrm{e}^{x_i}\tan\beta$（$T_0$、$\beta$ 为参数；i 为河流断面编号），表达的也是分散参数系统。

（4）当一个系统中诸因素中含有不能用确定的量进行描述的系统或呈现有不确定性信息的系统，就是不确定性系统。反之，即为确定性系统。比如水量平衡方程中含有随机项，是一个不确定性系统。

7.5.1.3　水文非线性系统

由于水文系统十分复杂，水文非线性现象比较普遍，促使人们注意研究水文系统的非线性问题。早在20世纪30年代一些水文学者就认识到了雨洪的非线性问题。如R.E.霍顿（Horton）、C.F.伊泽德（Izzard）等曾指出，地表径流的涨洪段依赖于有效降雨强度。

20世纪50年代中期，我国水文工作者在生产实践中已发现不同雨强引起单位线非线性变化的现象，并提出利用雨强与暴雨中心为参量的单位线改正方法。1958年，水利电力部淮河水利委员会在治淮工作中直接建立了单位线峰顶 q_m，洪峰滞时 t_p 与净雨 R_i 的非线性经验公式。

1960年，N.E.明歇尔（Minshall）在一个 $1.093\times10^5\,\mathrm{m}^2$ 的天然实验流域上利用观

测资料，详细地推求了5次雨强不同的洪水单位线的明显变化规律。以后，J. 阿莫若契（Amorocho）（1961）和D. E. 奥弗顿（Overton）（1967）通过多种途径作了检查。N. E. 明歇尔的资料已成为说明天然流域存在非线性汇流现象的有力证据之一，并引起国内外水文学者对水文非线性问题的注意。例如我国在1980年后开展了一项规模较大的编制全国《暴雨径流查算图表》技术工作。通过对全国绝大多数省份实测雨洪资料分析说明，暴雨洪水的非线性问题比较突出。

自20世纪60年代后，不少人在水文实验研究中，也证实了水流运动的非线性现象。1963年，J. 阿莫若契为了认识单位线理论固有的误差和适用范围，他基于沃尔特拉非线性系统方程，定义了一个流域系统的线性度量函数，并利用实验室人工降雨设备，研究了入流 $x(t)$ 分别为阶跃函数、矩形输入和矩形序列输入3种情况下的流量过程。实验表明，除洪水过程退水段基本符合线性关系外，净雨与直接径流之间存在着不可忽略的非线性问题。

1975年，V. P. 辛格（Singh）在室内实验流域上，对非线性的运动波模型和线性的纳希模型做了实验分析。他在对210次实验资料作过分析后指出：地表径流过程具有高度的非线性，它可以用运动波理论加以描述，而线性理论只能给出它的近似解；在预测径流过程线的比较中，非线性模型优于纳希线性模型。

1980年，中国科学院地理研究所利用室内人工降雨设备，在2.77m×7.63m不透水单坡和河槽上，进行了均匀条件下的降雨径流关系实验。结果表明流域的径流调节特征是非线性的，降雨径流关系也是非线性的。

1981年，中国铁道部科学研究院西南研究所的峨眉径流实验站吴学鹏等利用170m^{2}自动调节人工降雨实验设备，做了不同概化流域形状和不同雨强的800多场径流实验。观测与分析表明，线性系统汇流曲线的3条基本假定与实际情况出入较大；流域汇流曲线不仅因雨强而变，而且随下垫面条件、水力因素的变化而改变。实验数据还证实，降雨径流关系既不满足比例性，也不满足线性叠加性，即是非线性的。

1983年，T. H. F. 旺格（Wong）和E. M. 劳伦森（Laureson）利用澳大利亚3条河流的6个河段实测资料，直接点绘出洪水波速与流量之间的非线性关系。

由此可见，水文过程的非线性是客观存在的，其变化机理比较复杂（像流域的调蓄关系、洪水波速的变化等），它们在整体上表现为降雨-径流的关系不满足线性叠加原理这一特点，即水文系统的非线性。

7.5.2 系统分析方法及其在水文学中的应用

系统分析方法，就是把对象放在系统中加以考察的一种方法论。它是着眼于从整体与部分（要素）之间，整体与外部环境之间的相互联系、相互作用、相互制约的关系中综合地、精确地考察对象，以达到最佳地处理问题的一种方法和途径。

从技术方法来看，系统分析方法充分利用运筹学、概率论、信息论以及控制论中丰富的数学语言，定量地描述对象的运动状态和规律。它为运用数理逻辑和电子计算机来解决各种复杂性问题提供了条件，为认识、研究、构想系统的模型确立了必要的方法论，其特点是整体性、综合性、最优化。

近年来，系统理论本身也在不断地发展，一些研究大系统、复杂系统的新学说应运而生。如普里高津提出的旨在研究系统从有序到混沌、从混沌到有序基本现象的耗散结构理论；哈肯的协同论；查德首创的模糊数学方法；以及我国学者邓聚龙提出的灰色系统理论等。他们基于不同角度提出的新观念新方法，更加丰富了系统理论的内容，促进系统分析方法的发展。

系统分析方法在许多领域具有广泛的应用。①系统识别方法在水文学中应用，发展而来的水文系统识别方法。关于这方面的内容将在下文专门进行介绍。②综合评价方法在水文学中的应用。这是系统分析方法中比较常用的一类方法，就是使用比较系统的、规范的方法对多个指标、多个单位同时进行评价的方法，在水文学中应用广泛，比如水质评价、开发程度评价、效益评价，等等。③运筹学方法在水文学中的应用。就是应用最优化方法（比如线性规划、整数规划、非线性规划、动态规划等），研究水文系统中的最优化问题，比如水文测站优化布局规划、水文模型参数优选等。④耗散结构理论、协同论、和谐论等系统理论在水文学中的应用。关于和谐论在水文学中的应用，将在第13章中介绍部分内容。⑤其他一些系统分析方法在水文学中的应用。除上面提到的系统分析方法外，还有大量的有关方法，在水文学中也有大量的应用，在此不再一一介绍，下面将详细介绍水文系统识别方法。

7.5.3　水文系统识别方法

自然界中的水文现象是一种复杂的过程，促使人们运用各种有效的途径，来探索水文现象的科学规律，解决生产实践中面临的众多问题。其中，水文系统识别方法是运用系统识别的原理和方法，利用系统的观测试验数据和先验知识，建立可以定量描述水文过程的数学模型。

所谓系统识别或称系统辨识，是利用系统的观测试验数据和先验知识，建立系统的数学模型和估计参数的理论和方法。它是水文系统模拟及其应用中最基本的问题之一。水文系统识别的概念和应用，启蒙于20世纪30年代L.K.谢尔曼（Sherman）提出的单位线。在今天，由于数学模型的发展和广泛应用，水文系统识别在运用系统理论建立模型方面已具有深刻的含义和内容。

7.5.3.1　水文系统识别的概念与数学描述

系统识别是通过观测一个系统或一个过程的输入-输出关系，确定该系统或过程的数学模型。水文系统识别是从水文过程的观测中，确定一个能在一定逼近意义下与水文原型过程相匹配的数学模型。具体地说，水文系统识别是依据水文系统的输入-输出 $\{u, Y\}_{t=1}^{T}$ 和其他水文信息 $\{I_n\}$，在指定的水文模型集 $\phi=\{M_N\}$ 中确定出一个具体的模型M，它在数学上与原型的实际观测数据和概念相符合，即

条件：
$$D_0=\{(u,Y)_{t=1}^{T};I_n\},\phi=\{M_N\} \tag{7.5.1}$$

目标：
$$E=\|\varepsilon\|\rightarrow \overset{*}{M}_N \tag{7.5.2}$$

要求：
$$E=\min, 且\ \overset{*}{M}_N\in D_0 \tag{7.5.3}$$

式中：ε 为水文模型与原型间的误差向量；E 为水文过程模拟的目标函数；$\|\cdot\|$ 为度量

误差“距离”的某种范数；D_0 为水文模型的可行域。

应进一步说明如下内容。

（1）水文系统识别有3个基本成分，即水文模型类 $\phi=\{\cdot\}$、观测资料信息 $D_0=\{\cdot\}$ 和系统识别准则：

$$J=\{E=\min\bigcap \overset{*}{M}_N D_0\} \tag{7.5.4}$$

它们是描述识别问题的重要部分。只有当三者被确定之后，在数学上才进一步归结为模型或参数的最优化、最优估计等问题。

（2）水文模型类 $\phi=\{\cdot\}$ 是由结构和参数或函数组成的，故识别内容可分为模型的结构识别与参数识别两部分。只有当结构在验前完全设定的情况下，问题才简化为参数识别。

（3）识别过程有3个环节，即确定基本成分（ϕ，D_0，J）、完成数学求解和检验及应用。

7.5.3.2　水文系统识别的一般程序

水文系统识别方法是水文系统建模的基本问题之一。在实际应用上，应该遵循水文系统识别方法的一般程序，有步骤地进行分析、计算。水文系统识别的一般程序如下。

（1）依据研究的问题（水文分析、预报，水库调度，水资源评价等），由水文学原理和系统方法确定模型类。

（2）选择适当的系统识别准则，利用可以观测到的原型信息（即水文资料）去估计模型中的未知部分，并做出必要的检验。

（3）应用于实际或反馈做再次改进。

7.5.3.3　水文模型类

在运用水文系统识别技术建立水文数学模型（简称水文模型）时，首先要根据一定原理构造水文模型类，这是水文系统识别3个基本成分之一。按照不同的研究方法和途径，水文模型类可以划分为两大类，即系统理论模型和概念性水文模型。

（1）系统理论模型。主要涉及建立系统输入-输出关系的数学模型，它通常用描述水文过程的泛函或算子方程来表示。

（2）概念性水文模型。将流域内的结构设想为有水文逻辑关系的元素排列，其中各元素有一定的物理概念（或经验关系），再根据一定的原理（如水量平衡原理）来建立起来的水文模型。

作者曾在建立新疆博斯腾湖流域、伊犁河流域、额尔齐斯河流域水量模型时，依据水量平衡原理先构造不同计算单元的概念性水文模型结构，再根据参数最优估计来识别参数。

7.5.3.4　水文系统识别的分类

水文系统到底采用何种方法进行模拟或识别，取决于研究问题的性质、要求和实际条件以及人们对原型基本特性的认识程度等。从建立一个具体水文系统模型来看，它必然涉及“到底采用什么数学形式来表达”。这里，将简单介绍依照3种途径进行的水文系统识别分类。

（1）“完全识别”和“部分识别”。按系统识别的程度，可以分为“完全识别”和“部分识别”。若水文系统建模既有结构识别又有参数估计，称为“完全识别”。例如，系统理论模型的确定等。若系统结构验前作了设定，仅有参数估计，即为“部分识别”。例如，概念性降雨径流模型的确定等。

（2）“确定性识别”和“不确定性识别”。按识别系统的性质，可分为“确定性识别”和“不确定性识别”。“确定性识别”，就是系统的输入和输出关系完全对应，系统的动态变化过程仅取决于初始条件、边界条件和系统输入，即系统输入、输出以及系统结构和变化过程都是确定的。反之，则为“不确定性识别”。

在一定范围内，具有较强因果关系的水文过程可以近似地认定为确定性关系。如现行的大多数概念性水文模型属于确定性关系。这种系统识别在数学上往往归结为最优化问题。

当然，水文系统中的不确定性干扰是普遍存在的。如果某些水文变量、参数或系统结构是由不确定性描述的，其相应的系统识别应该是不确定性识别。假如可以通过系统假定、近似等处理措施，把不确定性因素变成确定性因素，相应的识别问题就变成确定性识别问题。如若系统含有随机性干扰，可归结为随机识别问题；如若基本要素在概念外延上是模糊的，可归结为模糊识别问题；如若系统信息具有不完善特性（也称灰色性），可归结为灰色系统识别。另外，随着不确定性理论研究的不断深入，也会派生出其他类型的识别问题。

（3）“显式模型识别”和“隐式模型识别”。按照系统识别所建模型的数学结构形式，可以区分为“显式模型识别”和“隐式模型识别”。显式是“显结构”的简称。

例如，某一类非线性过程 u_k-y_k 可用下列方程描述：

$$y_k=\theta_1 u_{k-2}+\theta_2 u_{k-1}^2+\theta_3 u_k^3+\varepsilon_k \tag{7.5.5}$$

从数学结构上看，模型输出 y_k 相对于待定参数 $\{\theta_1, \theta_2, \theta_3\}$ 是线性的，称为“显式”关系。其参数很容易用线性最小二乘方法进行识别。

而像下式的非线性隐关系方程：

$$y_k=\theta_1 u_k^2+\theta_2 \mathrm{e}^{-\theta_3 k} \tag{7.5.6}$$

从数学结构上看，模型输出 y_k 相对于待定参数 $\{\theta_1, \theta_2, \theta_3\}$ 是非线性的，称为“隐式”关系。因为这类模型不能表达为“显式”关系。所以，在最小二乘识别准则下，不能由解析法直接求解，而只能借助于试验搜寻方法。

从计算方法上讲，非线性系统采用显结构方程描述，对系统识别会带来很大好处。

需要补充说明的是，水文系统的线性与否是以系统的输入 $\{u_t\}$ 和输出 $\{y_t\}$ 是否满足线性叠加原理来衡量的；系统识别显式与否是按模型相对待定参数 $\{\theta_i\}$（不是输入变量 u_t）的线性与否来衡量的。

7.5.3.5　水文系统识别的误差准则

原型观测值 Y 和模型计算值 Y_M 之间的误差通常用泛函或范数表示：

$$E=E(Y,Y_M) \tag{7.5.7}$$

水文系统识别的误差准则通常是使误差泛函数（或范数）E 取最小值。比如，最小二乘准则是

$$E(Y,Y_M)=\int_0^T \varepsilon^T(t)\cdot\varepsilon(t)\mathrm{d}t=\min \tag{7.5.8}$$

式中：Y，Y_M，ε 为定义在区间［0，T］上的函数，$\varepsilon(t)=Y(t)-Y_M(t)$。

7.5.3.6　水文系统识别的基本原则

水文系统识别的基本原则可概括为：建模的目的性要明确，识别的技术方法应有效可行，识别的结果要进行分析与检验[2]。

（1）建模的目的要明确，并且是可以识别的。水文模型的建立应有明确的目的性。即建模用于何种目的？这将决定模型类的结构和形式的选择。对于同一个对象，因系统识别目的和结构设计方法的不同，可以得到复杂程度和使用效果完全不同的模型。在概念性水文模型类中，内部层次划分得越细，水文系统机理提供的假设和描述就越多，模型类的结构也将变得越复杂，这对于最终建模所必需的系统识别和计算处理的困难性就越大。相反，当采用简单结构或“过程描述”方式时，识别技术往往很有效，实用性也较强，但它不一定能够提供足够的有关系统内部机理的信息。在具体应用时，要针对具体问题和目的来建模。

另外，选择的水文系统模型类应该是可识别的，这是一个基本前提。目前几乎任一种用于实际问题的水文模型都需要借助于识别技术来确定。但是，并非任何水文模型类都可以通过水文资料加以识别。因此，需要对水文模型类的可识别性进行判断。

（2）识别的技术方法应有效可行。当建模问题确定之后，接着就是如何选择系统识别方法。这一阶段涉及的数学问题较多，必须针对水文系统特性，经过分析判断，采用合理可行的计算方法。

描述水文问题的系统理论模型，多半是“显式”系统方程，如 $Y=\Phi\{u\}\theta+\varepsilon$。对于非线性结构 $\Phi\{\cdot\}$ 模型的求解，应注意数值计算不稳定的“病态”现象。

对于“隐式”水文模型，即 $Y=\Phi\{u;\theta\}+\varepsilon$，一般无法直接求解。当前能够使用的求解方法主要是迭代搜寻的数值方法，但应注意搜寻的“失效”问题。

（3）识别的结果要分析和检验。利用数学方法求得最优模型的解并不等于系统识别的完成，还需要做最后的分析与检验。主要有3个方面内容：①水文概念“合理性”的检查；②水文过程模拟的“复核”检验；③水文事件“预测”的检验。

前两项检查是结果分析的基础，即只有当建立的水文模型“概念合理、模拟可靠”时，才可能被采用。当然，第三项的“预测”检验也是必要的。在对识别结果检验时，要发现问题并及时分析原因，作反馈修正，直到获得可用的模型。

7.5.3.7　水文系统识别最优估计方法

水文系统识别大多数涉及数学上的模型最优化问题。关于求解模型最优化问题的方法有多种，其中水文学中常用的有最小二乘法、最速下降法等。最小二乘估计方法是水文系统识别中最常用的方法，已在本章第2节介绍过。

7.5.3.8　水文系统识别应用——干旱区灌溉蒸发量计算

在干旱区，无论是建立灌区水量模型，还是计算回归水量和实耗水量，都希望对灌溉实际蒸发量有比较客观的估计。特别是对于水资源十分珍贵的西北干旱区，灌溉蒸发量在水资源利用量中占相当大的比例，正确计算灌溉蒸发量对合理配置水资源有十分重要的意义。

作为水文系统识别方法的应用举例，本节将介绍采用水文系统识别方法计算干旱区灌溉蒸发量的研究成果。

1. 概念性模型

首先，要根据实际情况，圈定研究区——灌区范围，即水文系统计算单元。一般应考虑以下方面：

(1) 把水力联系密切且交换水量计算难以控制的地区放在一起，作为一个系统；

(2) 尽可能利用地貌单元、水文单元来划分计算单元；

(3) 有一定的水循环概念性模型框架，且对出入单元的水量易于定量表达。

接着，建立计算单元的概念性水文模型，并绘制成图。一般情况下，如图7.5.1所示。

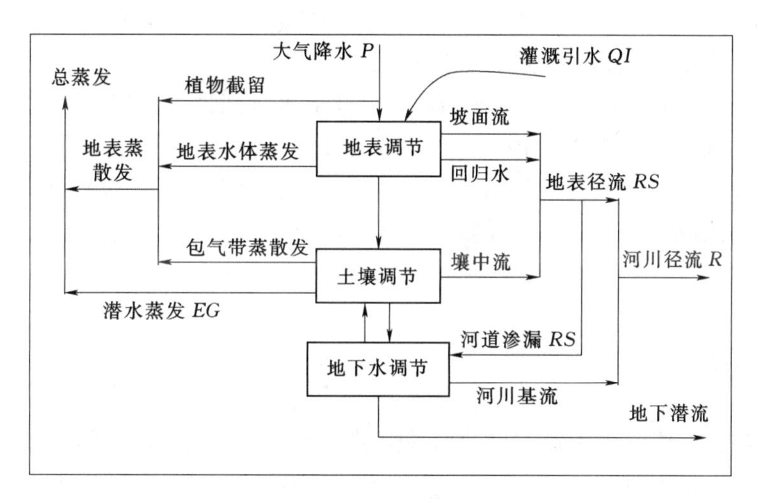

图7.5.1　灌区概念性水文模型

2. 建立水量平衡方程

根据概念性水文模型，确定计算单元的输入、输出项，绘制水量平衡示意图，见图7.5.2。依据水量平衡原理，建立水量平衡方程。一般通式如下：

$$P+QI+RSI+RGI+UGI=E+RSO+RGO+UGO+\Delta V \tag{7.5.9}$$

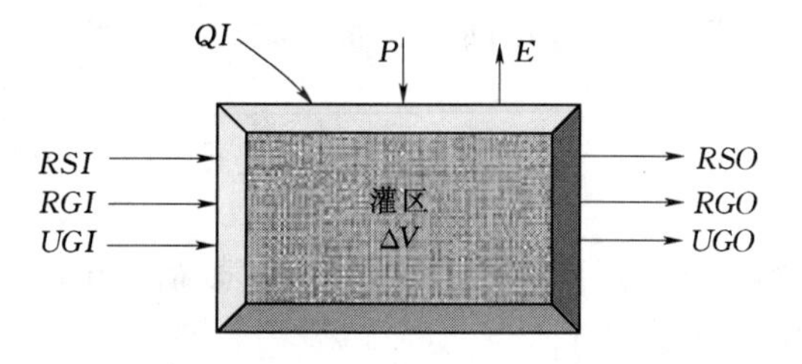

图7.5.2　灌区计算单元水量平衡示意图

式中：P 为大气降水量；E 为总蒸发量，包括大气降水引起的 EP、灌溉引起的 EQ、浅层地下水引起的 EG、地表水体直接蒸发 ER，即：$E=EP+EQ+EG+ER$；QI 为灌溉引水量；RSI 为地表径流流入量；RGI 为地下径流流入量；RSO 为地表径流流出量；RGO 为地下径流流出量；UGI、UGO 为地下潜流流入、流出水量；ΔV 为系统蓄水量的改变量。增加为正，减少为负。在多年平均情况下可以忽略。

3. 简化模型结构，确定已知项和未知项的函数关系

在水量平衡方程中，有些项是已知的（如灌溉引水量 QI、地表径流量 RS）；有些量可以通过一定的转换关系计算得到（如大气降水量）；有些量是未知的，并且未知项居多，这对计算不利。为了简化计算和识别参数，可以根据已知项和未知项的经验关系（或理论关系），用已知量来近似表达未知量。再代入水量平衡方程中，识别出未知参数。

下面，针对新疆伊犁河流域、额尔齐斯河流域、塔里木河源流区以及博斯腾湖流域等干旱区的具体特点，以灌溉蒸发量 EQ 计算为例，介绍这种近似表达方法。

灌溉引水量 QI 中到底有多少水量被蒸发掉，有多少水量又回归河道，这是干旱区水量计算十分关注的问题。因为，它直接关系到灌溉实际消耗量的计算、天然径流量的还原计算以及水资源合理配置和灌溉面积规划等。

灌溉引水产生的蒸发量记为 EQ（即灌溉蒸发量），EQ 是总蒸散发量 E 中的一部分。以往在计算 EQ 时，常采用经验系数法，准确性难以定论。本节将根据以下原理来近似表达 EQ，再据系统识别方法来识别有关参数。

EQ 的计算可以根据实际情况分成两部分，即引水口到进入灌区田间之间的渠道总蒸发 EQ_1 和农田内灌溉蒸发 EQ_2，$EQ=EQ_1+EQ_2$。

（1）关于 EQ_1 的计算：先计算引水口到田间的总损失量$=(1-n)\times QI$（n 为渠系水利用系数；QI 为引水量）。那么，近似计算 EQ_1 的公式为

$$EQ_1=a_3\times(1-n)\times QI \tag{7.5.10}$$

式中：a_3 为模型参数。

（2）关于 EQ_2 的计算：先计算进入田间的总水量$=n\times QI$（符号含义同上），再引用陆面蒸发的计算方法来近似计算 EQ_2。

陆面蒸发是指土壤和水体蒸发以及植被蒸散发的总和。直接观测陆面蒸发很困难，可以用陆面蒸发能力来表达。

陆面蒸发能力 E_p 是指在一定的气象条件下，充分湿润的陆地表面的可能最大蒸发量。它是估计陆面蒸发、进行地区湿润条件和灌溉模数分析以及用间接途径估算径流的主要参数，由于其测量很困难，一般多用公式估算，如用 E601 型蒸发皿观测值 E_{601} 进行估算：

$$E_p=KE_{601} \tag{7.5.11}$$

式中：K 为折算系数，常取 0.9。

用 E_p 表达 E 的公式如下：

$$E=\begin{cases}E_p & (W\geqslant W_0)\\ E_p\dfrac{W}{W_0} & (W<W_0)\end{cases} \tag{7.5.12}$$

式中：W 为土壤水分变化层月平均值；W_0 为土层临界含水量，当 $W\geqslant W_0$ 时，其蒸发量等于蒸发能力。

一般 W 没有长系列观测数据，也就不可能直接采用上式来计算，但可以对上式进行引申。由于 W 与“灌溉水深”（即单位面积上灌溉引水量）直接相关。仿照上式，写出陆面蒸发 E_Q 如下表达式：

$$E_Q=\begin{cases}E_p & (H\geqslant H_0)\\ E_p\dfrac{H}{H_0} & (H<H_0)\end{cases}\tag{7.5.13}$$

式中：$H=\dfrac{n\times QI}{F}$为灌溉水深，F 为灌溉面积；H_0 为土层达到临界含水量时的灌溉水深（称为临界灌溉水深）。

在式（7.5.13）中，E_p应该是灌区的平均蒸发能力，可以采用计算式：$E_p=a_2\cdot E_{601}$（或 E_{20}），其中，a_2为模型参数，E_{601}是 E601 型蒸发皿观测的蒸发量值，E_{20}是 Φ20cm 蒸发皿观测的蒸发量值。

于是，可以写出 EQ_2的计算式：

$$EQ_2=E_QF=\begin{cases}a_2E_{601}F & (H\geqslant H_0)\\ a_2\dfrac{H}{H_0}E_{601}F & (H<H_0)\end{cases}\tag{7.5.14}$$

式（7.5.14）中 a_2、H_0 的确定方法说明如下：

（1）关于模型参数 a_2的确定方法，一种是采用水文系统识别方法直接识别得到；一种是采用估算方法，具体是，如果观测值是 E_{20}，则 $a_2\approx0.6\times0.9=0.54$；如果观测值是 E_{601}，则 $a_2\approx0.9$。

（2）影响 H_0 大小的主要因素及 H_0 的确定方法：实际上，H_0 是一个抽象化的综合指标，影响因素众多。真正确定 H_0 的大小非常困难。归纳起来，影响 H_0 大小的主要因素有：不同月份；降水量、蒸发量；灌区土壤性质；农田坡度及耕作方法、作物类型，等等。考虑这些因素，这里给出如下计算公式：

$$H_{0i,j}=kpE_{20i,j}\tag{7.5.15}$$

式中：i，j 为i 年，j 月；p 为现状条件下，临界灌溉水深 $H_{0i,j}$与蒸发量观测值$E_{20i,j}$的比例系数。比例系数 p 的确定可以采用试算法，即根据实际情况，选择不同的 p 值代入计算，以模型拟合较好为准则，并切合实际，选择 p 值。通过作者试算，选择 $p=0.65\sim0.85$。k 为灌区土壤性质、坡度等影响修正系数。现状条件下，$k=1$；在未来开发条件下，可以根据开发土地面积及土壤性质等因素给 k 赋值。一般随着未来开发程度的增加，农田坡度加大，H_0 越大，k 也就越大。

4．参数识别与模型检验

把水量平衡方程中已知项和未知项的表达式代入方程中，组成一个水文模型类。接着，根据长系列资料，采用最小二乘法识别出未知参数。为了保证模型的可靠性，在选择资料时尽可能采用实际观测值和统计值，不宜过多依靠插补展延值和估计值。最后，再对模型进行检验。检验的方法有：①对于最小二乘法识别，可以观察计算的复相关系数 R，一般要求 $R\geqslant0.8$，并通过 $a_{0.001}$信度检验；②对比模型计算值与实际值相对误差或比较两者变化曲线的一致性。

5．未来变化条件下，模型的使用

按照水文系统识别的原理，所建的模型仅是在从历史到现在条件下对水资源系统的模拟。如果在未来水资源系统变化不大或者按照历史的变化趋势演变，所建模型对未来的预测会是很好的。但是，如果人为改造水资源系统的状况很大，这种预测结果的可靠性将大大降低。为此，在所建模型中必须要考虑未来变化条件下水资源系统的改变。采用的方法也不外乎两种：一种是从模型结构上考虑；另一种是从模型参数上考虑。作者在建立干旱区水量模型时，针对未来水土资源大规模开发，提出水量计算采取的对应措施如下：

(1) 灌溉面积、引水量是灌区未来开发条件下变化幅度较大的两个变量。这已在所建的模型中给予考虑，是模型的两个主要变量。

(2) 未来可能会对渠道改建，提高渠系水利用效率。在模型中，使用渠系水利用系数 n 变量来反映这一现象。

(3) 在模型中，引入临界灌溉水深 H_0 参数，它与灌区农田坡度、土壤性质等因素有关。可以根据未来开发条件的不同，对 H_0 取不同值。

(4) 在水量模型中，考虑到水资源系统结构变化的影响。主要包括修建水库、向区外调水、渠首取水效率改变等。

6. 计算结果举例

作者分别在新疆的伊犁河流域、额尔齐斯河流域、塔里木河源流区以及博斯腾湖流域，采用水文系统识别方法，对这些流域的某些灌区灌溉蒸发量进行建模、计算。下面分别列出部分灌区的研究结果，以供参考。

新疆伊犁河流域某灌区：

$$EQ=0.54\times\sum\left(\frac{H}{H_0}\times F\right)\times E_{20}+0.604165\times\sum[(1-n)QI]\quad \text{复相关系数：}R=0.92$$

新疆额尔齐斯河流域某灌区：

$$EQ=0.54\times\sum\left(\frac{H}{H_0}\times F\right)\times E_{20}+0.60\times\sum[(1-n)QI]\quad \text{复相关系数:}R=0.90$$

以上两灌区计算模型是采用本章介绍的近似表达方程进行计算的。而在下面两灌区中，根据其实际情况，采用了更简单的表达方法。

新疆博斯腾湖流域某灌区：(因灌区过于复杂，仅建立了简化关系模型)

$$EQ=0.002572\times E_{20}\times F+0.061688\times QI\quad \text{复相关系数:}R=0.87$$

新疆塔里木河源流区某灌区：

$$EQ=0.599\times QI+18.00\quad (\text{与 }QI\text{ 呈线性关系})\quad \text{复相关系数:}R=0.90$$

7.6　水文数学分析研究进展与展望

7.6.1　近几年研究进展

近年来，随着计算机技术和数学工具的快速发展，应用于水文研究各领域中的数学方法也在不断丰富和多样化。下面对近年来水文数学分析方法的相关研究进展进行介绍。

水文模型分析方面：随着 GIS、遥感技术以及数值分析方法的不断发展完善，近年来分布式水文模型的研究成为水文工作者研究的热点。不断发展的 GIS、遥感技术为水文工作者获取研究区水文气象数据和地理特征信息提供了强力工具；数值分析方法的完善和计算机运行速度的提升则为流域内复杂水文过程的数值求解奠定了基础。在早期的模型参数率定方面，王中根等[3]对水文模型中最常用的几种参数率定方法的特点和应用情况进行了介绍，包括面向全局优化的遗传算法、SCE-UA算法、贝叶斯方法等单目标算法。而随着水文模型的不断发展和对模型间参数关系的深入研究，水文工作者们发现基于单目标的参数率定方法不能完全反应水文系统的变化特性和参数间的相互影响作用，水文模型参数的多目标优化率定逐渐成为模型参数率定的重点研究方向，在参数率定前期研究和相关学科方法引入的基础上，水文工作者们相继提出了MOCOM-UA多目标优化算法、MOS-CEM-UA多目标优化算法、SPEA2算法、ε-NSGA-Ⅱ算法、基于粒子群算法的多目标算法、多目标最优非劣解优选准则等一系列水文模型多目标参数优化率定方法。在模型参数敏感性分析方面，常用的敏感性分析方法主要包括多元回归法、Morris筛选法、Morris-OAT方法、FAST方法、LH-OAT方法、Sobol方法、Extend FAST方法、RSA方法、GLUE方法、RSMSobol方法等，近年来，除RSA方法、GLUE方法等传统的参数敏感性分析方法，还发展出了筛选法、回归分析法、基于方差的分析方法及基于代理模型技术的分析方法等多种参数敏感性分析方法。

水文时间序列分析方面：由于现有研究对水文分析精度要求和对水文系统中不确定性成分重视程度的不断提高，水文时间序列分析方法也逐渐向多种方法耦合分析、确定性和不确定性成分综合考虑的方向发展。在近年来的水文时间序列分析研究中，发展出了小波和神经网络组合模型、小波变换滤波器、基于小波变换的函数系数自回归模型、混合核函数模型、滑动近似熵方法等基于多方法联合的水文时间序列耦合分析方法，并在实际应用中均得到了较好的效果。此外，水文时间序列分析方法也在向系统化和综合化的方向发展，如张应华等[4]系统归纳总结了多种水文时间序列分析方法在应用过程中存在的问题及解决方案，并以黑河流域托勒气象站年平均气温为实例对比分析各方法计算结果的差异性，凝练出水文气象序列趋势分析与变异诊断的理论与方法系统体系；冯平等[5]采用水文变异诊断系统，分析其年最大洪峰流量序列的变化趋势及变异点，确定序列变异形式，并对非一致性洪峰流量序列进行还原修正；桑燕芳等[6]梳理了目前常用的各类水文序列预报方法，分析讨论了各方法的基本原理和主要缺陷，提出了一个水文时间序列概率预报方法的通用架构，用以针对水文序列中不同特性的确定性成分和不确定性成分别进行分析。

水文统计分析方面：水文统计分析近年来的研究成果主要集中在水文参数估计方法和水文频率计算方法研究两方面。①在水文参数估计方面：传统的参数估计方法仍在水文领域发挥着至关重要的作用，随着计算机技术的提升，能够进行全局最优解的优化适线法得到了广泛应用，但仍有一定的局限性，在推求特大洪水设计值时具有较大的误差；此外，水文工作者们也在不断开发参数估计的新方法，如联合贝叶斯采样方法和最大熵原理的贝叶斯因子参数求解新方法、基于极大似然估计的负偏水文序列参数估计新方法等。②在水文频率分析方面：一般的水文频率分析方法要求水文序列满足独立随机同分布假设，而目前随着气候变化和人类活动对水文过程的影响不断加深，水文序列一致性假设及基于此假设的水文频率分析结果逐渐受到广大水文工作者的质疑，因此非一致性水文序列频率分析方法研究作为一项新课题逐渐被水文工作者所重视。对于非一致性水文序列的频率分析方法有两种：一是将水文序列还原为符合一致性假设的序列，并按照一致性序列进行分析，序列还原方法主要包括变异点前后系列与某参数的关系分析法、时间序列分解合成法以及水文模型还原法[7]；二是直接对非一致性水文序列进行频率分析，传统方法主要有混合分布法、时变矩模型法、条件概率分布法等。此外，在传统水文频率分析方法研究的基础上，水文工作者们还提出了直接对经验分布函数拟合的非参数回归频率分析方法、含零值水文序列频率计算方法、基于广义极值分布和 Metropolis - Hastings 抽样算法的贝叶斯 MCMC 洪水频率分析方法等水文频率分析方法。

水文系统分析方面：水文系统是一个开放的复杂系统，对其研究需要借助多种多样的系统分析方法。同时，不断发展的系统分析方法也在水文系统中得到很好地应用检验和发展。概况起来主要有以下几方面的进展：①伴随着系统科学新方法的提出，在水文系统中的新应用。比如，新提出的和谐度方程（HDE）评价方法在水质评价中的应用，和谐辨识方法在水文系统识别中的应用。②伴随着水文学科新问题研究的需求，推广系统分析方法的应用。比如，分布式水文-生态模型构建中非线性分析、参数识别、不确定性描述等研究，水文遥感影像识别方法及应用研究，水资源开发与保护“和谐平衡”点的系统优化模型及求解。③多种系统分析方法对水文问题的综合研究。比如，复杂水文模型的参数识别，洪水预报集合方法，河流水系连通影响因素辨识，水资源承载力评价。④各种系统分析方法的进一步应用研究。最近几年涌现出大量的应用研究成果，包括各种系统分析方法在水文系统中的应用研究。

7.6.2　研究展望

水文模型研究：随着水文研究的不断深入，水文循环与气候变化的相互影响，以及水文系统与人类社会、环境系统、生态系统等的耦合成为未来水文研究的重要内容，水文模型也随之向多系统耦合、多参数作用的方向发展。基于此，在水文模型的未来发展中，首先要加强水文模型物理基础研究，揭示降水径流等水文要素与下垫面条件、气候条件及人类活动影响之间的数学关系，使水文过程的模拟更加准确合理，是改善模型结构和明确参数意义的关键。其次，要提高模型的模拟精度，降低模型及参数估计的不确定性，解决水文模型中的数值求解计算效率问题、参数率定及敏感性分析方法的可靠性问题以及参数间相互影响和作用的问题。此外，GIS、遥感技术以及卫星观测资料在水文模型中的应用为水文模型的研究和发展带来了决定性的影响，特别是在地面观测资料缺乏和无资料地区，开辟了水文模拟的新思路，但目前遥感影像和卫星数据在水文模型中的直接应用还有较大的困难，缺乏普遍可用的从遥感数据中提取水文变量的方法，因此要继续发展和加强遥感影像、卫星数据分析处理技术，以在数据层面保障水文模型的不断发展。同时，在水文模型研究中受到广泛关注和重视的还有水文尺度问题，水文理论研究与实践证明不同时间和空间尺度的水文系统规律通常有很大的差别，不同尺度下的水文信息也往往难以相互转化，是未来水文模型发展的重点研究方向。

水文时间序列分析研究：当前的水文时间序列分析方法整体发展已经比较成熟，但随着对水文现象和水文过程复杂特性的认识不断提高，现有的分析方法仍存在许多问题。如单一的水文时间序列分析方法仅考虑水文过程的某一特征方面，无法综合体现水文过程的复杂特性，分析方法本身存在一定的缺陷，此外水文时间序列分析方法多是单纯的数学方法在水文序列分析中的应用，缺少结合数学方法与水文物理机制、成因的分析。因此水文时间序列分析方法未来的研究，一方面要对单一的分析方法进行改进和完善，提高分析方法的可靠性和精确性，并深入研究多方法耦合分析，弥补单一分析方法的缺陷，提高分析结果的可靠性；另一方面也要加强对水文时间序列变化中物理机制的研究，提高对水文过程物理演变机制的认识，在符合水文物理机制的基础上发展创新水文时间序列分析方法。

水文统计研究：在参数估计方面结合不断发展的数值理论和计算机技术，开发新的参数估计方法；在水文频率分析方面，综合考虑气候变化和人类活动对水文频率分布非一致性的影响，加强对非一致性水文序列还原方法的研究，并开发适用于非一致性水文序列频率分析的新方法。

水文系统分析研究：水文系统的复杂性和不确定性是水文科学研究最为重要和棘手的两个方面，现今水文研究面向全球化、精细化以及多过程耦合的发展趋势，使得水文研究中的复杂性和不确定性更加突出，水文研究也越来越注重研究的系统性和整体性。在未来的研究中，要加强对水文过程的物理机制和统计特性的深入研究，研制开发模拟精度较高的分布式水文模型，提高水文系统分析和决策的可信度；同时，要注重开发集成确定性和不确定性分析的水文数学综合分析方法，借助于多学科理论和方法，分析水文系统中的确定性和不确定性，建立面向水文系统分析领域的耦合分析方法。

参 考 文 献

[1] 金光炎．水文频率分析述评［J］．水科学进展，1999（3）：319-327.

[2] 叶守泽，夏军．水文系统识别原理与方法［M］．北京：水利电力出版社，1989.

[3] 王中根，夏军，刘昌明，等．分布式水文模型的参数率定及敏感性分析探讨［J］．自然资源学报，2007（4）：649-655.

[4] 张应华，宋献方．水文气象序列趋势分析与变异诊断的方法及其对比［J］．干旱区地理，2015（4）：652-665.

[5] 冯平，黄凯．水文序列非一致性对其参数估计不确定性影响研究［J］．水利学报，2015（10）：1145-1154.

[6] 桑燕芳，李鑫鑫，谢平，等．水文时间序列概率预报方法的通用架构［J］．湖泊科学，2018，30（3）：611-618.

[7] 梁忠民，胡义明，王军．非一致性水文频率分析的研究进展［J］．水科学进展，2011，22（6）：864-871.

第8章 流域分布式水文模型

水文模型是水文科学研究的重要手段和方法，也是现代水管理的重要技术支撑。受计算机技术和信息新技术快速发展的推动，流域分布式水文模型逐渐成为当前水文水资源研究的主要热点与发展方向。本章首先介绍了水文模型基本概念与分类以及流域水文模型发展过程。其次，阐述了基于DEM的流域分布式水文模型的一般构建方法。最后，简要介绍了几个典型分布式水文模型，以及HIMS流域水文综合模拟系统。

8.1 水文模型的概念及分类

8.1.1 水文模型的概念

8.1.1.1 原型系统

水文模型是对自然界复杂水文现象的一种概化描述。自然界中的水文现象产生于地球表层系统多种复杂的水循环运动及其伴生的能量交换和物质转移过程，是一种集多要素、多过程、多尺度相互作用的综合结果。水文模型的原型系统可大到整个地球表层水循环系统（包括大气圈、岩石圈和生物圈，水循环是连接各圈层的纽带），也可小到实验流域单一坡面系统。但一般而言，水文模型的原型系统是指陆地系统中最为重要的自然集水区（即流域系统）。流域水循环过程十分复杂，主要包括降水、冠层截留、径流（地表径流、壤中流和地下径流）、下渗、蒸发（包括土壤蒸发、水面蒸发、植被蒸腾、潜水蒸发）等，可以如下概化（图8.1.1）。

8.1.1.2 基本概念

目前水文模型的种类繁多，相关定义也很多。一般而言，水文模型是指用模拟方法将复杂的水文现象和过程经概化所给出的近似的科学模型（引自科普中国）。即，模拟水文现象而构建的实体或数学结构的模型，是对复杂水文现象的一种抽象概化。其中，“抽象”“概化”“近似”是水文模型的本质特征。

水文模型的实质是用概化方法从复杂水文现象中找出简单关系加以描述。既然是对原型系统的一种概化描述，那么就要有概化的理论依据、基本假设和适用条件，这三点是构建或学习一个新的水文模型必须要掌握的前提条件。每一个水文模型都有自己的适用范围，这与模型的建模原理、基本假设和概化方式紧密相关。没有一个模型能够“包打天下”，在生产实践中没有最好的模型，只有能够解决实际问题的最适合模型。

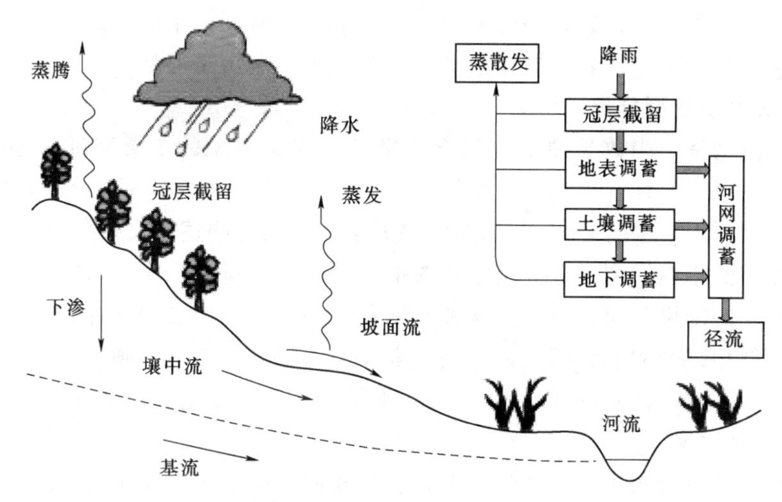

图 8.1.1　流域水循环过程及其概化图

8.1.2　水文模型的分类

8.1.2.1　一般分类体系

目前水文模型数以千计，种类非常繁多，分类体系也不统一。一般按模型的性质和建模技术可分为实体模型（如比例尺模型）、类比模型（如用电流欧姆定律类比渗流达西定律的模型）和数学模拟模型（图 8.1.2）。其中，数学模拟模型是人们最常用的一类水文模型，也即一般意义上的水文模型。

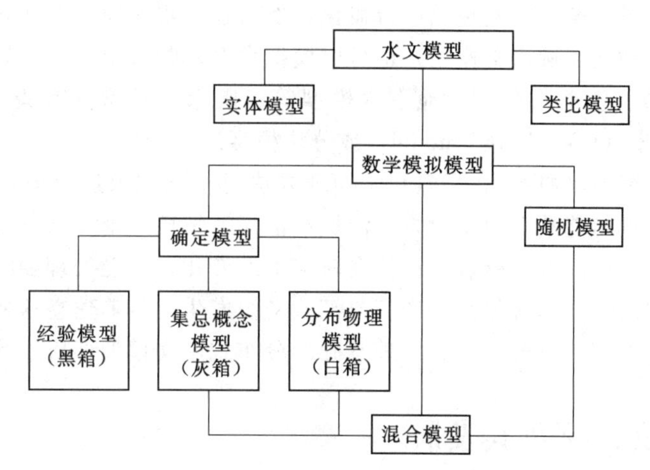

图 8.1.2　水文模型的一般分类体系

另外，水文模型也可以按研究的对象、内容、时空尺度等进行分类。

（1）按研究对象分类：如，水质模型；径流模型。

（2）按研究内容分类：如，蒸发模型；下渗模型。

（3）按空间尺度分类：如，全球模型；流域（区域）模型；径流实验场模型；实验室模型。

（4）按时间尺度分类：如，小时模型；日模型；月模型；年模型。

（5）按模型功能分类：如，描述型水文模型；预测型水文模型。

8.1.2.2　水文数学模型分类

水文数学模型是运用数学的语言和方式来描述水文原型的主要特征关系和过程。其中，描述水文现象必然性（确定性）规律的模型称为确定性模型，确定性模型的因果关系并不是简单的“一因一果”，而是复杂的因果关系。相应的描述水文现象偶然性（随机性）规律的模型称为随机性模型，在一组已知的不变条件下，每次产生的水文现象可能都是不同的，没有唯一的因果对应关系，对这种不确定事件只能做出概率估计。另外，确定性模型与随机性模型相结合的混合模型，也是未来发展的趋势。传统的确定性模型预报结果是一条“线”，而考虑随机因素影响后，水文预报结果是具有一定置信区间的“带”。

8.1.2.3　确定性水文模型分类

确定性的水文模型属于水文数学模型，也是我们接触最多、应用最广的，具有一定物理机制的一类水文模型，也是本章节讨论的重点。确定性水文模型又分为系统理论模型（黑箱）、概念性模型（灰箱）和数学物理模型（白箱）。

（1）系统理论模型又叫系统响应模型（黑箱），是一种具有统计性质的时间序列回归模型，属于确定性模型。它建立在系统输入-输出关系之上，核心问题是通过“系统识别”求出一个脉冲响应函数。“系统识别”常用的方法是最小二乘法。系统响应模型又有线性和非线性之分，时变和时不变之分。

（2）概念性模型（灰箱），是以水文现象的物理概念作为基础进行模拟的，它是利用一些简单的物理概念（如下渗曲线、蓄水曲线等）或有物理意义的结构单元（如线性水库、线性渠道等）对复杂的水文现象进行概化，然后建立水文模型。概念性模型可以模拟水循环的整个过程，如流域水文模型；也可以模拟水循环的某个环节，如产流模型、汇流模型、蒸散发模型、土壤水模型、地下水模型等。概念性模型具有集总模型（Lumped model）和分散模型（Distributed model，或分块模型）之分。

（3）数学物理模型（白箱），是以数学物理方法对水文现象进行模拟的模型，它依据物理学的质量、动量与能量守恒定律以及流域产汇流的特性，推导出描述地表径流和地下径流的微分方程组。这些方程能表达径流在时空上的变化，也能处理随时空变化的降雨输入。由于流域下垫面情况非常复杂，产流与汇流交织发生，目前建立这样复杂系统的水文数学物理方程还处于探索阶段，具有物理基础的分布式水文模型即属于此类模型。

8.2　流域水文模型及其发展

8.2.1　流域水文模型的概念

流域水文模型是以自然界的流域原型系统为对象，将流域水循环多个过程（如降水、蒸散发、截留、下渗、径流等）作为整体系统进行研究，运用数学的语言和方式来描述流域水文原型的主要特征关系和过程。从概念上讲，流域水文模型属于水文数学模型中的确定性模型一类。

8.2.2 流域水文模型的分类

流域水文模型包括经验模型（黑箱）、概念模型（灰箱）和物理模型（白箱）3种建模类型。在实际应用中，一般按照参数空间分布特性，将流域水文模型划分为集总式模型和分布式模型。

8.2.2.1 流域集总式模型

流域集总式模型（Lumped model）是把全流域作为一个整体来建立模型，不考虑流域水循环过程的空间异质性（包括产、汇流两大环节），往往用一组参数集，忽略了各部分流域特征参数在空间上的变化。

流域水文模型的研究大约始于20世纪50年代中期。伴随计算机的出现，人们开始把水循环的整体过程作为一个完整的系统来研究，并在50年代后期提出了“流域水文模型”的概念，随即有SSARR模型（1958）和Stanford模型（1959）等出现。70年代至80年代中期是流域水文集总式模型蓬勃发展时期，这一时期提出了一些比较著名的模型，如新安江模型、Sacramento模型、Tank模型、HEC-1模型、SCS模型、API连续演算流域水文模型等。80年代后期，传统流域水文模型的发展处于缓慢阶段，几乎没有什么突破性的进展。

传统的流域水文模型大多数是集总式模型，以概念模型为主。在许多环节上主要采用概念性元素的模拟或经验函数关系的描述。例如，使用简单的下渗经验公式、带有经验统计性的流域蓄水曲线或具有底孔和不同位置侧孔的水箱等来模拟产流过程；采用面积时间曲线、线性或非线性“水库”、线性或非线性“渠道”，以及它们的不同组合形式来模拟汇流过程。这样的模拟往往只涉及现象的表面而不涉及现象的本质或物理机制，因此，传统流域水文模型中的许多参数都缺乏明确的物理意义，只能依据实测降雨和径流资料来反求参数的值，而这样求得的模型参数必然带有经验统计性，只能反映有关影响因素对流域径流形成过程的平均作用。这是传统流域水文模型拟合一组资料中的大部分，虽可达到令人满意的程度，但对该组资料中的个别特殊情况，或者该组资料以外的另一些资料却不一定能获得令人满意的拟合结果的症结所在。

8.2.2.2 流域分布式模型

流域分布式模型（Distributed model）按流域各处土壤、植被、土地利用和降水等的不同，将流域划分为若干个水文模拟单元，在每一个单元上以一组参数（坡面面积、比降、汇流时间等）表示该部分流域的种种自然地理特征，然后通过径流演算而得到全流域的总输出。

流域分布式模型起始于1969年Freeze和Harlan发表的《一个具有物理基础数值模拟的水文响应模型的蓝图》的文章。随后，Hewlett和Troenale在1975年提出了森林流域的变源面积模拟模型（简称VSAS）。在该模型中，地下径流被分层模拟，在坡面上的地表径流被分块模拟。1979年Bevenh和Kirbby提出了以变源产流为基础的TOPMODEL模型。该模型基于DEM推求地形指数，并利用地形指数来反映下垫面的空间变化对流域水循环过程的影响，模型的参数具有物理意义，能用于无资料流域的产汇流计算。但TOPMODEL并未考虑降水、蒸发等因素的空间分布对流域产汇流的影响，因此，它不是严格意义上的分布式水文模型。而由丹麦、法国及英国的水文学者联合研制及改进的SHE模型则是一个典型的分布式水文模型。在SHE模型中，流域在平面上被划分成许多矩形网格，这样便于处理模型参数、降雨输入以及水文响应的空间分布性；在垂直面上，则划分成几个水平层，以便处理不同层次的土壤水运动问题。SHE模型为研究人类活动对于流域的产流、产沙及水质等影响问题提供了理想的工具。1980年，英国的Morris进行了IHDM的研究，根据流域坡面的地形特征，流域被划分成若干部分，每一部分包含有坡面流单元，一维明渠段以及二维（在垂面上）表层流及壤中流区域。1994年，Jeff Arnold开发了SWAT模型（Soil and Water Assessment Tool），可采用多种方法将流域离散化，能够响应降水、蒸发等气候因素和下垫面因素的空间变化以及人类活动对流域水循环的影响。2000年以后，随着计算机技术、信息获取技术的迅猛发展，流域分布式模型进入快速发展期，出现了很多不同类型的模型，成为现代水文水资源研究的主流方向。

8.2.2.3　几点讨论

随着高新技术的引进，流域水文模型虽然取得了很大的进展，但仍存在以下问题。

(1) 流域水文模型的真实性问题。由于水文现象的复杂性，受测量技术的限制，一些水文过程和边界条件并不确知。因此，流域水文模型都存在很多具有虚假性的假定，导致模型并不能再现真实的水文过程。

(2) 尺度转换问题（或者模型参数的有效性问题）。目前，流域水文模型很少考虑尺度对参数有效性的影响，更没有明确指出在大尺度上如何确定参数。通常是将小尺度上建立的具有物理基础的水文模型，随意应用到大的空间尺度，并假定模型参数在几十米到几公里的空间变化中保持着有效性。

(3) 模型的检验问题。有些水文状态变量因缺乏测量，无法判断其模拟的正确与否。只能通过流量来检验模型的有效性，而流量是各种水文过程综合作用的结果。这样使得有些水文模型虽然流量模拟得很好，但中间的过程可能是完全错误的。

(4) 计算时间和数据存储的问题。有些水文模型虽然具有很强的水文物理基础和完善的模型结构，但是由于计算时间过长和（或）数据存储量过大，而根本无法进行推广和应用。

8.2.3　流域水文模型的发展

8.2.3.1　发展历程

在计算机出现之前，水文模拟大多数是针对单一过程。20世纪50年代后期，伴随计算机技术引入水文学研究领域，国际上才提出了“流域模型”概念，开始将流域水循环多过程作为整体系统进行研究，并出现了第一个流域水文模型——美国Stanford模型(1959年)。60年代至80年代中期，概念性集总式流域水文模型进入蓬勃发展时期，国际上出现了一些著名的模型，如Sacramento、SCS和Tank等模型。80年代后期，由于集总式流域水文模型自身的局限性，几乎没有突破性进展。在计算机计算能力快速发展驱动下，以及GIS/RS等新技术引入水文模型研制中，具有物理机制的分布式水文模型得到了快速发展，国际上诞生了一些著名的模型，如SHE、SWAT和VIC等模型。实际上，早在1969年，流域分布式水文模型的概念就已经被提出，但在20世纪70、80年代，由于受计算能力、数据观测与采集手段的限制，分布式水文模型发展比较缓慢，远远落后于同时期的集总式模型。进入20世纪90年代以后，集总式模型由于自身的局限性，几乎处于停滞状态。2000年以后随着高性能计算机的出现，分布式水文模型才进入高速发展阶段。

8.2.3.2　未来趋势

流域水文模拟经历了由经验模型、概念性模型到物理模型，由集总式模型到分布式水文模型的发展历程。进入21世纪以来，在全球变化背景下流域水文模型作为认识地球陆地水循环过程及水资源演化规律不可缺少的重要工具，在促进地理水文学科理论创新、提升水利行业领域重大科技创新具有重要支撑作用。伴随计算机和信息技术的迅猛发展，流域水文模型呈现出向微观更加精细化、向宏观更加规模化的发展趋势，其物理机制与模拟预报精度也越来越好，不断逼近客观水文原型系统。在当前高性能计算软硬件技术获得新突破之际，研制面向E级计算的新一代跨尺度、大规模、精准快速的流域水文模型及软件系统，能够为现代水管理实现流域一体化防洪和跨区域水资源科学调配提供科技支撑能力。

在计算能力、信息技术发展为驱动下，可以将流域水文模型的发展划为三代（图8.2.1）：第一代为集总式模型，第二代为分布式模型，第三代为大规模高性能模型。三代模型发展在时间上具有一定的重叠性，并非一代结束才开始下一代的研制。截至当前，第一代集总式模型在生产管理中仍在发挥重要作用；第二代分布式模型处在高速发展阶段；第三代大规模高性能模型是在第二代分布式模型基础上，结合高性能计算、大数据、人工智能、虚拟现实等技术，即将进入快速发展期。并可预计，在量子计算机出现以后，必将进入第四代流域水文模型的发展阶段，第四代流域水文模型将进一步与人工智能技术结

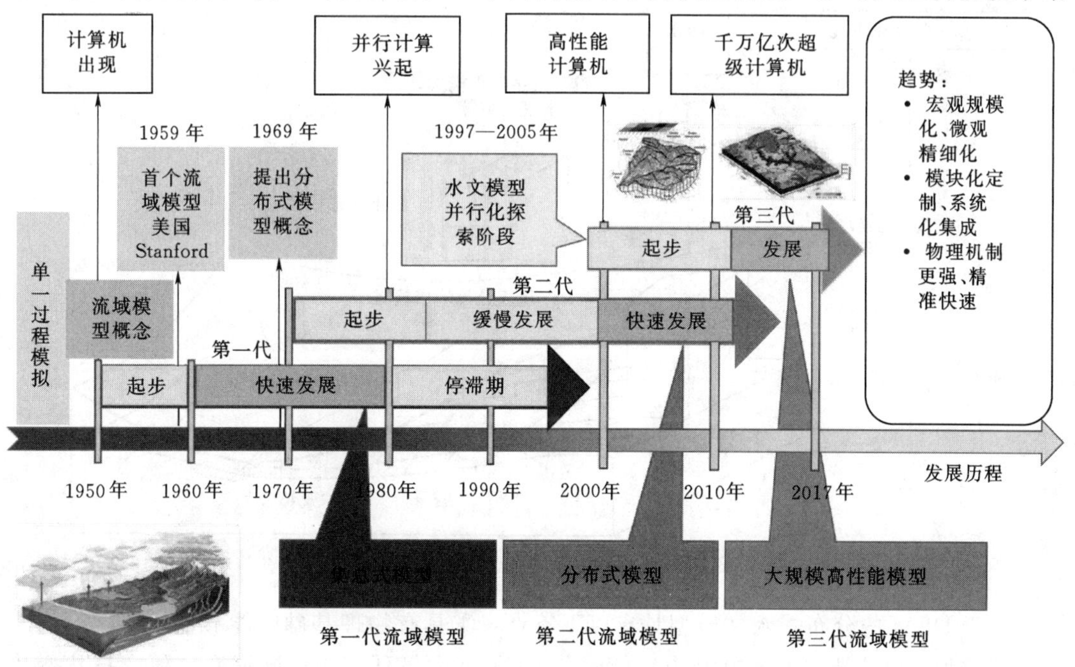

图8.2.1　流域水文模型发展历程

合，像一个活的生命体，能够完全实现自我进化，自适应地调整模型的结构和参数，更加逼近客观世界的水循环运动。

8.3　基于DEM的流域分布式水文模型

随着计算机技术、GIS/RS技术、信息技术和通信技术的发展与普及，获取和描述流域下垫面空间分布信息的技术日渐完善，水文模拟技术发生了巨大的变革，分布式水文模型也因此获得了长足发展。此时分布式模型的一个显著特点是同DEM相结合，这种基于DEM的分布式水文模型也称作数字水文模型，是数字化时代的产物。

8.3.1　模型构建方法

8.3.1.1　模型的一般框架

流域分布式水文模型在结构或参数上具有分散模型的特点，一般建立在DEM基础之上。基于DEM将流域离散化，离散方法包括划分子流域、网格或者山坡。并考虑水循环要素的空间变异对流域水循环过程的影响作用。通过DEM提取大量的陆地表面形态信息，包括单元流域的坡度、坡向以及单元之间的水文关系等。并根据一定的算法确定出地表水流路径、河流网络和流域的边界。在离散的单元流域上建立水文模型，包括数学物理模型、概念性模型或系统理论模型，模拟单元流域内土壤-植被-大气（SVAT）系统中水的运动过程，并考虑单元格之间水平方向的联系，进行地表水和地下水的演算（图8.3.1）。

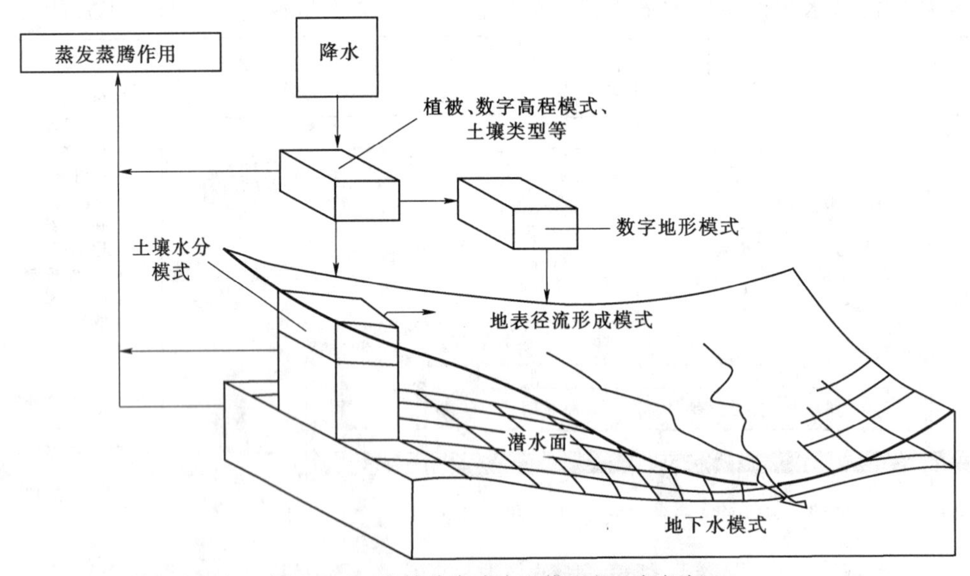

图8.3.1　流域分布式水文模型的一般框架

基于DEM的分布式水文模型具有以下特点：①具有物理基础，能够描述水循环的时空变化过程；②由于其分布式特点，能够与GCM（大气环流模式）嵌套，研究自然变化和气候变化对水循环的影响；③同RS和GIS相结合，能够及时地模拟出人类活动或下垫面因素的变化对流域水循环过程的影响。

8.3.1.2　主要建模方式

目前，基于DEM的分布式水文模型主要有两种建模方式：①应用数值分析来建立相邻网格单元之间的时空关系，如SHE模型等。该类模型水文物理动力学机制突出，也是人们常指的具有物理基础的分布式水文模型。但它结构比较复杂、计算繁琐，很难适用于较大的流域。②在每一个网格单元（或子流域）上应用传统的概念性（或系统理论）模型来推求净雨，再进行汇流演算，最后求得出口断面流量，如SWAT模型等。该类模型也被称作半分布式水文模型，模型的结构与计算过程相对比较简单，比较适用于较大的流域。另外，TOPMODEL也算作一类比较典型的半分布式水文模型。它基于DEM推求地形空间变化信息，利用地形指数模拟水文响应的特性，并用统计方法求得出口断面流量。

8.3.2　模型结构与参数

分布式水文模型的结构与参数的确定，一方面取决于建模目的或模型的用途，如面向洪水预报和面向水资源管理的模型在结构与参数上，在时空尺度上具有很大的差异性；另一方面取决于建模方式与流域离散化方法。

8.3.2.1　模型结构

分布式水文模型虽然有不同的建模目的和方式，可以采用不同的流域离散化方法，但模型的基本结构却大同小异。模型所涉及的水文物理过程主要包括降水、植被截留、蒸散发、融雪、下渗、地表径流和地下径流。

基于DEM的分布式水文模型（图8.3.2）在结构上一般分为3部分：①分布式输入

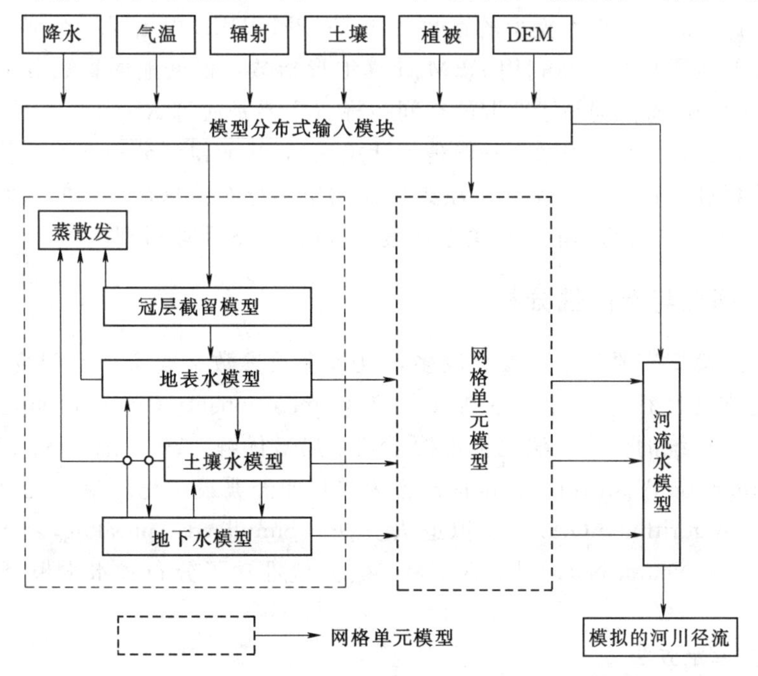

图8.3.2　基于DEM的流域分布式水文模型结构图

模块，用于处理流域空间分布信息，为水文模块提供空间输入数据和确定模型参数的信息。该部分也是同RS和GIS相连接的接口部分。目前，降水、气温和辐射等分布信息主要通过空间插值模型来获得，有关土壤和植被的分布数据主要利用遥感技术获得。②单元水文模型，是坡面产汇流计算的核心部分。在前面介绍的第一类分布式水文模型中一般基于网格单元建立水力学模型，采用简化的圣维南方程组进行网格单元汇流计算。在第二类分布式水文模型中一般采用水文学方法建立概念性模型，产流计算可以采用经验方法或下渗公式，汇流计算一般采用等流时线、单位线或地貌学方法。③河网汇流模型。有些基于网格的分布式水文模型忽略了该部分。河网汇流演算一般采用动力波方法和类似马斯京根方法。

8.3.2.2 模型参数

与传统集总式水文模型不同，分布式水文模型的参数是一个反映流域下垫面和气象因素空间变化的数集。传统集总式水文模型的参数一般是通过历史系列数据进行优化率定。显然，用传统最优化方法率定分布式水文模型的参数，在数学上很难通过。而且，受测量技术的限制，所需的大量历史系列数据也难以满足。因此，分布式水文模型的参数要求应尽量具有明确的物理含义，以便利用容易得到的流域空间分布信息进行确定和计算。

目前，分布式水文模型参数的确定有以下方法：①在单元上采用传统的概念性模型，不改变原有模型的结构和参数，但每一个单元上水文模型的参数值随空间变化。参数值的大小根据空间信息图进行分类计算。如SWAT中利用SCS（土壤保持）模型计算产流时，CN值（曲线数）是根据土地利用和土壤类型等数字地图信息分类进行确定的。②重新设计单元水文模型的结构与参数。尽量选择或者重新构造那些既反映空间变化，又具有物理意义，且便于计算的指标作为模型的参数。如TOPMODEL提出了一个能够反映流域下垫面空间变化的地形指数，并利用DEM计算地形指数，根据地形指数分类进行产流计算。③将原有模型的参数同易于获取的空间指标（主要是通过RS影像或者DEM提取的空间指标）建立起某种对应关系（一般是统计关系），从而得到分布式水文模型的参数计算方法。如计算冠层截留和蒸散发时需要LAI的空间分布信息，而LAI（叶面指数）与NDVI（植被指数）具有简单的对应关系，很容易通过RS手段得到。

8.3.3 参数率定与敏感性分析

由于分布式模型需要率定的参数较多，且大多数参数又要考虑空间变异性。因此，用传统的优化方法往往存在计算上维数灾难（Dimensionality Curse），而且即使忽略计算的时间问题，传统的优化方法也很难搜索到全局最优解。20世纪80年代初兴起的启发式算法（Heuristic Algorithm），包括被誉为当代非经典最优化理论的三大算法：遗传算法（Genetic Algorithm，GA）、模拟退火算法（Simulated Annealing，SA）和人工神经网络（Artificial Neural Network，ANN），极大地推动了分布式水文模型的参数优化的发展。

8.3.3.1 参数率定方法

模型参数率定，即参数调试、参数估计或参数优化，使模型的模拟输出值与实际观测值误差最小。水文模型参数可分为两类：一类具有明确的物理含义，可以根据实际情况进行确定；另一类是没有或者物理含义不明确的参数，这些参数需要根据以往观测数据进行率定。另外，有一部分模型参数虽然具有一定的物理含义，由于缺乏实测数据或者观测数据有误差，往往也需要进行率定。

参数率定是水文模拟中不可避免的重要环节。率定的方法可以根据经验手工进行。随着计算机的发展，利用数学手段进行模型参数率定成为一种比较高效的途径。关于参数率定的方法在数学方面已经进行了很深入的研究，在集总式水文模型时代，用得最多的是最小二乘法（Least Square Method，LSM）。当前在分布式水文模型的参数率定中，用得最多的是面向全局优化的遗传算法（Genetic Algorithm，GA）、SCE-UA算法（Shuffled Complex Evolution）、贝叶斯方法（Bayesian Method）、RSA方法（Regionalized Sensitivity Analysis）和GLUE方法（Generalized Likelihood Uncertainty Estimation）。其中，RSA和GLUE方法还是一种比较实用的参数敏感性分析方法。

（1）遗传算法（GA）。遗传算法是借鉴自然界的生物进化规律（适者生存、优胜劣汰的遗传机制）演化而来的一种自适应全局优化概率搜索算法。最早由美国J. Holland等于1975年提出，并由Goldberg发展完善起来。遗传算法在搜索过程中能自动获取和积累有关搜索空间的知识，并自适应地控制搜索过程以求得最优解，尤其适合于处理传统搜索方法难以解决的高度复杂的非线性问题及多参数优化问题。其主要的特点是直接随机寻优，即直接对结构对象进行操作，不存在函数连续性和可导性限制；具有内在的隐并行性和更好的全局寻优能力；采用概率化的寻优方法，能自动获取和指导优化的搜索空间，自适应地调整搜索方向，不需要确定的规则。

在分布式水文模型的参数率定中，遗传算法面临的是多目标优化问题，即，目标函数不仅是总水量平衡，而且要时间过程上拟合好；不仅是径流过程，而且要求蒸发、土壤水等过程也要好；不仅是单一的流域出口过程，而且要中间检验站点也要好。复杂的多目标优化问题给遗传算法带来挑战。如何将目标函数进行有效的综合是首要难题，目前GA求解多目标问题中常用的是：①权重法，即将多目标通过加权生成待优化的单一目标。②目标规划法，即确定每个目标函数所要达到的值，把这些要求作为额外的约束条件，目标函数转化为求目标函数值与相应要求值之间的最小差距。③目标达成法，即给出各个目标函数值低于或高于预期值时的权重向量，最优解表示预期的目标是否可以得到。此外，还有权重平均排序法、非分代遗传算法、多目标遗传算法、非支配排序遗传算法等。

目前，GA在实际应用中案例很多。Wang（1991）[1]较早将GA方法应用于概念性降雨-径流模型的产流参数率定。Cheng等（2002）[2]将GA与模糊优选原理相结合，提出了一个多目标参数率定的方法，并将其成功应用于湖南双牌水库流域（面积1.06万km^2）新安江三水源模型的参数率定。

（2）SCE-UA算法。SCE-UA算法是Duan等于1992年在综合了遗传算法、Nelder算法与最速下降算法等优点的基础上提出的一种稳健的高效全局优化算法[3]。它引入了种群杂交的概念，在应用于非线性优化问题时具有很好的效果，且输入参数较少。

SCE-UA算法是目前对于非线性复杂的分布式水文模型采用随机搜索方法寻优最为成功的方法之一。

与传统的GA算法相比，SCE-UA算法把总体划分成几个复合形，在不同方向上对可行空间进行更自由、更广阔的探测（搜索），而且允许产生不止一个引力区（收敛区）的可能性。通过共享每个复合形独立获得的信息，进行复合形重洗，增强了后代的存活能力。

SCE-UA算法的提出基于以下4种概念：①确定性和概率论方法结合；②在全局优化及改善方向上，覆盖参数空间的复合形点的系统演化；③竞争演化；④混合复合形（complex shuffling）。前3个概念在以往诸如GA、Simplex和CRS（Controled Random Search）等算法中证明是非常成功的。

SCE-UA算法的特点如下：①在多个吸引域内获得全局收敛点；②能够避免陷入局部最小点；③能有效地表达不同参数的敏感性与参数间的相关性；④能够处理具有不连续响应表面的目标函数，即不要求目标函数与导数的清晰表达；⑤能够处理高维参数问题。

SCE-UA算法被广泛用于流域分布式水文模型的参数率定，许多研究表明SCE-UA算法是稳健的、有效的和高效的。王纲胜（2005）[4]将SCE-UA算法应用到密云水库以上的潮白河流域（面积1.38万km^2）DTVGM月模型的参数率定。并通过比较证明SCE-UA算法的执行效率优于GA算法。马海波等（2006）[5]将SCE-UA算法应用到鄱阳湖水系的修河万家埠流域（面积3548km^2）TOMODEL模型的参数率定。

（3）贝叶斯方法。贝叶斯方法或贝叶斯统计方法，起源于英国学者贝叶斯发表的一篇论文“论有关机遇问题的求解”（1763年），后经Savage、Jeffreys、Good、Lindley、Box、Tiao、Berger等许多学者的不断发展和完善，形成统计学中与频率学派不同的贝叶斯学派。与频率学派相比，贝叶斯参数估计不仅利用了总体信息（即总体属于何种分布信息）和样本信息（即样本数据提供的参数信息），而且用到了先验信息（即在抽样之前有关未知参数的某些信息，主要来源于经验和历史资料）。三种信息的利用是贝叶斯统计学的显著特色。

贝叶斯方法的主要特点是在获得后验分布后，即使丢失了总体信息和样本信息，也不影响对未知参数的统计推断。基于这一特点可以动态估计水文模型参数，即设定先验分布，进行观测，可得到第一次估计的结果。继续观测得到新的资料，就可以将第一次估计的后验分布当作第二次估计的先验分布，再运用贝叶斯方法得到第二次的后验分布。连续应用贝叶斯方法，可以不断增加估计参数的信息，从而对参数有更深入的认识。

此外，将观测数据的不确定性和因估计与预测中的误差而引起的不确定性有效结合起来，是贝叶斯方法的另一大特点。

Thiemann等（2001）[6]将贝叶斯回归参数估计（Bayesian Recursive Parameter Estimation）算法应用于Nash-Cascade模型和Sacramento模型，以美国密西西比河Leaf流域（面积1944km^2）为例，探讨了贝叶斯参数估计的效率问题。Krzysztofowicz和Kelly（2000）[7]以Allegheny河道水位预报为例，在贝叶斯预报处理的基础上提出了水文不确定性处理器（Hydrologic Uncertainty Processor，HUP）。张洪刚（2006）[8]对HUP方法进行了改进，减小了由于选取和率定变量的边缘分布所造成的误差，并成功应用到三峡水库水文预报中。

8.3.3.2　参数敏感性方法

模型参数的敏感性分析或灵敏度分析是研发和评价模型不可缺少的重要环节。通过参数灵敏度分析有助于深入理解模型的特性并改进模型结构的稳定性。目前分布式水文模型常用的参数灵敏度分析方法包括第7章7.2.4节介绍的扰动分析法、RSA方法和GLUE方法。

8.4　几个典型流域分布式水文模型

自20世纪70年代提出流域分布式水文模型的概念以来，经历了从缓慢起步到快速发展的近50年来的发展历程，国内外出现了大量的分布式水文模型，跨越了多种时空尺度，规模越来越庞大，功能越来越齐全。为了深入了解流域分布式水文模型，本节选取了3个应用十分广泛的模型进行分析，分别是MIKE SHE模型、TOPMODEL模型、SWAT模型。

8.4.1　MIKE SHE模型

SHE模型（System Hydrologic European）是一个典型的具有物理基础的分布式水文模型。在建模方式上属于第一类。为了便于处理模型参数、降雨输入以及水文响应的空间分布，模型基于栅格DEM将流域在水平面上划分成许多矩形网格；在垂直面上，划分成几个水平层，以便处理不同层次的土壤水运动问题。MIKE SHE是对SHE模型的发展和完善，它能够模拟水循环陆面过程中主要的水文过程（图8.4.1），包括水量、水质及沉积物输移。它能用于解决与地表水和地下水相关的资源和环境问题，以及地表水和地下水之间的动态相互作用关系。典型应用包括流域规划、供水、灌溉和排水、污染物堆放场的污染物、农业耕作的影响（包括农用化学品和化肥的使用）、土壤和水资源管理、土地利用变化的影响、气候变化的影响和生态评价（包括沼泽区域）。MIKE SHE的空间尺度范围从单个的土壤剖面（下渗研究）到包括几个流域的大区域。已经得到了大量的研究和咨询项目的检验和证实。在气象学和水文学领域取得了很多经验。

MIKE SHE模型的核心是描述研究区域水分运动的MIKE SHE WM模块。另外还有一些水质、土壤侵蚀和灌溉模块供用户根据研究区的水文条件和研究目的自行选择。如：MIKE SHE AD——溶质对流和传播；MIKE SHE GC——地球化学过程；MIKE SHE CN——农作物生长和根带的氮循环过程；MIKE SHE SE——土壤侵蚀；MIKE SHE DP——双重孔隙；MIKE SHE IR——灌溉。

MIKE SHE WM模块的主结构（图8.4.2）包括6个部分，分别描述了6个水文物理过程：截留/植物蒸散发（ET）、坡面和河道径流（OC）、不饱和层（UZ）、饱和层（SZ）、融雪（SM）和蓄水层与河道间的交换。

MIKE SHE模型中的各个模块的计算时间步长不统一，这与所描述的水文物理过程

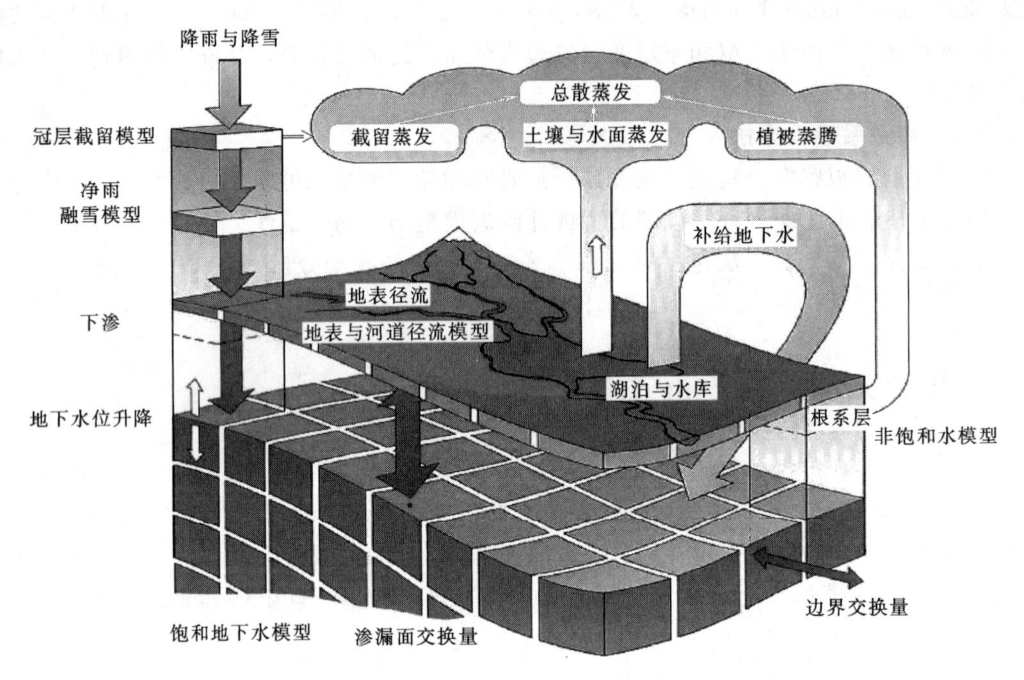

图 8.4.1　MIKE SHE 的水循环及模拟示意图

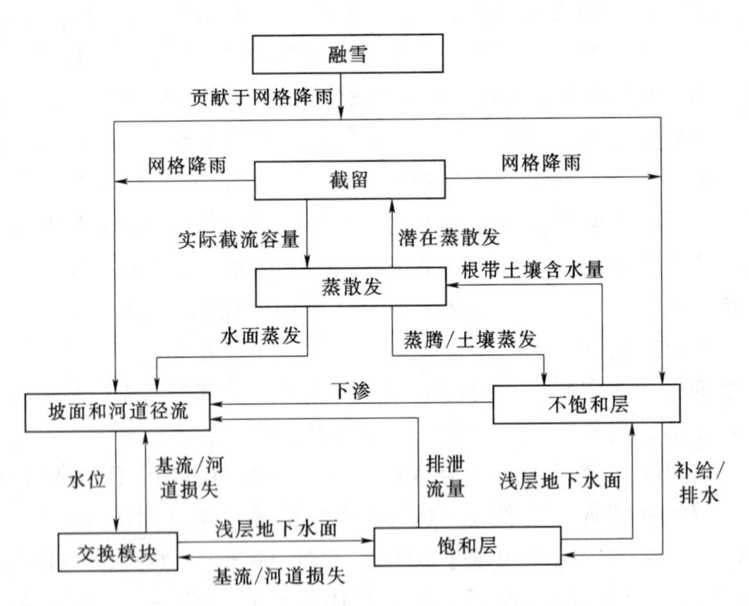

图 8.4.2　MIKE SHE WM 模块的结构图

有关。当模块间的时间尺度不一致时，采用不同时间尺度模拟的过程要根据连接过程的尺度进行更新。模型提供了处理功能，可用于长期模拟。

SHE 模型及其变形（MIKE SHE）具有很强的物理机制，模型的很多参数有明确的物理意义，需要大量实测的数据进行确定。由于许多国家和地区水文基础资料比较缺乏，

SHE 模型在推广中面临很多困难。

8.4.2　TOPMODEL 模型

TOPMODEL（TOPgraphy based hydrological MODEL）是一个以地形为基础的、基于变源面积概念的半分布式水文模型。由 Beven 和 Kirkby 于 1979 年提出，经过 20 多年的发展，TOPMODEL 与 DTM（或 DEM）相结合在水文领域得到了十分广泛的应用。TOPMODEL 的显著特点是利用易于获取的地形信息（如地形指数 、土壤-地形指数等）来描述流域产流及源面积的变化与分布，简化流域降水径流过程的模拟。模型具有结构简单、优选参数少、物理概念明确、模拟精度高、易于与 GIS 相结合等特点，无论在径流、泥沙、水质的模拟研究中，还是在气候、土地植被变化研究和水资源管理等领域都具有很好的应用前景。

8.4.2.1　基本假设与模型推导

根据“蓄满”和变动源面积概念，并基于以下 3 个基本假设，TOPMODEL 建立了具有物理概念的模型框架。

假设 1：饱和区的水动力特性用连续稳定状态近似描述。

假设 2：饱和区的水力梯度近似等于局部地表面的地形坡度。

假设 3：沿坡向传导度随高度的变化与缺水量或地下水埋深呈指数关系。

水文模型的推导一般立足于动力方程（能量守恒）和连续方程（质量守恒）。在 TOPMODEL 中，动力方程用达西定律代替。在饱水带中，任一均质土层的渗透系数为常数。在包气带中，渗透系数随含水量降低而迅速减少，是含水量的非线性函数（如负指数关系）。结合基本假设 2 与假设 3，可以推导出任意点地下径流的运动方程：

$$q_i = T_i \tan\beta = T_0 e^{-fz_i} \tan\beta \tag{8.4.1}$$

式中：q_i 为单宽流量，m^2/h；T_0 为土壤饱和时导水率；z_i 为地下水埋深，m；f 为比例参数；$\tan\beta$ 为地下水水力坡度，根据假设 2 近似等于地表坡度。

在 TOPMODEL 中，连续方程应用的系统是土壤饱和区，其中的输入是非饱和区的入流，输出是地下水出流。基于稳定流动的假设（假设 1），即出流与入流相等 $dS/dt=0$，连续方程可以写为

$$a_i r = T_0 \tan\beta_i e^{-fz_i} \tag{8.4.2}$$

式中：a_i 为单宽汇水面积，m^2/m，即通过 i 点单位等高线长度的汇流面积；r 为地下水补给率，m/h。在 TOPMODEL 中假设 r 在空间分布上均等。

根据式（8.4.2）可得

$$z_i = -\frac{1}{f}\ln\left(\frac{ra_i}{T_0 \tan\beta_i}\right) \tag{8.4.3}$$

在整个对地下水位有贡献的流域面积上对上式积分可得 $\overline{Z}$：

$$\overline{Z} = \frac{1}{A}\sum_i A_i\left[-\frac{1}{f}\ln\left(\frac{ra_i}{T_0 \tan\beta_i}\right)\right] \tag{8.4.4}$$

由于假定 r 在空间上是一常数（整个流域上 r 相等），则可得

$$f(\overline{Z}-Z_i)=\left(\ln\frac{a_i}{\tan\beta_i}-\lambda\right)-(\ln T_0-\ln T_e) \tag{8.4.5}$$

其中，$\lambda=\frac{1}{A}\sum_i A_i\ln\frac{a_i}{\tan\beta_i}$，为流域地形指数均值；$\ln T_e=\frac{1}{A}\sum_i A_i\ln T_0$，为传导度的空间平均值。

对于式（8.4.5）也可用缺水量表示：

$$\frac{\overline{D}-D_i}{m}=\left(\ln\frac{a_i}{\tan\beta_i}-\lambda\right)-(\ln T_0-\ln T_e) \tag{8.4.6}$$

在 TOPMODEL 中，假定 T_0 在空间上均等，则消除式（8.4.6）最后一项，基本方程变为

$$\frac{\overline{D}-D_i}{m}=\ln\frac{a_i}{\tan\beta_i}-\lambda \tag{8.4.7}$$

式中：$\overline{D}$ 为流域土壤饱和缺水量；D_i 为某点的土壤饱和缺水量；$\ln\frac{a_i}{\tan\beta_i}$ 被称为地形指数。

需要说明的是，如果在某个 i 点 $z_i\leqslant 0$（或 $D_i\leqslant 0$），那么该点饱和土壤水层将高于或至少等于地表面。所有 $z_i\leqslant 0$ 的点形成流域上饱和地表带，在这些面积上降雨将直接产生地表径流。

8.4.2.2 计算框图与模型参数

TOPMODEL 通过土壤含水量（或土壤饱和缺水量）来确定流域产流面积的大小和位置，而土壤饱和缺水量由地形指数计算得到［式（8.4.7）］。对于一个单元流域 TOPMODEL 的计算流程（图 8.4.3）为：①基于 DEM 计算地形指数，并求出每类地形指数的面积分布；②根据地形指数逐类进行产流计算，得到单元流域的产流量；③进行单元流域的汇流计算。

TOPMODEL 所用的模型参数主要有 7 个：m 为土壤下渗率呈指数衰减的速率参数，m；T_0 为土壤刚达到饱和时有效下渗率的流域均值，m^2/h；Td 为重力排水的时间滞时参数；SR_{max} 为根带最大蓄水能力，m；SR_0 为根带土壤饱和缺水量的初值，m，与 SR_{max} 成比例；Rv 为地表坡面汇流速度，m/h；CHv 为主河道汇流速度，m/h（假定为线性汇流）。其中，最重要的参数为 m 和 T_0。m 的物理含义是指流域土壤剖面图中的有效深度。T_0 很难通过实验获得，通常都是假定在整个流域上均等，由模型率定其值。m 值大则增加土壤剖面的活跃深度；m 值小，尤其是结合一个相对高的 T_0 时，有效土壤很浅，此时传导率有显著的延迟。后一种情况将造成在水文模拟中径流有相对较陡的退水曲线。

8.4.3 SWAT 模型

SWAT（Soil and Water Assessment Tool）模型是在 SWRRB（Simulater for Water

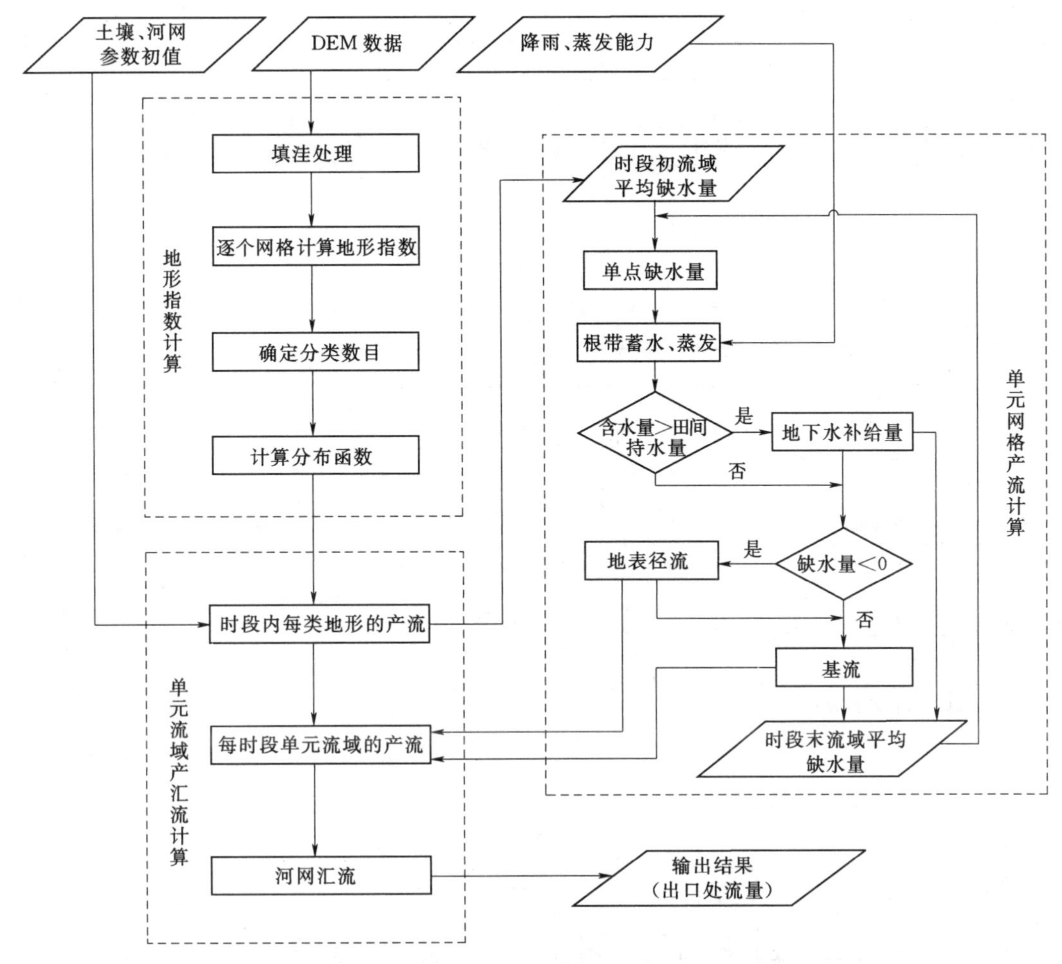

图 8.4.3 TOPMODEL在单元流域上的计算流程图

Resources in Rural Basins）模型[9]基础上发展起来的一个长时段的流域分布式水文模型。它具有很强的物理基础，适用于具有不同土壤类型、不同土地利用方式和管理条件下的复杂大流域，并能在资料缺乏的地区建模，在加拿大和北美寒区具有广泛的应用。

SWAT在每一个网格单元（或子流域）上应用传统的概念性模型来推求净雨，再进行汇流演算，最后求得出口断面流量。它明显不同于SHE模型，应用数值分析来建立相邻网格单元之间的时空关系。SWAT采用模块化设计思路，水循环的每一个环节对应一个子模块，十分方便模型的扩展和应用。在运行上，SWAT采用独特的命令代码控制方式，用来控制水流在子流域间和河网中的演进过程，这种控制方式使得添加水库的调蓄作用变得异常简单。

SWAT模型将研究流域细分成若干个单元流域。在每个单元流域上建立水文物理概念模型（图8.4.4），进行坡面产汇流计算，并通过汇流网络将单元流域连接起来。

SWAT采用类似于HYMO（Hydrologic Modeling）模型的命令结构来控制径流和化学物质的演算（图8.4.5）。通过子流域命令，进行分布式产流计算；通过汇流演算命令，

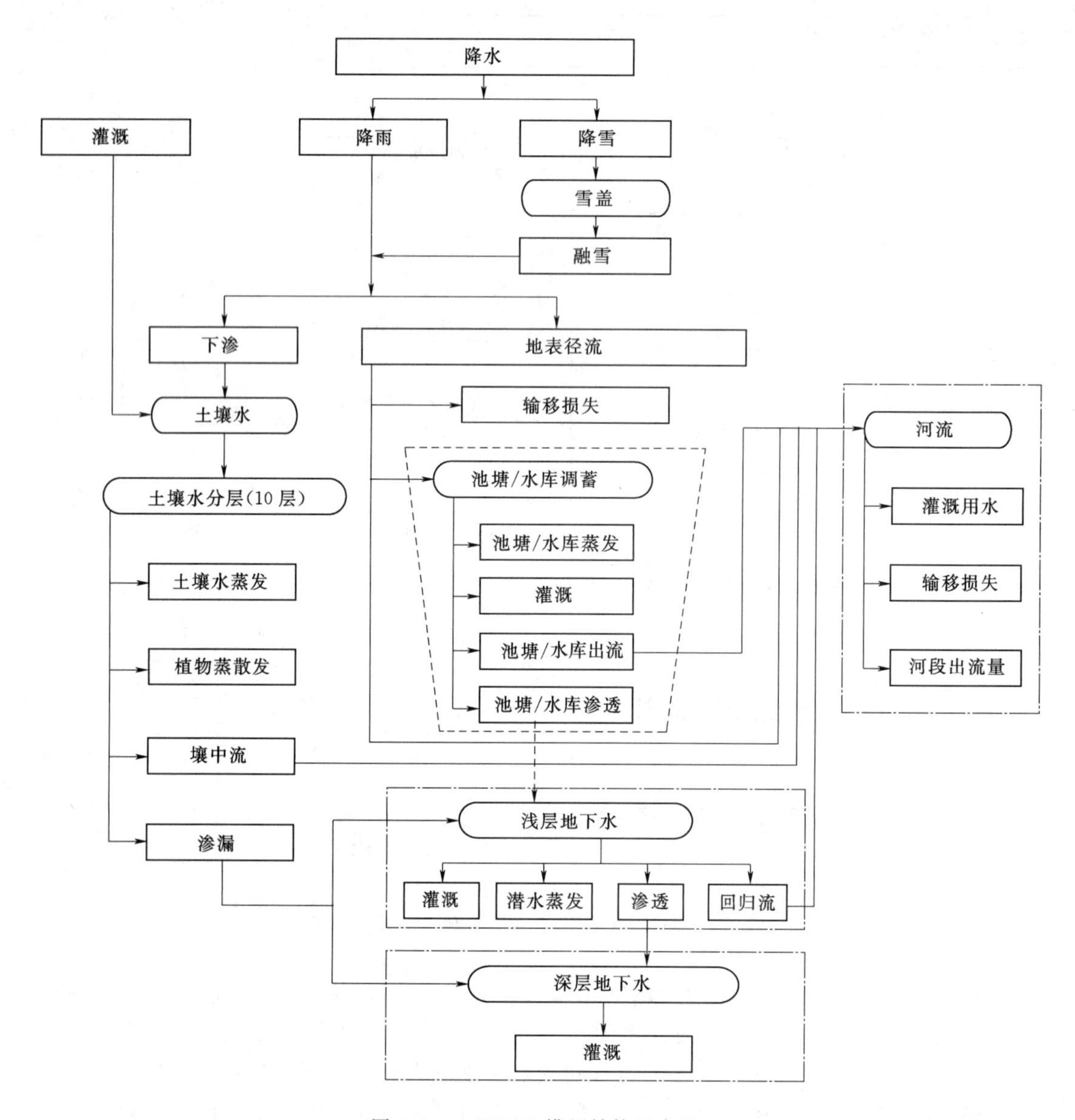

图 8.4.4　SWAT 模型结构示意图

模拟河网与水库的汇流过程；通过叠加命令，把实测的数据和点源数据输入模型中同模拟值进行比较；通过输入命令，接受其他模型的输出值；通过转移命令，把某河段（或水库）的水转移到其他的河段（或水库）中，或直接用作农业灌溉。SWAT 模型的命令代码能够根据需要进行扩展。

SWAT 模型流域离散可以采用多种方法，如，子流域、山坡或网格。SWAT 模型的参数大多具有物理概念，但由于参数繁多，在实际应用时仍然面临很多的问题。SWAT 模型作为第二类分布式水文模型的典型代表，其模型结构和运行控制方式为构造流域分布式水文模型（特别是日过程模型）提供了很好的借鉴。

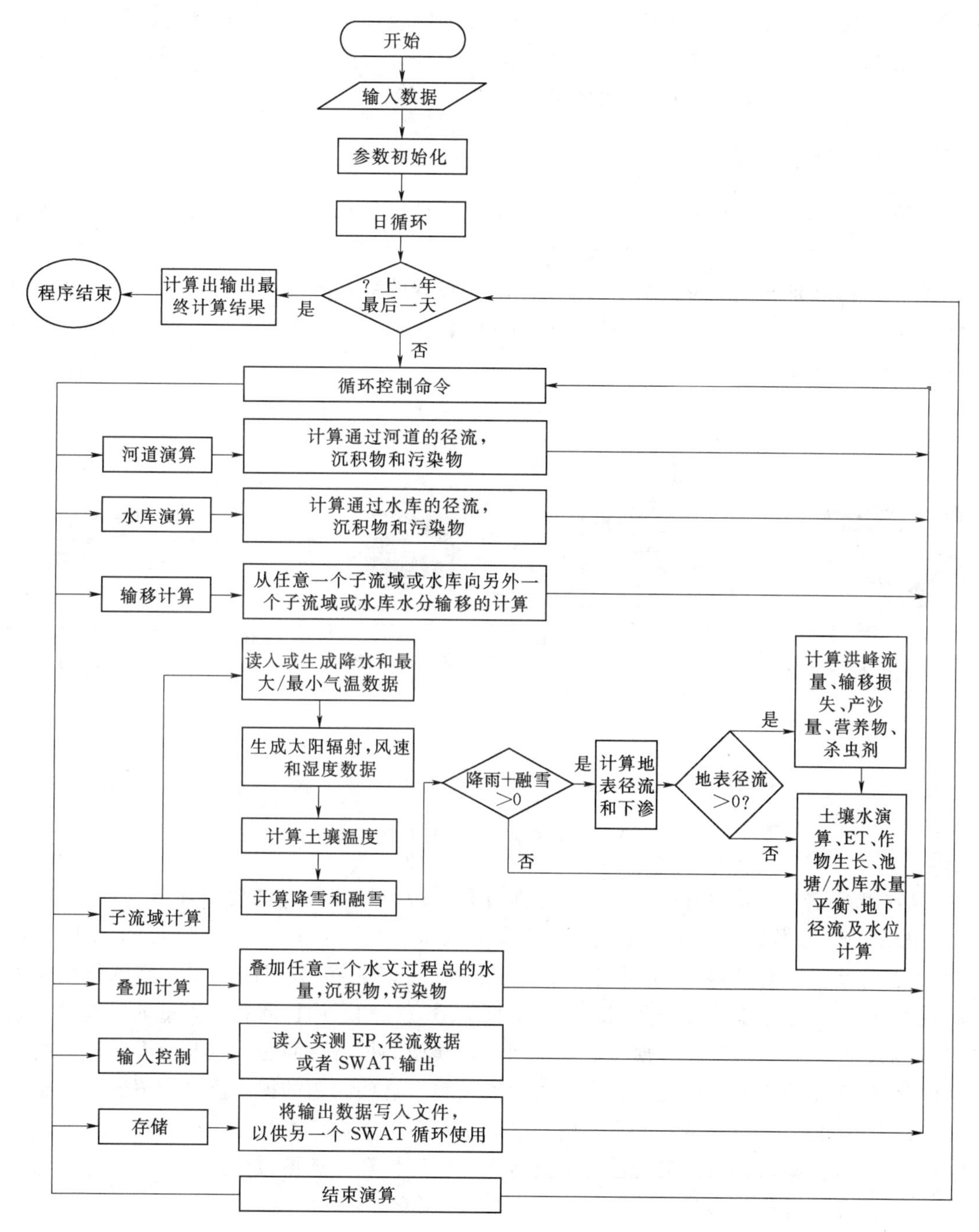

图 8.4.5　SWAT 模型的运行命令控制图

8.5　HIMS 流域水循环综合模拟系统

自然界流域水循环系统是一个十分复杂的巨系统。通过多学科交叉，与计算机技术和信息技术的融合，发展模块化结构、可定制功能的流域水循环综合模拟系统，是未来流域水文模拟研究的重要方向之一，本节结合流域水循环综合模拟系统 HIMS（Hydro－Informatic Modeling System），简介相关的系统结构与功能。

8.5.1　HIMS 发展过程

地球科学中水循环研究经历了从单一要素水循环过程、到流域多个过程、再到水系统多要素、多过程、多尺度的综合集成（图 8.5.1）。从水系统科学管理的角度看，亟须将水循环多源信息集成，开展水循环的多要素、多过程的综合研究，进行水循环的多尺度耦合模拟。发展多要素、多过程、多尺度水循环综合模拟系统，为水系统调控和良性水循环维持提供重要支撑。

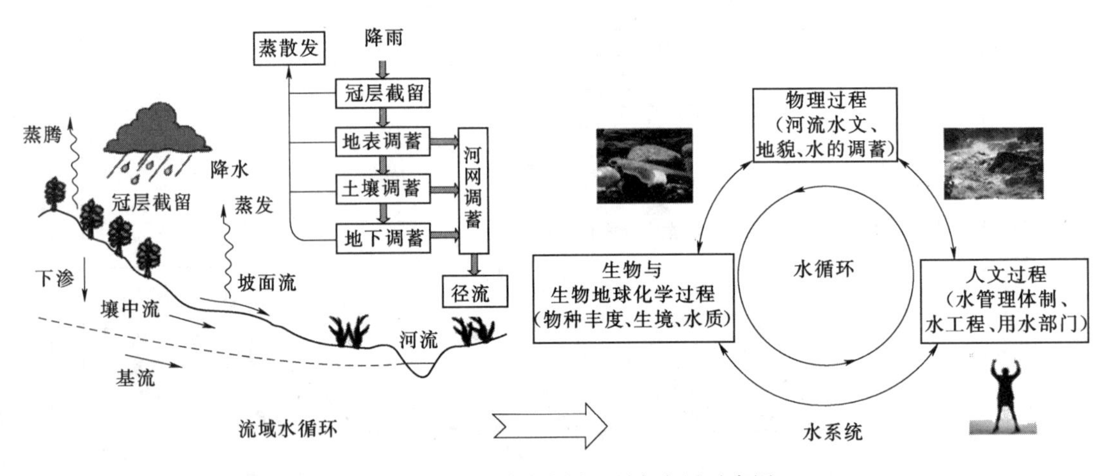

图 8.5.1　地球科学水循环研究发展示意图

从流域水文模拟发展看，为了客观地探讨和模拟流域水循环的各个环节和物理过程，需要组建结构/参数比较复杂的流域分布式水文模型。然而，由于水文建模目的不同（如洪水预报、水资源管理）、水文研究尺度不同以及受水文实测数据的限制，流域分布式水文模型在研制与应用上存在许多问题。如模型的适应性和通用性问题，海量的模型输入数据的获取、处理和管理问题，模型的操作问题，模型的扩展性问题，以及为不同专业的应用和资源管理与决策分析所提供的支持能力等问题。这些问题的提出已经使得流域分布式水文模型的构建，不再是单一的水文模型，而是一个以数据库为基础、以 GIS/RS 为技术支撑的、集成资源管理与决策功能的、具有专业扩展性和广泛模拟能力的、模块化结构的流域分布式水文综合模拟系统。

在此背景下，2000 年年初国内较早提出了流域水循环综合模拟系统 HIMS。实际上 HIMS 系统的发展可划分 3 个阶段（图 8.5.2）：

（1）早期累积阶段（20 世纪 70 年代—2000 年年初）。该阶段是 HIMS 系统前期水循环基础研究积累时期，为 HIMS 系统构建奠定了水循环理论基础。可以追溯到 20 世纪 70 年代，中科院地理研究所水文室研究组在西北地区做的大量小流域野外实验与分析工作。基于降水入渗实验观测与理论分析，提出了适合我国的降水动态入渗产流模型。

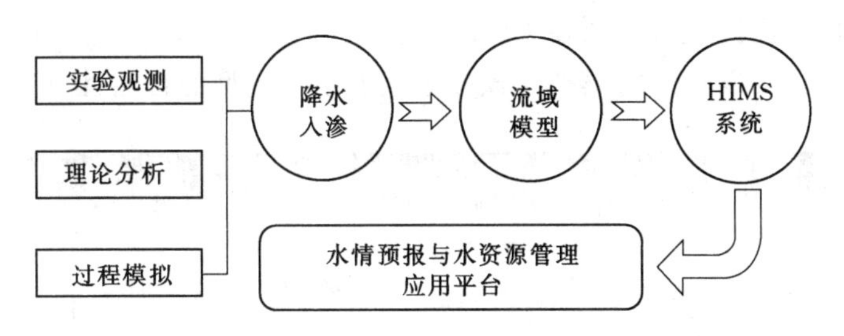

图 8.5.2 HIMS系统研发过程

(2) 系统研发阶段 (2000—2006年)。该阶段是HIMS系统产生阶段。基于降水动态入渗产流计算，融合水循环其他过程，构建了流域分布式水文模型；以流域模型为核心，在借鉴国际先进理念的基础上，如美国USGS在MMS (Modular Modeling System) 的基础上联合欧洲等国开发的OMS (Objective Modeling System)、美国SWAT、欧洲MIKE SHE、澳大利亚的TIME等，提出了基于模块结构的HIMS系统 (图 8.5.3)[10]。

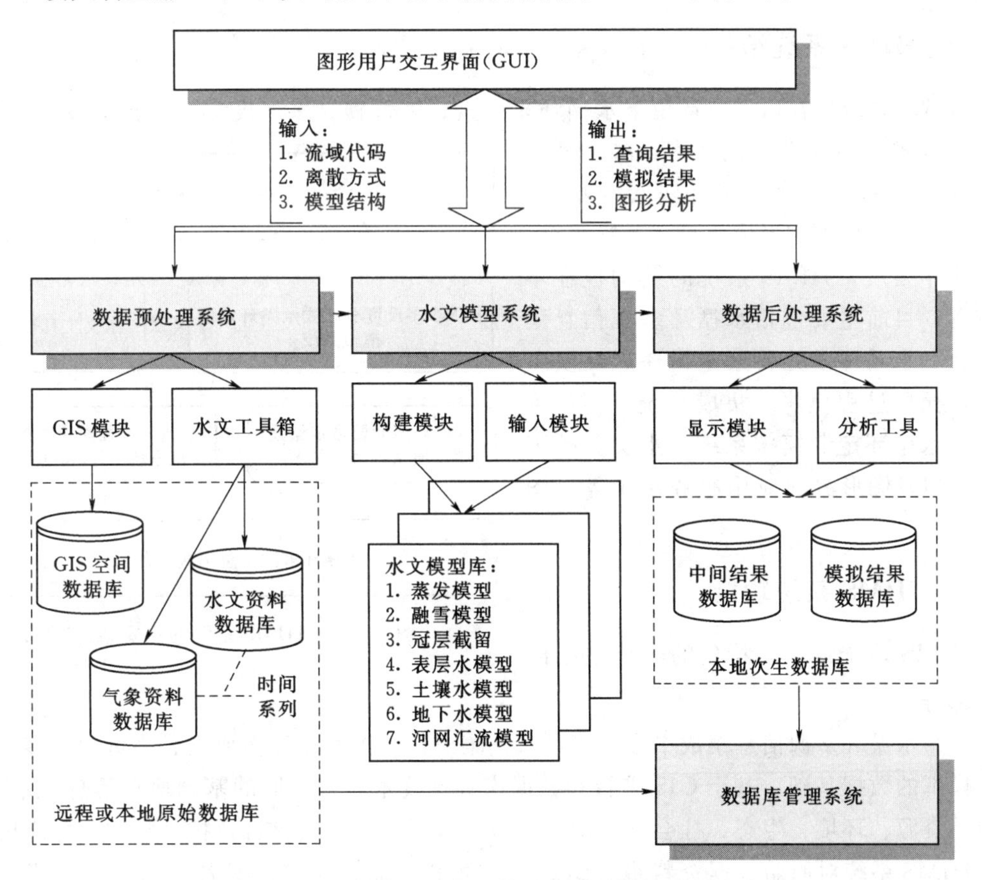

图 8.5.3 HIMS雏形系统的主体结构图

(3) 应用发展阶段 (2006年至今)。HIMS系统首先结合黄河"973"项目的研究任务，对黄河流域进行了不同时空尺度的流域降雨径流模型的定制[11]，包括小时尺度小流域分布式暴雨洪水模型、日尺度中等流域分布式水文模型以及月尺度大流域分布式水文模型，并进行了模拟验证。之后，从在10多个代表我国南北不同气候与自然地理条件的流域径流模拟结果看，均以较高的模拟与预报精度显示了模型的普适性（图8.5.4）。

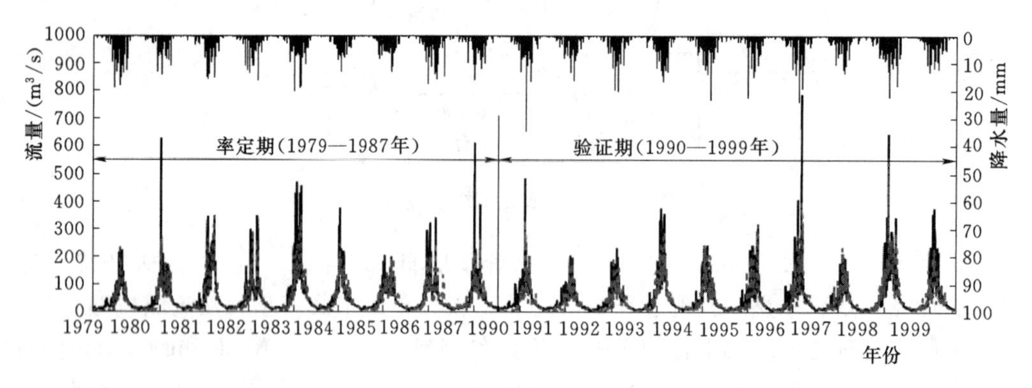

图8.5.4 HIMS在黑河流域出山径流的模拟与验证

8.5.2 HIMS系统结构

HIMS系统旨在以变化环境下水循环多要素、多过程、多尺度综合模拟为发展目标，采取开放式架构与模块化结构，融合多学科理论、技术与信息，实行嵌套与集成，面向对象定制模型，形成水循环模拟平台。经过多年发展，HIMS系统的结构也在不断完善，目前主要包括水循环多源信息集成平台、水循环多元要素定量遥感反演系统、水循环过程模块库集成系统、多尺度分布式水循环定制模拟系统、水文分析工具箱，以及图形界面应用服务系统等（图8.5.5）。

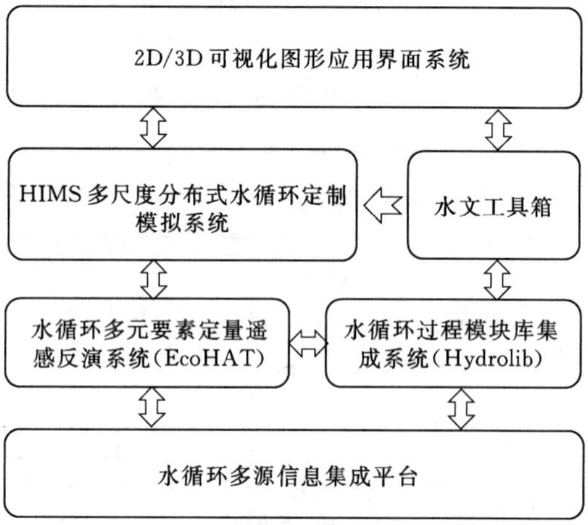

2D/3D可视化图形应用界面系统

HIMS多尺度分布式水循环定制模拟系统

水文工具箱

水循环多元要素定量遥感反演系统(EcoHAT)

水循环过程模块库集成系统(Hydrolib)

水循环多源信息集成平台

图8.5.5 HIMS系统的主要结构

8.5.3 HIMS系统功能

HIMS系统最具有特色的功能包括以下4部分。

(1) 水循环多源信息集成平台。多源数据集成是支撑水循环多要素、多过程、多尺度综合模拟的数据基础。基于GIS平台和数据库管理技术，将获取的基础地理信息、水文、气象、资源、环境、生态、社会和经济等多方面数据资料进行整合，按一定的业务应用逻辑，HIMS系统对原始数据资料进行组织、描述和存储。在实现对各类信息的汇集、存储、整合、交换、共享、检索、管理和协同应用等基本功能的同时，为HIMS系统各功能模块提供数据支撑服务。

(2) 水循环多元要素定量遥感反演系统。与定量遥感与反演技术相结合是水循环模拟发展的一个重要方向，也能反映HIMS系统的特色功能。针对水循环过程中降水、蒸散发、土壤水等关键要素利用常规方法难以大面积精确定量的问题，基于遥感影像、DEM等数据源，发展物理机制清晰、适用范围广的蒸散发、土壤水等要素的模拟计算方法，弥补关键水循环要素观测资料的不足，解决了资料稀缺地区的参数问题。

（3）水循环过程模块库集成系统。HIMS是开放的水循环综合模拟平台，其水循环过程模块库集成系统多个环节水循环过程的计算模块。基于模型类抽象和数据库技术，实现多模型耦合集成与模型定制（图8.5.6），满足不同应用需求。具体采用面向对象的开发语言，对一个特定的水循环过程模型，定义一个过程类。每个过程类具有属性和方法。方法对应于该水循环过程的不同算法；属性定义为水循环过程的输入、输出和参数（包括状态变量），即I/O属性。

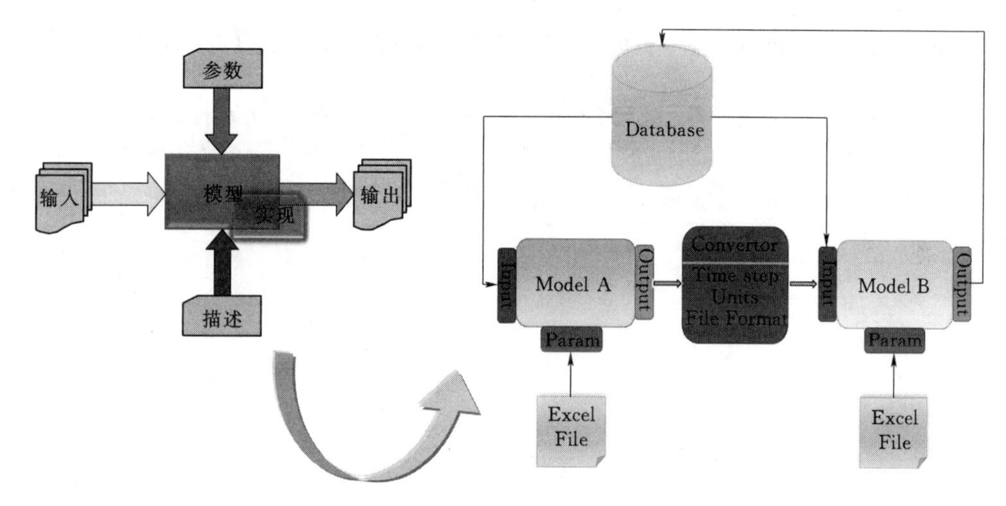

图8.5.6　HIMS系统的多模型集成架构

（4）不同时段（时、日、月、年）与空间（大、中、小）流域的多尺度分布式水循环定制模拟系统。面向不同目标和应用区域，可选择定制模型是HIMS系统的又一个特色功能。基于“函数-模块-模型”的开放式系统架构，HIMS多尺度分布式水循环定制模拟技术可以面向防洪、流域综合管理、气候与土地利用变化影响分析等不同应用领域，紧密与环境条件和数据基础相结合，根据不同数据和环境条件，进行不同尺度模型的嵌套或扩展。

参 考 文 献

[1] Q J Wang. The genetic T and its application to calibrating conceptual rainfall - runoff models [J]. Water Resources Research, 1991, 27 (9): 2467 - 2471.

[2] Chuntian Cheng, Chunping Ou, K W Chau. Combining a fuzzy optimal model with a genetic algorithm to solve multi - objective rainfall - runoff model calibration [J]. Journal of Hydrology, 2002, 268 (1 - 4): 72 - 86.

[3] Qingyun Duan, Vijai K Gupta, Soroosh Sorooshian. A shuffled complex evolution approach for effective and efficient global optimization [J]. J. Optim. Theo. and Its Appl., 1993, 76 (3): 501 - 521.

[4] 王纲胜．分布式时变增益水文模型理论与方法研究（博士学位论文）[D]．北京：中国科学院研究生院，2005.

[5] 马海波，董增川，张文明，等．SCE-UA算法在TOPMODEL参数优化中的应用[J]．河海大学学报（自然科学版），2006，34（4）：361-365.

[6] M Thiemann，M Trosset，H Gupta，et al. Bayesian recursive parameter estimation for hydrologic models [J]. Water Resources Research，2001，37（10）：2521-2535.

[7] Krzysztofowicz R，Kelly K S. Hydrologic uncertainty processor for probabilistic river stage forecasting [J]. Water Resources Research，2000，36（11）：3265-3277.

[8] 张洪刚．贝叶斯概率水文预报系统及其应用研究（博士论文）[D]．武汉：武汉大学，2005.

[9] Williams J R，Nicks A，Arnold J G. Simulator for water resources in rural basins [J]. Journal of Hydraulic Engineering，1985，111（6）：970-986.

[10] 王中根，郑红星，刘昌明．基于模块的分布式水文模拟系统及其应用[J]．地理科学进展，2005，24（6）：109-114.

[11] 刘昌明，郑红星，王中根，等．流域水循环分布式模拟[M]．郑州：黄河水利出版社，2006.

第9章　水文系统与其他系统耦合模拟

客观世界中的水文系统是一个复杂的、宏大的开放系统，与生态系统、经济社会系统都有密切的联系和交叉。从大类上分析，可以分为人文系统和水系统两大系统，且两者相互联系、相互交叉，组成一个更大的系统。在研究水文过程、水文模型、生态环境演变与调控、水资源管理、人水和谐等问题时，需要把水文系统与其他系统（比如生态系统、经济社会系统）耦合在一块进行研究，定量研究多系统之间的内在联系，进而建立多系统的耦合系统模型。因为耦合模型的研究一直在发展之中，本章将选择性介绍几种多系统耦合模型，以做参考。

9.1　概述

在本书中多次提到水文模型，其中，在本书第7章介绍了水文模型中的数学方法，在第8章介绍了分布式水文模型，并且在其他教材（如《水文学基础》）中对水文模型的介绍较多。这说明，水文模型是水文学中一个非常重要的内容，也是水文工作的重要工具。

实际上，由于水文系统是一个开放系统，与生态系统、经济社会系统都有密切的联系和交叉。无论是人水和谐研究、可持续水资源管理，还是生态环境保护、生态文明建设，其重要前提都是要充分了解研究区的水文信息、自然界的气候变化和水系统变化、水文学与生态学的联系、人类活动和经济发展对水量和水质以及生态系统的影响。这就要求把水量、水质统一考虑，把水量变化、水质变化与生态环境保护、经济社会发展有机地结合起来。

在以往的传统水文模型中，主要采取一些简化的处理办法，比如，把水文系统以外的变量作为水文模型的输入或输出，或者把与其他系统交叉的界面作为模型边界。这些处理方法大大简化了水文模型的建模过程和求解难度，甚至破解了水文模型建模的一些主要瓶颈，推动了水文模型的发展，在实践中也得到了推广应用。当然，也有其不利的一面。因为对水文系统作了大量的概化，模型本身与实际系统可能存在较大差异，模型结果的可信度存疑，甚至误差难以接受。此外，可能掩盖了水文系统与生态系统、经济社会系统的互动关系，不利于研究耦合系统整体发展规律以及它们之间的相互关系。因此，在研究人水关系、水资源综合管理、人类活动和气候变化下的水文系统演变趋势、生态环境演变与调控、人水和谐评估与调控等问题时，常常希望建立一个多系统耦合模型，即水文系统与其他系统的耦合模拟。

一般来说，水文系统与其他系统的耦合模型，要比单一的水文模型复杂得多，建模难度也更大。因此，关于水文系统与其他系统耦合模拟一直是一个研究热点，研究者较多，成果也层出不穷。但由于其本身的复杂性以及研究用途不同，所建立的耦合系统模型不统一，方法也各异。关于这方面的文献较多，本章只介绍笔者较熟悉的多系统耦合模拟方法。其中，水文-生态耦合系统模拟是面对水文系统、生态系统的耦合系统，经济社会-水资源-生态耦合系统模拟是面对水文系统、生态系统、经济社会系统的耦合系统，人水系统的嵌入式系统动力学模型是面对人文系统（可以理解为是经济社会系统）、水系统（包括水文系统、生态系统）的耦合系统。因为每种模型的相关内容较多，本章只扼要介绍3种模拟方法，不作深入论证。如果需要更进一步了解，可查阅有关文献。

9.2 水文-生态耦合系统模拟方法及应用

9.2.1 建模原理与思路

如图9.2.1所示的水文-生态系统中，大气降水一部分通过植物林冠层滴落到地面或水面，一部分直接降落到地面或水面。部分降水形成地表径流，流向低洼处汇成河流或湖泊（水库）等地表水体；部分下渗到土壤，其中有些补给地下水。植物吸收水分，通过植物的茎到达叶，再通过蒸腾作用返回大气。地面蒸发、水面蒸发也把大量水分转移到大气中。另外，人类活动也可在一定范围内改变局部水循环。比如，人们从地表或地下开采、利用水资源，使用后以废水、污水的形式再排入到自然界。这种活动不仅改变了水循环过程，而且改变了其他物质（如N、P、重金属等）的循环过程。

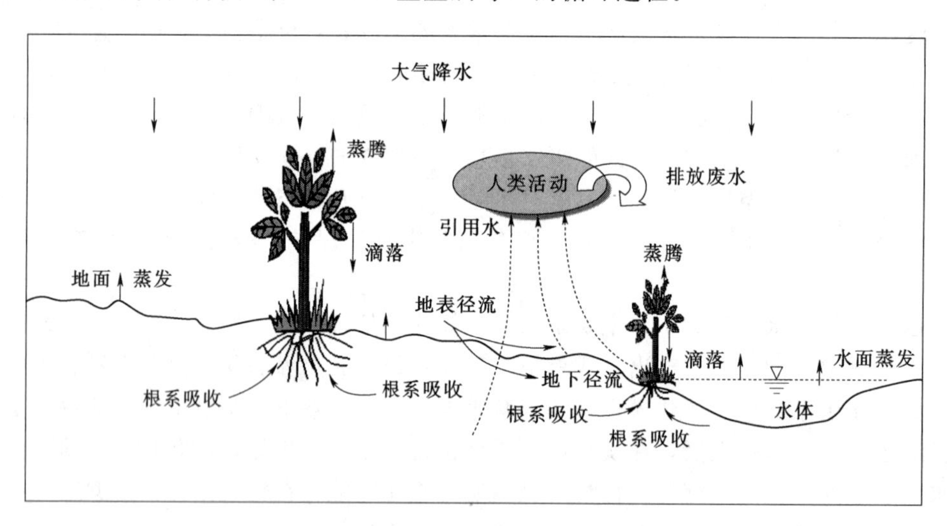

图9.2.1 水文-生态耦合系统关系概念图

此外，其他有益的、有害的组分也伴随着水循环而循环，而且其迁移转化过程要比水循环更复杂。大气降水在向陆面降落水分的同时，也带入了少量其他物质（如SO_4^{2-}、Na^+等）。地表水在汇集（地表径流）和下渗（地下径流）过程中与土壤、岩石或其他周围环境发生复杂的物理、化学交换，使水中有些成分浓度增加，有些成分浓度减少。其中，部分成分又可被植物、动物吸收或转化（如N、P、K等）。另外，人类活动对有害物质循环的影响也越来越大（比如，无限制地排放污水、废水、废物、废气），使有害物质增多，反过来又影响人类的生存环境。

同时，人类生存所依赖的生态环境质量与当地乃至区域水文气象条件（包括水量、水质）息息相关。自然界的水量多少、水质好坏会直接影响到生态系统状况。反过来，生态系统状况（如植被覆盖率）又会影响到水循环（如水土流失）及其他组分的循环。

如何用一个定量模型来描述水文系统（包括水量、水质两方面）、生态系统之间这种复杂的关系，是水文系统与生态系统耦合研究的基本要求之一。实际上，它所需要建立的模型，是一个以反映水量循环为主的水量模型、以反映水质变化为主的水质模型、以反映生态系统状态和演变的生态系统模型以及三模型的耦合模型，即水文-生态耦合系统模型。然而，建立这样的一个定量化模型并非易事。本节将介绍作者总结提出的一种水文-生态耦合系统“多箱模型（Multi - box modeling method）”方法，简称 MBM 建模方法[1,2]。

水文-生态系统一般是一个十分复杂的巨系统，常常包括地表水体、陆面、植被等各种覆盖类型，其水循环过程、水文特征、生态系统特征、水质变化特征等也是极其复杂多样的。如果把它们混在一起来研究就显得有些太粗、精度太差。为了研究的需要，同时又要尊重客观实际，可以依据系统论的观点，把大系统划分成子系统，再进一步划分为子子系统等。把每个子子系统看成一个类型接近的单元（如河段、灌区），称之为“箱体”；可以根据实际资料分别建立各箱体的水量、水质、生态系统模型，并进行耦合计算；根据模型集成方法，把子系统模型耦合集成为大系统模型。从而得到整个系统的最终水文-生态耦合系统模型。这就是作者所指的“多箱模型”MBM 建模基本原理。

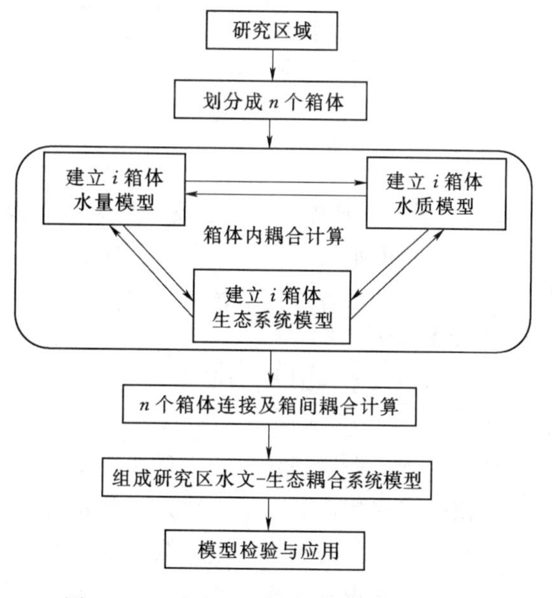

图 9.2.2 水文-生态耦合系统模型 MBM 建模方法研究思路

MBM 建模思路是：将研究区划分为多个单元（也称为箱体），箱与箱之间存在水流、水质及相关物质交换；箱体内可以分别建立水量、水质、生态系统模型；然后，根据质量守恒原理，依照一定的计算顺序和准则，进行所有箱体的耦合计算。其基本思路如图 9.2.2 所示。该建模方法的关键问题是：①合理划分“箱体”；②科学建立各箱体的水量、水质、生态系统模型，以及它们的耦合计算；③各箱体模型耦合集成计算方法。

9.2.2 建模方法与步骤

研究区可能是范围广阔的区域（如大流域），也可能是范围较小的区域（如小流域）。不管研究区面积有多大，把它看成一个系统来建立水量、水质、生态系统模型都不是一件

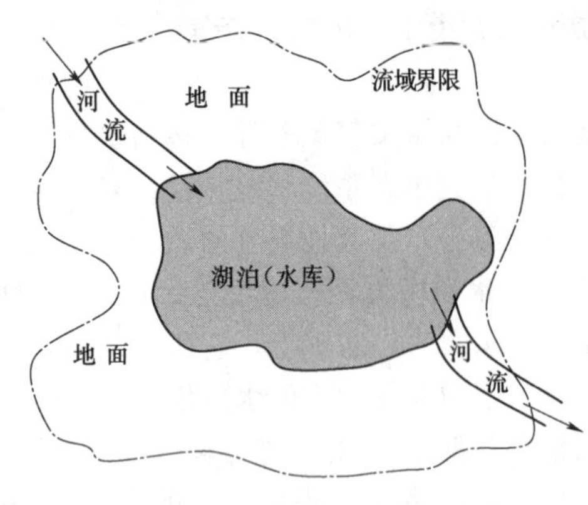

图 9.2.3　陆面平面分类示意图

简单的事情。由于陆面一般是由多个地貌上、水文特征上或其他性质不同的单元组合而成，比如河流、水库、湖泊、地面、沼泽等，对这样一个复杂系统建立定量模型一般比较困难。根据陆面可以划分单元这一特征，借鉴水库有限容积多箱模型方法，即“先分箱后聚合”的思路，提出了 MBM 建模步骤，介绍如下。

9.2.2.1　划分箱体

首先，按照陆面上河流、湖泊（水库）、地面进行分类，然后对各类进一步分块（段）（统称“箱”）。图 9.2.3 是一个简化的陆面平面分类示意图。分类、分块方法可参考表 9.2.1。

表 9.2.1　　多箱模型分类、分块参照方法

分类		分块
河流		按水量水质差异分段
湖泊（水库）	沼泽植物区	按植物类型分块
	无植物水面区	按水质浓度差异分块
地面		按植物类型、覆盖率、地形地貌等分块

9.2.2.2　建立各箱体水量、水质、生态系统模型

关于箱体内水量、水质、生态系统模型的建立方法有许多种。这里仅简单介绍其中的代表方法，详细内容可查阅有关文献。

1. 水量模型

可以采用以水量转化为基础的水文模型，也可以依据水量平衡原理建立水量平衡模型。

依据水量平衡原理建立的水量平衡模型，其建模方法比较简单，在资料较缺乏、精度要求不高时常采用。其基本方法是：首先找出箱体所有进入、流出的水量项；根据已知变量与未知变量之间的关系，用已知变量的近似函数来表达未知变量，并代入模型；采用水文系统识别方法识别未知参数，再反代入原模型。根据计算的复相关系数大小，判断模型拟合效果好坏。同时，把已识别的参数反代入模型中，再来计算各项水量大小，检验是否满足水量平衡原理。只有模型拟合效果较好、计算结果满足水量平衡原理时，才能确认该模型是可靠的。详细内容可以查阅文献［2］。

当然，也可以根据水循环过程，建立基于物理机制的水文模型，比如分布式水文模型；也可以基于系统分析方法，建立分箱体的集总参数系统模型。

2. 水质模型

关于水质模型的建立方法，也可以依据物质平衡原理（针对具体的某一组分，如盐分），建立与水量模型类似的水质模型。其建模方法与水量平衡模型类似。实际上，用此

方法建立的水质模型，就是完全混合型水质模型，也称零维水质模型。详细内容可以查阅文献［2］、［3］。

当然，也可以根据某物质循环过程，建立某物质物理方程模型，比如，水质迁移转化一维、二维、三维模型；也可以基于系统分析方法，建立分箱体的集总参数系统模型。

3. 生态系统模型

生态系统是一个十分复杂的系统，建立精确的数学模型比较困难，在《现代水文学（第二版）》第八章中介绍了采用人工神经网络（ANN）建立模型的方法[1]。运用该方法建立生态系统模型的特点是：可描述生态系统复杂的非线性关系；模型建立主要依赖于资料，不需要单个实验和识别参数；模型有很强的学习功能，当系统环境发生变化时，只需输入新的资料让模型再学习，即可很快跟踪系统的变化，可操作性强；可以预测未来当输入因子发生变化时生态系统输出因子的变化趋势。

当然，也可以根据生态学理论方法，建立生态系统模型，比如，基于生态学过程的生物地理模型、基于生态学过程的生物地球化学模型；也可以基于系统分析方法，通过卫星遥感技术反演物质和能量传输过程关键参数或变量，建立分箱体的遥感模型。

9.2.2.3 耦合计算方法

从以上3个模型（水量、水质、生态系统模型）的建模过程、建模参数以及使用变量可以看出，3个模型相互联系，互为参数（示意见图9.2.4）。在进行模拟、预测计算时，需要把它们耦合在一起（即水文-生态耦合系统）进行计算。

耦合计算的基本思路：逐个箱体采用3个模型循环迭代，直至误差小于某一预定值，终止迭代。计算程序框图见图9.2.5。

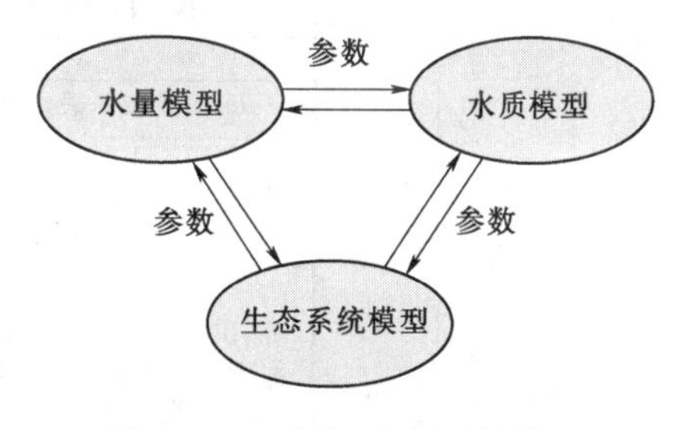

图9.2.4 水文-生态系统模型耦合关系示意图

9.2.2.4 模型效果检验

由前面“先分箱后聚合”的思路建立的模型，模拟效果如何呢？还需要进一步进行检验。检验的方法之一是用模拟值作为输入值反代入模型中，检测主要中间变量的拟合效果；检验的方法之二是进行变量变化的影响分析，假定改变某一个或几个变量，来检验系统变化的灵敏性和可靠性。经检验，只有模型应用效果较好时，才可以被使用。

9.2.3 模型应用与说明

以上建立的耦合模型，包括对水量模型、水质模型和生态系统模型的耦合，简记作：SubMod（Q，C，E）。在文献［1］～［3］中作者介绍了该模拟方法的应用实例，证明该方法是可行的，本节就不再详细介绍。

这里需补充说明的是：在水文-生态耦合系统模型的变量中，还包括经济社会指标或变量。因此，在只考虑水文系统与生态系统耦合的模型中，仅是把经济社会指标或变量看成是该系统的输入变量，来表征其与经济社会系统的关联。当然，如果要研究水文系统、生态系统以及经济社会系统之间耦合关系，就应该把水文-生态耦合系统模型再与经济社会系统模型进行耦合，这将在下一节专门介绍。

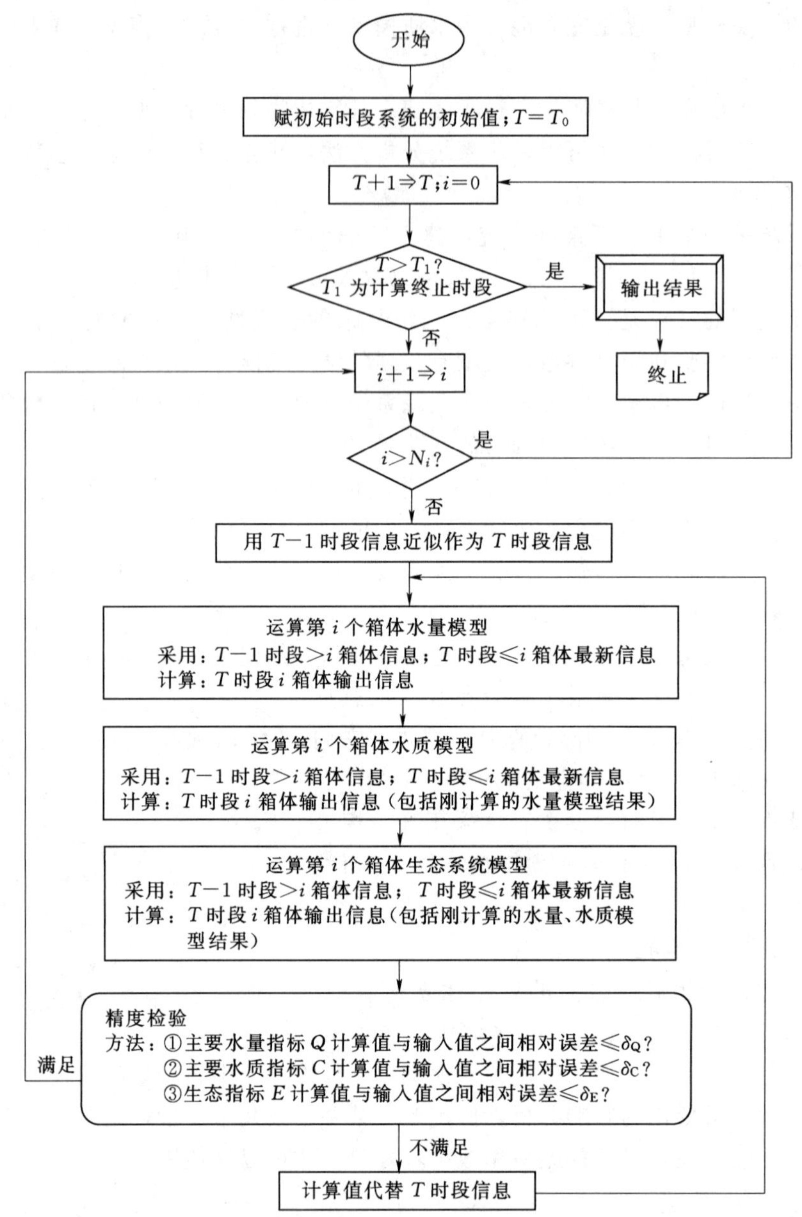

注：T 为计算时段；i 为计算区域划分的箱体编号；N_i 为箱体总个数；
δ_Q、δ_C、δ_E 为设定的相对误差限。

图 9.2.5　水文-生态耦合系统 MBM 建模计算程序框图

9.3　经济社会-水资源-生态耦合系统模拟方法及应用

9.3.1　经济社会-水资源-生态耦合系统

人类社会不断向前发展。在人类起源初期，人的社会活动范围狭窄，经济发展从零开始，利用的资源量很有限，当然，创造的社会财富也很少，也基本没有出现环境问题。随着人类的发展，特别是工业革命以来，人口不断增长，社会活动增加，科技飞速发展，经济也在不断快速增长，当然伴随着资源消耗量不断增加，水资源危机也从“开始出现”到“日益突出”，带来的环境问题也越来越严重。反过来又在不同程度上制约着经济增长、社会进步。可以说，经济社会、水资源、生态相互联系、相互制约、互为因果，构成一个复杂的大系统，即经济社会-水资源-生态耦合系统，其耦合关系概化为图 9.3.1。这里所指的水资源包括水量、水质，与上文所提的水文系统相对应，但是两者出发点和侧重点有所不同。这里所说的水资源系统是基于水量、水质指标，考虑水资源配置、水资源循环变化，重点研究水量、水质变化与生态系统、经济社会系统之间的关联；上文所提的水文系统主要基于水文过程，考虑水循环系统变化，重点研究水文过程变化（包括水量、水质及其他）与生态系统之间的关联。

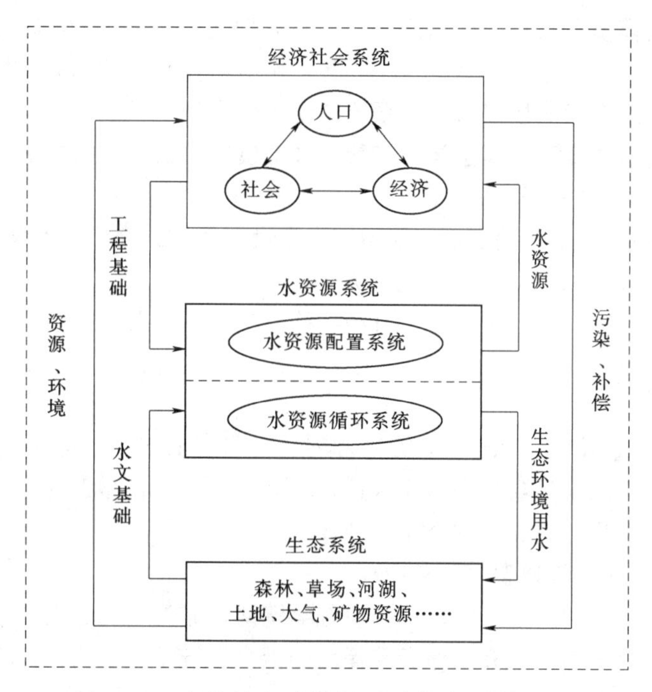

图 9.3.1　经济社会-水资源-生态耦合系统关系图

在这个耦合系统中，经济社会、水资源、生态三大系统相互作用与影响，构成了一个有机的整体。系统各部分的功能与关系如下。

（1）生态系统和水资源系统是区域经济社会系统赖以存在和发展的物质基础，它们为区域经济社会的发展提供持续不断的水资源和生态环境资源。

（2）经济社会系统在发展的同时，一方面通过消耗资源和排放废物对生态系统和水资源系统进行污染破坏，降低它们的承载能力；另一方面又通过环境治理和水利投资对生态和水资源进行恢复补偿，以提高它们的承载能力。

（3）水资源系统在经济社会系统和生态系统之间起到纽带作用。它置身于生态系统之中，是组成和影响生态系统的重要因子。同时它又是自然和人工的复合系统，一方面靠自然水循环过程产生其物质性；另一方面靠水利工程设施实现其资源性。水资源利用必须同经济社会发展和生态保护相结合，才能实现人与自然和谐共处。

（4）在经济社会-水资源-生态复合大系统中，任一个子系统出现问题都会危及到其他子系统的发展，而且问题会通过反馈作用加以放大和扩展，最终导致整个大系统的衰退。比如，生态系统遭到破坏（如森林被大量砍伐，水土流失，环境污染等），必然会影响或改变区域的小气候和水循环状况，使得区域洪灾增加、水环境污染、水利设施损坏、可利用水资源量减少，最终将阻碍经济社会的发展。而经济社会发展的迟缓必然会减少环境治理和水利投资，使生态问题和水资源问题得不到有效解决。这些问题将会随着人口和排污的增加变得更加严重，并进一步影响到经济社会的发展，形成恶性循环。

9.3.2　耦合系统模型构建方法

建立耦合系统模型大致有两种思路：一是先分别建立“水文-生态耦合系统模型”和“经济社会系统模型”，再把两模型组合在一起，作为耦合系统互动关系量化模型；二是通过两模型的中间关系变量直接建立耦合系统的动力学模型。

9.3.2.1　水文-生态耦合系统模型与经济社会系统模型的耦合建模方法

大致分三步。

第一步：建立水文-生态耦合系统模型。本章第2节详细介绍了水文-生态耦合系统模型［简记作 SubMod（Q，C，E）］的建立方法。

第二步：建立经济社会系统模型。对经济社会系统变化关系进行模拟，建立经济社会系统模型，简记作 SubMod（$SESD$）。关于经济社会系统模型已有许多文献作过研究，这里不再详细介绍。

第三步：再把 SubMod（Q，C，E）和 SubMod（$SESD$）放在一起，进行耦合计算。耦合计算的基本思路是：逐个箱体（计算单元）采用子模型循环迭代，直至误差小于某一预定值，终止迭代。完成了耦合建模计算。

9.3.2.2　耦合系统动力学模型（SEWED）

建立经济社会-水资源-生态耦合系统动力学模型，能更直观地表征耦合系统的复杂关系和动态变化过程。下面简单介绍作者曾提出的耦合系统动力学模型建立方法[4]。

1. 经济社会指标作为因变量的动力学方程

这里仅给出主要经济社会指标的动力学方程，包括人口、工业总产值、农业总产值等因变量。在表达经济社会指标与生态环境指标关系时，主要给出水资源利用量、排放污水量中间变量方程。针对具体情况，可以根据需要，写出其他类似的指标方程。

（1）人口 P。

$$\begin{cases}\dfrac{\mathrm{d}P}{\mathrm{d}t}=P[r_1(t)-r_2(t)+r_3(t)-r_4(t)]\\ P|_{t=t_0}=P_0\text{（初始条件）}\\ P\leqslant\min\{Q_{WP}/a_P(t),(W_G+W_{G入}-W_{G出})/b_P(t),P_P(t),E_t\}\text{［在预定}\\ \quad\text{生活水平下（如小康水平、中等发达水平等），对人口的约束］}\end{cases}\tag{9.3.1}$$

式中：P 为人口总数；t 为时间变量（$t=1$，2，3，…）；$r_1(t)$ 为 t 时段出生率；$r_2(t)$

为t时段死亡率；$r_3(t)$为t时段迁入率；$r_4(t)$为t时段迁出率；P_0为t_0时刻的人口总数；Q_{WP}为生活可利用水资源量；$a_P(t)$为t时段预定生活水平下的人均最小需水量；W_G为粮食产量；$W_{G入}$为从外区域调入的粮食总量；$W_{G出}$为向外区域调出的粮食总量；$b_P(t)$为t时段预定生活水平下的人均粮食最低标准；$P_P(t)$为人口政策约束指标；E_t为人均生活耗能约束指标。

（2）工业总产值Y_I。

$$\begin{cases}\dfrac{dY_I}{dt}=Y_Ik_1(t)\\ Y_{I|_{t=t_0}}=Y_{I0} & \text{（初始条件）}\\ Y_I\leqslant Q_{WI}/a_I(t) & \text{（水资源对工业增长的约束）}\end{cases}\tag{9.3.2}$$

式中：Y_I为工业总产值；$k_1(t)$为t时段工业增长率（减小率为负）；Y_{I0}为t_0时刻的工业总产值；Q_{WI}为工业可利用水资源量；$a_I(t)$为t时段工业万元产值利用水资源量。

（3）农业总产值Y_A。

$$\begin{cases}\dfrac{dY_A}{dt}=Y_Ak_2(t)\\ Y_A|_{t=t_0}=Y_{A0} & \text{（初始条件）}\\ Y_A\leqslant\min\{Q_{WA}/a_A(t),A_Ac_A(t)\} & \text{（水、土地等资源对农业增长的约束）}\end{cases}\tag{9.3.3}$$

式中：Y_A为农业总产值；$k_2(t)$为t时段农业增长率（减小率为负）；Y_{A0}为t_0时刻的农业总产值；Q_{WA}为农业可利用水资源量；$a_A(t)$为t时段农业万元产值利用水资源量；A_A为耕地面积；$c_A(t)$为t时段单位耕地面积的产值。

2. 经济社会活动对生态系统影响的中间变量

（1）人口。

$$\begin{cases}\dfrac{dM_{P_i}}{dt}=-Pe_{P_i}(t)+M'_{P_i} & \text{（资源的消耗）}\\ W_{PO}=\max\{Pd_{P_1}(t),Q_{WPI}d_{P_2}(t)\}\end{cases}\tag{9.3.4}$$

式中：M_{P_i}为第i种资源用于人的生活消耗量；$e_{P_i}(t)$为t时段人均消耗资源量；M'_{P_i}为资源可再生量（不可再生资源为0）；W_{PO}为生活污水排放量；$d_{P_1}(t)$为t时段人均生活污水排放量；Q_{WPI}为生活用水量；$d_{P_2}(t)$为t时段生活污水排放量占总用水量的比例。

（2）工业。

$$\begin{cases}\dfrac{dM_{I_i}}{dt}=-Y_Ie_{I_i}(t)+M'_{I_i} & \text{（资源的消耗）}\\ W_{IO}=\max\{Y_Id_{I_1}(t),Q_{WII}d_{I_2}(t)\}\end{cases}\tag{9.3.5}$$

式中：M_{I_i}为第i种资源用于工业消耗量；$e_{I_i}(t)$为t时段万元工业产值消耗资源量；M'_{I_i}为资源可再生量（不可再生资源为0）；W_{IO}为工业废水排放量；$d_{I_1}(t)$为t时段万元产值废水排放量；Q_{WII}为工业用水量；$d_{I_2}(t)$为t时段工业废水排放量占总用水量的比例。

（3）农业。

$$\begin{cases}\dfrac{dM_{A_i}}{dt}=-Y_Ae_{A_i}(t)+M'_{A_i} & \text{（资源的消耗）}\\ W_{AO}=\max\{A_Ad_{A_1}(t),Q_{WAI}d_{A_2}(t)\}\end{cases}\tag{9.3.6}$$

式中：M_{A_i}为第i种资源用于农业消耗量；$e_{A_i}(t)$为t时段万元农业产值消耗资源量；M'_{A_i}为资源可再生量（不可再生资源为0）；W_{AO}为农田排水量；$d_{A_1}(t)$为t时段单位耕地面积排水量；Q_{WAI}为农田引水量；$d_{A_2}(t)$为t时段农田排水量占总引水量的比例。

综合以上方程式，得到资源消耗总量方程为

$$M_i = M_{P_i} + M_{I_i} + M_{A_i} \tag{9.3.7}$$

向自然界排放的污水总量为

$$W = W_{PO} + W_{IO} + W_{AO} \tag{9.3.8}$$

3. 水资源-生态系统模型以及与经济社会系统模型的耦合

从以上模型方程可以看出：①在经济社会指标作因变量的动力学方程中，自变量含水资源、生态指标（如水资源利用量、耕地面积等）；②在经济社会活动对生态系统影响的中间变量方程中，表达了资源消耗、污水排放等因素。这些中间变量又是水资源-生态系统模型的自变量。

由于表征水资源-生态系统的主要指标因地而异，不尽相同，因此建立该系统的耦合模型也方法多样。上文介绍的“水量-水质-生态耦合模型”建立方法就是其中之一。在该模型中，水量、水质、生态系统模型之间互为参数，在实际计算时，应该纳入一个系统进行耦合计算。同时，在“水量-水质-生态耦合模型”的输入变量中，有许多来自经济社会指标的输出，如（工业、农业、生活）引水量、污水排放量、灌溉面积、资源利用量等。因此，也需要与经济社会系统模型进行耦合计算。

9.3.2.3　耦合计算与说明

根据以上论述，经济社会系统模型与水资源-生态系统模型之间相互联系、互为参数，在实际计算时，需要将两者耦合进行计算。

耦合计算的基本思路：利用计算机强大的计算功能，从t_0时刻开始，采用逐个模型循环迭代计算，直至误差小于某一预定值，终止迭代，完成t_0+1时刻计算，得到t_0+1时刻状态变量计算结果。再按照同样方法，计算下一时刻结果。直至到目标时刻t终止。

需要说明的是：① 针对具体区域，选择的主要量化指标各异，需要具体对待，但相应的动力学方程基本形式相似；② 模型参数的获得有多种途径，比如，预先人为确定、其他方程推算、系统识别等；③ 微分方程模型的计算有多种途径，一种是针对简单的微分方程，可以采用精确解计算；另一种是采用数值方法近似计算。

9.4　人水系统的嵌入式系统动力学模型及应用

下面简单介绍作者曾提出的嵌入式系统动力学模型[5,6]。

9.4.1　人水系统模拟难点问题

人水系统是由人文系统和水系统耦合而成的复杂大系统。其中，人文系统是指以人类发展为中心构成的系统，包括经济活动、社会发展等，与上文提到的经济社会系统基本一致；水系统是指以水为中心构成的系统，与上文提到的水文系统、水资源系统基本一致。但是，不同概念之间都有所区别，运用的对象和目标有细微差别。关于人水关系、人水系统的概念介绍将在本书第13章详细介绍。

人水系统是一个涉及“水与社会、水与经济、水与生态”等多方面，需要在包含与水有关的社会、经济、地理、生态、环境、资源等方面及其相互作用的复杂大系统中进行研究。在人水系统中，既包含以蒸发、降水和径流等方式进行的周而复始的自然水循环过程，又包含受人类活动影响作用的社会水循环过程。人水系统概念示意见图9.4.1。

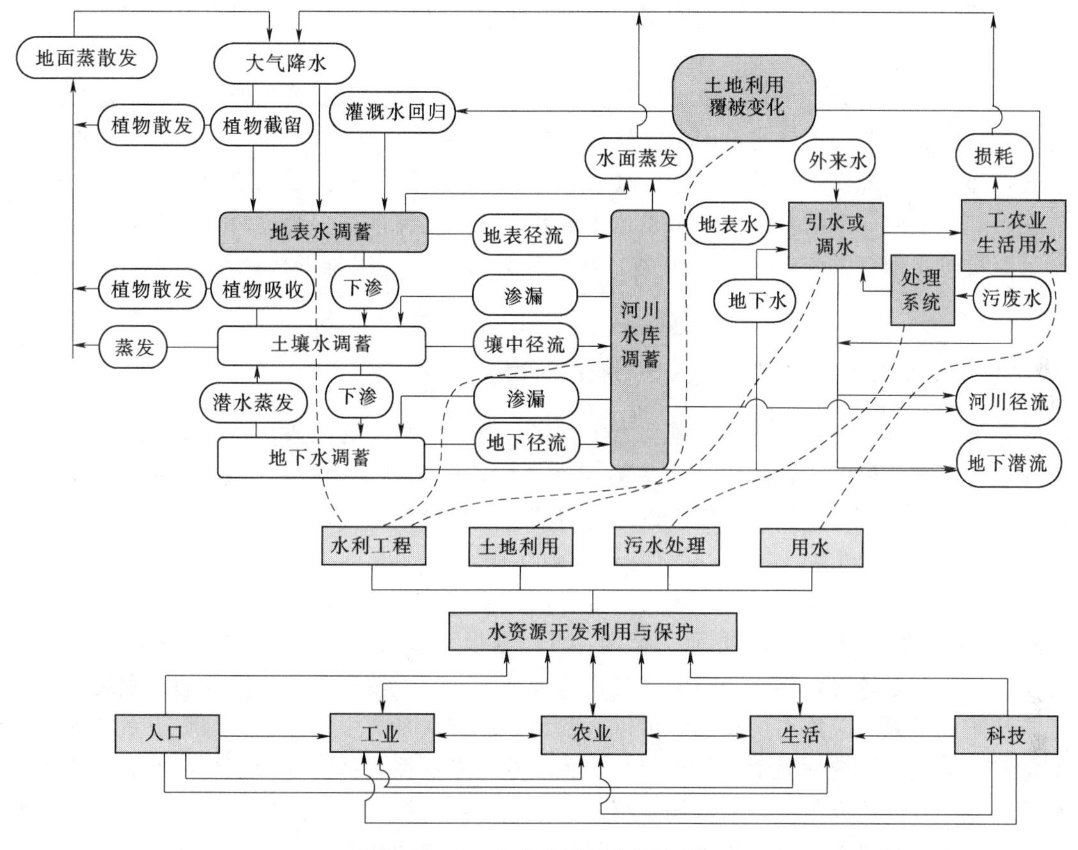

图9.4.1 人水系统概念示意图

现实的人文系统与水系统存在密不可分的关系。水系统是人文系统构成和发展的基础，制约着人文系统的具体结构和发展状况。可利用水资源是复杂大系统运转的基本支撑条件，然而，它有限的承受能力迫使人们不能过度利用。人文系统反作用于水系统，人文系统不同发展模式可以使水系统朝着良性或恶性等不同状况发展。经济社会系统的调节，将直接或间接影响水系统的正常运行，对水资源采取开发与保护并重的举措，才能走人水和谐的道路。

从图9.4.1可以看出：①在人水系统中，包含以蒸发、降水和径流等方式进行的周而复始的自然水循环过程。因此，在人水系统定量化研究中，同样需要利用水循环的规律、实验手段和模型方法；②在人水系统中，又包含受人类活动影响作用的社会水循环过程。在进行水系统研究时，同样要考虑经济社会变化规律，需要把经济社会发展内在规律研究成果带入到水系统研究中，真正实现人水系统的耦合研究。

根据以上分析，可以看出，人水系统模拟的关键问题有两方面：①在自然水循环、社会水循环定量模拟中，如何把经济社会系统模型耦合进来？过去常用的方法是，把经济社会发展指标看作水循环模型的输入参数；或把建立的两个模型放在一起组成一个耦合模型。这两种处理方法都不能全面反映人水系统复杂的耦合关系；②在经济社会发展规划、变化预测、宏观调控中，如何实时定量考虑水循环系统变化带来的影响和反馈作用？因为水循环规律十分复杂，具有很深的理论基础，所以，社会学、经济学研究也很少深入涉及水科学领域。

因此，如何建立人水系统模拟模型是关注的难点问题。由于系统的复杂性，定量描述这一系统内部复杂关系就非常困难，目前大致有两种途径：①从水文学、生态学、地理学角度，建立水系统模型；从经济学、社会学角度，建立经济社会系统模型。把这两个模型放在一起，组成一个耦合模型，来表达人水系统的互动关系；②通过两个模型的中间关系变量直接建立耦合系统的动力学模型。这两种处理途径都很难形成一个完整的系统模拟方法。

9.4.2　嵌入式系统动力学（ESD）的提出

在研究经济社会系统中，系统动力学方法具有得天独厚的优势。系统动力学（system dynamics）是一种以计算机仿真技术为辅助手段，研究复杂经济社会系统的定量分析方法。它自20世纪50年代中期创立以来，得到了广泛应用，包括在水资源开发利用、规划与管理等方面的应用。

系统动力学是以反馈控制理论为基础，以仿真技术为手段，建立的方程主要包括状态变量（L）方程、速率（R）方程、辅助（A）方程等。系统动力学在处理区域、全国乃至全球的复杂系统时，具有明显的优势。在处理定性因子较多、十分复杂的大系统时，其他方法难以奏效，应用系统动力学可以大致认识和解决系统中的问题。这些是系统动力学的优势。但是，系统动力学在处理像人水系统这样专业性很强的复杂系统，不能充分利用相关专业已有的研究成果，只依靠系统动力学本身的系统方程已经显得很单薄，大大限制了它的应用。这也是传统系统动力学在复杂系统中应用的弊端。

为了解决这一问题，笔者在文献［5］中提出了更具实用意义的嵌入式系统动力学（embedded system dynamics）方法。该方法是在系统动力学理论方法的基础上，考虑到研究系统（如人水系统）自身的特点和规律，充分利用现有的相关理论方法，在系统动力学模型的基础上，加入其他学科的定量化模型，形成耦合的模型。该模型既全面吸收系统动力学的优点，同时又接纳了相关学科的研究成果，大大提升了系统动力学的应用研究能力，同时也解决了复杂而又有专业特点的系统模拟问题，适用于诸如“人水系统”这样复杂系统的研究。

9.4.3　嵌入式系统动力学（ESD）模型介绍

嵌入式系统动力学（ESD）是对传统系统动力学的有益改进，核心内容包括以下几方面。

（1）在建模思路上，把反映系统的专业模型作为一个个子模块，嵌入到系统动力学模型中。也就是说，除了包括 L 方程、R 方程、A 方程外，还增加一些其他专业模块，比如水文模型模块、水库调度模块、河道演进模块、水资源管理模块、优化调度模块等。

列举一个简化的例子。假定一条河流，人类活动只有生活饮用水，其模型流图见图 9.4.2。在该模型中，不仅用到人口变化速率方程、状态变量方程，而且用到河流水量模型。

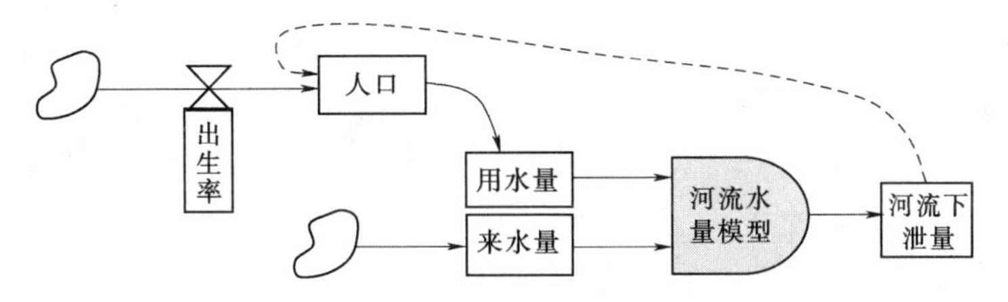

图 9.4.2　一种简化的生活用水-河流径流模型流图

(2) 在计算方法上，把专业模型看成一个有很多输入、输出的模块（简称 M），其输入、输出与系统动力学模型方程相对接，也可以把 M 作为系统动力学模型中一个具有多输入、多输出的方程，称为 M 方程。把 M 方程和系统动力学中其他模型方程放在一起，进行统一计算。

(3) 在计算程序编制上，系统动力学模型常采用专用的语言（DYNAMO 语言）。但是，很难用专用语言开发其他专业模块（M 方程），也很难直接引用现有专业模型的研究成果。鉴于此，需要针对嵌入式系统动力学特点，采用目前常用的计算语言（如 VB、VC＋＋、Fortran）来开发计算机软件。

9.4.4　人水系统模拟的嵌入式系统动力学模型框架

人水系统是一个庞大而又复杂的自然-社会复合大系统，既有自然属性，又有社会属性。具有长时效、多层次、高阶非线性、动态性、自组织性等特征，难以用一般的数学方法对其进行量化描述和分析，运用系统动力学有不可比拟的优势。然而，在该系统中，又包含复杂的自然水循环过程、社会水循环过程、人类开发利用水资源过程，难以用系统动力学方法来描述，需要运用水循环过程、水资源管理等专业模型来描述。也就是说，传统的系统动力学模型的应用受到一定限制，需要建立一个嵌入式系统动力学模型。

图 9.4.3 是一个简化的流域人水系统 ESD 模型流图。在这个 ESD 模型中，包括一般系统动力学方程（如 L 方程、R 方程、A 方程），还嵌入了水循环模型（M 方程）。经济社会系统变化主要通过系统动力学方程来表达。水循环模型的输入包括自然界某些参数（如降水量）、经济社会变化方程中的一些参数，通过模型计算，输出水量、水质、生态环境指标参数。这些参数又制约着工业、农业、生活的变化。这样，就形成一个十分复杂的反馈系统。

该系统 ESD 模型方程主要包括以下几方面。

(1) 状态变量（L）方程。状态变量包括人口数、工业产值、农业产值、科技投入、生活用水量、工业用水量、农业用水量、工程建设投资、降水量、河流水量、水质类型、生态环境质量。在系统动力学中，状态变量是常见变量，用一般状态变量方程表示，比如：

$(K+1)$时段的人口$=K$ 时段人口$+$(出生率$-$死亡率$+$迁入率$-$迁出率)$\times$时段

(2) 速率（R）方程。速率是代表状态变量方程中输入与输出变化的量，用速率方程表示。比如出生率、工业产值增长率、农业产值增长率、工程建设投资增长率等。

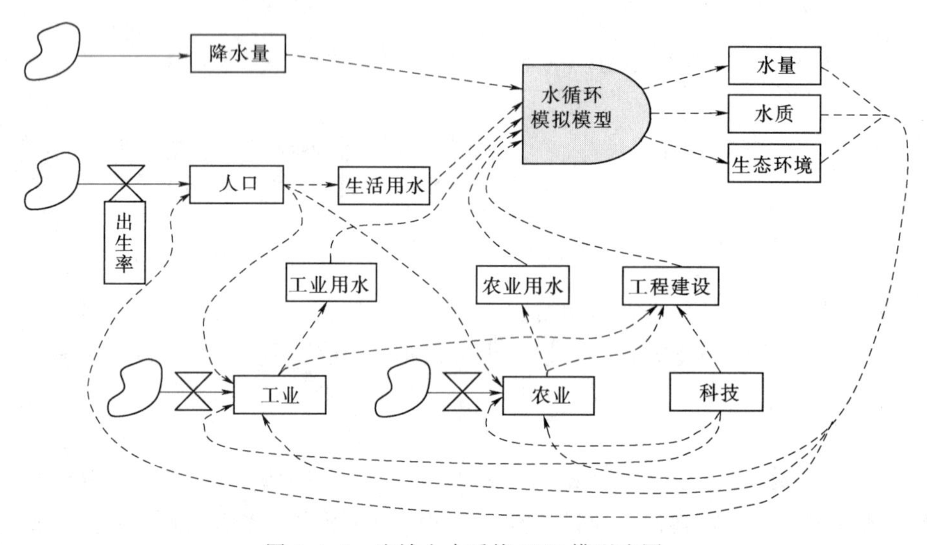

图 9.4.3　流域人水系统 ESD 模型流图

(3) 辅助（A）方程。在系统动力学中，把反馈系统中描述信息的运算式称为辅助方程。辅助方程没有统一的标准格式，可由现在时刻的其他变量表达。比如科技投入延迟、工程建设投资率、生活用水定额、工业用水定额、农业用水定额等。

(4) 专业模块（M）方程。这是嵌入式系统动力学新增加的方程，主要由一些专业模块组成，比如水循环模拟模型。在水文学中，反映水系统变化的专业模型很多，比如，在本章第 2 节介绍的水文-生态耦合系统模型，本书第 8 章介绍的分布式水文模型，以及水质运移模型、地下水运动模型等。

9.4.5　人水系统 ESD 模型应用实例

1. 实例区概况

文献 [6] 给出的一个应用实例，以一个相对独立的城市区为例（图 9.4.4），介绍 ESD 模型建立过程与计算结果。

2005 年，该区人口 25.96 万人，其中，非农业人口 16.03 万人，农业人口 9.93 万人；工业总产值 279276 万元，农田灌溉面积 43515 亩，城市人均生活用水量 227L/(d・人)，农村人均生活用水量 40L/(d・人)，工业万元产值用水量 39.5m^3/万元，农田灌溉定额 430m^3/亩。

该区地表水可利用量 284.60 万 m^3，地下水可利用量 2860.20 万 m^3，外调水可利用量 3000.00 万 m^3，总水资源可利用量 6144.80 万 m^3。

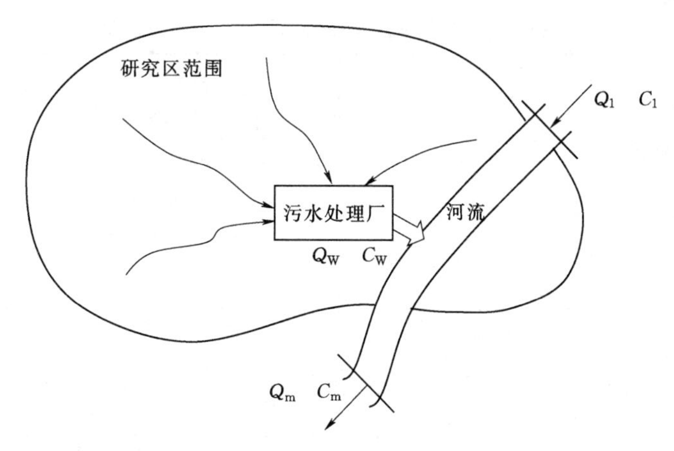

图 9.4.4　研究区污水排放及河流示意图

2005 年，工业污水排放率 0.8，工业污水量 882.51 万 m^3；农业污水排放率 0.17，农业污水量 318.09 万 m^3；城市生活污水排放率 0.8，城市生活污水量 1062.53 万 m^3；合计排放污水量 2263.14 万 m^3。所有排放的污水集中在一条管道，其 COD 平均浓度 121mg/L。2005 年经污水处理厂处理的污水量为 1980 万 m^3，污水处理后的 COD 浓度为 30mg/L，排入到河流中。河流上游来水平均流量 0.63m^3/s，平均 COD 浓度 15mg/L。河流下游有一控制断面，根据水功能区对水质要求，控制断面 COD 浓度要控制在 30mg/L 以下。

2. 系统动力学模型计算结果

根据建立的模型，我们计算到 2030 年，为了表达的方便，这里只选取到 2020 年结果（以下类同），见表 9.4.1。在这个计算结果中，没有考虑水资源可利用量的限制和控制断面水质的限制。经水文学计算，结果见表 9.4.2。从表 9.4.2 可以看出，如果按照这种假设进行计算，该区从 2018 年开始，总用水量大于可利用水量，不符合水资源可利用量的限制条件；更有甚者，从 2008 年开始，控制断面 COD 平均浓度大于 30mg/L，不符合控制断面水质的限制条件。因此，这种处理和计算显然不合实际，必须考虑水资源系统的变化及控制因素。

表 9.4.1　　　　研究区经济社会系统动力学模型计算结果

年份	人口/万人	工业产值/万元	农业产值/万元	年份	人口/万人	工业产值/万元	农业产值/万元
2006	26.47	304299	12478	2014	30.53	579221	12781
2007	27.00	331564	12516	2015	31.02	624400	12819
2008	27.54	361272	12553	2016	31.38	662801	12858
2009	28.10	393643	12591	2017	31.74	703563	12896
2010	28.67	428913	12629	2018	32.10	746832	12935
2011	29.12	462368	12667	2019	32.47	792762	12974
2012	29.58	498433	12705	2020	32.85	841517	13013
2013	30.05	537311	12743				

表 9.4.2　　计算的各年总用水量及控制断面 COD 平均浓度

年份	总用水量/万 m^3	控制断面 COD 浓度/(mg/L)	年份	总用水量/万 m^3	控制断面 COD 浓度/(mg/L)
2005	4447.4	26.1	2013	5512.6	38.8
2006	4506.8	27.4	2014	5693.6	40.6
2007	4650.7	29.0	2015	5886.2	42.3
2008	4804.6	30.8	2016	5861.6	42.5
2009	4969.3	32.7	2017	6016.2	43.9
2010	5145.8	34.6	2018	6178.7	45.3
2011	5181.9	35.4	2019	6349.5	46.7
2012	5342.2	37.1	2020	6528.9	48.1

3. 嵌入式系统动力学模型计算结果

针对该实例区，建立的 ESD 模型方程除了包括上文建立的一般系统动力学方程外，还包括专业模块（M）方程。针对本例（图 9.4.5），专业模块主要有两类 M 方程。

（1）水量模型方程。

水量计算方程为

$$W_{Lost}=W_{Indu}+W_{Arg}+W_{Urban}+W_{Rural}$$

式中：W_{Indu}为工业用水量；W_{Arg}为农业用水量；W_{Urban}为城镇生活用水量；W_{Rural}为农村生活用水量；W_{Lost}为总利用水资源量。

总利用水资源量 W_{Lost}应小于或等于水资源可利用量。

排放水量计算方程为

$$\sum W_{排水}=W_{Indu}\mu_{Indu}+W_{Arg}\mu_{Arg}+W_{Urban}\mu_{Urban}+W_{Rural}\mu_{Rural}$$

式中：μ_{Indu}为工业用水排放系数；μ_{Arg}为农业用水排放系数；μ_{Urban}为城镇生活用水排放系数；μ_{Rural}为农村生活用水排放系数；$\sum W_{排水}$为用水总排放量。

根据水量平衡原理建立的控制断面径流量计算方程：

$$Q_m=Q_1+Q_W-\xi(Q_1+Q_W)$$

式中：ξ 为水体水量总消耗系数；Q_1 为排放的河流上游来水量，m^3；Q_m 为控制断面径流量，m^3；Q_W 为污水排放量，m^3。

（2）水质模型方程。污染物排放总量计算方程：

$$W_W=Q_W C_W$$

式中：C_W 为污水处理前污染物综合浓度，kg/m^3；W_W 为污染物排放总量，kg。

污染物排入河流水体的总量计算方程：

$$W_{WD}=Q_W\mu C_D+Q_W(1-\mu)C_W$$

式中：C_D 为污水处理后污染物浓度，kg/m^3；μ 为污水处理率；W_{WD}为污水处理后污染物排放总量，kg。

根据物质平衡原理，建立零维水质模型方程：

$$Q_m C_m=Q_1 C_1+W_{WD}-\beta(Q_1 C_1+W_{WD})$$

式中：β 为污染物综合消减率，无量纲。

另外，还增加一些状态变量，如生活用水量、工业用水量、农业用水量、水资源量、河流水量、水质类型。

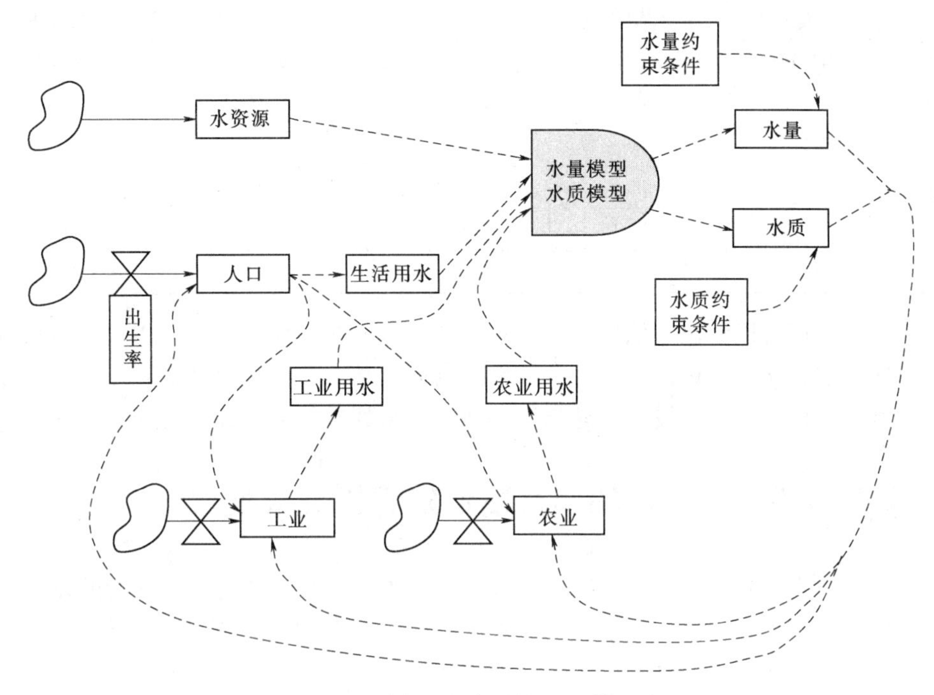

图 9.4.5　研究区人水系统 ESD 模型流图

根据以上建立的 ESD 模型，经计算得到的结果见表 9.4.3。从表 9.4.3 可以看出，由于水资源可利用量限制条件和控制断面水质限制条件的加入，计算结果均满足要求，但经济社会发展速度从 2008 年后减缓，规模也在逐步趋于平缓（与表 9.4.1 相比较）。这一结果比较符合实际发展趋势。可见，考虑水资源变化模拟以及建立 ESD 模型是必要的，也是可行的。

表 9.4.3　　研究区人水系统 ESD 模型计算结果汇总表

年份	人口/万人	工业产值/万元	农业产值/万元	总用水量/万 m^3	控制断面 COD 浓度/(mg/L)
2006	26.47	304299	12478	4506.8	27.4
2007	27.00	331564	12516	4650.7	29.0
2008	27.33	349389	12538	4743.8	30.0
2009	27.43	355181	12545	4775.0	30.0
2010	27.50	359604	12550	4799.2	30.0
2011	27.69	371385	12566	4759.3	30.0
2012	27.75	375411	12571	4779.6	30.0
2013	27.81	379482	12577	4800.0	30.0
2014	27.87	383596	12582	4820.6	30.0

续表

年份	人口/万人	工业产值/万元	农业产值/万元	总用水量/万 m^3	控制断面 COD 浓度/(mg/L)
2015	27.91	386588	12586	4836.1	30.0
2016	28.10	400853	12608	4793.6	30.0
2017	28.13	403565	12613	4806.6	30.0
2018	28.16	406295	12617	4819.7	30.0
2019	28.20	408794	12620	4831.8	30.0
2020	28.22	411056	12624	4842.9	30.0

从表 9.4.3 还可以看出，该区总用水量在各年远未达到水资源可利用量，而水质控制目标已经达到临界状态。因此，从这一结果可以得出结论：该区发展的瓶颈是污水处理能力偏低，所以，可以通过建设污水处理厂，增加污水处理能力，提高该区发展规模。

9.5　水文系统与其他系统耦合模拟研究进展与展望

目前，针对水文系统模拟的研究已经取得一定进展，然而随着经济社会的发展，对于水文系统模拟的深入改良愈加迫切。单一水文系统模型常常无法满足人类社会多方面的需求，水文系统与其他系统的耦合模拟则恰恰弥补了这一缺陷，可以更加切合实际地反映现实情况。

9.5.1　近几年研究进展

近年来，水文系统与其他系统耦合模拟研究取得了长足的发展，主要以水文系统与生态系统、气候系统、人文系统之间的耦合模拟为主。

1. 水文系统与生态系统耦合模拟研究进展

水文-生态系统是一个十分复杂的大系统，其复杂性不仅表现在系统的结构，还表现在系统的影响因素。因水文系统与生态系统之间相互联系、相互影响，仅仅独立地研究水文过程或生态过程，不能系统地揭示水与自然生态相互作用的客观规律，也难以解决淡水资源短缺、水质恶化和生物多样性减少等生态问题。因此，水文系统与生态系统的耦合模拟研究成为近年来研究热点[7]。

（1）模型构建方面。现有水文-生态耦合模型主要分为两类，一类直接将现有水文模型和生态模型进行耦合，另一类则在模型建立中就考虑了植被生长过程和流域水文循环，在模型内实现耦合。

近年来国际上新发展的水文-生态耦合模型主要有 RHESSys、DLEM、WASSI－C 等。这些模型已经可以将生态过程与水文过程进行耦合分析，基本实现生态-水文交互作用模拟。

RHESSys 模型开发于 2004 年。基于物理过程，可以动态模拟生态植被的变化过程，并有效地将水文过程和植被生长过程进行耦合。

DLEM 模型开发于 2010 年，是一个依据生态系统基本原理构建和发展起来的多影响因子驱动、多元素耦合、在多重时空尺度上高度整合的开放式生态系统过程模型。

WASSI－C 模型开发于 2011 年，是一个以水文模拟为核心的月尺度生态系统模型，由水分供需计算模型和水碳经验模型构成月尺度生态系统集成水、碳耦合模型，将水文系统与生态系统耦合研究。

在我国，研发的水文-生态耦合模型大多针对特定的流域和环境，或者是对已有的模型进行改良，使其更适应我国的实际情况。例如，国家自然科学基金重大研究计划“黑河流域生态-水文过程集成研究”，构建的黑河中下游流域尺度地下水-地表水-生态过程耦合模型（HEIFLOW）[8]。

（2）理论研究方面。目前主要针对 3 个方向进行深入：一是聚焦于水文-生态耦合模型，深入探求水文-生态过程的作用机制、耦合关系、尺度问题等，目的在于减小耦合模型内部的不确定性影响，比较各生态模型与水文模型耦合的可靠度，寻求更高效的方法，构建更符合现实情形的耦合模型；二是着力于区分生态系统和水文系统影响的定量分离研究，重点在于讨论两者间的相互作用，通过多模式集成的思路研究各个影响因子的作用大小，划分相互影响因素。寻求方法细致地刻画生态与水文耦合中的分支环节；三是致力于在生态系统与水文系统的耦合中加入其他影响因素，例如气候变化、人类活动等。以集成方式进行更完善的系统模拟，这也是目前水文系统与其他系统耦合研究的宏观发展方向。

2. 水文系统与气象系统耦合模拟研究进展

长期以来，水文系统与气候系统的发展过程相互独立。但随着气候变化与水文循环研究的不断深入，将气候模式与水文模型耦合的需求越来越迫切，自 21 世纪初以来，世界气候研究计划（WCRP）、国际地圈-生物圈计划（IGBP）、全球能量和水循环实验计划（GEWEX）等都将水文-气候耦合研究作为其重要内容[9,10]。

目前，气候变化与水文过程的相互作用关系研究主要集中于研究气候变化对水文过程的“单向”影响，针对水文过程对气候变化反作用的研究则较为少见。因此，近年研究主要针对两个方面：一方面是单向耦合的深入研究，研究气候变化对水文过程的影响，此类研究多采用“情景设置”方法，利用不同气候模式生成未来气候变化情形，然后驱动分布式水文模型，分析不同气候变化情景下水文要素的变化规律。例如 WRF 模式与 VIC、GBHM 等分布式水文模型的耦合研究；另一方面是双向耦合的深入研究，通过建立水文模型与气候模式的实时双向反馈，模拟流域尺度的水文过程，并根据水文模型结果对气候模式水循环要素进行修正，最终通过全耦合方式实现气候模式与水文模型的双向耦合。例如，Habets 等将陆面模式 ISBA 与大尺度水文模型进行耦合。另外，有一些研究者通过替换或改进气候模式内的水文模块，以改进气候模式对水文过程的模拟。

3. 水文系统与人文系统耦合模拟研究进展

随着社会经济的不断发展，人水互动关系不断增强，水文系统与人文系统逐渐演变为一个耦合系统，为更好地刻画水文系统与人文系统的互馈关系和协同演化过程，对耦合系统的变化作出合理预测，在 2012 年出现了社会水文学[11]。

社会水文学基于传统水文学和其他学科，将人文系统的社会驱动力和水文系统的自然驱动力视为“人-水”耦合系统的内生变量，运用历史分析、比较分析和过程分析并采用定量化的方法，理解和预测“人-水”耦合系统的协同演化过程。

目前人-水系统的耦合研究包含以下几方面内容。一是针对人水相互作用的宏观规律、分析框架、要素结构、驱动机制等进行讨论。例如王浩提出的“自然-社会”二元水循环理论[12]。二是尝试构建定量化的“人-水”耦合模型，对系统协同演化规律进行刻画和预测。基于社会学、经济学等学科的研究方法，对与水文系统相互作用的社会因子进行定量研究。例如陈吉宁等构建的城市二元水循环系统数值模拟体系。三是采用“情景设置”方法，利用耦合模型模拟研究不同情形下，水文要素的变化规律。对典型流域的耦合演化情况进行案例分析，对不同流域进行对比并总结耦合演化规律的异同。例如在澳大利亚墨累-达令河流域的研究。

9.5.2　研究展望

近年来水文系统与其他系统的耦合模拟研究取得了阶段性进展，但耦合模型在数据利用、关键环节刻画、双向耦合、多系统耦合方面尚存在不足，这些也是未来耦合模拟研究的重点内容。

（1）提高耦合模拟系统对数据的综合利用能力。多系统的耦合模拟必定需要利用不同系统的多源数据，然而不同系统观测数据的尺度、分辨率、周期等存在很大差异，并且随着观测技术的发展，观测所能得到数据的分辨率更高、数据量更大、质量更好。这些对耦合模型的多源数据利用和管理能力提出了更高的要求。因此在不断的耦合过程中，提高耦合模拟系统对数据的综合利用能力是耦合的重要前提条件。

（2）对系统的耦合模拟过程进行更深入、细致的刻画。随着人类社会的发展、生态系统的变化以及气候的变迁等，水文系统无时无刻不受到影响。为更精细地描述水文系统的变化，必须深入探索各系统之间的影响环节，掌握水文过程的物理规律，细致刻画其过程，最终才能实现对耦合过程的真实描述，反映现实情形。

（3）耦合模型的双向耦合研究尚为薄弱，需要深入研究。目前系统间的耦合研究多为单向耦合，但多系统之间往往相互影响。例如水文系统的变化受到气候系统的影响，但水文系统的变化又会作用于气候系统。随着精细化模拟的发展，需要细致刻画系统之间的相互影响，提高双向耦合模型的稳定性、实用性、通用性，才能实现对现实情况的真实反映。

（4）加强水文系统与多系统耦合的深入研究。随着水文系统与其他系统的耦合发展，必定会在水文、生态、气象、人文系统之间实现多者耦合，最终形成一个复杂的地球模拟系统。由于目前研究限制，无法完全掌握多系统之间的作用规律，目前研究大多仅考虑两两系统之间的影响。因此在今后研究中，加强多系统之间的耦合模拟，探讨水文-生态-气候-人文多系统的耦合模拟研究也是未来发展方向。

参 考 文 献

［1］　左其亭，王中根．现代水文学［M］．2版．郑州：黄河水利出版社，2006.
［2］　左其亭，夏军．陆面水量-水质-生态耦合系统模型研究［J］．水利学报，2002（2）：61-65.

[3] Qiting Zuo, Ming Dou, Xi Chen & Kefa Zhou. Physically - based model for studying the salinization of Bosten Lake in China [J]. Hydrological Sciences Journal. 2006, Vol. 51, No. 3: 432 - 449. ISSN 0262 - 6667.

[4] 左其亭，陈嘻．社会经济-生态环境耦合系统动力学模型 [J]. 上海环境科学，2001，22 (12)：592 - 594.

[5] 左其亭．人水系统演变模拟的嵌入式系统动力学模型 [J]. 自然资源学报，2007，22 (2)：268 - 273.

[6] 马军霞，左其亭．基于嵌入式系统动力学的人水系统模拟及应用 [J]. 水利水电科技进展，2007，27 (6)：6 - 9.

[7] 陈腊娇，朱阿兴，秦承志，等．流域生态水文模型研究进展 [J]. 地理科学进展，2011，30 (5)：535 - 544.

[8] 程国栋，肖洪浪，傅伯杰，等．黑河流域生态-水文过程集成研究进展 [J]. 地球科学进展，2014，1 (4)：431 - 437.

[9] 雷晓辉，王浩，廖卫红，等．变化环境下气象水文预报研究进展 [J]. 水利学报，2018，49 (1)：9 - 18.

[10] 占车生，宁理科，邹靖，等．陆面水文-气候耦合模拟研究进展 [J]. 地理学报，2018，73 (5).

[11] 田富强，程涛，芦由，等．社会水文学和城市水文学研究进展 [J]. 地理科学进展，2018，37 (1)：46 - 56.

[12] 秦大庸，陆垂裕，刘家宏，等．流域"自然-社会"二元水循环理论框架 [J]. 科学通报，2014 (z1)：419 - 427.

第3篇

应 用 实 践

第10章 水文学与水资源

水文学是水资源研究和开发、利用、保护的重要理论依据和技术支撑。水文学与水资源行业（包括规划、管理、开发、利用、保护与科学研究等）的关系十分密切，其密切的关系使人们常常把“水文学与水资源”放在一起来表征一个学科或一个专业，也常常把两者的研究工作放在一起。实际上，两者是有区别的。水文学主要是研究地球上水的起源、存在、分布、循环运动等变化规律（包括水资源的转化规律），既包括水资源的基础研究内容，也包括为水资源的应用服务内容。单纯从“水资源”一词来说，水资源是资源的一种，是地球上可以利用或有可能被利用的水源。水资源学主要是研究水资源形成、演化、运动规律及水资源合理开发利用的基础理论，指导水资源业务的知识体系。水文学是水资源学的重要科学基础，水资源学是水文学服务于人类社会的重要应用。

本章在《现代水文学（第二版）》[1]的基础上，吸收最近几年关于水资源学的新成果，介绍水资源学的主要内容及研究进展，阐述水文学与水资源学的联系；并介绍基于水文学开展的水资源承载能力计算、水资源优化配置，来说明水文学在水资源学中的应用。

10.1 水资源学概论

10.1.1 水资源与水资源学的概念

水资源的含义十分丰富，具有广义和狭义之分。广义的水资源，是指地球上水的总体。如在《英国大百科全书》中，水资源被定义为“全部自然界任何形态的水，包括气态水、液态水和固态水”。在《中国大百科全书·水利卷》中也有类似的提法，定义水资源为“自然界各种形态（气态、液态和固态）的天然水”。狭义的水资源，是指与生态环境保护和人类生存与发展密切相关的、可以利用的而又逐年能够得到恢复和更新的淡水，其补给来源为大气降水。该定义反映了水资源具有下列性质。

（1）水资源是生态环境的基本要素，是人类生存与发展不可替代的自然资源。

（2）水资源是在现有的技术、经济条件下通过工程措施可以利用的水，且水质应符合人类利用的要求。

（3）水资源是大气降水补给的地表、地下产水量。

（4）水资源是可以通过水循环得到恢复和更新的资源。

地球表面积约5.1亿km^2，海洋面积3.61亿km^2，占地球表面积的70.8%，海洋水量为13.38亿km^3，占地球总储存水量的96.5%。水圈内全部水体总储存量达到13.86

亿 km^3。这部分巨大的水体属于高盐量的咸水，除极少量水体能被利用（作为冷却水、海水淡化等）外，绝大多数不能被利用。地球上陆地面积为1.49亿 km^2，占地球表面积的29.2%，水量仅有0.48亿 km^3，占地球总储存水量的3.5%。就是在陆面这样有限的水体中也并不全是淡水，淡水量仅有0.35亿 km^3，占陆地水储存量的73%，而其中的0.24亿 km^3 则分布于冰川、多年积雪、两极和多年冻土中，现有的技术条件很难利用。人类可方便利用的水只有0.1065亿 km^3，占淡水总量的30.4%，仅占地球总储存水量的0.77%。

按照“水资源”的定义，通常把可被人类所利用的淡水资源称为水资源。也就是说，世界上水量丰富但水资源总量却极其有限。

水资源在时空分布上也有很大差异。在空间分布上，巴西、俄罗斯、中国、加拿大、美国、印尼、印度、哥伦比亚和扎伊尔等9个国家就占去了水资源总量的60%，而在中东、南非等地区水资源极其贫乏。在时间分配上，降水主要集中于少数丰水月份，而长时间的枯水期则少雨或无降水。无论是空间上还是时间上，水资源分配不均都给水资源的利用带来了不便。干旱缺水、洪涝灾害和水环境恶化是当今和未来的主要水问题，直接影响经济社会的可持续发展。这一状况迫使地球科学、水利工程等行业的科学家努力研究和解决日益严重的水问题，这也促进了水资源学的形成和发展。

人类在长期的水事活动过程中，逐步形成了有关水资源的专业知识和经验。但在相当一段时间内，有关水资源的知识和经验常融汇在其他已建立的学科中[2]，如水文学、地理学、自然资源学等。自20世纪中期以来，随着经济社会高速发展，人口过快增长，水资源问题日益突出，并直接影响到了社会发展和人类的生存环境，极大地促进学术界对水资源的研究。

水资源学（water resources science）是在认识水资源特性、研究和解决日益突出的水资源问题的基础上，逐步形成的一门研究水资源形成、转化、运动规律及水资源合理开发利用基础理论并指导水资源业务（如水资源开发、利用、保护、规划、管理）的知识体系[3]。

10.1.2 水资源学的研究内容

水资源学包括相互交叉、相互联系的三方面内容[3]。

（1）水资源的基本认识。包括对水资源概念、概况以及水资源形成、转化、利用基本知识的认识。这是水资源学的认识基础，也是学习水资源学的基础或入门。具体来说，就是要先对水资源的形成、转化、运动机理以及水资源在地球上的空间分布及时程变化规律、再生规律有一个初步认识。这是进一步学习水资源学基本理论，学习水资源开发、利用、保护、规划、管理等实践环节的基础。

（2）水资源学的基本理论。包括水量平衡原理、水质迁移转化原理、水资源价值理论、水资源优化配置理论、水资源可持续利用理论、人水和谐理论。这是水资源学这门学科的理论支撑。

（3）水资源工作主体内容。包括水资源评价、水资源保护、水权水价与水市场、水资源规划与水资源管理等。这些内容是水资源学服务于人类社会的重要理论方法及应用实践。

10.1.3 水资源学的主要进展与展望

随着水资源问题的日益突出，人们探索水资源规律和解决水资源问题的紧迫性不断增加，再加上科学技术飞速发展和人类的认识水平不断提高，人们对水资源问题的认识也不断深入，极大地带动水资源学的发展和学科体系的完善。自20世纪中期水资源学形成以来，其主要进展概括如下[3]。

（1）人们对水资源的认识从“取之不尽，用之不竭”的片面认识，逐步转变为对水资源的科学认识，逐步认识到“水资源开发利用必须与经济社会发展和生态环境保护相协调，走可持续发展的道路”。从水资源的形成、演化和运动规律上系统分析和看待水资源变化规律和出现的水资源问题，为人们解决日益严重的水资源问题奠定基础。这是水资源学发展的重要认识论进展。

（2）随着实验条件的改善和观测技术的发展，对水资源的形成、演化和运动的实验手段和观测水平得到极大的提高，促进了人们对水资源的认识和定量化研究水平的提高。通过实验分析，人们不仅掌握了水量的变化规律，还可以定量分析水质以及水与生态系统的变化过程。最近几十年来，人们做了大量的实验研究，极大地丰富了水资源学的理论和应用研究内容。这是水资源学发展的重要实验研究进展。

（3）现代数学理论、系统理论的发展为水资源学提供了量化研究和解决复杂的水资源系统问题的重要手段。随着经济社会发展，原本复杂的水资源系统受到人类的改造作用后变得更加复杂。针对这样复杂的水资源系统，面对水资源短缺、洪水灾害、水环境等问题，又要满足生活、工业、农业、生态等多种类型的用水需求，必须借用现代数学理论、系统理论的方法。最近几十年来，随着现代数学理论、系统理论的不断引入，极大地丰富了水资源学的理论方法研究内容。这是水资源学发展的重要理论方法研究进展。

（4）随着现代计算机技术的发展，对复杂的数学模型可以求得数值解，对复杂的水资源系统可以寻找解决问题的途径和对策，可以多方案快速进行对比分析，可以建立复杂的定量化模型，可以实时进行分析、计算和实施水资源调度。这些技术手段既丰富了水资源学的内容，也促进了水资源学服务于社会的应用推广。这是水资源学发展的重要技术方法研究进展。

（5）以可持续发展、人水和谐、生态文明为理论指导，促进现代水资源规划与管理的发展。传统的水资源规划与管理主要注重经济效益、技术效益和实施的可靠性。近几十年来，水资源规划与管理在观念上发生了很大变化，包括从单一性向系统性转变，从单纯追求经济效益向追求社会-经济-环境综合效益转变，从只重视当前发展向可持续发展战略转变，崇尚人水和谐，建设生态文明，在理论和应用上极大地推动了水资源学的发展。这是水资源学发展的重要应用研究进展。

随着经济社会发展，科学技术水平提高，水资源学正面临着一个前所未有的发展时期，这既是机遇又是挑战。对未来水资源学展望如下[3]。

（1）加强水文学、生态学以及水资源学的基础科学研究。水资源规划与管理特别关注对水文系统、生态系统未来变化的预测，它要求了解未来水文情势及环境的变化影响，包括全球气候变化和人类活动的影响；需要研究社会水循环、自然水循环的过程机理、定量描述方法，土地利用/覆被发生剧烈变化下的水资源转化规律的认识、模拟及评价方法，水系统结构、模拟及应用，气候变化和人类活动共同影响下水资源系统演变过程及应对机理等。然而，目前这些方面的研究还不足。这是水资源学科发展的重要基础。

（2）加强现代新技术、新理论（如遥感、地理信息系统、系统科学、决策支持系统等）在水资源学中的应用研究。使水资源的科学管理水平和效率有所提高，以适应现代水资源规划、管理以及开发利用的需要。比如，综合节水技术，水资源合理配置和高效利用方法，水利现代化建设体系，水资源快速监测、传输、储存及运行计算，水资源调控方案快速生成与评估、决策系统研发等。

（3）加强水资源新理论、新方法的研究和应用。水资源与气候资源、生物资源、土地资源、地下资源（指矿产资源）有着千丝万缕的联系。所以，研究水资源问题，必然会联系到其他资源、其他学科，不断引进新的理论、方法，总结探索水资源研究的新理论、新方法，这是促进水资源研究的重要基础。比如，水资源规划与管理方法，水资源承载能力和水资源可持续利用理论方法，人水和谐理论方法，最严格水资源管理理论方法，河湖水系连通理论方法等。

（4）加强水资源开发利用与社会进步、经济发展、环境保护相协调的研究。坚持可持续发展思想，考虑社会、经济、资源、环境相协调，考虑长远的效应和影响，包括对后代人用水的影响，这是水资源科学管理的必然要求。比如，全国、区域、流域尺度最优化水资源战略配置格局研究，社会-经济-水资源-环境的协调发展目标的量化方法，水资源与经济社会发展和谐调控理论方法、调控模型，水资源配置方案制定（包括社会发展规模控制、经济结构调整、用水分配方案、水资源保护措施）等。

（5）加强水资源系统中的不确定性研究。由于水资源系统中不确定性存在的广泛性、复杂性，再加上目前处理各种不确定性问题的研究方法仍处于探索阶段，使得水资源系统中的不确定性问题研究成为当今水资源科学研究一直在探讨的热点问题。正是由于自然界不确定性的存在，很多水资源问题（如洪水问题、干旱问题）的解决都受到这一问题的困扰。为了解决未来水资源问题，仍需要加强水资源系统中不确定性的研究。

（6）加强与其他学科的交叉运用和发展。水资源学是由水文学、水利工程学衍生和发展而来的一门学科。在水资源学成长和发展的过程中，不可避免地和已存在的有关学科之间发生交叉和重叠。特别是自20世纪后半叶以来，由于水资源危机日益突出，涌现了大量亟待解决的水资源问题，而这些问题的出现无不牵扯到经济社会发展和生态系统保护等诸多方面的内容，因此必须加强水资源学与其他学科的交叉运用。目前，与水资源学相交叉的主要学科有水文学、水资源经济学和水环境学等。

（7）加强适应生态文明建设的水资源保障体系研究。包括充分考虑生态保护的水资源优化配置技术、水资源合理分配与调度技术、水利工程优化布局与规划建设关键技术，生态需水保障技术，河湖水系连通与河流健康保障技术，防洪抗旱减灾自动监测、会商与体系建设，水资源安全保障体系建设，水资源开发利用自动监控、实时传输、会商决策技术等。

10.2　水文学与水资源学的联系

水文学与水资源学既有区别又有密切的联系。总的来说，水文学是水资源学的重要科学基础，水资源学是水文学服务于人类社会的重要应用方面。本节从以下两方面来分别阐述两者之间的联系。

10.2.1　水文学是水资源学的基础

首先，从水文学和水资源学的发展过程来看，水文学具有悠久的发展历史，是人类从利用水资源开始，并伴随着人类水事活动而发展的一门古老学科；而水资源学是在水文学的基础上，为了研究和解决日益突出的水资源问题而逐步形成的一个知识体系。因此，可以近似认为，水资源学是在水文学的基础上衍生出来的。

再从水文学与水资源学的研究内容来看，水文学是一门研究地球上各种水体的形成、运动规律以及相关问题的学科体系，其中，水资源的开发利用规划与管理等工作是水文学服务于人类社会的一个重要应用内容；水资源学主要包括水资源评价、配置、综合开发、利用、保护以及对水资源的规划与管理，其中，水循环理论、水文过程模拟以及水文机理等水文学理论知识是水资源学知识体系形成和发展的重要理论基础。比如，研究水资源可持续利用、水资源规划方案，需要建立量化模型，其中非常重要的要求是要考虑未来水文情势的变化，这就要求把研究区的水文模型作为一个基础模型嵌入到量化模型中（详见下文介绍）。再比如，研究水资源承载能力、水资源优化配置等内容，也需要水文学基本知识（如水循环原理、水文过程、水循环模拟）的支持。因此，可以说，水文学是水资源学发展的重要学科基础。

10.2.2　水资源学是水文学服务于人类社会的重要应用

下面，从水资源学的具体应用来说明这一关系。

（1）水循环理论支撑水资源可再生性研究，是水资源可持续利用的理论依据。水资源的重要特点之一是“水处于永无止境的运动之中，既没有开始也没有结束”。这是十分重要的水循环现象。永无止境的水循环赋予水体可再生性，如果没有水循环的这一特性，根本就谈不上水资源的可再生性，也不可能谈及水资源的可持续利用，因为只有可再生资源才具备可持续利用的条件。当然，说水资源是可再生的，并不能简单地理解为“取之不尽，用之不竭”。水资源的开发利用必须要保证在一定时间内水资源能得到补充、恢复和更新，包括水质的及时更新。也就是要求水资源的开发利用限制在水资源可再生能力之内。一旦超出它的可承受能力，水资源得不到及时的补充、恢复或更新，就会面临着水资源不足、枯竭等局面。从水资源可持续利用的角度分析，水体的总储水量并不都是可被利用的，也就是能够不断更新的那部分水量才能算作可利用量。

另外，水循环服从质量守恒定律，这是建立水量平衡模型的理论基础，也是水资源可持续利用研究的理论基础，由此可以看出水循环理论在水资源学中应用的重要性。

（2）水文模拟模型是水资源承载能力量化研究、水资源优化配置量化研究的基础模型。将自然水循环过程与社会水循环过程相结合分析，可揭示出水资源系统转化量化关系，这是水资源承载能力量化研究、水资源优化配置量化研究的基础。水文模拟模型是根据水文规律和水文学基本理论，利用数学工具建立的模拟模型。这是研究人类活动和自然环境变化下水资源系统演变趋势的重要工具。以前，在建立水资源配置模型和水资源管理模型时，常常把水资源的分配量之和看成是总水资源利用量，并把总水资源利用量看成是一个定值。而现实中，由于水资源相互转换，原来被利用的水有可能部分又回归到自然界（称为回归水），又可以被重复利用。也就是说，自然水循环过程与社会水循环过程相交叉，构成一个更复杂的循环过程。因此，在水资源配置、水资源管理、水资源承载能力计算等模型中，要充分体现这一复杂过程，需要把水文模拟模型作为基础模型嵌入到水资源模型中。

10.3　基于水文模拟的水资源承载能力计算

自然界中的水资源量是有限的。而有限的水资源能支撑多大的经济社会发展规模，即水资源到底能有多大的承载能力？这是水文学及水资源学研究的难点问题之一。

10.3.1　水资源承载能力的概念及内涵

水资源承载能力（carrying capacity of water resources，CCWR，又可翻译成 supporting capacity of water resources，SCWR）的概念，最早源自于生态学中的“承载能力”（carrying capacity）一词，是自然资源承载能力的一部分。其研究的主体是资源与环境系统，客体是人类或更广泛的生物群体。而“承载能力”的概念最早可以追溯到马尔萨斯（Malthus）的“人口理论”中关于“有限粮食对人口增长的支撑能力”的论述。从阅读的文献来看，水资源承载能力概念最早于20世纪80年代末期出现，最早由我国学者提出。之后的许多年中，我国不少学者对水资源承载能力的概念及计算方法进行了深入探讨[4]。

目前，对水资源承载能力的定义有很多种，从不同的角度有不同的理解，这里不再一一列举。无论什么样的定义，大都强调了“水资源的最大开发规模”或者“水资源对经济社会发展的支撑能力”。由于出发点不同，对概念的理解则存在较大差距，致使概念不统一。当然也没有必要一定要统一，因为出发点不同、理解不同、应用需求不同，对概念的理解和定义也可能不一样。作者曾对水资源承载能力给出如下定义：一定区域、一定时段，维系生态系统良性循环，水资源系统支撑经济社会发展的最大规模[5]，可以用图10.3.1简单示意。

从水资源承载能力的含义来分析，至少具有如下几点内涵。

（1）水资源承载能力的主体是水资源，客体是人类及其生存的经济社会系统和环境系统，或更广泛的生物群体及其生存需求。水资源承载能力就是要满足客体对主体的需求或压力，也就是水资源对经济社会发展的支撑规模。

（2）水资源承载能力具有空间属性。它是针对某一区域来说的，因为不同区域的水资源量、水资源可利用量、需水量以及社会发展水平、经济结构与条件、生态环境问题等方面可能不同，水资源承载能力也可能不同。

（3）水资源承载能力具有时间属性。在众多定义中均强调了“在某一阶段”，这是因

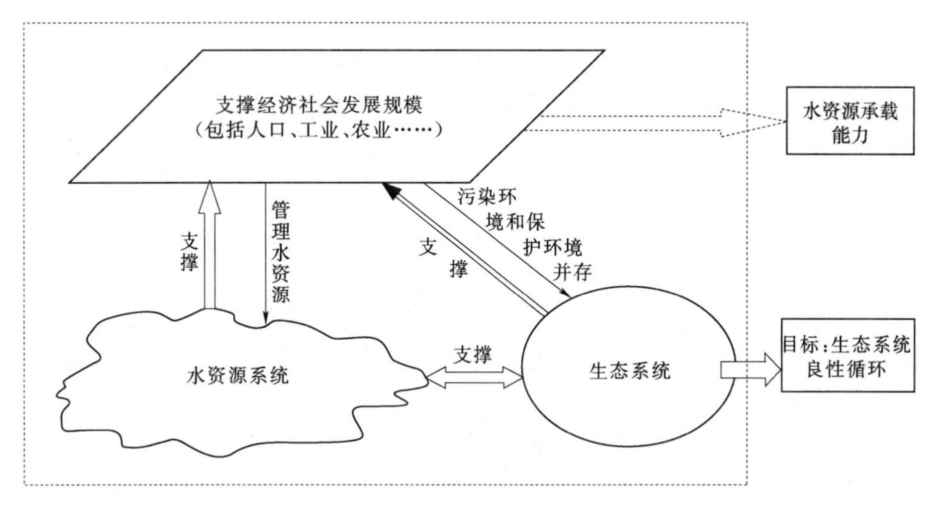

图 10.3.1　水资源承载能力概念示意图[4]

为在不同时段内，社会发展水平、科技水平、水资源利用率、污水处理率、用水定额以及人均对水资源的需求量等均有可能不同，水资源承载能力也可能不同。

（4）水资源承载能力对经济社会发展的支撑标准应该是以“可承载”为准则。在水资源承载能力的概念和计算中，必须要回答：水资源对经济社会发展支撑到什么标准时才算是最大限度的支撑。也只有在定义了这个标准后，才能进一步计算水资源承载能力。

（5）必须承认水资源系统与经济社会系统、生态系统之间是相互依赖、相互影响的复杂关系。不能孤立地计算水资源系统对某一方面的支撑作用，而是要把水资源系统与经济社会系统、生态系统联合起来进行研究。在经济社会-水资源-生态复合大系统中，寻求满足水资源可承载条件的最大发展规模，才是水资源承载能力。

图 10.3.1 可以形象地表达出水资源承载能力的概念，水资源系统与生态系统相互支撑、共同作用，来共同支撑经济社会系统。经济社会系统对水资源系统可以进行开发利用和保护，对生态系统一方面可以进行保护，另一方面又有可能进行破坏。因此，经济社会系统与水资源系统和生态系统之间又是相互制约的关系。如果支撑的经济社会规模太大，水资源系统和生态系统就难以支撑，难以确保水资源的可持续利用和生态系统的良性循环。

10.3.2　水资源承载能力计算方法总结

除了对概念和内涵进行很多讨论外，还有非常重要的内容是对水资源承载能力进行定量计算，目前已有大量的研究成果，概括起来可以分为 3 类[4]。

（1）经验公式法。就是运用某些经验公式或指标进行计算，以此来判断承载能力大小。目前已有的经验公式法有背景分析法、常规趋势法、简单定额法、指标计算法等。

这类方法的特色是计算相对简单，不足之处是对资源、环境、经济社会之间的联系考虑较少，对调控方案的技术支撑不足。如水利部水利水电规划设计总院 2016 年制定的《建立全国水资源承载能力监测预警机制技术大纲》水量要素评价推荐采用如下公式：

$$I_1 = W/W_0$$

$$I_2 = G/G_0$$

式中：I_1、I_2 分别为采用用水总量、平原区地下水开采量计算得到的水量要素评价系数；W 为用水总量；W_0 为用水总量指标；G 为平原区地下水开采量；G_0 为平原区地下水开采量指标。

水质要素评价推荐采用如下公式：

$$J_1 = Q/Q_0$$

$$J_2 = P/P_0$$

式中：J_1、J_2 分别为采用水功能区水质达标率、污染物入河量计算得到的水质要素评价系数；Q 为水功能区水质达标率；Q_0 为水功能区水质达标率要求；P 为污染物入河量；P_0 为污染物入河限排量。

该方法的优势很明显：方法简单、便于操作、便于推广，赞成在全国范围内开展水资源承载能力评价采用该方法。但其存在的问题也比较明显：①主要还是围绕水资源，与经济、社会、生态的直接联系少；②对环境发生变化的动态承载很难计算或把握；③如果水资源超载，其调控方案很难定量化，或制定的调控方案理由可能不充分。

（2）综合评价法。其基本思路是通过选定的指标与评价标准，采用某种评价方法，进行综合评价计算，得到计算值，据此进行承载能力评价。目前已有的综合评价法有综合指标法、模糊综合评价法、主成分分析法、投影寻踪法、物元可拓模型等。

该方法的问题是数学理论应用比较深入，但对水资源的系统性考虑不足；指标选择难以统一，评价标准难以确定，所以可能存在对评价结果的异议。

比如，多指标综合评价方法。一般研究过程为：选择指标→确定标准→综合计算→得出结果。这其中的问题有：指标选择多少、选择哪些，则因人而异，很难统一；评价标准如何确定，特别是承载或不承载的阈值很难统一；在综合评价计算中权重的确定既重要又困难，很难有较好的方法来解决。

（3）系统分析法。基本思路是将水资源承载能力的主体和客体作为整体一并考虑，通过系统研究，计算得到水资源承载能力。目前已有的系统分析法有系统动力学法、优化模型法、控制目标反推模型（COIM）法等[6,7]。

该方法的优势是考虑了水资源-经济社会-生态的复杂性和系统性，不足是计算方法复杂，不直观，推广应用难；在水资源系统模拟方面仍有欠缺，如何将水资源系统模型纳入统一模型中是难点。

10.3.3 水资源承载能力 COIM 计算方法框架

笔者于 2005 年紧扣水资源承载能力概念，提出了“基于模拟和优化的控制目标反推模型”方法（简称 COIM 方法）[6,7]。该方法是系统分析法的一种，比较好地紧扣水资源承载能力概念，反映了水资源与经济社会系统、生态系统的复杂关系，体现水资源系统对经济社会系统的支撑作用，笔者自认为 COIM 是目前比较科学的一种定量描述模型方法。

图 10.3.2 为 COIM 方法的结构和构建思路，其大致思路是：以“水资源循环转化关系方程、污染物循环转化关系方程”为基础系统模型，以“经济社会系统内部相互制约方程、水资源承载程度指标约束方程 $I \leqslant 1$、生态系统控制目标约束方程”为约束方程，以

“经济社会规模（人口、工业产值、农业产值等指标）最大”为目标函数，构建一个含众多系统方程、约束方程和目标函数的复杂系统优化模型。通过该模型的求解就可以得到水资源系统支撑的最大经济社会规模，即称作水资源承载能力。该方法的最大优点是：紧扣水资源承载能力概念，基于复杂的经济社会-水资源-生态复合系统模型，考虑水资源承载目标，通过优化模型，反推或优化计算得到最终结果，称该方法为“基于模拟和优化的控制目标反推模型”方法，简称 COIM 方法。

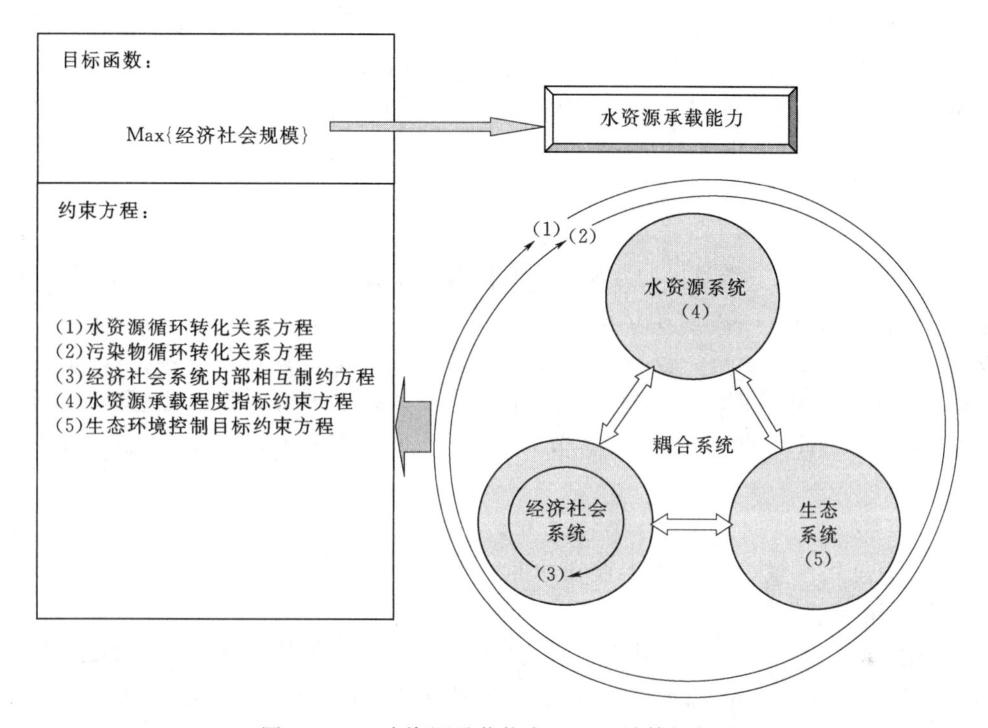

图 10.3.2　水资源承载能力 COIM 计算框架图

COIM 方法是把最大经济社会规模（代表水资源承载能力）作为目标函数，把水资源循环转化关系方程、污染物循环转化关系方程、经济社会系统内部相互制约方程、水资源承载程度指标约束方程以及生态环境控制目标约束方程联合作为约束条件，建立起一个优化模型。通过该优化模型的求解，得到的目标函数值就是水资源承载能力。

在 COIM 模型中，水资源系统、经济社会系统、生态系统本身的复杂性和相互制约关系得到了体现，并且水资源承载能力概念所要求的“生态系统良性循环”也作为模型的一个约束条件。水资源承载能力的计算结果既可以采用优化模型求解来得到，也可以采用计算机模拟由控制目标反推得到。

10.3.4　水资源承载能力 COIM 模型

10.3.4.1　表征经济社会-水资源-生态耦合系统的基础模型

在上文介绍的 COIM 模型中，需要建立表征经济社会系统、水资源系统、生态系统变化及相互制约关系的量化模型，作为模型的约束方程，用于表达“经济社会-水资源-生态”耦合系统互动关系。本书第9章介绍了经济社会-水资源-生态耦合系统模型，把该模型作为系统的结构关系模型，嵌入到COIM优化模型中，参与优化模型的计算，从而得到最大经济社会发展规模，即水资源承载能力。

10.3.4.2　水资源承载程度指标

（1）水资源量及可利用水资源量。把本区水资源量记为Q_{Self}。在水资源量中，由于经济、技术和天然消耗（包括生态用水）等原因，有部分水资源量不能被开发利用。把水资源量中的这部分量扣除，就得到可利用水资源量。它可以被用于工业、农业、生活以及其他用水。设水资源可利用综合系数为a，则本区可利用水资源量为aQ_{Self}。

另外，由于外区流入水量和区外调水，也可以增加可利用水资源量。设区外调水、来水总和为Q_{In}。污水资源化也可以增加水资源可利用量，设为Q_{again}。

则可利用水资源量（Q_{Can}）计算为

$$Q_{Can}=aQ_{Self}+Q_{In}+Q_{again} \tag{10.3.1}$$

式中：Q_{Can}为可利用水资源量；a为水资源可利用综合系数；Q_{Self}为水资源量；Q_{In}为区外调水、来水总可利用量；Q_{again}为污水资源化可利用水资源量。

（2）实际用（需）水量。包括工业用水量（W_{Indu}）、农业用水量（W_{Arg}）、生活用水量（W_{Life}）、其他用水（W_{Other}）。通常，对于现状及其以前年份，计算的是实际用水量；对于规划水平年，计算的是需水量。本节为了统一起见，都使用“用水量”这一概念。总用水量为

$$W_{Tal}=W_{Indu}+W_{Arg}+W_{Life}+W_{Other} \tag{10.3.2}$$

式中：W_{Tal}为总用水量；W_{Indu}为工业用水量；W_{Arg}为农业用水量；W_{Life}为生活用水量；W_{Other}为其他用水量。

在总用水量中，一部分水量被直接或间接消耗掉，另一部分水量（指经过处理后）又返回到水资源系统中（称回归水量）。但是，在回归水量中，不仅含有可利用的水分Q_{Ret}，还可能含有对生态有影响的污染物C_{Ret}。假设为了稀释或转化污染物C_{Ret}所需的水量为W_C。实际上，由于人类活动带来的水资源量损失总共为

$$W_{Lost}=W_{Tal}-Q_{Ret}+W_C=W_{Indu}+W_{Arg}+W_{Life}+W_{Other}-Q_{Ret}+W_C \tag{10.3.3}$$

式中：W_{Lost}为总利用水资源量；Q_{Ret}为回归水中所含的水分；W_C为稀释或转化污染物质C_{Ret}所需的水量，其中C_{Ret}为回归水中所含的污染物质；其他符号意义同前。

污染物质C_{Ret}稀释或转化所需的水量W_C的计算，可以采用水环境容量计算模型，在假定水环境目标的前提下，计算为了达到水质标准时必须向河流补放的水量（假设存在供水水源），即为W_C。

（3）水资源承载程度指标。用“水资源承载程度指标I”来表达水资源对经济社会发展所经承受压力到了什么程度：

$$I=\frac{W_{Lost}}{Q_{Can}} \tag{10.3.4}$$

式中：I为水资源承载程度指标。

当$I>1$时，说明已经超出水资源承载能力，且随着I值增加，超载越严重；当$I=1$时，说明处于水资源承载能力临界状态；当$0<I<1$时，说明在水资源承载能力范围之

内，且随着 I 值的减小，可以再增加的承载能力就越大。

10.3.4.3　水资源承载能力 COIM 模型

根据上文介绍的水资源承载能力 COIM 计算方法框架，COIM 模型应包括如下方程。

（1）水资源循环转化关系方程。从水资源的形成、人为引用、蒸发、排放，再回到水体，水资源经历了复杂的循环转化过程。在量化研究水资源承载能力时，需要建立水资源循环转化方程，以作为水资源承载能力计算的基础方程。

综合以上论述和建立的相关水量方程，可以写出如下水资源循环转化方程组：

$$\begin{cases} P+Q_{调}+Q_{入}=E+W_{Cons}+\Delta V_{地下水}+\Delta V_{地表水}+Q_{出} & \text{（总水量平衡方程）} \\ Q_{Can}=aQ_{Self}+Q_{In}+Q_{again} & \text{（可利用水资源计算方程）} \\ Q_{Can}=W_{Indu}+W_{Arg}+W_{Life}+W_{Other}+\Delta W & \text{（可利用水资源分配方程）} \\ W_{Indu}+W_{Arg}+W_{Life}+W_{Other}=W_{Cons}+W_{Ret} & \text{（水资源利用-消耗转化方程）} \\ W_{Cons}=E_{I}+E_{A}+E_{L} & \text{（水资源消耗量计算方程）} \\ W_{Ret}=C_{Ret}+Q_{Ret} & \text{（水资源利用后回归量计算方程）} \end{cases} \tag{10.3.5}$$

式中：P 为降水量；$Q_{调}$ 为从区外调水总量；E 为总蒸发量（包括降水、地表水体、地下潜水蒸发及植物蒸腾）；W_{Cons} 为总消耗水量；$\Delta V_{地下水}$ 为地下水体蓄水量的变化量；$\Delta V_{地表水}$ 为地表水体蓄水量的变化量；$Q_{入}$ 为区外流入本区的水量；$Q_{出}$ 为流出本区的水量；ΔW 为剩余的可利用水资源量（剩余为正，不足为负）；E_{I} 为工业用水消耗水量；E_{A} 为农业用水消耗水量；E_{L} 为生活用水消耗水量；W_{Ret} 为总回归水量。

（2）污染物循环转化关系方程。从污染物的产生、排放、转化、吸收等过程中，污染物经历了复杂的循环转化过程。在量化研究水资源承载能力时，需要建立污染物循环转化方程，以作为水资源承载能力计算的基础方程。

建立的污染物循环转化方程至少包括污染物排放量计算方程、水质模拟方程，它们分别表达了污染物的产生、运移过程。污染物排放量可以分单元进行计算，水质模拟方程有零维模型、一维模型、二维模型等。为了叙述上的方便，下面仅列举其中一种组成污染物循环转化方程组。

$$\begin{cases} W_{WD}=\sum_{i=1}^{n}[Q_{W_i}\mu_i C_{D_i}+Q_{W_i}(1-\mu_i)C_{W_i}] & \text{（污染物排入河道总量方程）} \\ Q_{m}C_{m}=Q_{1}C_{1}+W_{WD}-\beta(Q_{1}C_{1}+W_{WD}) & \text{（水质模拟方程）} \end{cases} \tag{10.3.6}$$

式中：C_{D_i} 为第 i 计算单元污水处理后某污染物浓度，g/L；μ_i 为第 i 计算单元污水处理率；W_{WD} 为污水处理后某污染物排放总量，kg；Q_{W_i} 为第 i 计算单元污水排放量，m^3；C_{W_i} 为第 i 计算单元污水中某污染物综合浓度，g/L；Q_m 为控制断面径流量，m^3；C_m 为控制断面浓度，g/L；Q_1 为排放的河流上游来水量，m^3；C_1 为上游断面来水中污染物浓度，g/L；β 为污染物综合消减率，无量纲，对难降解的污染物，$\beta=0$。

（3）经济社会系统内部相互制约方程。这一制约方程的建立有两种途径：一是以水资源作为纽带。因为可利用水资源量是有限的，各用水部门之间具有矛盾的用水关系。一个部门多用了水，另一部门可能就会少用水；二是通过经济-社会系统内部的需求作为纽带。

因为经济-社会系统是一个相互制约的整体，比如，人口多了就要吃饭，就要发展农业；要提高生活水平，就要发展工业。另外，如果计算规划水平年的水资源承载能力，还要建立经济社会发展预测模型方程。

以水资源作为纽带，建立水资源与人口-工业-农业系统关系方程：

$$\begin{cases} W_{\mathrm{Indu}}=Y_{\mathrm{Indu}}a_{\mathrm{Indu}} \\ W_{\mathrm{Arg}}=Y_{\mathrm{Arg}}a_{\mathrm{Arg}} \\ W_{\mathrm{Life}}=Pa_{\mathrm{P}} \end{cases} \tag{10.3.7}$$

式中：Y_{Indu}、Y_{Arg}、P 分别为工业产值、农业产值、人口数；a_{Indu}、a_{Arg}、a_{P} 分别为工业万元产值利用水资源量、农业万元产值利用水资源量、人均用水量；其他符号意义同前。在农业用水量计算方程中也可以用灌溉面积乘以灌溉定额进行计算，道理是一样的。

以经济-社会系统内部需求作为纽带，建立人口-工业-农业相互制约关系方程，可能会因不同地区的发展战略不同，有不同的制约方程。为了方便表达，统记作：

$$\mathrm{SubMod}(R,I,A) \tag{10.3.8}$$

当讨论规划水平年时，还需要建立经济社会发展预测模型（如果仅讨论现状年就不需要建立该模型），以预测未来经济社会各项指标。对经济社会发展预测的研究，已有大量的研究成果和成熟的理论。把对经济-社会系统建立的模型方程统记作：

$$\mathrm{SubMod}(SESD) \tag{10.3.9}$$

（4）水资源承载程度指标约束方程。要求“水资源承载程度指标 I 小于等于 1”，即有如下约束方程：

$$I\leqslant 1 \tag{10.3.10}$$

（5）生态系统良性循环控制目标方程。水资源承载能力计算的标准是要保持“生态系统良性循环”。现在的问题是，什么样标准算是达到了良性循环？这就需要通过一组量化方程来描述。这个方程组至少由 3 部分组成：污染物总量控制方程、污染物浓度控制方程以及河流水量控制（如最小基流要求）方程，写出如下通式形式：

$$\begin{cases} Q_{\mathrm{m}}C_{\mathrm{m}}\leqslant W_{\mathrm{s}} \\ C_{\mathrm{m}}\leqslant C_{\mathrm{s}} \\ Q_{\mathrm{m}}\geqslant Q_{\mathrm{s}} \end{cases} \tag{10.3.11}$$

式中：W_{s} 为污染物总量控制目标值，kg；C_{s} 为控制断面浓度控制目标值，g/L；Q_{s} 为河流径流量控制最小目标值，m^3；其他符号意义同前。

（6）目标函数。按照水资源承载能力的定义，要把表达“最大经济社会规模”的函数作为模型的目标函数。但是，由于表征经济社会规模的指标比较多，如人口数、工业产值、农业产值等。如果表征水资源承载能力的指标不是一个，而是多个，建立的将是多目标模型。在很多情况下，人们习惯用“人口数”单一指标来表示，这样就成为单目标模型，目标函数表示如下：

$$\mathrm{Max}(P) \tag{10.3.12}$$

需要补充说明的是，由于在模型约束方程中加入了“经济-社会系统内部相互制约方程”，它能够制约人口-工业-农业主要指标之间的关系，在确定最大人口数的同时也就得到了相应的其他指标，如工业产值、农业产值等。

(7) 水资源承载能力计算模型。把上文建立的目标函数式(10.3.12)与约束条件方程式(10.3.5)~式(10.3.11)组合在一起，就构成了水资源承载能力计算模型。该模型是一个“以经济-社会-水资源-生态系统相互制约(模拟)模型为基础，以维系生态系统良性循环为控制约束，以支撑最大经济社会规模为优化目标”，而建立的最优化模型。通过该模型求解(或控制目标反推)，可以得到“水资源能够支撑的最大经济社会规模”，这就是水资源承载能力。此方法被称为“基于模拟和优化的控制目标反推模型”方法(简称 COIM 方法)。

10.3.4.4　COIM 模型计算

一般情况下，所建立的水资源承载能力 COIM 模型是一个极其复杂的非线性优化模型。直接求解该模型比较困难。可以有两种求解途径：一是采用“数值迭代法”，求解近似最优解；二是采用计算机模拟技术，分方案搜索，寻找出最优方案。本节只介绍“数值迭代法”的计算步骤(图 10.3.3)。

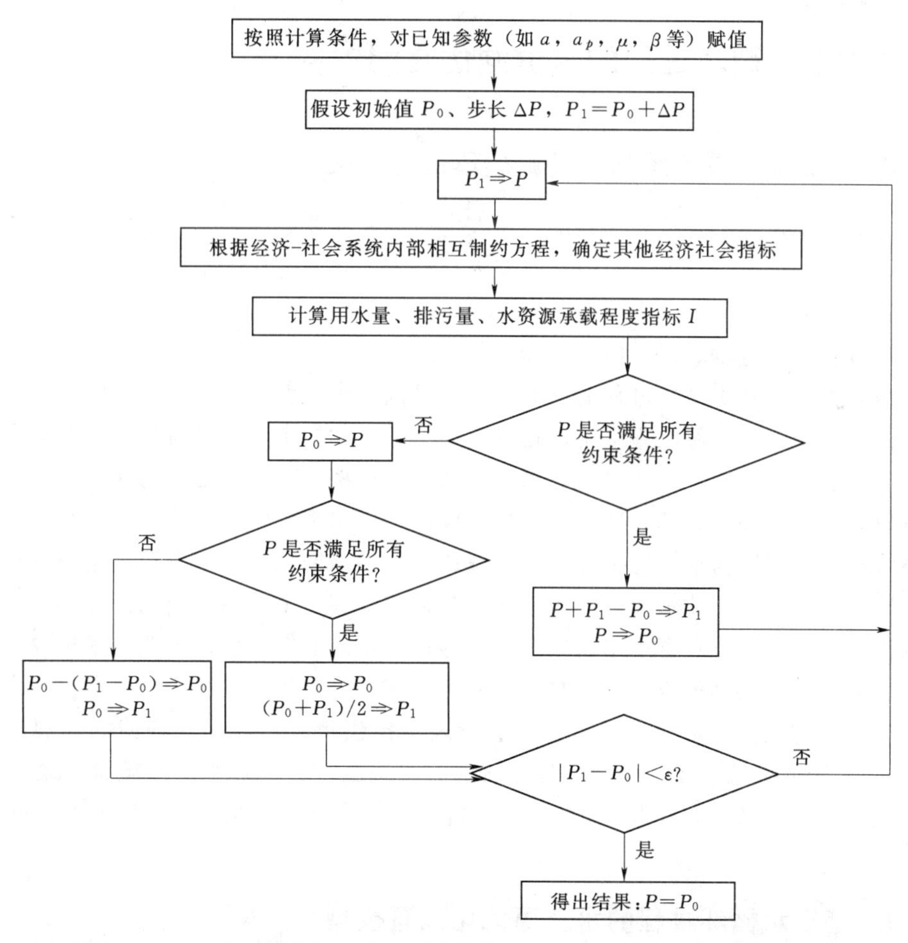

图 10.3.3　水资源承载能力计算“迭代算法”程序框图(左其亭等，2005)

(1) 按照计算条件，对已知参数(如 a，a_p，μ，β 等)赋值。在现状水平年，以实际数据为主要依据；在规划水平年，可以采用规划值或计算值。当然，也可以在计算软件中预设一个输入接口，随时变化这些参数，随时再计算，得到相应的计算结果。

（2）假设初始值 P_0、步长 ΔP，计算 $P_1=P_0+\Delta P$。针对某一区域，可以选择现状区域人口数的一半（取整数）作为初始值 P_0。当然，也可以选择其他初始值，这不影响计算结果。

（3）分别用 P_0 和 P_1 代入 P 进行计算，判断 P_0 和 P_1 是否满足约束方程。如果 P_1 满足约束方程，令 $P_2=P_1$，$P_3=P_1+\Delta P$；如果 P_0 满足而 P_1 不满足约束方程，令 $P_2=\frac{1}{2}(P_1+P_0)$，$P_3=P_1$；如果 P_0 和 P_1 均不满足约束方程，令 $P_2=P_0-(P_1-P_0)$，$P_3=P_0$。

（4）再分别用 P_2 和 P_3 代入 P 进行计算，判断 P_2 和 P_3 是否满足约束方程。重复步骤（3）的方法，直到 $|P_{i+1}-P_i|<\varepsilon$，且 P 满足约束方程，得到近似最优解 $P=P_i$。

得到的最大值 P_i，就是要求的水资源承载能力。

10.4 基于水循环过程的水资源优化配置

10.4.1 水资源配置系统与水资源循环系统的关系

水资源系统是一个复杂的大系统。在人类活动未涉及之前，是一个天然的系统，其降水补给、产流、汇流、径流过程以及地表水与地下水转化等作用是按照自然规律进行。但在人类活动影响作用下，人为改变了原有的水资源系统（包括水资源系统结构、径流过程以及作用机理等），使原来的水资源系统更加复杂。

按照人类活动对水循环过程的影响作用，可以把水资源系统分为：水资源配置系统和水资源循环系统。水资源配置系统，是以人类水事活动为主体，是自然、社会诸多过程交织在一起的统一体，它沟通了自然的水资源系统与经济社会系统之间的联系，是水资源优化配置研究的关键环节。其一般由4部分组成：①供水系统，包括蓄水、引水、提水等地表水系统，以及深层与浅层地下水、外流域调水、污水回用、洪水资源利用等其他供水水源；②输水系统，包括输水河道、输水管道、输水渠道等；③用水系统，包括工业用水、农业用水、生活用水、牲畜用水、生态用水等；④排水系统，包括工业废水排放、农业灌溉退水、生活污水及其他排水等。水资源循环系统，是以生态系统为主体，包括水资源的形成、转化等过程。这是水资源系统能够为人类提供持续不断的水资源的客观原因。图10.4.1是水资源配置系统与水资源循环系统的关系图。当然，水资源配置系统和水资源循环系统是相互交叉、相辅相成的。它们之间没有严格的界限，只是为了说明问题而区分的。

10.4.2 基于水循环过程的水资源优化配置模型

水资源优化配置就是运用系统工程理论，将区域或流域水资源在各子区、各用水部门间进行最优化分配。也就是要建立一个有目标函数、有约束条件的优化模型。

首先，需要划分子区、确定水源途径、用水部门。设研究区划分 K 个子区，$k=1,2,$

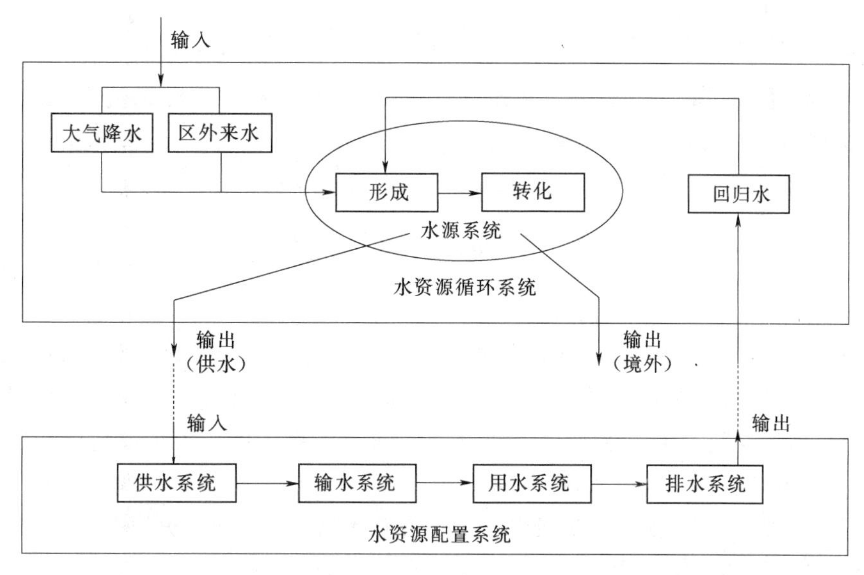

图 10.4.1　水资源配置系统与水资源循环系统关系图

$\cdots, K$；k 子区有 $I(k)$ 个独立水源、$J(k)$ 个用水部门。研究区内有 M 个公共水源，$c=1,2,\cdots,M$。公共水源 c 分配到 k 子区水量用 D_c^k 表示。其水量和其他独立水源一样，需要在各用水户之间进行分配。因此，对于 k 子区而言，是 $I(k)+M$ 个水源、$J(k)$ 个用水户的水资源优化配置问题。

其次，需要确定模型的目标函数。对于一般的水资源优化配置模型，可以视目标要求的不同，选择目标函数。根据目标函数建立方法的不同，可以分为多目标模型、单目标模型。

最后，列举出模型的所有约束条件。目标函数和约束条件组合在一起就组成了水资源优化配置模型。

水资源优化配置模型，同一般的优化模型一样，由目标函数和约束条件组成。其通用形式如下：

$$\left.\begin{array}{l} Z=\max[F(X)] \\ G(X)\leqslant 0 \\ X\geqslant 0 \end{array}\right\} \tag{10.4.1}$$

式中：X 为决策向量；$F(X)$ 为综合效益函数；$G(X)$ 为约束条件集。

在上述模型中，如果含一个目标函数方程就是单目标优化模型，如果含多个（两个或两个以上）目标函数方程就是多目标优化模型。

10.4.2.1　目标函数

假设水资源优化配置考虑到社会效益、经济效益、环境效益，对应把目标函数分成 3 个目标，即社会效益目标、经济效益目标、环境效益目标。

目标 1：社会效益。由于社会效益不易度量，可以用区域总缺水量最小来间接反映。因为区域缺水量大小或缺水程度直接影响到社会的发展和安定，是社会效益的一个侧面反映：

$$\max f_1(X)=-\min\left\{\sum_{k=1}^{K}\sum_{j=1}^{J(k)}\left[D_j^k-\left(\sum_{i=1}^{I(k)}x_{ij}^k+\sum_{c=1}^{M}x_{cj}^k\right)\right]\right\} \tag{10.4.2}$$

式中：D_j^k 为 k 子区 j 用户需水量，万 m^3；x_{ij}^k、x_{cj}^k 分别为独立水源 i、公共水源 c 向 k 子区 j 用户的供水量，万 m^3。

目标2：经济效益。用供水带来的直接经济效益来表示：

$$\max f_2(X)=\max\left\{\sum_{k=1}^{K}\sum_{j=1}^{J(k)}\left[\sum_{i=1}^{I(k)}(b_{ij}^k-c_{ij}^k)x_{ij}^k a_{ij}^k+\sum_{c=1}^{M}(b_{cj}^k-c_{cj}^k)x_{cj}^k a_{cj}^k\right]\right\} \tag{10.4.3}$$

式中：b_{ij}^k、b_{cj}^k 分别为独立水源 i、公共水源 c 向 k 子区 j 用户的单位供水量效益系数，元/m^3；c_{ij}^k、c_{cj}^k 分别为独立水源 i、公共水源 c 向 k 子区 j 用户的单位供水量费用系数，元/ m^3；a_{ij}^k、a_{cj}^k 分别为独立水源 i、公共水源 c 向 k 子区 j 用户供水效益修正系数，与供水次序、用户类型及子区影响程度有关。

目标3：环境效益。与水资源利用直接有关的环境问题，可以用污水排放量最小来衡量。一般，可以选择重要污染物的最小排放量来表示：

$$\max f_3(X)=-\min\left\{\sum_{k=1}^{K}\sum_{j=1}^{J(k)}0.01d_j^k p_j^k\left(\sum_{i=1}^{I(k)}x_{ij}^k+\sum_{c=1}^{M}x_{cj}^k\right)\right\} \tag{10.4.4}$$

式中：d_j^k 为 k 子区 j 用户单位污水排放量中重要污染物的浓度，mg/L，一般可以用化学需氧量（COD）、生化需氧量（BOD）等水质指标来表示；p_j^k 为 k 子区 j 用户污水排放系数。

10.4.2.2 约束条件

一方面，可以从水资源配水系统的各个环节分别进行分析；另一方面，可以从社会、经济、水资源、环境协调方面进行分析。

（1）供水系统的供水能力约束。

公共水源
$$\begin{cases}\sum_{j=1}^{J(k)}x_{cj}^k\leqslant W(c,k)\\ \sum_{k=1}^{K}W(c,k)\leqslant W_c\end{cases} \tag{10.4.5}$$

独立水源
$$\sum_{j=1}^{J(k)}x_{ij}^k\leqslant W_i^k \tag{10.4.6}$$

式中：W_c、W_i^k 分别为公共水源 c 和 k 子区独立水源 i 的可供水量上限；$W(c,k)$ 为公共水源 c 分配给 k 子区的水量；其他符号意义同前。

（2）输水系统的输水能力约束。

公共水源
$$x_{cj}^k\leqslant Q_c \tag{10.4.7}$$

独立水源
$$x_{ij}^k\leqslant Q_i^k \tag{10.4.8}$$

式中：Q_c、Q_i^k 分别为公共水源 c、k 子区 i 水源的最大输水能力。

（3）用水系统的供需变化约束。

$$L(k,j)\leqslant\sum_{i=1}^{I(k)}x_{ij}^k+\sum_{c=1}^{M}x_{cj}^k\leqslant H(k,j) \tag{10.4.9}$$

式中：$L(k,j)$、$H(k,j)$ 分别为 k 子区 j 用户需水量变化的下限和上限。

（4）排水系统的水质约束。

达标排放
$$c_{kj}^{r} \leqslant c_{0}^{r} \tag{10.4.10}$$

总量控制
$$\sum_{k=1}^{K}\sum_{j=1}^{J(k)} 0.01 d_{j}^{k} p_{j}^{k} \left(\sum_{i=1}^{I(k)} x_{ij}^{k} + \sum_{c=1}^{M} x_{cj}^{k}\right) \leqslant W_{0} \tag{10.4.11}$$

式中：c_{kj}^{r} 为 k 子区 j 用户排放污染物 r 浓度；c_{0}^{r} 为污染物 r 达标排放规定的浓度；W_{0} 为允许的污染物排放总量；其他符号意义同前。

（5）非负约束。

$$x_{ij}^{k}、x_{cj}^{k} \geqslant 0 \tag{10.4.12}$$

（6）其他约束条件。针对具体情况，可能还需要增加一些其他约束条件。比如，投资约束、风险约束、最低水位约束、最小径流量约束、经济-社会系统结构关系约束、水资源-生态系统结构关系约束等。

由目标函数和约束条件组合在一起就构成了水资源优化配置模型，见式（10.4.13）。该模型是一个十分复杂的多目标多水源多用户的优化模型。

$$\left.\begin{array}{ll} \text{目标函数：} & \max f_{1}(X) \\ & \max f_{2}(X) \\ & \max f_{3}(X) \\ \text{约束条件：} & G(X) \leqslant 0 \\ & X \geqslant 0 \end{array}\right\} \tag{10.4.13}$$

参　考　文　献

[1]　左其亭，王中根．现代水文学［M］. 2 版. 郑州：黄河水利出版社，2006.

[2]　陈家琦，王浩，杨小柳．水资源学［M］. 北京：科学出版社，2002.

[3]　左其亭，窦明，马军霞．水资源学教程［M］. 2 版. 北京：中国水利水电出版社，2016.

[4]　左其亭．水资源承载力研究方法总结与再思考［J］. 水利水电科技进展，2017，37（3）：1－6，54.

[5]　左其亭，张培娟，马军霞. 水资源承载能力计算模型及关键问题［J］. 水利水电技术，2004，35（2），5－8.

[6]　左其亭，等．城市水资源承载能力：理论·方法·应用［M］. 北京：化学工业出版社，2005.

[7]　左其亭，马军霞，高传昌．城市水环境承载能力研究［J］. 水科学进展，2005，16（1）：103－108.

第11章 水文学与环境保护

水资源是环境管理的重要方面，为我国社会经济的发展提供了基础资源。然而在社会经济迅速发展过程中，人类活动对水文过程的干扰加剧，引发了诸多水问题，在一定程度上制约了社会经济发展的可持续性。水文与水环境相互作用机制及其对人类活动的响应一直是水文学、环境科学等领域的热点问题，也是流域综合管理中必须回答的关键科学问题。本章着重论述了水文与水环境的联系，介绍了人类活动的水文水环境效应，水文学在环境管理实践中的应用，最后综述了环境水文学的主要研究内容和进展。

11.1 环境与水的联系

受气候变化和人类活动的影响，流域水循环过程已发生明显的改变，导致水问题越来越严重，如水资源开发过度、可利用水资源量匮乏、水土流失严重、水污染严峻以及水生态退化等。在我国，水污染是最严重、最引人关注的水问题之一。据《2017年中国环境状况公报》显示，我国地表水污染水体（Ⅳ类及以下）的断面占所有监测断面的32.1%，其中完全丧失功能（劣Ⅴ类）水体占8.3%。松花江、黄河、辽河、淮河和海河流域为轻度甚至重度污染，Ⅳ类及以下水体分别占31.5%、42.3%、51.0%、53.9%和58.3%（图11.1.1）。水污染导致水质型缺水严重，进而加剧这些地区水资源短缺的局势。

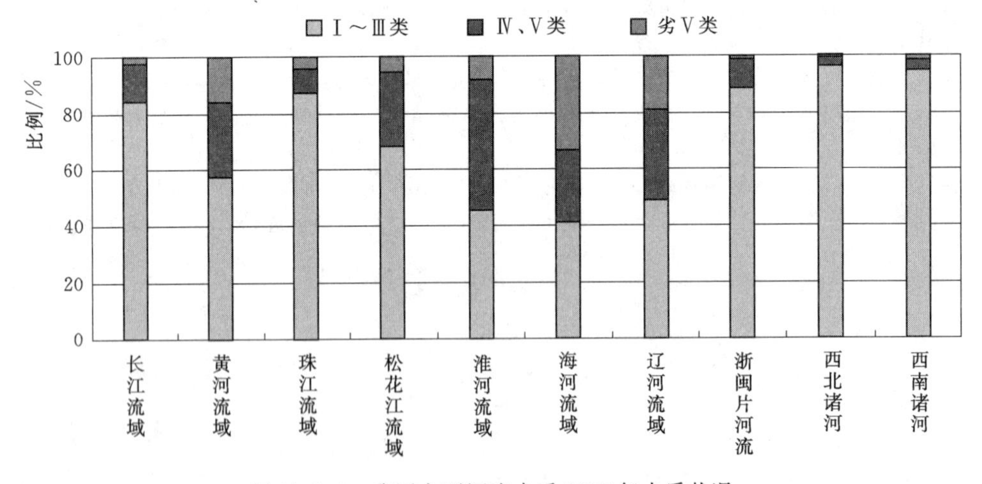

图11.1.1 我国主要河流水系2017年水质状况

水文循环是连接大气圈、岩石圈和生物圈等多圈层地表过程的关键纽带，决定着水资源在流域或区域内时间和空间尺度的分布，对其他自然过程、特别是伴生的水环境过程产生重要影响[1,2]。水文循环与污染物质在土壤-植被-大气（SPAC）、水体等不同界面中均存在复杂的相互作用关系。比如，水文要素是 SPAC 系统中物质不同形态之间转化的关键控制性因子；也为物质在流域内坡面、水体中的运移提供了载体和能量。流域水文与水环境联系概化见图 11.1.2，而水文过程和水环境过程之间的联系可概化为产流产污和汇流汇污两个阶段[3]。

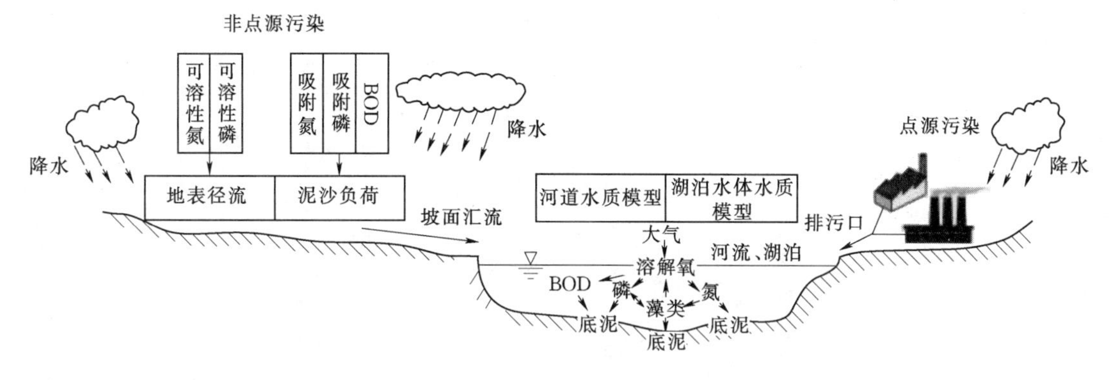

图 11.1.2　流域水文与水环境之间的联系图[4]

流域水循环是水资源演变的基础，也是环境水文演变赖以存在的介质和驱动力。营养物质随水的不同形态周而复始地发生迁移转化，主要涉及降水径流污染，河流、湖泊、水库等不同水体污染等。在产流产污过程中，产流机制受土壤条件、土壤水力特性、供水及动力条件等因素的影响，产流位置、速度与土壤系统的相互作用各不相同，所携带的土壤营养物含量也各不相同。一方面径流与土壤相互作用，通过浸提和冲洗的方式，土壤中营养物随径流流失；同时因土壤颗粒具有吸附性的特点，大量营养物以离子态的形式通过径流的冲洗逐渐从土壤表面解吸；另一方面坡面径流由于地形的影响，流速快，吸附在土壤颗粒上的营养物也会随土粒迁移流出坡面[5]。通过模拟实验与野外观测发现，地表径流与壤中流中养分迁移特征差异显著。地表径流养分输出浓度表现为降雨初期较高而后逐渐趋于稳定的特征。壤中流养分浓度在整个过程中保持相对稳定。总体上壤中流的硝态氮浓度要高于地表径流[6]。降雨和地形（坡度、坡长等）是影响土壤营养物流失的主要自然因素。暴雨径流过程因其历时短、瞬时流量大的特点，对土壤营养物流失影响非常大。研究发现，暴雨径流导致的氮、磷流失负荷大。在暴雨径流前期，因雨水对相对干燥的土壤冲刷强烈，颗粒态氮随雨水冲刷进入地表径流为主要迁移方式。而在暴雨径流后期，硝酸氮为主要氮素流失形式。磷元素则以地表径流迁移的颗粒态磷为主[7]。另外，坡度主要影响降水入渗时间和坡面径流的流速，坡面径流氮素流失量随坡度的增大而呈现峰值特征，而壤中流中氮素的流失量随坡度变化没有显著变化（图 11.1.3）[8]。室内模拟实验研究发现，随着坡长增加，单位土壤面积的平均径流磷浓度呈增加趋势。在研究黄土丘陵区地形对坡地土壤养分流失的影响时发现，坡长与土壤有机质及氮、磷等速效养分流失呈现显著的指数函数关系。

汇流过程对径流中营养物质的输送起着至关重要的作用。汇流过程可分为坡面汇流和河网汇流两个阶段。在坡面汇流中，泥沙颗粒在雨滴和水流的影响下随地表径流运动，从

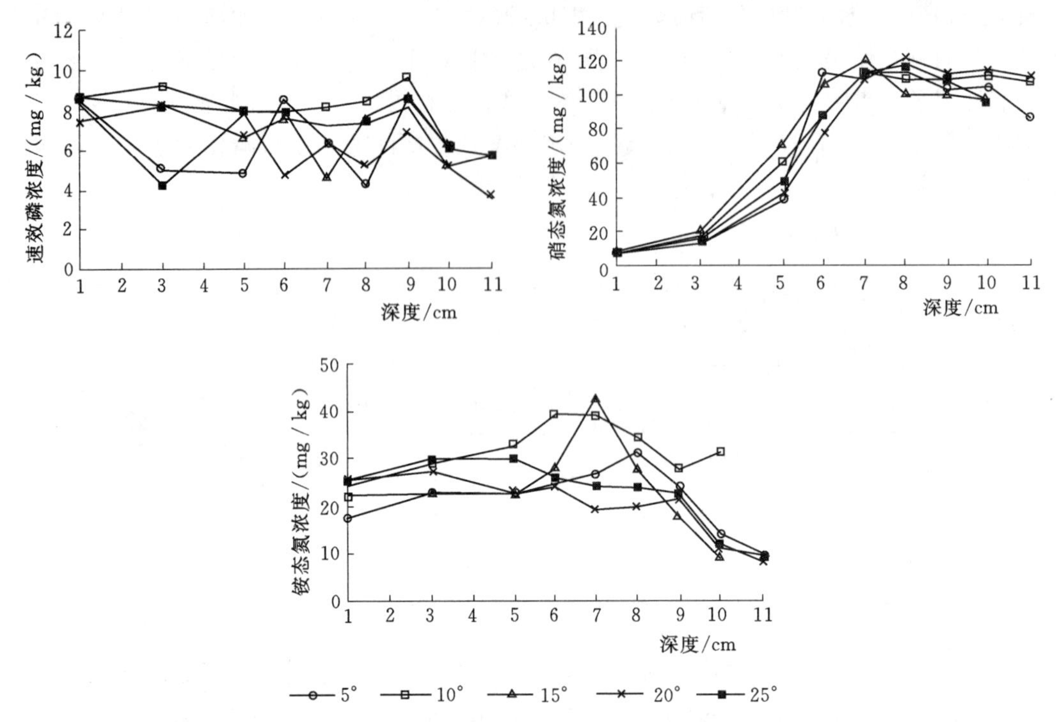

图 11.1.3 速效磷、硝态氮、铵态氮在不同坡度随湿润层深度的动态分布[8]

而携带大量的溶解态和吸附态营养物质（图 11.1.4～图 11.1.7)[7]。在河道运移过程中，营养物质与河道水流、河床底泥、大气环境等发生着复杂的迁移转化。河道径流可以划分为地表径流、地下径流和壤中流等组分，其中地下径流和壤中流中以溶解态营养物质为主，河道内水质变化主要受上游来水影响。通过对不同级别的河道营养物质滞留研究发现，近 50%的营养物质滞留发生在 1～4 级河道，约占河道总长的 90%。同时，级别越高的河流氮素滞留率越高。另外，营养物质在随水流运移的同时，也伴随着不同形态之间的转化、微生物降解、大气-水体-底泥界面的反应（挥发、大气沉降、底泥吸附和释放等）。这些过程均与河流、湖库的径流过程和水动力条件密切相关。水动力条件的改变通过引起水流冲刷河床底部切应力变化，进而影响河床中沉积物的悬浮和沉积等，改变底泥与水中营养物质交换的方式，影响水环境状况。在河道中，流速的变化是水动力扰动的主要因素，临界流速对底泥水中营养物质交换的方式有着十分重要的意义。研究发现，强扰动下的磷浓度远大于低扰动下的磷浓度。同时，扰动底泥的水体中，颗粒态磷的含量增加是底泥氮磷释放速率增加的主要原因。

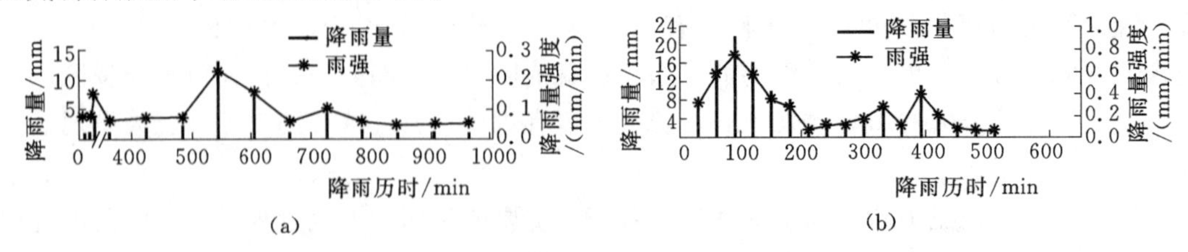

图 11.1.4 两种暴雨过程下降雨量随降雨历时的变化

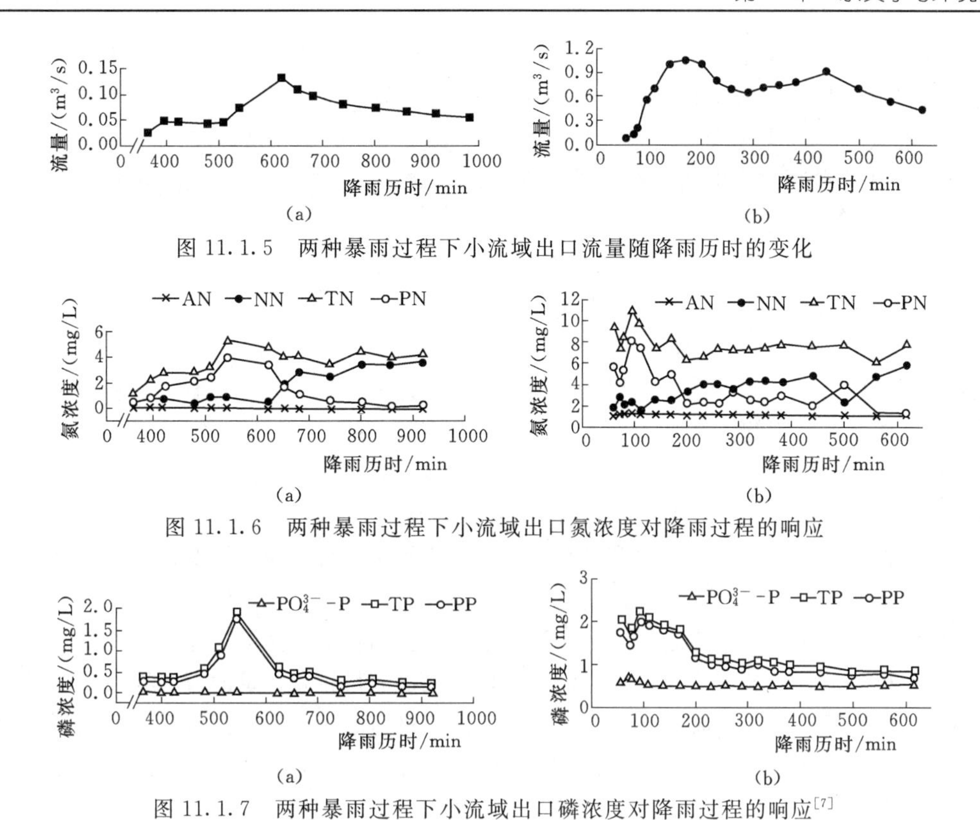

图 11.1.5　两种暴雨过程下小流域出口流量随降雨历时的变化

图 11.1.6　两种暴雨过程下小流域出口氮浓度对降雨过程的响应

图 11.1.7　两种暴雨过程下小流域出口磷浓度对降雨过程的响应[7]

11.2　人类活动的水文水环境效应

11.2.1　人类活动的水文效应

人类活动影响下的水循环过程和水资源演变规律，一直是水文学和环境变化研究领域的基础科学问题之一，也是人类活动水环境效应研究的基础。人类活动对水文循环的影响主要通过土地利用变化和水利工程调控两个方面实现。作为人类活动的重要组成部分，不同土地利用会造成蒸散发空间分布差异，从而对水文循环产生影响；土地利用变化引起的水文循环和水量平衡要素在时间、空间和水量上发生着十分重要的变化；土地利用变化对水资源的影响主要通过改变地表植被截留、下渗、蒸发、填洼等水文要素进而影响流域径流；此外，土地利用变化对水文过程的影响也将直接导致水资源供需关系发生变化，从而对流域生态、环境以及经济发展等多方面产生非常显著的影响。

基于模拟、试验和观测等手段识别植被覆盖与水文过程之间关系的研究已有较长的历史。随着全球重大研究计划（IGBP LUCC 计划等）的推行，关于土地利用变化对水文过程的影响研究已逐步被人们所重视并开展了大量的研究。在流域尺度上，影响水文过程的主要土地利用/覆被类型变化为毁林、造林和草地开垦等植被变化，农田开垦、作物耕种和管理方式等农业开发以及城市化等。研究表明，全球主要河流径流增加有一部分可以归因为森林向农业用地转变的影响[9]。牧草向雨养农业和裸地的转变也有助于增加地表径流。城市化是区域尺度上人类活动对地表覆盖状态改变最显著的土地利用/覆被变化。从径流影响的角度来看，城市化最主要的特征是不透水面积的增加，改变了径流的时空格局和水量平衡状况，入渗减少、地表径流增加，蒸散发和地下水出流减少，从而导致径流系数增大，暴雨洪水过程线更加尖陡，洪水流量和频次增加。城市化导致洪峰流量增加、洪水滞留时间缩短，对年产水量的影响相对较小，但对径流、洪峰流量和洪水总量影响显著。研究表明，与未城市化和城市化较低的流域相比，城市化流域的洪峰流量增大约30%～100%。河流水文状况与总不透水面积或平均斑块大小显著相关[10]，只有当不透水面积达到20%的时候，暴雨流量才会增加，基流才会减少。

人类活动的另外一个方面是大坝等水利工程的修建和调控。大量水利工程切断河流，改变河流的自然形态，引起流域水面蒸发、下渗和汇流等关键水循环过程的变化[11]。据国际大坝委员会统计，全球140多个国家中截至1998年建成的大坝已达到49 248座，其中我国拥有25 821座，约占52%；另外，据我国水利普查数据，我国已建成各类水库闸坝9.8万座。闸坝调控改变河流水文水动力等要素，减弱河流水文情势的季节性变化，改变高流量和低流量的发生时间、频率、大小、持续时间，进而导致水文破碎化，河流系统在纵向上下游段、侧向河道及其洪泛区平原之间连续性被阻断。如美国科罗拉多河在建坝前年内径流变化特征明显；建坝后，河流流量季节分配较为平均，洪峰流量锐减；黄河筑坝导致下游断流和泥沙淤积现象严重；长江三峡水库建成后，库区流速迅速减小，水库建成后，库区平均流速仅为原来的1/5。此外，闸坝的大量建设将使河道水面加大，水压增加，水面蒸发和渗漏损失增加，尤其是在干旱区或干旱季节。如长江流域上游干旱梯级水库蒸发和渗漏使水量损失达40%以上，使得在降雨量没有明显减少的情况下，径流量显著减少。对于多闸坝调控的淮河流域研究发现，闸坝的调蓄作用减少了流域出口多年平均径流量，但调控影响呈现明显的年代和区域变化特征。在丰水年，为防洪需要，闸门敞开，闸坝对总径流量影响不大，主要是改变水量的年内时间分布，汛期径流总量比无闸时增加了8%；而非汛期减少了12%；在枯水年，为确保用水，闸坝以蓄水为主，流量与无闸时相比大幅度减少；另外，位于上游的闸坝较中下游流域对径流的调蓄作用更大，对汛期洪流流量的削峰作用更强[4,12]。

11.2.2　人类活动的水环境效应

人类活动对水文循环的影响，也直接导致其伴生的水环境过程的变化。人类活动对水环境的影响主要有城镇点源污染排放、土地利用变化和农业化肥农药施撒引起的非点源污染、水利工程的修建和调控等。

尽管我国在2011年提出了水资源管理的“三条红线”，明确建立了严格控制水功能区排污总量的制度，但点源污染排放在流域水污染中仍较为突出。水体水质变化与污染源之间存在着复杂的响应关系。由于污染源数量众多，来源复杂，仅通过对每一种污染源进行污染水量和浓度的测定与分析较为困难。目前学者以观测河流水质变化为手段，排查几种主要污染源，通过统计分析、水质模型等数理分析工具探究污染源与河流水质之间的相互作用机制。常用统计分析方法主要包括聚类分析、主成分/因子分析法和判别分析法。聚类分析和判别分析主要目的是确定水质要素的时间趋势与空间差异。主成分/因子分析法的基本思路是利用观测信息中物质间的相互作用关系来产生污染源成分谱或产生重要排放污染源类型的因子。通过主成分分析探究珠江河口重金属污染情况，结果表明重金属中的铜和锌污染主要来源于工业排放等点源污染，而铅则来源于河口城市及农田的非点源污染。针对海河流域污染严重的滏阳河不同污染源解析发现：耗氧性有机物（总氮、氨氮及高锰酸钾指数）影响最大，其次为氮类污染物（硝态氮及亚硝态氮），影响最小为磷类污染物（总磷及活化磷），主要污染来源为周边工业废水的排放。

土地利用变化和农业化肥农药施撒引起的非点源污染也是人类活动的水环境效应之一。土地利用方式影响污染物的排放和传输过程，对河流水质具有重要的影响。非点源污染问题由于无法定点监测、时空变化较大，已成为我国流域水污染的主要污染源之一，其中土地利用变化引起的非点源污染是导致河流水环境状况下降的重要原因。目前，农业和城市化是全球最重要的两大非点源污染来源。农业非点源污染具有发生随机性、排放途径及排放污染物不确定性、形成机制复杂，是非点源污染管控的难点[13]。有学者在探究九龙江流域农业用地对河流水环境影响时发现：农业用地类型对河流水环境的影响不仅与数量有关，而且与空间分布格局有一定关系，分布越集中，越容易造成土壤总磷流失。同时，农业用地坡度对河流水质的影响十分显著，坡度小于15°或大于25°的农业用地显著增加河流水质指标浓度。对洱海流域不同土地利用类型对水环境影响的研究发现：耕地和林地对河流总磷、总氮影响效应不受季节影响，耕地扩张加重河流水体恶化情况，而林地有利于改善河流水质，其他土地利用类型作用效果不明显。随着城市化进程的不断加快，城市化对水环境的影响也越来越深。城市初期雨水污染已成为城市水污染的主要因素。城市化改变了城市的土地利用类型，改变了污染物的种类和空间分布。屋面和路面径流是城市暴雨径流的主要组成部分。城市屋面由于其材质、建筑时间、坡度、暴露程度和位置的不同产生不同的非点源污染，典型污染物有锌、铜、汞、镉等重金属。主要由金属屋顶和落水管处的腐蚀、冲刷形成。路面径流是城市非点源污染的重要部分，城市非点源污染在不同土地利用类型上的分布差异很大，居住区的污染物浓度要高于工业区，高密度居住区污染物单位负荷最大。另外，雨污合流制排水系统造成的非点源污染比分流制排水系统更加严重[14]。在全年的降雨径流中，合流制排水系统中总悬浮颗粒物平均浓度比分流制排水系统高50%[15]。由于非点源污染的影响因素十分复杂，且不同研究区差异很大，系统性研究仍有待进一步的发展。

闸坝的水环境效应是指闸坝的修建所引起的河流水文情势变化，进而导致河流污染负荷的迁移转化过程的改变和污染负荷时空分布的变化。研究发现，由于流量、流速的变化导致河流污染负荷、水质扩散系数、降解系数在时间上明显改变。同时，闸坝阻断了上游污染负荷与下游水体的自然联系。闸坝的修建导致大量植被和土地淹没，有机质腐烂变质使水体中氮、磷、碳等元素含量增加，水面温室气体排放量增加。筑坝河流具有大面积稳定水域，减少了河流水量输出的同时截留大量营养物质。从全球范围来看，河流磷的滞留量会随着库坝建设的扩张而持续升高，水库出水比无闸坝拦截河流出水的磷含量显著升高。此外，对于营养物质含量本身较低的流域来说，闸坝拦截使得滞留水体营养水平升高的同时可能还会引起下游水体的贫营养化。河流梯级开发的闸坝建设对营养物质的滞留强度更大。由于高强度的梯级开发，黄河流域的断流和水质恶化现象愈加严重，总磷输出减少了84%左右[16]；长江上游流域在三峡大坝建设后，其向中、下游流域输送的总磷减少了77%；淮河流域闸坝的修建和调控对河流水质产生一定程度的影响。从上游到下游来看，闸坝对河流水质的影响逐渐从正效应过渡到负效应。位于源头的水库和水闸对改善河流水质起着积极作用。在中下游地区闸坝调控与入河污染负荷的相互叠加，共同加剧了河流水质恶化。从淮河流域水污染情况看，闸坝贡献率在40%以内，平均贡献率为8.6%，而污染源的贡献在60%以上（图11.2.1），因此污染源控制仍是淮河流域水污染整治的根本。另外，在重污染河流闸坝不合理调控极易导致污水团下泄，形成较长的污染带，如2004年7月淮河流域爆发的突发性水污染事件。

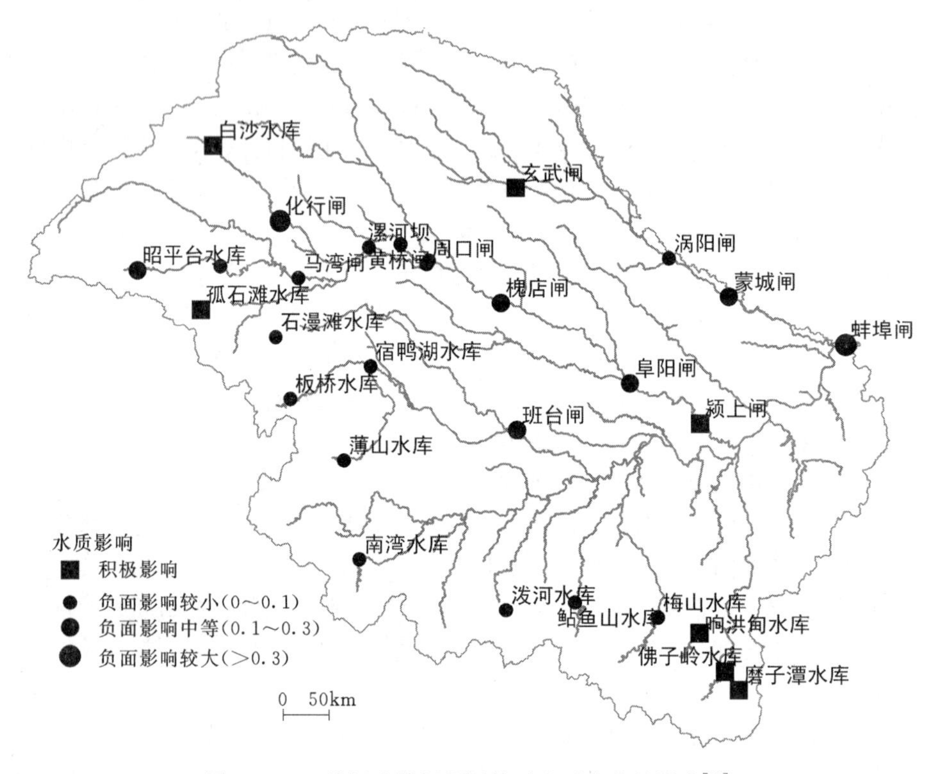

图11.2.1 淮河流域闸坝调控对水质变化的影响[11]

11.3 水文学在环境管理实践中的应用

环境管理是指国家环境保护的相关部门运用经济、法律、技术、行政、教育等手段，限制和控制人类损害环境质量、协调社会经济发展与保护环境、维护生态平衡之间关系的活动。一般来说，社会经济发展对生态平衡的破坏和造成的环境污染，主要是由于管理不善造成的。环境管理的目的就是在保证经济社会可持续发展的同时，避免生态和环境遭受破坏。水是环境管理的主要环境因子之一，而水文过程与生态环境过程有着密不可分的联系，生态环境遭受的破坏大多数都是由于人类活动对水文循环的扰动引起的。因此，水文学是环境管理实践中的基础学科之一。探究水文循环过程及其变化特征，评估人类活动的影响量级，通过管理手段等修复和维系良性的水文循环是环境保护、生态修复等环境管理实践的前提。

11.3.1　环境管理的内涵

根据《中华人民共和国环境保护法》第二章“监督管理”中第十三条至第二十七条的规定，环境管理的主要内容包括：①环境计划的管理，即环境计划包括工业交通污染防治、城市污染控制计划、流域污染控制计划、自然环境保护计划，以及环境科学技术发展计划、宣传教育计划等；还包括在调查、评价特定区域的环境状况的基础区域环境规划；②环境质量的管理，主要指组织制订各种质量标准、各类污染物排放标准和监督检查工作，组织调查、监测和评价环境质量状况以及预测环境质量变化趋势；③环境技术的管理，主要包括确定防治环境污染和破坏的技术路线和技术政策，确定环境科学技术发展方向，组织环境保护的技术咨询和情报服务，组织国内和国际的环境科学技术合作交流等。另外，《环境保护法》也总结了目前我国环境管理过程中有效的八项制度措施，即：①建设项目的环境影响评价制度；②新扩改项目和技术改造项目的环保设施要与主体工程同时设计、同时施工、同时投产的“三同时”制度；③排污收费制度；④环境保护目标责任制；⑤城市环境综合整治定量考核制度；⑥排污许可证制度；⑦污染集中控制制度；⑧污染源限期治理制度。

以上环境管理内容和制度措施中，环境规划和环境质量等管理、环境影响评价制度、“三同时”制度、排污收费和排污许可制度等均与水文学有着密切的联系。

11.3.2　环境规划与水文学

按照规划的性质，环境规划分为污染控制规划、国民经济整体规划和国土规划三大类，其中污染控制规划主要是对工农业生产、交通运输、城市生活等人类活动对环境造成的污染而制定的防治目标和措施。规划内容涉及工业污染控制规划、城市污染控制规划、水域污染控制规划、农业污染控制规划等，包含工业污染物排放标准、城市低影响开发措施布局、水环境质量标准、农业面源污染控制等。

工业污染物排放标准和水环境质量标准需综合考虑当地的水文气象条件、上游河流来水情势和下游的需水情况及其对水质的要求等来制定；城市低影响开发措施等布局需要摸清城市的下垫面、土壤下渗能力等空间分布，识别城市暴雨中心，划分城市排水分区，评估河网水系排水和调蓄能力等；农业面源污染则是由降水-径流对农田的冲刷和淋洗，导致农田氮、磷等养分随径流流出，引起河流水体富营养化污染。农业面源污染控制除了减少农药化肥施用量的同时，还需要探明农田降水-径流过程。因此，水文过程和水资源是环境规划中需要考虑的关键内容之一，水文学是环境规划的基础学科。

11.3.3　环境影响评价与水文学

为严格控制新的污染，早在 1986 年全国保护委员会、国家计划委员会、国家经济委员会颁布了《建设项目环境保护管理办法》；此外，也将建设项目环境影响评价纳入我国环境保护法的核心内容。影响评价的对象包含中国境内的工业、交通、水利、农林、商业、卫生、文教、科研、旅游、市政等对环境有影响的一切基本建设项目和技术改造项目，以及区域开发建设项目。环境影响评价内容主要有建设项目概况、拟建项目地区环境现状、拟建项目对周边环境的影响分析与预测、环境保护措施及其经济技术论证、环境影响经济损益，以及项目实施环境监测建议等。

水文情势和水资源、水环境变化是环境影响评价的重点关注内容和研究基础。建设项目通过改变区域地形地貌、土地利用、河道形态等来改变产流汇流等水文过程，引起河流水文情势以及区域水资源的变化，从而对周边水环境和生态系统等产生影响。因此，必须采用水文学的知识和手段（观测、模拟等），预测和科学评估拟建项目对流域或区域水文过程和水文情势等影响，也为拟建项目对环境的其他影响奠定坚实的基础。

另外，除针对拟建项目的影响评价外，对已运行项目的后评估也属于环境影响评价的内容。对于项目的经济效益与工程建成后的水文要素（水温、流量、流速场、含沙量和水位等）变化、生态和环境功能进行综合评价，以确定是否需要进行河流修复，或者研究是否需要放弃某些经济利益换取生态和环境功能。在对已建项目的后评估完成后，通过工程或非工程措施，调整项目的运行规则，从而减轻已建项目对水文和环境的负面影响。水文学在已建项目的后评估中也起着举足轻重的作用。

11.3.4　排污许可、监管与水文学

《环境保护法》第四章第四十三条和《水污染防治法》第七章第八十一条至第一百零一条均对排污收费作了明确的规定。排污许可制度是以改善环境质量为目标，以污染物总量控制为基础，对排污的种类、数量、性质、去向、方式等的具体规定，是一项具有法律含义的行政管理制度。排污许可制度包含排污申报登记和污染物排放总量指标规划分配等内容。在流域现状排污调查和登记后，综合考虑流域/区域的水文情势、水质等状况，以及总用水量和总排水量等因素，确定流域/区域能够受纳的最大负荷，即水环境容量，从而确定污染物排放总量指标。在此基础上，依据当地环境保护目标、经济发展状况、治污技术等，合理分配污染物削减指标和治理方式等。

水文学可为污染物排放总量指标规划分配、排污监管等提供理论和技术支持。采用水文学知识和技术手段，准确摸清流域降水、上游来水、河道流量、流速场、水库湖泊蓄水量等以及未来可能变化，为水体水环境容量核算、污染物减排规则制定、排污监管等提供水文基础。

11.4　环境水文学主要内容及研究进展

环境水文学是一门研究自然界水文循环与生物地球化学循环的关系，水体污染机制、自净规律及其与水文情势的关系，以及社会经济因素与水资源开发利用相互作用的学科。传统水文学以研究自然界的水循环过程、水体变化及分布为目的。随着人类社会的发展，环境与资源利用问题凸显。而水作为生态环境中最活跃的因素，探究自然和人类活动综合影响下的水文情势演变规律及所产生的环境效应成为水文学发展的重要核心之一。近 30 年来，随着经济急速发展，以水资源短缺和水污染加剧为主要标志的水问题不断涌现，以研究水环境为核心的环境水文学应运而生。环境水文研究总体框架如图 11.4.1 所示。

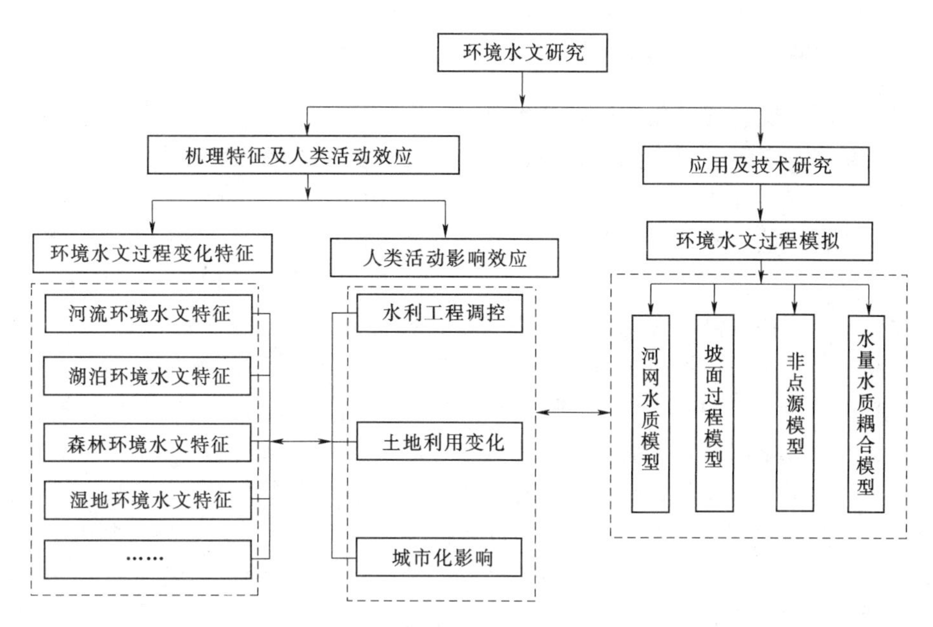

图 11.4.1　环境水文研究总体框架

11.4.1　环境水文学主要内容

11.4.1.1　环境水文过程变化规律及其影响

径流时空分布特征与水环境变化趋势分析一直是环境水文乃至整个水文学研究的基础。工农业用水增加与排污、水土保持综合治理、快速城市化等多种人类活动的综合影响下，使得下垫面格局不同程度地发生着变化，进而深刻影响着流域环境水文过程的演变，环境水文过程已发生了不可忽视的变化。径流变化表现出时空多尺度、结构多层次及线性、非线性特征。而水质过程则表现出季节性与区域性特征。详尽分析径流与水环境变化特征及定量化阐明不同影响要素对其变化的贡献已成为环境水文研究的热点和难点。

11.4.1.2　人类活动的水文环境效应

随着社会的不断发展，人类活动已成为水环境变化的主要驱动要素之一。人类活动主要包括水利工程的修筑及调控、土地利用/覆被变化、工业点源排污和农业及城市化非点源排污等。人类活动直接作用于区域径流及水环境过程，并通过水文循环及污染物运移过程作用于周边环境，导致河道形态改变、径流情势变化及水污染加剧等水环境问题。探究人类活动的水文环境效应已成为全球环境水文乃至整个水循环研究中的热点与前沿。

11.4.1.3　环境水文过程模拟

流域环境水文过程重点关注流域水文情势变化对水环境的影响，主要涉及流域坡面、河网中水体量与质两大属性的变化规律与相互影响。目前，学者主要通过构建数学模型精确描述流域水文及伴随的水质迁移转化过程。利用水量水质模型可以进行不同时间、空间尺度径流及水质要素过程的模拟，量化污染负荷，解决水量配置、污染控制，人类活动的影响效应等一系列环境水文过程问题。环境水文过程模型主要包括河网水质、坡面过程、流域非点源污染及流域水量水质耦合模拟。

11.4.2　环境水文学主要研究进展

11.4.2.1　环境水文过程变化规律及其影响

目前，众多学者已针对河流、湖泊、森林、湿地等多种区域环境水文过程的变化趋势进行了研究。河流研究中，研究人员利用2001—2010年水质监测数据分析了北运河水系水质变化趋势及影响因素，发现北运河水系各支流水质总体较差，且年内丰水期水质好于枯水期，2006年之后水质开始改善；经济发展及人口增长是影响河流水质最主要的因素，污水处理能力仍有待提高。对淮河流域水质变化特征分析，发现1994—2005年水质情况总体显著改善，沙颍河和涡河中游污染最为严重，工业点源污染影响最为剧烈，其次是闸坝调控引起了径流情势的改变[17]。湖泊研究中，通过研究抚仙湖水质变化特征及其驱动力发现：总氮及化学需氧量具有显著下降趋势，总磷没有明显变化；水温和人口数量是影响湖泊水质变化最为主要的驱动因素。对鄱阳湖水质变化特征的研究发现：由于近10年来，长江和鄱阳湖的河湖关系发生较大变化，改变了原有水文节律，导致鄱阳湖总氮和总磷的浓度上升。对山东南四湖研究发现：2008—2014年南四湖水质情况明显好转，南水北调截蓄导用工程的实施对水质改善起到了重要的作用，但底泥扰动明显影响水质情况。森林研究中，对秦岭火地塘森林水质变化的研究发现：水质状况随季节变化，秋季水质状况较好，春、冬季水质状况较差；森林生态系统对重金属的输入有一定的净化、减弱调节作用。李海军等[18]对天山中部天然云杉林的研究发现：天山云杉森林生态系统中，7月水质状况最好，水质状况随森林郁闭度和林龄增加而增加。湿地研究中，刘正茂等[19]认为：龙头桥水库对坝址下游湿地水文过程影响显著，湿地径流量季节性变化减小，冰封期连底冻现象频发。对嫩江流域的研究发现：嫩江沼泽湿地径流量显著下降，土地利用变化、水利工程实施等人类活动的频繁扰动对湿地水文过程及水资源变化影响剧烈，湿地内径流量不断减少，湿地日益萎缩。此外，通过对乌鲁木齐冰川融雪径流变化的研究发现：乌鲁木齐河源1号冰川下游近50年来径流量呈现增加趋势，消融期气温的波动对冰川融水径流量贡献最大，在气温超过2℃时，径流量加速增长。综上所述，随着社会经济的不断发展，人类活动对流域环境水文过程的影响越加显著。不同地区环境水文变化特征存在差异，相关研究有待进一步完善与总结。

11.4.2.2　人类活动的水文环境效应

水利工程调节、排污等一系列人类活动加剧了流域水文过程及污染物运移过程的非线性特征，增强了环境水文过程的不确定性[20]。修建水利工程对水文循环及污染物运移规律影响的研究一直是流域水环境、水系统研究中的难点之一。汪恕诚[21]指出修建闸坝可能导致河道流态变化、河流水文特征改变、水库水温升高等8大水环境问题。对于修建闸坝的河流水系而言，频繁的闸坝调控显著地削弱了流域数值模型的模拟结果，从而无法准确模拟水流的非恒定流动过程及污染物的迁移转化。流域污染物排放、闸坝调度与河道内的水质过程间存在着复杂的非线性关系[22]。Lopes等[23]采用ISIS FLOW和QUALITY模型评估了不同调控措施下闸坝水动力和水质的效应。Cheng等[24]耦合多种水量、水质模型评估了Sandusky河去除闸坝所带来的潜在效应。有学者采用二维水动力模型评价了Keum河闸坝和平行倒流堤所引起的河流水动力和泥沙变化。Zhang等[22]通过室内试验及数值模型模拟识别了多闸坝河流的负荷排放、闸坝调控、河流水质浓度变化之间的非线性关系，并基于 SWAT 模型评价了淮河流域 29 座重点闸坝对河流水文情势和水质的影响，分离了闸坝过程和点源排污对河流水环境的影响。

流域环境水文过程对土地利用变化的响应研究是当前水环境乃至整个水系统研究的关键问题之一。目前针对土地利用对水文过程的影响多采用对比流域试验、统计分析和模型模拟等方法。早期研究主要以试验流域法和特征变量时间序列法为主。其中试验流域法主要包括控制流域法、单独流域法、平行流域法和多数并列流域法等。目前，许多学者都采用径流系数法、具有物理机制的分布式水文模型等评估年际 LUCC 的水文效应。主要结论有流域林地向草地和耕地的转变导致年径流的增加；农田向城镇用地的转变明显增加了洪峰流量和总径流量等。此外，作为输送污染物的重要载体，土地利用变化对流域水质过程的响应研究同样得到学者们的关注，主要采用的研究手段有实验观测、回归分析、分布式模型等。主要结论有退耕还林有效减少了水土流失；水田是总氮和汛期高锰酸钾指数的主要污染源；城镇用地是固体悬浮物、化学需氧量、总磷等主要污染源；等等。

另外，随着我国城市化进程的不断推进，城市化引起的径流情势变化和水环境污染也引起学者们的广泛关注。近年来城市暴雨引发的洪涝灾害频发，如何应对和管理城市洪涝灾害风险成为当前迫切需要解决的问题。研究人员对 San Pedro 流域的研究表明：城市化是导致流域地表径流增加的主要原因。对妫水河流域的研究表明，城镇用地的增加和草地的减少导致径流量增加，在汛期增加尤为明显。刘昌明等[25]利用自主构建的城市雨洪模型对首批海绵城市试点城市——常德市进行城市雨洪径流过程及污染负荷输出的研究，结果表明通过采用多种低影响开发措施城区年径流总量控制率在 67%～78%之间，90%的区域能够达标，污染负荷平均削减 46.1%。而在城市化的水环境效应方面，有学者认为不透水面积比例不超过 12%时水环境将不受城市用地变化的影响。但此阈值在中国却存在着一定的差异，通过对上海市水环境质量的研究发现不透水面积比例大于 60%时，城市水环境质量开始显著下降。

11.4.2.3　环境水文过程模拟

环境水文过程的模拟按照空间可分为坡面/陆地水量水质耦合模拟、河流湖泊等水体水量水质模拟等。坡面/陆地水量水质耦合模拟关注降雨脉冲对透水和不透水地表的冲刷，导致地表污染源释放进入径流或吸附在泥沙表面流失至水体中。流域不透水区域的污染负荷与污染物前期堆积量及清除率有关，通常采用一阶冲洗模型估算[26]；透水区域污染负荷量与土壤侵蚀及污染物随水流的迁移过程有关[5]。透水区域溶质迁移过程模拟一般采用土壤养分传输模型[27]、等效对流质量传递模拟模型[28]等；或建立具有物理机制的动力学模型，描述坡面流与污染负荷的迁移转化过程，如通用土壤侵蚀方程（Universal Soil Loss Equation，USLE）及其修正形式（Modified Universal Soil Loss Equation，MUSLE）、基于坡面运动波产流的 WEPP 模型、溶质输移率对流扩散方程等。此外，不少学者基于水文系统理论，利用流域降雨、泥沙、氮、磷等监测资料，构建了多种简单有效的方法来描述坡面污染负荷过程，如瞬时单位泥沙曲线、单位质量响应方程、单位线法和平均浓度法、二元结构溶解态非点源污染负荷模型等。

水体水质模拟主要关注的是水流在河网中发生非恒定流动时，坡面冲刷进入河道或河流中本底的水体污染物质随时空变化发生物理、生物、化学等的反应。水体水质模拟即采用数学方程描述上述迁移转化过程。最早的水质模型可以追溯到1925年美国Streeter和Phelps提出的氧平衡模型（Streeter-Phelps模型），继而衍生了BOD-DO双线性系统模型。期间，Thomas、Dobbins、O'Cornnor等均对上述一维稳态方程进行了修正，考虑了不同源、汇项的影响等。20世纪70年代以来，逐渐转向水质模型系统的研发，增加了水质变量，美国环保局分别于1970年和1973年提出了一维QUAL-Ⅰ和QUAL-Ⅱ综合水质模型，并推出了QUAL-2E、QUAL-2K等版本，可模拟15种水质成分的迁移转化。20世纪80年代以来，水质模型系统中逐渐耦合水动力模型、非点源污染模型、大气污染模型等，极大地扩展了流域水质模型的研究范围。1983年，美国环保局提出了采用显式差分WASP（Water Quality Analysis Simulation Program）模型，包括DYNHYD水动力子模型和EUTRO、TOXI水质子模型，可模拟常规污染物和有毒污染物的相互作用过程与转化。丹麦水动力研究所开发的MIKE模型系统可模拟一维至三维水体不同水动力条件下水温、细菌、营养物质、水生生物等反应过程。

另外，随着人们对不同尺度水循环过程和水质过程交互作用认知的深入，以及观测数据来源和计算效率的大幅度提升，坡面和水域等小尺度单一过程的模型逐步向流域等大尺度多过程多要素的综合模型系统转变，从而满足流域水量水质综合管理的需要。常见模型有流域非点源污染模型、流域水量水质综合模型等。

在流域非点源污染模型方面，该模型主要包括降雨—径流过程，坡面和河道的泥沙侵蚀、输移过程，以及土壤及水体污染物迁移转化过程[29]。非点源污染模型种类繁多，经历了由统计分析、场次分析和集总模型向机理模型、连续分析和分布式模型发展的历程。20世纪70年代美国农业部农业研究局（USDA-ARS）开发了CREAMS（Chemicals, Runoff and Erosion from Agricultural Management Systems）模型，用于估算田块尺度径流、泥沙和营养物质的流失过程，以及不同耕作措施对非点源污染负荷的影响。基于CREAMS模型，美国佐治亚大学与USDA-ARS共同研发了适用于小区域尺度模拟的GLEAMS（Groundwater Loading Effects on Agricultural Management Systems）模型，用于预测和模拟农业管理措施对土壤侵蚀、地表径流、氮磷渗漏流失等产生的影响。20世纪90年代研发的分布式ANSWERS2000（Areal Nonpoint Source Watershed Environment Response Simulation）模型，弥补了ANSWER模型不能连续模拟和模拟水质组分仅为氮和磷的不足。1981年基于SWM（Stanford Watershed Model）提出的HSPF（Hydrological Simulation Program-Fortran）模型，适于大流域非点源长期连续模拟，是国际上模拟流域非点源污染效果最好的模型之一。1986年USDA-ARS与明尼苏达污染物防治局研发了流域分布式事件模型AGNPS（Agricultural Nonpoint Source），由于采用了大量的经验公式，使其在数据短缺地区具有较强的适应性，1998年研发的AnnAGNPS（Annualized AGNPS）模型，以日为步长，可连续模拟污染物负荷过程。20世纪90年代初，USDA-RAS开发了适于大、中尺度的流域管理模型SWAT（Soil and Water Assessment Tool），并被誉为是在以农业和森林为主的流域最有前途的非点源模型。中国于20世纪60年代开展的化学侵蚀与径流研究，可认为是中国非点源污染研究的先导。80年代中后期开始了非点源污染负荷定量计算模型的初步研究[30]。2000年以后，随着国外非点源污染模型，特别是机理模型的大量引进，大批研究者运用各种模型在全国不同流域、不同尺度范围开展了大量的应用研究。

自 20 世纪 80 年代以来，国内外学者在流域水量水质多过程综合模拟和系统集成方面开展了大量的研究，相关成果已应用到实际的水环境管理中。有学者在半分布式 HBV 概念性水文模型基础上，耦合 SMHI 模型的氮程序，提出了 HBV－N 模型，已用于瑞典国家决策过程和最佳管理措施的选择过程中；在此基础上耦合磷循环等富营养化模型，开发了 HYPE 水文水质模拟系统，该系统已成功用于欧洲不同尺度流域的水量水质耦合模拟。湖库水动力-水质模型 EFDC 模型和城市雨污水排水系统模型 InfoWorks－CS 耦合的研究，被用于评估美国芝加哥市排水管网和航道系统间的水流交互作用。左其亭等[31]提出了"多箱模型方法"以建立陆面水量-水质-水生态耦合系统模型，箱体间存在水流、水质及相关物质交换，箱体内分别建立水量、水质、生态系统模型，该模型已在新疆博斯腾湖流域、伊犁河流域、额尔齐斯河流域得到应用。Zhang 等[32]以水和营养物质循环作为联系各过程的纽带，耦合水文（TVGM）、生物地球化学（DNDC）、水环境（QUAL）、作物生长（EPIC）、闸坝调度、水质评价以及参数优化模块，研发了考虑生物地球化学过程的流域水循环系统模型（HEQM），该模型已成功用于流域非点源污染流失评估、多闸坝流域水量水质耦合模拟与调控等工作中。

参 考 文 献

[1] 丁永建，周成虎，邵明安，等. 地表过程研究进展与趋势 [J]. 地球科学进展，2013（4）：407－419.

[2] 王浩．基于 ET 的水资源与水环境综合规划 [M]. 北京：科学出版社，2013.

[3] Zhang，Y. Y.，Zhou，Y. J.，Shao，Q. X.，et al. Diffuse nutrient losses and the impact factors determining their regional differences in four catchments from North to South China [J]. Journal of Hydrology，2016（12），543：577－594.

[4] 张永勇，夏军，程绪水，等．多闸坝流域水环境效应研究及应用 [M]. 北京：中国水利水电出版社，2011.

[5] 邵明安，张兴昌．坡面土壤养分与降雨、径流的相互作用机理及模型 [J]. 世界科技研究与发展，2001（2）：7－12.

[6] 汪涛，朱波，罗专溪，等．紫色土坡耕地硝酸盐流失过程与特征研究 [J]. 土壤学报，2010（5）：962－970.

[7] 蒋锐，朱波，唐家良，等．紫色丘陵区典型小流域暴雨径流氮磷迁移过程与通量 [J]. 水利学报，2009（6）：659－666.

[8] 王丽，王力，王全九．不同坡度坡耕地土壤氮磷的流失与迁移过程 [J]. 水土保持学报，2015（2）：69－75.

[9] Vörösmarty，C. J.，Green，P.，Salisbury，J.，et al. Global water resources：vulnerability from climate change and population growth [J]. Science，2000（28）：284－288.

[10] Alberti M.，Booth D.，Hill K.，et al. The impact of urban patterns on aquatic ecosystems：An empirical analysis in Puget lowland sub－basins [J]. Landscape & Urban Planning，2007（4）：345－361.

[11] 张永勇，夏军，翟晓燕．闸坝的水文水环境效应及其量化方法探讨 [J]. 地理科学进展，2013

(1)：105-113.

[12] Zhang，Y. Y.，Xia，J.，Liang，T.，et al. Impact of water projects on river flood regime and water quality in Huai River Basin [J]. Water Resources Management，2010 (5)：889-908.

[13] 朱兆良，Norse，D.，孙波．中国农业面源污染控制对策 [M]. 北京：中国环境科学出版社，2006.

[14] Bachoc，A. Solids transfer in combined sewer networks [M]. Toulouse：Institute National Polytechnique de Toulouse，1992.

[15] 李立青，尹澄清，何庆慈，等．武汉汉阳地区城市集水区尺度降雨径流污染过程与排放特征 [J]. 环境科学学报，2006 (7)：057-1061.

[16] Ouyang，W.，Hao，F. H.，Song，K. Y.，et al. Cascade dam-induced hydrological disturbance and environmental impact in the upper stream of the Yellow River [J]. Water Resources Management，2011 (3)：913-927.

[17] Zhai，X. Y.，Xia，J.，Zhang，Y. Y. Water quality variation in the highly disturbed Huai River Basin，China from 1994 to 2005 by multi-statistical analyses [J]. Science of the Total Environment，2014 (31)：594-606.

[18] 李海军，张毓涛，张新平，等．天山中部天然云杉林森林生态系统降水过程中的水质变化 [J]. 生态学报，2010 (18)：4828-4838.

[19] 刘正茂，孙永贺，吕宪国，等．挠力河流域龙头桥水库对坝址下游湿地水文过程影响分析 [J]. 湿地科学，2007 (3)：201-207.

[20] 夏军．水文非线性系统理论与方法 [M]. 武汉：武汉大学出版社，2002.

[21] 汪恕诚．论大坝与生态 [J]. 水力发电，2004 (4)：1-4.

[22] Zhang，Y. Y.，Xia，J.，Shao，Q. X.，et al. Experimental and Simulation Studies on the Impact of Sluice Regulation on Water Quantity and Quality Processes [J]. Journal of Hydrologic Engineering 2012 (4)：467-477.

[23] Lopes L. F. G.，Do Carmo，J. S. A，et al. Hydrodynamics and water quality modelling in a regulated river segment：application on the instream flow definition [J]. Ecological Modelling，2004 (2)：197-218.

[24] Cheng F.，Zika U.，Banachowski K.，et al. Modelling the effects of dam removal on migratory walleye (Sander vitreus) early life-history stages [J]. River Research and Applications，2006 (8)：837-851.

[25] 刘昌明，张永勇，王中根，等．维护良性水循环的城镇化 LID 模式：海绵城市规划方法与技术初步探讨 [J]. 自然资源学报，2016 (5)：719-731.

[26] Novotny V.，Chesters G. Handbook of Nonpoint Pollution：Sources and Management [M]. New York：Van Nostrand Reinhold Publishing Company，1981.

[27] Bruce R. R.，Harper L. A.，Leonard R. A.，et al. A model for runoff of pesticide from Small upland watersheds [J]. Journal of Environmental Quality，1975 (4)：541-548.

[28] 王全九．降雨-地表径流-土壤溶质相互作用深度 [J]. 土壤侵蚀与水土保持学报，1998 (2)：41-46.

[29] 雒文生，宋星原．水环境分析及预测 [M]. 武汉：武汉大学出版社，2000.

[30] 夏青，庄大邦，廖庆宜，等．计算非点源污染负荷的流域模型 [J]. 中国环境科学，1985 (4)：23-30.

[31] 左其亭，夏军．陆面水量～水质～生态耦合系统模型研究 [J]. 水利学报，2002 (2)：61-65.

[32] Zhang Y. Y.，Shao Q. X.，Ye A. Z.，et al. Integrated water system simulation by considering hydrological and biogeochemical processes：model development，with parameter sensitivity and autocalibration [J]. Hydrology and Earth System Sciences，2016 (5)：529-553.

第12章 水文学与生态系统

水，是生态系统的重要组成部分，又是生态系统良性运转的重要载体。生态的好坏直接与可利用的水量和水质相关。由于自然界中的水资源是有限的，某一方面用水多了，就会挤占其他方面的用水，特别是容易忽视生态需水的要求。在现实生活中，有些地区由于主观上对生态需水重视不够，在水资源分配上几乎将百分之百的水资源用于工业、农业和生活，出现了河流断流、湖泊干涸、湿地萎缩、土壤盐碱化、草场退化、森林破坏、沙质荒漠化等生态退化问题，严重制约着经济社会发展，威胁着人类生存环境。因此，要想从根本上保护或恢复生态系统，确保生态需水是至关重要的问题。因为缺水是很多情况下生态系统遭受威胁的主要因素。合理配置水资源，确保生态需水对保护生态、促进经济社会可持续发展具有重要的意义。本章主要介绍生态的相关概念及其与水的联系、生态需水量计算及应用、生态文明建设中的水文学内容，以及生态水文学的主要内容和研究进展。

12.1 生态与水的联系

12.1.1 生态及生态系统

“生态”（Eco -）一词源于希腊文，意指“住所”或“栖息地”，其最早是诞生于1866年由德国学者伊·海克尔（E. Haeckel）提出的生态学定义中。生态的概念是一个不断演进的认识过程，其基本含义是指生物与生物之间的关系以及生物与其赖以生存的环境之间的关系[1]。随着社会的不断发展和人类生存环境的恶化，生态的含义不断丰富，已经不单单以生物（不包括人类）为主体，局限于生物有机体及其周围外部世界的关系，而是扩展地将人类社会、人与其他生物和非生物、人与人之间的关系也纳入其中[1,2]。目前更是逐渐演化成人类环境中各种关系的和谐，“生态”常被用来描述许多美好的事物或状态，如生态城市、生态课堂、生态养殖、生态经济等。

生态学（Ecology）作为一个生物学的学科名词，最初被伊·海克尔（E. Haeckel）定义为“研究生物及其生活环境之间相互关系的学科”，尽管此后由于研究背景和研究对象的不同，生态学的定义也各不相同，但伊·海克尔这一大范围的定义也是众多学者较一致认同的定义[3]。伴随着“生态”本身内涵的不断丰富，生态学不断扩展研究领域，并与其他学科相互渗透，逐渐形成一门庞大的综合性学科体系。

生态系统（Ecosystem）是指一个复杂的生物群落系统，是由生物有机体之间以及与它们生存的环境构成一个相互依存、相互作用和相对稳定的体系系统。它是生态学领域的一个主要结构和功能单位，属于生态学研究的最高层次。作为一个开放的、动态的、整体性的集合体，当前生态系统的研究也超越了传统生态学范畴，逐步转向基于自然-社会的综合视角，探讨生态格局、过程、功能、服务和可持续管理相关的科学问题，其研究对象涵盖了自然、半自然和人工生态系统的各种类型[4]，如森林生态系统、草原生态系统、荒漠生态系统、湖泊生态系统、河流生态系统、海洋生态系统、城市生态系统和农田生态系统等。

目前我们往往也将“生态系统”简称为“生态”，比如研究河流生态（状况、功能、需水等）的时候，实际上河流中的生物及其相关的非生命物质是一个生态系统。

12.1.2 生态和环境的差异

生态和环境既有区别又有联系。目前许多文献资料或工具书中，“生态环境”“生态”“生态与环境”等词语随处可见，但对生态和环境两个基本术语的内涵并未达成共识，在使用过程中也往往比较混乱。

先来看看“环境”的概念。环境是相对于某中心事物而言的，是指与某一中心事物有关的周围事物的总称。在环境学中，环境常被看作是围绕人类的空间，即包括可以直接影响人类生活和发展的各种自然因素的总体。当然，也有人认为环境除自然因素外，还应包括有关的社会因素，即环境是包含了自然因素和社会因素的总体。因此，环境按其主体可分为两类：①以人类为主体，其他生命物体和非生命物质都被视为环境要素的环境；②以生物体作为环境的主体（包括人类和其他生命物体），只把非生命物质视为环境要素，而不把人类以外的生命物体看成环境要素的环境。因此，“环境”作为客体，具有相对性，无论它是生命物体或非生命物质，离开了某个主体或中心事物，也就失去了明确的含义。

而“生态”发展到现在，在研究包括人类在内的生物之间及其周围环境关系的同时，是将人类看作是自然界整体的一种普通的自然物，并未强调主体和客体，它克服了从个体角度思考的方法，更多的是描述一种相互作用关系。这就与“环境”的外在性和相对性存在区别。

虽然这样把生态和环境严格区分开了，但在现实中这种划分有时不易操作，同时“生态”和“环境”在内涵上其实也是存在重叠的。因为从本质上讲，生态系统中的生物系统包含了人类，而人类及其生活中的各种环境关系其实也就是“环境”中所指的内容，因此生态和环境往往很难明显区分[5]。人类在研究生态的时候离不开环境，在讨论环境的时候也离不开生物及其栖息地。同时，如果将“生态”和“环境”结合考虑的话，自然也会提出“生态环境”一词。但由于“生态”与“环境”内涵的重叠，以及生态学、环境学等学科的不同，对“生态环境”的理解和使用仍存在争论。到 2018 年 3 月国家机构改革新成立了“生态环境部”，到此应该基本统一认可了“生态环境”一词，或者说，减少了讨论。此外“生态与环境”“环境与生态”等术语也经常被使用[1,5]。本章只讨论生态系统与水文学的关系，所以只提及生态系统，统一采用“生态”一词。

12.1.3 生态与水的联系

水是生态系统和自然环境中不可替代的要素，可以说，哪里有水，哪里就有生命。同时，地球上诸多的自然景观，如奔流不息的江河，碧波荡漾的湖泊，气势磅礴的大海，一望无际的沙漠，它们的存在也都离不开水这一最为重要、最为活跃的因子。一个地方具备什么样的水资源条件，就会出现什么样的生态系统，生态系统的盛衰优劣是水资源分配结果的直接反映。下面将从不同的角度来介绍水对生态系统的影响和作用。

12.1.3.1　水是生态系统存在的基础

水是一切细胞和生命组织的主要成分，是构成自然界一切生命的重要物质基础。人体内所发生的一切生物化学反应都是在水体介质中进行的。人的身体 70%由水组成，哺乳动物含水 60%～68%，植物含水 75%～90%。没有水，植物就要枯萎，动物就要死亡，人类就不能生存。

无论自然界环境条件多么恶劣，只要有水的保证，就可能有生态系统的存在和繁衍。以耐旱植物胡杨为例，在西北干旱地区水资源极度匮乏的情况下，只要能保证地表以下 5m 范围内有地下水存在，胡杨就能顽强地存活下去。因此，水的重要意义不只是针对人类社会，对生态系统也是同样起决定作用的。

12.1.3.2　人类过度掠夺水资源，使生态系统遭受严重破坏

自 18 世纪中叶工业革命以来，随着科技和经济的飞速发展，人类征服自然、改造自然的意识在逐步增强，向自然界的索取亦越来越多，由此对自然界造成的破坏规模越来越大，程度也越来越深。包括水资源在内的其他资源都遭到了人们的过度开发和掠夺，人类对自然的破坏已超越了自然界自身的恢复能力，因此，地下水超采严重、土地荒漠化、水环境恶化这些专业词汇已成为人们耳闻目睹的常用词，生态系统问题也由局部地区扩展到了全球范围，由短期效应转变为影响子孙后代的长久危机。

尽管目前对生态采取了众多保护修复措施，我国的河流、湖泊和水库依然存在不同程度的污染。2016 年，对我国 23.5 万 km 河流水质进行评价，Ⅳ类、Ⅴ类水河长占 13.3%，劣Ⅴ类水河长占 9.8%，主要污染物为氨氮、总磷、化学需氧量；118 个湖泊中Ⅳ～Ⅴ类湖泊占 58.5%（69 个），劣Ⅴ类湖泊占 17.8%（21 个）；湖泊富营养状况中，富营养湖泊占 78.6%；在对地下水开发利用程度较大地区的 2104 个浅层地下水监测站监测数据显示，水质优良的测站比例为 2.9%，良好的测站比例为 21.1%，较差和极差的测站比例为 76.0%，地下水“三氮”污染情况较重，部分地区存在一定程度的重金属和有毒有机物污染。

12.1.3.3　生态系统的破坏又会影响到人类的生存和发展

人类在向自然索取的同时，也受到了自然对人类的反作用。随着人类对生态系统的破坏越来越严重，一系列的负面效应已经报复到了人类自身。如 20 世纪中后期，我国西北地区部分城市由于只重视经济发展，缺乏对生态系统承载能力的考虑，水资源过度开发导致地下水位迅速下降、耕地荒漠化严重，曾经好转的沙尘暴问题又再次加剧。再比如，为了农业增产，大量地使用农药和化肥，导致被暴雨径流带入河流、水库、湖泊中的氮磷钾等化合物超标，导致水体富营养化现象严重，破坏了水生生态系统，影响了水体生物生存，也影响居民用水，危及人体健康。由于生态系统破坏影响人类生存和发展的案例比比皆是，由此可见，人类在自身发展的同时，必须要考虑自然资源和生态系统的承受能力。否则，过度的开发将会让人类尝到自己种下的恶果。

12.1.3.4 对经济社会发展的宏观调控，是实现人类与生态系统和谐共存的途径

人类与生态系统和谐共存是当今社会发展的主流指导思想，也是可持续发展理论的重要体现，对经济社会的宏观调控则是实现这一目标的重要手段。就水资源而言，用“以供定需”替代“以需定供”，通过对水资源的合理分配，使得在保证生态需水的前提下，考虑经济社会需水；加强污水处理和水环境保护工作，严格控制污水排放总量，确保各类水体不超过水环境容量的范围；通过水资源规划为水资源保护确立目标和方向，同时通过水资源管理工作，将水资源保护落到实处。

12.2 生态需水量计算及应用

12.2.1 生态需水的概念

从20世纪70年代末期以来，生态系统的用水问题日渐引起国内外广大学者的关注。由于生态需水属于生态学与水文学之间的交叉内容，过去虽然做了大量工作，但在许多基本理论问题上仍然显得十分混乱。在中文文献中，与生态需水相近的概念有生态用水、环境用水、环境需水、生态环境用水、生态环境需水等。有些文献对这些概念加以区分并进行相关论述，但到目前为止，对这些概念的定义仍没有统一，理解和区分也没有统一，甚至在很多情况下用词和计算仍较混乱，不便于对比和应用。

按上文对生态和环境的界定，生态需水主要包括系统中生物自身所需水量以及生物生存的环境所需水量两部分，而环境需水则主要是指为满足中心事物的各种目标而所需的水量，如改善人类生存和发展环境。当生物有机体（中心事物）是人时，生态需水、环境需水、生态环境需水基本重合。而对于需水和用水，先从字面上理解，“需”是需要、需求之意，“用”乃使用、利用之意[6]。需水是从需求角度为维持或达到某种目标所需要的水量，它反映的是系统自身的一个状态；而用水是指在这过程中实际使用的水量，它受人类活动影响，用水量可能大于需水量也有可能小于需水量，在很多干旱地区或者水资源开发利用不合理地区，用水往往小于需水。因此需水和用水是完全不同的概念，不可混用。

目前国内外文献中对于生态需水的定义有很多，本书将其分为广义的生态需水和狭义的生态需水。广义的生态需水是指“特定区域、特定时段、特定条件下，生态系统达到某一水平时的总需求水分”。狭义的生态需水是指“特定区域、特定时段、特定条件下，生态系统达到某一水平时的总需求水资源量”。

12.2.2 生态需水的特性和分类

12.2.2.1 生态需水的特性

（1）时空异质性。生态需水具有明显的时间异质性和空间异质性。时间异质性表现在不同来水条件下不同季节的生态需水不同，如对植被生态系统而言，丰水年和枯水年下计算的生态需水是不同的；再比如对河流而言，汛期和非汛期下为维持某一生态功能需水量也是不同的。

空间异质性表现在不同区域类型、不同空间范围的生态需水不同。如干旱区、湿润区、湖泊、河流、草地等生态系统的生态需水是不同的；再比如对河流而言，在流域、河流廊道、河段等不同空间划分的生态需水计算也是不同的。

（2）水质水量一致性。生态需水中的水不仅仅需要满足水量的需求，更需要满足水质的需求。水量和水质是水资源密不可分的两个层面，无法满足水质的水量是无法满足生态系统的健康适宜性的，是不符合生态和生态需水的内涵的。

（3）功能差异性。功能差异性表现在不同用水方式下、保护目标下的生态需水不同。由于生态系统的功能多样，如供给功能、调节功能、文化功能等，不同的生态目标下对应的生态需水是不同的。因此，在确定生态需水量之前，首先要确定生态系统的功能和目标。

（4）确定性和随机性。由于生态需水具有时间性，这也就导致生态需水量既具有一定的确定性（如周期性、趋势性等），也会表现出随机性。比如河流生态需水计算过程中，径流过程在长达几十年的时间尺度，经常会出现周期性和一定的趋势性，在一年内的时间尺度内，汛期和非汛期交替出现，也会表现出周期性；同时天然径流过程本身就是随机的，在其演变过程中会受到许多错综复杂因素的影响，这些都使得径流表现出随机性，也即生态需水量既具有确定性，也具有随机性。

（5）阈值性。生态系统本身是处于一个相对稳定的平衡状态，这种稳定状态如果遭到破坏，生态系统本身会进行自组织达到一个新的稳定状态，一旦被破坏的程度超过所允许的限度后，生态系统的自组织功能就会崩溃，一些基本功能就会减弱或消失，因此从这个方面角度讲，生态需水量其实是一个范围值，存在最大和最小生态需水量阈值。

12.2.2.2　生态需水的分类

目前对生态需水大体按照如下几个角度来分[7,8]。

（1）按照形成的原动力，可分为天然生态需水和人工生态需水。

（2）按照尺度，可分为全球生态需水、区域生态需水、流域生态需水等。

（3）按照供水水源，分为地表生态需水和地下生态需水。

（4）按照研究对象所处的位置，可分为河道内生态需水和河道外生态需水。

（5）按照研究对象类型的不同，可分为森林生态需水、湿地生态需水、草地生态需水、河流生态需水、湖库生态需水、城市生态需水、农业生态需水等。

（6）按照环境特征，可分为干旱区生态需水、湿润区生态需水、寒区生态需水、温带区生态需水、荒漠区生态需水、内陆区生态需水等。

（7）按照生态服务功能的不同进行分类，目前生态系统通过其物质循环、能量流动和信息传递等功能实现供给、调节、文化和支持等服务功能。如对于河流生态系统，按其服务功能有涵养水源生态需水、维持河流生物多样性生态需水、水环境净化生态需水、灾害调节生态需水、娱乐文化生态需水等多种类型。

（8）按照生态目标的不同水平年、外在条件、临界状态、情景设置等进行分类，如现状水平生态需水量、天然水平生态需水量、最大目标生态需水量、最低目标生态需水量、适宜目标生态需水量、优化目标生态需水量、情景生态需水量等。

12.2.3　生态需水量计算方法

在国外，对生态需水量的最早启蒙研究可以追溯到20世纪40年代，当时仅仅是为了研究河道内流量特征，直到1971年才利用“河道内流量法”计算了河流的基本流量。到80年代初，在河道内基本流量计算方面已形成了较为完善的计算方法，如河道内流量增加法（IFIM法）、蒙大拿法（Montana法）等，这可以说是生态需水量研究的雏形。直到20世纪90年代，随着人们对生态环境的日益重视，生态需水量研究才受到学术界的高度重视。目前，国外生态需水量研究主要集中在河流方面，计算方法主要有标准流量设定法、水力学法和栖息地法等。

在我国，对生态需水量的研究起始于20世纪70年代末，起初也主要是针对河流最小流量的研究。在20世纪90年代以后，才开始生态需水的概念、内涵以及计算方法的研究。目前我国生态需水研究不仅仅局限于河流，而且还从生态系统的整体性出发，针对河流、陆地、城市等不同生态类型，提出了不同的计算方法。

目前，计算生态需水量的方法主要有两大类：一是针对河流、湖泊（水库）、湿地、城市等小尺度提出的计算方法；二是针对完整生态系统区域尺度提出的计算方法。

12.2.3.1　河流生态需水量计算方法

全世界范围内河流生态需水量的计算方法众多（达200多种），归纳主要有水文学方法、水力学方法、栖息地法、整体法4大类。

(1) 水文学方法。水文学方法，也被称为“历史流量法”“标准流量设定法”等，是根据河流流量，把按照一定统计标准对应的流量值作为河流基本流量值。该类方法利用历史流量资料计算生态需水量，使用简单，需要实测的数据较少；但是缺乏对生物需求及与周围环境相互作用的考虑，同时设定的统计标准没有严格验证。该类方法适用于任何地区，主要用于河道尺度。

目前，常用的水文学方法有以下几种。

1) 蒙大拿法（Montana法），也称Tennant法，是将多年平均径流量的百分比作为一定保护目标下的流量需求。如在美国中西部规定：10%的年平均流量是退化的或贫瘠的栖息地条件，20%的年平均流量提供了保护水生生物栖息地的适当标准，在小河流中30%的年平均流量接近最佳生物栖息地标准。法国乡村法规定河流最低环境流量不应小于多年平均的1/10，若有河流多年平均流量大于$80m^3/s$，政府可以给每条河流制定法规，但最低流量不得低于多年平均流量的1/20；我国为保证河道内生态需水，也制定了相关技术规范或确定了生态需水量的阈值[9]。

2) 7Q10法，是采用90%保证率最枯连续7d的平均流量作为河流基本流量设计值[10]。美国十几个有河流水资源管理权的州通过立法将7Q10法或Tennant法制定为生态流量的法规（条例）[9]。我国在使用7Q10法的标准时，由于与我国实际的水资源和经济发展情况不太符合，所以在制定标准时对一般河流采用近10年最枯月平均流量或90%保证率最枯月平均流量作为河流基本流量设计值。

3) Texas法，该方法是在Tennant法的基础上考虑了季节变化，采用50%保证率下月流量的特定百分率作为最小流量。其中特定百分率根据研究区典型植物以及鱼类的水量需求设定。该法的标准对流量变化主要受融雪影响的河流较适合，对于其他河流需要对标准进一步确定[11]。

此外，还有水生物基流法（ABF）、基本流量法、变化范围法（RVA）等，这里不做详细介绍了。

（2）水力学方法。水力学方法是基于水力学参数（湿周、水面宽度、流速、深度和底质类型等），确定河流生态需水量的方法。方法使用也较简单，需要水文、河床形态和生物资料，同时往往也需要结合专门的野外生态监测资料；但缺乏对生物因素的考虑，也没有考虑河床随时间变化、水温变化等影响。因此，水力学方法主要适用于稳定性河道。目前，常用的水力学方法有以下几种。

1）河道湿周法，是利用湿周作为栖息地的质量指标，来估算期望的河道流量值。湿周是指过水断面上被水流浸湿部分的线性长度。该方法假设保护好临界区域水生物栖息地的湿周，也将会对非临界区域的栖息地提供足够的保护。具体使用步骤是：先通过从多个河道断面的几何尺寸和流量关系实测数据，或从单一河道断面的一组几何尺寸和流量数据中计算得出湿周与流量之间的关系，绘制两者的关系曲线，然后确定关系曲线中湿周随流量增加所表现出的增长变化点，最后根据该变化点的位置确定河道推荐流量[11,12]。

湿周法易受河道形状的影响，其湿周-流量关系曲线的增长变化点在三角形河道中表现不明显，而在宽浅型和抛物线型河道中较明显，因此该方法主要适用于这两类河道[11]。

2）R－2Cross 法，是以曼宁公式为基础，假设浅滩是临界的河流栖息地类型，保护好浅滩栖息地也就会保护其他的水生栖息地，以此确定河流宽度、平均深度、平均流速以及湿周率等临界参数，来估算期望的河道流量值。需要注意的是，该方法的计算参数主要来自单个断面的实测资料，用此来代表整条河流，这样与实际情况仍然存在偏差[11]。

（3）栖息地法。栖息地法是根据指示物种所需的水力条件确定河流流量的方法。该方法以水力学为基础，考虑了生物因素的影响，将水力学因素和物种栖息地偏好相结合，因此它能够考虑许多物种不同生命阶段的栖息地需求，但也意味着需要掌握很丰富的生物信息，同时要处理不同物种在生境需求上的矛盾。该类方法主要用于河道中的微生境尺度研究。目前，常用的栖息地方法如下。

1）河道内流量增加法（IFIM 法），它是由一套分析工具和计算机模型组成的决策支持系统，系统综合考虑水量、流速、最小水深、河床底质、水温、溶解氧、总碱度、浊度、透光度、水生物种等影响因子，将大量的水文水化学实测数据与物种不同阶段生物学信息相结合，利用 IFIM 法的计算程序包 PHABSIM（Physical Habitat Simulation）模型模拟流速变化和栖息地类型的关系，综合评价确定适合于主要的水生生物及栖息地的流量。

2）有效宽度法（UW 法），是建立河道流量和某个物种有效水面宽度的关系，以有效宽度占总宽度的某个百分数相对应的流量作为最小可接受流量的方法。这里有效宽度是指满足某个物种需要的水深、流速等参数的水面宽度，不满足要求的部分就算无效宽度。

当然也有对有效宽度法中进行加权处理，即加权有效宽度法（WUW 法），该方法将一个断面分为几个部分，每一部分乘以该部分的平均流速、平均深度和相应的权重参数，从而得出加权后的有效水面宽度。

(4) 整体法。整体法又称综合法，是将河流生态系统作为整体，统一考虑生态需水状况的方法。该类方法符合生态系统整体性的特点，但所需要的部分生态资料可能无法满足，且其结果主要依赖相关学科的专家小组意见，存在一些人为因素影响。方法适用于流域尺度。目前，常用的整体法如下。

1) 南非的BBM法（Building Block Method，BBM）[13,14]，该法首先考察河流系统整体生态环境对水量和水质的要求，然后预先设定一个可满足需水要求的状态，以预定状态为目标，综合考虑砌块确定原则和专家小组意见，将流量组成人为地分成4个砌块，即枯水年基流量、平水年基流量、枯水年高流量和平水年高流量。河流基本特性由这4个砌块决定，最后通过综合分析确定满足需水要求的河道流量。

2) 澳大利亚的整体评价法[14]，该法以保持河流流量的完整性、天然季节性和地域变化性为基本原则，着重分析不同等级的洪水影响情况，强调洪水和低流量对河流生态系统保护的重要性。方法使用过程中要有实测天然日流量系列、相关学科的专家小组、现场调查以及公众参与等。

12.2.3.2　植被生态需水量计算方法

根据植被生态环境需水的特性，可以把其计算方法分为面积定额法、潜水蒸发法、改进彭曼公式法、基于遥感的计算方法等[14,15]。

(1) 面积定额法，是以某一区域某一类型植被的面积乘以需水定额，计算得到的水量即为生态环境需水量。该方法适用于基础工作较好的地区与植被类型，其计算的关键是要确定不同覆被类型的需水定额。

(2) 潜水蒸发法，是根据潜水蒸发量的计算，来间接获得生态环境需水量。即用某一植被类型在某一潜水位范围的面积乘以该潜水位范围时的潜水蒸发量与植被系数，得到的乘积就是生态环境需水量。这种计算方法主要适合于干旱区植被生存主要依赖于地下水的情况。

(3) 改进彭曼（Penman）公式法，是在彭曼公式的基础上对部分参数进行局部修正，以提高计算精度。它是能量平衡方程和空气动力学方法相结合的半经验蒸发计算方法。其计算过程中避免了直接测定植被的表面温度，只与气象因素（风速、气温、气压、湿度、辐射量等）有关。

(4) 基于遥感的计算方法，是利用遥感、地理信息系统和实测资料相结合计算生态需水量的方法。首先利用遥感和地理信息系统对研究区域进行空间生态分区，分析生态分区与水资源分区的空间对应关系，确定生态耗水的计算范围和定额，然后以流域为单元，进行降水和水资源平衡分析，在此基础上计算生态需水量。

12.2.3.3　湖泊、湿地生态需水量计算方法

湖泊、湿地作为陆面重要生态环境类型，其需水量计算可采用潜水蒸发法（间接计算法）[16]。根据湖泊和湿地的实际情况，可以把湖泊或湿地分成无植物水面区、有植物沼泽区和有植物旱地区。

(1) 无植物水面区。其蒸发可直接通过水面蒸发观测值换算求得。设湖区Φ20cm蒸发皿观测的月蒸发量为H_e，选择折算系数k，无植物水面区面积为F_1，则蒸发量为

$$Q_{E1}=F_1H_ek/1000 \tag{12.2.1}$$

（2）有植物沼泽区。此区蒸散发有两种途径：一种是覆盖层下面的水面蒸发 E_q；另一种是植物蒸腾 E_{tr}。一般情况下由于资料缺乏，要分别准确计算 E_q、E_{tr} 比较困难，因此常把 E_q 和 E_{tr} 合起来（即蒸散发 E_p）进行估算。设无植物覆盖的水面蒸发量为 E_{q0}，可采用下式来估算：

$$Q_{E2}=F_2E_p=F_2K_sE_{q0}=K_sF_2H_ek/1000 \tag{12.2.2}$$

式中：K_s 为植物修正系数；F_2 为有植物沼泽区面积；其他符号意义同前。

（3）有植物旱地区。此区蒸散发也有两种途径：一种是覆盖层下面的地面蒸发 E_t；另一种是植物蒸腾 E_{tr}。同样道理，可以把 E_t 和 E_{tr} 合起来（即蒸散量 E_p）进行估算。简单、直接的方法是根据当地对不同植物耗水量观测资料计算：

$$Q_{E3}=\mu F_3/1000 \tag{12.2.3}$$

式中：μ 为当地条件实测充分供水时单位面积植物耗水量，mm。可参照实际观测值确定。

综上可得湖泊或湿地实际蒸散发量，作为湖泊或湿地生态环境需水量。即式(12.2.4)：

$$Q_E=F_1H_ek/1000+K_sF_2H_ek/1000+\mu F_3/1000 \tag{12.2.4}$$

12.2.3.4 城市生态需水量计算方法

城市生态需水量针对城市自然生态系统而言，是在一定的人为控制下，由城市自然生态系统的结构状态和生态过程所决定。城市生态需水主要包括公园湖泊需水、风景观赏河道需水、城市绿化与园林建设需水以及污水稀释需水等。

公园湖泊、风景观赏河道需水量计算，可采用无植物水面的计算方法，即采用式(12.2.1)。

城市绿化与园林建设，包括城市公共绿地、专用绿地、生产绿地、防护绿地以及郊区风景名胜等全部面积。可以根据当地气候条件和园林绿化情况以及用水大小等因素，来确定城市绿化与园林建设需水定额。

污水稀释需水，目前关于这方面的研究还较少。一般情况下，可根据实际污水排放量大小、污水稀释目标的高低，来综合确定单位污水稀释所需的水资源量，然后再计算总稀释需水量。

12.2.4 生态需水量计算的应用案例

12.2.4.1 襄阳市代表河流生态需水量计算

（1）研究区概况。襄阳市位于湖北省西北部，汉江中游平原腹地，地跨东经110°45′～113°43′，北纬31°14′～32°37′，位于“南水北调”中线水源地——丹江口水库的下游，处于承东启西、南北畅联的区域性交通枢纽地位，历史上素有“南船北马”“七省通衢”之称。

境内河流纵横，水系发育，有大小河流985条，流域面积在50km²以上的有131条，100km²以上的有66条，绝大部分属汉江流域，西南部属沮漳河流域。境内河流水面面积占全市面积的5.4%。该地区多年平均降雨量919.6mm，径流深309.5mm，总体呈西南向东北递减，山区大于岗地，降雨年内分布不均，主要集中在4—10月，占全年80%以上。襄阳境内主要河流有汉江、清河、唐白河、唐河、滚河、南河、北河、蛮河、沮河、漳河等，如图12.2.1所示。

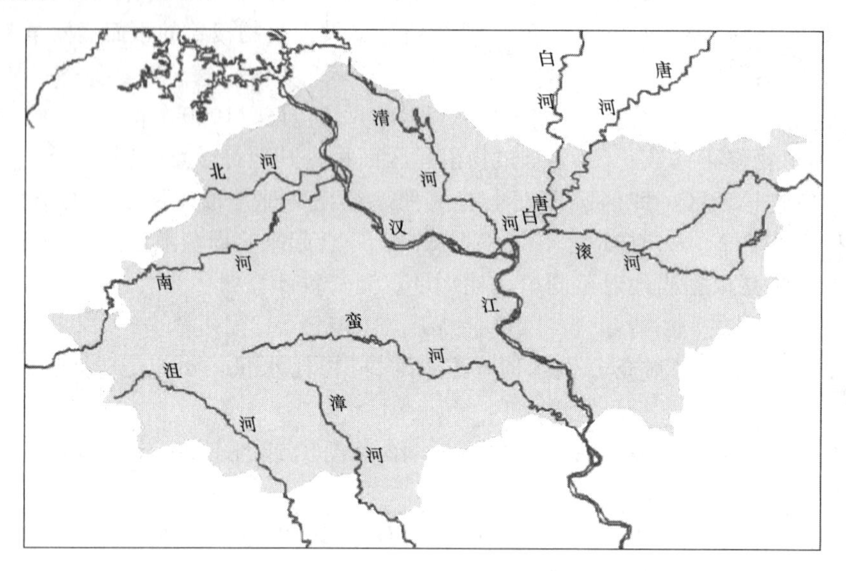

图12.2.1　襄阳市主要河流示意图

(2) 计算方法确定。为避免因使用单一方法造成的结果不合理，案例中选择Tennant法、7Q10法、90%保证率法和最枯月平均流量法等4种水文学方法对生态需水量进行计算。

(3) 代表河流控制断面选取。考虑到根据各流域气候和水文特点，每条河流可选择1个或多个断面，作为生态基流的控制断面。控制断面选取依据下述原则：①主要河流的重要控制断面；②重要大中型水利枢纽的控制断面；③重要水生生物栖息地及湿地等敏感水域控制断面。

为便于监控，所选择的控制断面应尽可能与水文测站相一致。依据上述性原则，结合资料收集情况，本文选取滚河张集水文站、蛮河挽鱼沟水文站、漳河打鼓台水文站、南河台口（二）水文站监测断面作为代表河流控制断面。

(4) 计算结果及分析。生态流量有汛期和非汛期之分，根据襄阳市降水年内分配情况，非汛期为10月至次年3月，汛期为4—9月。由于汛期生态流量多能得到满足，这里计算的生态流量指的是非汛期生态流量，见表12.2.1。对于汛期（4—9月），取多年平均流量的30%作为生态流量。由表12.2.1可以看出，使用不同方法计算出的同一个断面的生态流量值存在差别。

对于滚河张家集断面，Tennant法计算出的生态流量值为1.61m^3/s，而其他3种方法计算结果为0.27～0.81m^3/s，占多年平均流量的1.7%～5.0%。分析原因可能是因为该断面实测径流系列较短，且滚河上修建了较多的水利工程，径流受人类影响较大，变幅比较剧烈，不适宜使用后3种方法。考虑到该流域处在鄂中北丘陵岗地农林生态区，农业活动强度大，对河道水需求较大，为尽可能保证流域内农业用水，最终选取生态基流的最低标准，即多年平均流量的10%作为滚河张集断面的非汛期生态流量，为1.61m^3/s。

表 12.2.1　代表河流控制断面非汛期生态流量计算结果　单位：m^3/s

河流	控制断面	Tennant 法	7Q10 法	90%保证率法	最枯月平均流量法	推荐值
滚河	张集水文站	1.61	0.27	0.37	0.81	1.61
蛮河	挽鱼沟水文站	0.79	1.02	1.13	1.16	1.10
漳河	打鼓台水文站	1.01	1.67	1.79	1.99	1.82
南河	台口（二）	2.89	7.59	5.86	7.92	5.86

蛮河、漳河、南河处在鄂西山地森林生态区，该生态区主要生态功能为水源涵养、水土保持、水质保护及生物多样性维护，对河流生态需水的要求较高。蛮河挽鱼沟断面，Tennant 法计算出的生态基流值为 $0.79m^3/s$，而其他 3 种方法计算结果比较接近，为 $1.02\sim1.16m^3/s$，占多年平均流量的 13%～15%。考虑到该河段的生态功能，最终选取 7Q10 法、90%保证率法和最枯月平均流量法 3 者计算结果的平均值 $1.10m^3/s$ 为非汛期生态流量的推荐值。漳河打鼓台断面与蛮河挽鱼沟断面相似，最后确定 $1.82m^3/s$ 为非汛期生态流量的推荐值。

对于南河台口（二）断面，Tennant 法计算出的生态流量为 $2.84m^3/s$，其他 3 种方法计算结果为 $5.86\sim7.92m^3/s$，占多年平均流量的 20%～28%。分析可知，该断面各年份最枯月平均流量分布比较接近，这可能是造成 Tennant 法的计算结果小于其他 3 种方法的原因。在该断面所有年份中，最枯月平均流量最小为 $3.38m^3/s$，已大于 Tennant 法计算结果 $2.84m^3/s$，因此不再考虑 Tennant 法的计算结果。又鉴于 7Q10 法和最枯月平均流量法的计算结果偏大，考虑到居民生活和工农业生产用水需求，最后选取 90%保证率最枯月平均流量法的计算结果 $5.86m^3/s$ 作为南河台口（二）的非汛期的生态流量。

再结合汛期生态流量值，最终确定滚河张集水文站、蛮河挽鱼沟水文站、漳河打鼓台水文站、南河台口（二）水文站监测断面的生态需水量分别为 10154.6 万 m^3、5468.5 万 m^3、7644.3 万 m^3、22937.3 万 m^3。

12.2.4.2　新疆哈密地区植被生态需水量计算

（1）研究区概况。哈密地区位于新疆维吾尔自治区东部，乌鲁木齐市以东 555km，坐标为东经 91°06′33″～96°23′00″、北纬 40°52′47″～45°05′33″之间，是新疆通向祖国内地的门户。全地区东西长约 404km，南北宽约 440km，总面积 14.28 万 km^2，约占全疆总面积的 8.7%。哈密地区辖两县一市，即哈密市、巴里坤哈萨克自治县、伊吾县。

哈密地区地处欧亚大陆腹地，属典型的大陆性干旱和半干旱地区，气候干燥、光照丰富，热量充裕。全地区林业资源主要有山地林、灌木林、荒漠胡杨林、河谷林、各类人工种植林带等。其中在天山南北坡迎风坡面天然草场植被发育较好，垂直带比较完整，在海拔 2300～2900m 为森林、草甸、草原并存。多年平均年降水总量为 79.21 亿 m^3，年平均降水深为 55.5mm，属干旱少雨区；地区内共有河流 75 条，基本特征为流域面积小、流程短、渗漏大、年径流量小、河槽调蓄能力差。水资源十分短缺。可以说，水是哈密地区经济、社会可持续发展的关键。到底生态需要配置多少水？这是哈密地区发展规划、水资源利用规划需要了解和回答的问题，也是保护生态环境、实现人水和谐的具体措施。

（2）生态环境分区。哈密地区面积广阔，各种植被类型、土壤类型以及水面、占地等调查及面积大小统计计算，是生态需水量计算的前期基础。基于遥感生态环境调查类型，利用遥感影像解译和GIS等技术，对哈密地区生态环境进行分区调查和面积统计，表12.2.2为林地和草地的分区分类面积统计结果。

表12.2.2 某年哈密地区不同分区植被面积统计表 单位：m^2

序号	分区	林地				草地		
		有林地	灌木林地	疏林地	其他林地	高覆盖草地	中覆盖草地	低覆盖草地
1	哈密西部河区	17651434	12331024	1273144	12473930	349409866	244365674	1318222408
2	哈密六道沟区	41582866			1275698	267118693	60743305	21896379
3	哈密石城子河区	111920404	8299217	26234070	23432713	616529484	58835470	513347270
4	哈密沁城河区	58196441	40282684	3063771	21309239	959286960	872119509	1563133109
5	哈密南部荒漠区		1519607			11066446	8172004	559026416
6	巴里坤西区	15197213	22962412			71191426	1173009939	2652207730
7	巴里坤湖区	149655958	2307835	10172024	28100908	1709495926	1164234540	2090547816
8	三塘湖区	6196175	469261	15535116	497165	371823362	1093639509	
9	伊吾西山区	14910696			1084056	783599908	430494759	1184122303
10	伊吾河上游区	357015		3897721	4247366	16069497	65985813	170030393
11	伊吾河下游区	7097480	1897174		618384	240110529	335629715	351391842
12	伊吾东山区	450912	180761	110287	127855	67043	2682039	299867486
合计		423216595	90249976	60286133	93167314	5395769139	5509912276	10723793152

(3) 定额确定。采用12.2.3.2小节中提到的面积定额法来计算植被生态需水量，需要确定不同生态需水类型植被的生态需水定额。

由于植物的生态环境用（需）水定额不仅与气候条件、土壤质地等自然因素有关，而且与群落类型、植物种类等有关，因此要针对每一气候区域、每一土地类型、每一林、草场类型分别计算其各自的生态环境用（需）水定额，一般比较困难（尽管从理论上讲，只有这样做才能计算准确）。为此，针对某一地区、某一土地类型，以其主要树种的生态环境用（需）水定额为代表，来估算整个系统的生态环境用（需）水量。这种处理方法是可行的，其主要理由：一是就人工林而言，大多数为纯林，混交的情况极少，用主要树种为代表是可行的；二是从新疆的区域分布看，树种选择具有区域上的一致性；三是就天然林而言，群落具有单优性特点，故用优势树种作为代表，仍可反映系统的基本属性。

本案例中，根据研究区植被生长习性、水资源状况以及需水规律，参考众多研究成果和技术规范，并考虑降水导致的定额差异，最终确定的需水定额见表12.2.3。

表12.2.3 植被生态需水定额一览表 单位：m^3/亩

有林地	灌木林地	疏林地	其他林地	高覆盖草地	中覆盖草地	低覆盖草地
470	400	300	440	300	280	250

(4) 生态需水量计算结果。根据各用水定额，结合面积统计数据，计算得到某年哈密地区植被生态需水量为741373万m^3，其中林地生态需水38603万m^3，草地生态需水

702770 万 m^3。分区需水见表 12.2.4。

表 12.2.4　　哈密地区某年分区生态需水量　　单位：万 m^3

序号	灌区	有林地	灌木林地	疏林地	其他林地	高覆盖草地	中覆盖草地	低覆盖草地	合计
1	哈密西部河区	1117	654	49	736	13278	8553	40469	64856
2	哈密六道沟区	2399	0	0	69	8708	1798	563	13537
3	哈密石城子河区	7241	450	1028	1418	24353	2147	16684	53321
4	哈密沁城河区	3794	2203	122	1300	38371	32268	51114	129172
5	哈密南部荒漠区	0	88	0		471	324	19622	20505
6	巴里坤西区	977	1235	0		2784	42346	84871	132213
7	巴里坤湖区	8755	111	336	1537	57610	35742	55818	165530
8	三塘湖区	409	26	629	31	15170	41340	0	57605
9	伊吾西山区	775	0	0	52	21157	10332	24275	56591
10	伊吾河上游区	21	0	130	233	545	2039	4591	7559
11	伊吾河下游区	479	108	0	39	10109	13123	12228	36086
12	伊吾东山区	30	10	4	8	3	100	9866	10021
全区合计		25997	4885	2298	5423	192559	190112	320101	741373

12.2.5　存在问题和发展前景

上文对生态需水量概念、常用的计算方法、应用等进行了介绍，但是由于生态需水研究涉及水文学、环境学、生态学、水力学等多个学科，目前仍存在很多问题有待进一步研究。

（1）理论体系和计算方法有待完善。目前生态问题是全球热点问题，生态需水研究是其中的重要内容。我国这方面起步较晚，生态需水的概念、内涵和分类等尚未统一，生态系统中生物之间及其与周围环境之间关系的机理、空间和时间尺度的分配规律等研究仍有待深入。

由于缺乏理论的支持，目前生态需水量计算过程中往往不能很好地反映这些不同时空尺度下的生态系统内部机理关系。同时，对于不同生态系统类型，在计算区域生态需水量时经常出现简单相加的情况，这样就会导致生态需水量的重复计算，这是因为没有考虑分类或分区生态系统之间的联系，解决该问题一个思路是可以从水循环过程及生态系统耗水机理的层面来分析建模，这是需要进一步开展研究的。另外，随着科技的进步，在生态需水量计算过程中不断地引进新技术、新方法是非常有必要的。

（2）加强基础数据的获取。目前生态需水量计算方法中，部分方法对于数据要求较高，而客观实际掌握的资料无法支撑方法的推广应用。因此一方面加强数据站点的布设监测，不断丰富资料；另一方面有必要在现有基础上加强数据的挖掘技术。

（3）重视其他区域的生态需水研究。生态需水有明显的区域特质，目前我国生态需水量的计算主要侧重在黄河流域、海河流域、黄淮海地区等干旱半干旱地区或生态脆弱地区，对于其他地区生态需水研究虽然也有，但相对没有那么侧重。在生态文明建设的大旗帜下，建议以预防为主，重视其他地区生态需水研究。

12.3 生态文明建设中的水文学

12.3.1 生态文明与水的关系

水孕育了人类的文明，从自然的演化到生命的诞生，从原始人类的进化到人类文明社会的产生，都与水有着不解之缘[17]。水是农业文明发展的命脉，漫长的农业社会始终是围绕着水展开的。水是工业文明产生的重要机制，以水电应用为标志的工业革命是近代产业革命的先驱；伴随着工业文明而来的一系列生态环境问题迫使人们关注生态问题，这也开启了生态文明。

2012年11月，中国共产党十八大报告把“大力推进生态文明建设”单独成篇论述，指出“建设生态文明，是关系人民福祉、关乎民族未来的长远大计”。生态文明是继原始文明、农业文明和工业文明之后逐渐兴起的社会文明形态，其核心和关键就是：人与自然（生态）和谐共生。

水是生命之源，是人类生存发展不可或缺的一种宝贵资源，具有多种功能和属性，对经济社会可持续发展、生态系统维持和改善具有至关重要的意义。水资源是生态文明建设的核心制约因素，是生态文明的根基和重要载体，是人类生产生活必不可少的物质，也是文明之魂。人与水的和谐发展是人与自然、人与生态和谐共生的前提。可以说，没有水，就没有水生态，也不可能存在生态文明。

12.3.2 生态文明建设中的水文学

建设生态文明是中华民族永续发展的千年大计。生态文明的建设内涵有一定的发展过程：党的十七大报告指出建设生态文明的实质就是建设以资源环境承载力为基础，以自然规律为准则，以可持续发展为目标的资源节约型、环境友好型社会；党的十八报告将生态文明与政治、经济、文化、社会四种文明的建设并列，提出“五位一体”的总布局，生态文明是社会整体文明不可分割的一部分，并以建设“美丽中国”作为生态文明建设的目标；党的十九大报告更是将生态文明建设的内涵提升到一个新高度，给生态文明建设赋予了更加丰富的内涵。新时代生态文明建设，就是要遵循“坚持人与自然和谐共生”“绿水青山就是金山银山”“山水林田湖草是生命共同体”“用最严格制度最严密法治保护生态环境”“共谋全球生态文明建设”等原则。

水文是水利工作的重要技术支撑，在防汛抗旱、水利建设、水资源管理、水生态保护和修复等方面发挥重要作用，是国民经济和社会发展不可缺少的基础性公益事业，是推进新时代生态文明建设的重要组成部分。随着近几年工作的开展，水文工作已经在生态文明建设中发挥了积极作用，新时代生态文明建设中的水文学还需要从以下几个方面继续大力推进。

（1）完善和落实水文法规制度。高度重视水文法规和相关制度建设，对已出台的要严格执行，加强配套法规制度建设；对未出台的要列入立法计划，真正实现用最严格的制度最严密法治保护生态环境。

（2）强化水文的基础支撑服务功能。水文信息是生态文明建设的重要基础支撑，其准确性、完整性直接关系到水生态问题的判断和处理。因此需要进一步夯实完善水文、水质、水生态等生态监测站网的建设，尤其对于易灾区、敏感区、重点生态保护区等，建立布局合理、点面结合、功能齐全的水文站网体系，并充分考虑技术进步，改革相关测验方法，全面完善水文的基础支撑服务功能。

（3）提高水文信息自动化技术和应急水平。在完善水文站网体系的同时，要提高水文信息自动化采集、自动化传输、准确迅速的决策分析能力等，同时构建一套完善的应急管理和保障机制，合理借助现代化高水平的监测和通信技术提高水文应急预警能力，真正为推动生态文明建设，实现美丽中国创造良好的生产生活环境。

（4）深入水文不确定性、非线性和水文尺度问题的理论研究。水文系统本身的复杂性是水文学理论及应用研究一直面临的挑战。极端突发水文事件的精确预测和定量分析、水文变化的非线性效应、水文不同尺度的规律及其联系等科学问题能否解决对水文学本身的发展具有重要的推动作用，也是生态文明建设落实到具体的水文事业中急需解决的问题。

（5）积极开展水文学与其他学科的交叉研究。人类活动影响下的水问题已经不仅仅是依靠水文学能解决的简单问题，需要加强水文学与水资源学、水力学、生态学、环境学、地质学、气象学、社会科学等多学科的交叉研究，真正做到将山水林田湖草系统实行统筹治理与保护，真正形成绿色的发展方式和生活方式。

（6）加强水文化和全民节水伦理建设。文明是社会进步的体现，生态文明建设需要社会各界和全体民众的积极参与。思想统一和行动一致是实现生态文明建设的阶梯。目前，在我国还存在一定的理念差距，需要建立水生态伦理等水文化体系，加强全民伦理、道德或文化建设，使社会和广大民众认识到生态文明建设的复杂性和长期性，达成比较一致的意愿，树立起符合自然生态平衡法则的价值观，共同自觉参与社会实践活动。

12.4　生态水文学主要内容及学科展望

12.4.1　概念和发展简介

随着经济社会发展，人水关系越加复杂，原有生态系统结构、功能和水文过程受到一定的影响，仅靠单一学科已经无法全面科学地解释生态-水文伴生过程。在此背景下，生态与水文之间的内在联系逐渐被人们所认识，从而逐渐衍生出一门由生态学和水文学相交叉的新兴学科“生态水文学”。

“生态水文”（Ecohydrology）一词是由 Ingram 于 1987 年在研究中首次使用，随后被很多学者采用，并逐步成为生态水文学的代名词。1992 年的 Dublin 国际水与环境大会上作为一门独立学科被正式提出来。随着水文循环生物圈和联合国教科文组织主持的国际水文计划等国际项目的实施，生态水文学得到广泛重视和快速发展。在学科发展初期，各国学者开展了大量的湿地生态水文过程研究，对生态水文学的框架和关键参数进行了广泛的讨论和计算，并考虑建立生态水文模拟模型，同时引入气候变化等不同的影响因素；随后学者们拓展研究领域，开始对森林、草地、河流等不同生态类型的生态水文过程和效应加以研究，相关模型也得到发展。可以说，生态水文学从萌芽到术语提出，从学科建立与初步发展、快速发展到逐渐完善，经历了30年的探索发展，已经从一门新兴学科发展到如今的国内外重点关注研究的学科，同时，生态水文学也为解决水与生态问题，开展生态系统恢复、水环境治理和水资源管理等提供理论支持，它是我国生态文明建设的重要基础。

关于生态水文学概念及内涵的认识，不同专家之间存在相同点，也有不同点[18]。相同点是，基本都认为这是一门交叉学科，主要关注生态学和水文学之间具有相互影响关系的交集领域。但对其概念的定义、研究对象、研究方法以及理论体系的认识存在较大的差异。

一门独立的学科需要具有明确的研究对象、扎实的理论体系和具体的方法论。生态水文学在多年的发展中已经具备了成为一门独立学科的基本要素。文献［19］给出如下定义：生态水文学是生态学与水文学的交叉科学，从不同尺度（全球、区域、流域）研究和揭示生态水文多要素之间的相互作用关系以及形成和制约生态系统格局及其过程变化的水文学机理。

12.4.2　主要研究内容

12.4.2.1　核心内容

生态水文学研究以水和生态的关系为核心，经过多年的发展，其主要内容得到了较大的扩展和丰富，可分为理论体系、方法论和应用实践三部分[19]。

（1）理论体系：由两部分组成：一是以观察、观测、实验等手段为基础，摸清生态水文基本原理、本质和规律，形成生态水文学基础理论；二是针对特定研究对象和目标，以多要素间的相互联系和作用所形成的多学科之间综合和交叉的研究理论。

（2）方法论：主要包括系统工程（生态水文系统工程方法及技术）、物理实验（生态水文过程模拟与仿真的方法和技术）、观测监测（生态水文观测估算、定位监测、数据采集和处理及同化的方法和技术）、数值模型（生态水文的物理、化学、生物过程的数值模型及软件研发）等。

（3）应用实践：主要包括从生态水文学的角度开展的预警、评估、调控、管理和保护等应用，一方面将理论方法应用于实践，另一方面又通过实践来检验和完善其理论方法。

12.4.2.2　主要研究的生态类型

（1）河湖生态水文[20,21]。河湖开发利用引发的生态效应一直是人们关注的焦点。河湖生态系统的生态水文学研究，主要致力于河湖水文过程中的生物过程和非生物过程。其中生物过程主要包括：湿地植物生长与区域水文循环之间的影响关系；水体藻类与水环境的影响；河湖底栖生物与水生态关系；两栖类生物、鱼类、鸟类等和区域水生态之间的相互关系。非生物过程主要包括：水体悬浮物的沉积、输送和再悬浮过程对水环境的影响；水下光环境对水环境的影响；水体化学特征与水生态的关系；河湖水体分层对水生态环境的影响等。

基于河湖中的生物水文过程和非生物水文过程，探讨和研究河湖生态需水量，营养物在河道、洪泛平原和河岸区内迁移规律，河流廊道对区域生物种群结构和空间生态结构的影响、河湖生物群栖息场所的保护和重建、河湖生态修复等都是十分重要的课题。

（2）植被生态水文[20,21]。植被是水循环中最活跃的调节者，通过蒸腾耗水维持地表水、土壤水和大气水之间的平衡，通过光合作用平衡区域的碳循环，也给区域其他生物提供能量来源。所以，植被在区域水生态平衡健康发展中起到至关重要的作用。

植被生态水文学的研究主要包括森林、湿地、草地等在内的植被生态系统与区域水循环的相互作用机理，既有微观的个体植被水分分配、循环和水文效应研究；又有区域水文循环过程对植被群落演替与生态过程的关系研究，也有植被所在的流域径流形成机制和水文响应定量研究，以及在研究过程中引入气候变化的影响等。

（3）湿地生态水文。生态水文学发展之初主要的研究对象就是湿地生态系统。湿地以其水陆交替的地貌特点、具有特殊的生态水文特征、最丰富的生物多样性和较高的生物生产力，而且因其对气候变化与人类活动影响的异常敏感性，成为地球上生态系统演变最为剧烈的场所之一。湿地生态水文研究主要包括湿地生态过程、湿地的水文过程和水平衡、湿地生态水文机理和模拟研究等。

（4）城市生态水文。城市，作为人类密集和人类活动高度频繁的区域，随着其进程的加快，区域表面不透水面积增大，热岛效应、阻碍效应等明显，直接影响了水文循环的降水、蒸发、下渗和径流等环节，也影响了污染物的拦截和消解，同时也改变了河网天然形态等，最终导致河流水文情势改变、水质恶化、生态退化等一系列问题。研究城市生态水文对于更好地规划建设城市，改善生态环境，提高水资源可持续利用具有重要意义。

目前城市生态水文的研究主要集中在：城市化生态水文效应和影响研究、城市化水灾害风险评估、城市化生态水文调控等。

12.4.3　学科战略展望

谋划学科发展战略布局，制定可行的行动策略和建议，对于进一步推动生态水文学学科发展，提高生态水文专业教育的整体水平和功能，响应新时代对生态水文科学研究的新要求，均具有重要意义。

从科学研究计划、重点研究项目、国家重大需求、学科建设、国际合作 5 个方面提出未来我国生态水文学学科发展战略展望[19]。

12.4.3.1　科学研究计划

组织和制定国家/国际层面的大型生态水文学科学研究计划，有助于促进多学科之间的交叉与融合，培养创新性人才和团队，提升国内和国际基础研究的原始创新能力，为经济社会发展和国计民生安全提供持续性的科学支撑和引领。

建议的研究计划有：①生态水文学全国试验观测网与大数据研究计划。在全国布局一定的生态水文试验站，形成全国层面的试验观测网平台，通过试验建设生态水文学研究大数据平台，供科学工作者研究；②全球变化及其区域生态水文响应科学研究计划。研究全球变化对生态水文系统的影响及反馈，揭示生态水文系统过去、现在和未来的变化规律和控制这些变化的原因和机制，为生态水文过程的预测和系统的管理提供科学基础和依据；③脆弱区生态保护与修复研究计划。围绕生态脆弱区，提出生态保护与修复问题的有效解决途径和方法；④城市生态水文结构及管理研究计划。针对城市人口密集和人工生态特点，研究其生态水文结构、功能及机理，提出城市可持续发展的策略；⑤生态水文调控及关键技术研究计划。针对日益严重的生态形势，开展生态水文调控研究并攻克关键技术，对生态水文过程及格局进行调控，促进人与自然和谐发展。

12.4.3.2　重点研究项目

围绕国家经济社会发展中亟待解决的重大科学问题，结合国家的现实需要，编制重点研究项目的研究方向和项目指南，并作为重点扶持对象列入国家优先发展的研究领域，设立专门的基金和项目支持。

建议的重点研究项目有：①生态水文过程演变及规律。研究不同尺度下生态水文之间的相互作用机理，探索生态水文过程的演变规律和趋势；②生态水文模拟的新技术方法。研发高精度生态水文模拟模型；③全球变化下的生态水文响应与适应。研究全球变化下的生态水文响应机制与适应性策略；④人类活动与生态水文系统互馈机制及协调发展。揭示人类活动影响下的生态水文格局演变及结构变化，探索生态水文协调平衡及可持续发展；⑤生态系统保护与修复。针对不同生态类型区域，开展恢复自然生态体制的关键技术、模式和应用研究。

12.4.3.3　国家重大需求

面对不断恶化的生态环境状况，如何在保证不突破生态红线的基础上，改善生态环境和水文状况，助力落实和实现国家发展需求，需要用到生态水文学相关理论、技术与方法。

需求主要表现在：①支撑生态文明建设。生态文明的重要前提是修复和保护好生态，涉及生态系统的各种类型，需要生态水文学；②支撑海绵城市建设。对海绵城市水文水质效应、生态调控过程的认识与相关技术研发，探清和解决生态海绵体的过程与响应机理、生态海绵体的技术开发与设计、生态海绵体的水文水质模拟、海绵城市建设综合效应的监测与评估等，均需要应用到生态水文学；③助力“一带一路”倡议。“一带一路”倡议中的绿色丝绸之路，提出要践行绿色发展理念，先保护好生态。而沿线一些国家自然灾害频发、缺水少绿、荒漠化等生态问题严重，需要运用生态水文学研究“一带一路”沿线生态安全；④促进长江经济带发展。响应“共抓大保护、不搞大开发”的号召，研究长江经济带生态保护的对策，保障长江经济带可持续发展，需要生态水文学。

12.4.3.4　学科建设

学科建设旨在巩固生态水文学学科地位，解决生态水文学学科转型过程中面临的基本矛盾，提高生态水文学学科发展速度及建设质量。

建设主要包括：①明确学科定位。明晰生态水文学学科在自然、人文、社会科学体系中的位置和意义，完善和确立生态水文学学科知识体系、理论、实践领域、学科方向、发展层次及研究规范等；②构建学科队伍。建立生态水文学学科创新团队，搭建合理优秀的学科梯队，培养学科带头人，组建合理的研究群及研究链条，开展生态水文学理论-方法-实践相结合的科学研究工作；③深入科学研究。创建先进的实验室等物质条件和科研环境，形成浓厚的学科建设氛围和良好的学术声誉，不断深化生态水文学科学研究，提高科研创新水平，促进国际科研交流，加强科学研究成果总结；④加快人才培养。增设生态水文学学科点，适当加大生态水文学专业课程占比，编写高质量生态水文学课程教材，加强高层次人才培养和师资队伍建设，做好生态水文学的科普与宣传工作；⑤建设学科基地。在相关人员密集、技术力量强的单位或地区建设学科发展基地，发挥带头示范作用，加强学科的辐射和示范效应；⑥强化学科管理。建立和健全学科管理系统，制定学科发展规划，做好学科专业的评审与认定工作；⑦创建工程技术研究中心。组建研究开发部门、工程设计部门、生态水文服务中心等，强化科研项目孵化和培育，成果转化和推广，提供技术与数据服务；⑧搭建重点实验平台。在科研机构建设实验室，搭建生态水文实验科研平台。

12.4.3.5 国际合作

响应国家推动学科建设国际化的号召，按照建设世界一流学科的目标，积极开展国际合作：①建立学术合作关系，与国际知名院校、研究机构、科研中心及学科相关的部门建立密切的合作关系，提升我国生态水文学学科及相关研究在国际社会的影响力和声誉；②项目合作与资源共享，联合申请科研项目，共同进行科研工作；在科研数据、资料、信息、设备等方面实现资源共享；③学术交流及研讨，组织和参加国际学术会议，选派年青科技工作者到世界一流科研机构进修和合作，聘请国际著名学者来中国讲授课程；④长短期培训与学术访问，组织和开办长短期的生态水文学专业技术培训和进修班及公开课，鼓励生态水文专业方向的学者进行长短期的国外学术访问；⑤人才联合培养，加强本科生和研究生培养的国际化，选派优秀学生到国外高校进行交流和学习，继续和扩大与国际知名大学和研究机构的联合培养项目；⑥引进海外高层次人才，有计划地从国际一流大学、一流研究机构引进人才，招聘博士、博士后壮大青年教师队伍，助力我国生态水文学科的建设，缩小与国际生态水文学专业顶尖院校、研究机构之间的差距，并实现弯道超车。

参考文献

[1] 张林波，舒俭民，王维，等．“生态环境”一词的合理性与科学性辨析 [J]. 生态学杂志，2006 (10)：1296-1300.

[2] 宋言奇．浅析“生态”内涵及主体的演变 [J]. 自然辩证法研究，2005 (6)：103-106.

[3] 李博．生态学 [M]. 北京：高等教育出版社，2000.

[4] 傅伯杰．我国生态系统研究的发展趋势与优先领域 [J]. 地理研究，2010，29 (3)：383-396.

[5] 宋进喜，王伯铎．生态、环境需水与用水概念辨析 [J]. 西北大学学报（自然科学版），2006 (1)：153-156.

[6] 左其亭．论生态环境用水与生态环境需水的区别与计算问题 [J]. 生态环境，2005 (4)：611-615.

[7] 唐克旺，王浩，王研．生态环境需水分类体系探讨 [J]. 水资源保护，2003 (5)：5-8，61.

[8] 徐志侠，王浩，董增川，等．河道与湖泊生态需水理论与实践 [M]. 北京：中国水利水电出版社，2005.

[9] 陈凯麒，陶洁，葛怀凤．水电生态红线理论框架研究及要素控制初探 [J]. 水利学报，2015，46 (1)：17-24.

[10] Cassie，Daniel. Comparison and Regionalization of Hydrologically Based Instream Flow Techniques in Atlantic Canada [J]. Canadian Journal of Civil Engineering，1995，22 (2)：235-246.

[11] 杨志峰，张远. 河道生态环境需水研究方法比较 [J]. 水动力学研究与进展（A辑），2003（3）：294-301.

[12] Gippel G J, Stewardson M J. Use of wetted permeter in defining minimum environmental flows [J]. Regulated Rivers: Research and Management, 1998, 14 (1): 53-67.

[13] Hughes D A, Hannart P. A desktop model used to provide an initial estimate of the ecological instream flow requirements of rivers in South Africa [J]. Journal of Hydrology, 2003, 270 (3): 167-181.

[14] 崔瑛，张强，陈晓宏，等. 生态需水理论与方法研究进展 [J]. 湖泊科学，2010，22（4）：465-480.

[15] 左其亭. 干旱半干旱地区植被生态用水计算 [J]. 水土保持学报，2002，16（3）：114-117.

[16] 左其亭，陈曦. 面向可持续发展的水资源规划与管理 [M]. 北京：中国水利水电出版社，2003.

[17] 雷社平，阮本清，解建仓. 论水与人类文明的历史关系 [J]. 西北农林科技大学学报（社会科学版），2003（6）：61-65.

[18] 夏军，丰华丽，谈戈，等. 生态水文学概念、框架和体系 [J]. 灌溉排水学报，2003（1）：4-10.

[19] 夏军，左其亭，韩春辉. 生态水文学学科体系及学科发展战略 [J]. 地球科学进展，2018，33（7）：665-674.

[20] 夏军，李天生. 生态水文学的进展与展望 [J]. 中国防汛抗旱，2018，28（6）：1-5，21.

[21] 王根绪，钱鞠，程国栋. 生态水文科学研究的现状与展望 [J]. 地球科学进展，2001（3）：314-323.

第13章 水文学与人水和谐

人水关系是人类与自然关系中最重要的关系之一，人水和谐是人类追求的一种理想的人水关系。人水和谐论是研究人水和谐问题的一门新兴交叉学科，涉及与水相关的社会、经济、生态、环境、水文、地理、资源等许多学科领域。其中，水科学知识是人水和谐问题研究的中心内容，水文学在人水和谐研究中具有重要的地位。

本章将在简要介绍水与经济社会发展关联、人水关系概念与内涵的基础上，重点阐述人水和谐论及其应用，进一步介绍人水和谐研究中的水文学内容。

13.1 水与经济社会发展

水是生命之源，是人类和一切生物赖以生存的不可缺少的一种宝贵资源。任何生命体都不可能离开水，人体中大约60%是水，正常情况下成人一天平均需水2～3L。没有水，一切生物都不可能存在。反之，有水的地方，就可能存在生物或生命体。

同时，水又是生态环境的基本要素，是支撑生命系统、非生命环境系统正常运转的重要条件。如果缺水或无水，将无法维持地球的生命力和生态、生物多样性，生态环境也必将遭到破坏。

水是支撑经济发展不可缺少的宝贵资源，是可持续发展的基础条件。水资源的开发利用为人类社会进步、国民经济发展提供了必要的基本物质保证。①水是农业的命脉。一方面，所有的作物生长都需要水；另一方面，为了发展农业生产、提高粮食产量，多数粮食基地生产需要人工补充灌溉。在农业用水中，灌溉用水占主要地位。以合理的人工灌溉来满足农作物需水，是保障农业生产的重要措施。②水是工业的血液。工矿企业在制造、加工、冷却、空调、净化、洗涤等方面均需要水。一方面，在利用水过程中通过不同的途径消耗水（蒸发、渗漏等）；另一方面，以废水的方式排入自然界中。③水力发电是电力系统的重要组成部分。水力发电是利用河流中流动的水流所蕴藏的水能，生产电能，为人类用电服务。水力发电几乎不消耗水资源，也不产生水体污染，是一种清洁能源，是国家能源发展的重点方向。当然，有些人认为，水力发电需要修建大坝，可能对生态环境带来影响，不能看作是清洁能源。④水是航运的载体，把世界通过海洋、河流连接起来，促进物质流动和人文交流。此外，水又是水产养殖的载体、山水旅游的重要组成部分。

总之，从水与经济社会、生态环境的关系来看，水资源不仅是人类生存不可替代的一种宝贵资源，而且是经济发展不可缺少的一种物质基础，也是生态环境维持正常状态的基础条件。哪一方面离开水，也不能正常运行，更谈不上经济社会的持续、稳定发展。

然而，十分遗憾的是，随着人口的不断增长和经济社会的迅速发展，用水量不断增加，人类不合理开发和利用水资源，产生了一系列与水有关的问题，比如水资源短缺、水质恶化等，严重地影响着经济社会的可持续发展。水资源与经济社会、生态环境之间的不协调关系在“水”上表现十分突出。如果再按目前的趋势发展下去，水问题将更加突出，甚至会给人类带来灾难性的后果。正如人们所形容的“人类如果再这样浪费宝贵的水资源，那过不了多少年，人们见到的最后一滴水，将是人类的眼泪”。

因此，协调好水资源开发利用与经济社会发展、生态环境保护的关系，走人水和谐发展之路，具有重要的意义，是水资源开发利用的主导思想，也是人类发展的主旋律。

13.2　人水系统与人水关系

13.2.1　人水系统的概念

人水系统是以水循环为纽带，将人文系统和水系统联系在一起，组成的一个复杂大系统。所谓人文系统，指以人类发展为中心，由与发展相关的社会发展、经济活动、科技水平等众多因素所构成的系统。所谓水系统，指以水为中心，由水资源、生态环境等因素所构成的系统。

人文系统、水系统本身都是十分复杂的巨系统，由它们耦合形成的人水系统则更加复杂，是一个更大的巨系统。从广义上说，与“人、水”有关的所有因素、活动、组成要素、过程、现象等都是人水系统的范畴。从狭义上说，具体到一个区域或流域，可以缩小到具体的研究对象的水文特征、人类活动指标，比如，研究需要的水量、水质、生活用水、农业用水、工业用水等具体表征指标。因此，根据实际研究的需要，可以选择人水系统研究对象范畴和主要表征因素或指标等。

13.2.2　人水关系的概念与内涵

人水关系是指“人”（指人文系统）与“水”（指水系统）之间复杂的相互作用关系。人水关系极其复杂，涉及人类经济社会发展的方方面面，同时也与水资源、生态、环境密切相关。人类一出现就与水打交道，自觉或不自觉地面对各种各样复杂的人水关系。因此，笔者在多次学术报告中提到一句话“所有的水利工作几乎都是为了改善人水关系；但其不一定都是朝着改善的方向发展，有可能事与愿违。”[1]人水关系是人类与自然界关系中最重要的关系之一，实现人水关系的“和谐”是人类追求的一种理想的人水关系。

人水关系中的人文系统和水系统之间从根本上来说是对立统一的辩证关系，两者既相互影响、相互联系，又相互冲突、相互竞争，是一种有冲突的和谐[1]。

伴随着日益严峻的水问题，人水关系的和谐问题越来越受到人们的重视。人水和谐思想就是在这一背景下提出的重要治水指导思想。人们在认识人与水的关系过程中，需要用综合分析的思维方式来看待人水关系的和谐问题，需要树立系统观点，弄清各子系统的特点，以及各子系统之间的相互作用及影响。人水和谐就是坚持以人为本、全面、协调、可持续的科学发展观，解决因人口增加和经济社会高速发展出现的水资源短缺、洪涝灾害和水环境污染等问题，使人和水的关系达到一种协调的状态，使有限的水资源为经济社会的可持续发展提供久远的支撑，为构建和谐社会提供基本保障。它包含三方面的内容，即水系统自身的健康得到维持不受破坏；人文系统走可持续发展的道路；水资源为人类发展提供保障，人类主动采取一些改善水系统健康、协调人和水关系的措施。

13.3 人水和谐论及其应用

本节引自作者在文献［2］中总结的成果，系统介绍人水和谐论的提出背景、理论体系框架、方法论以及应用实践。

13.3.1 人水和谐论的提出背景及意义

人水和谐论（human - water harmony theory）是研究人水和谐问题的一门新兴学科。关于人水和谐思想的提出，大概始于 21 世纪初，真正成为我国治水思想是从 2004 年，其标志性事件是，2004 年中国水周的活动主题为“人水和谐”。到 2009 年才逐步形成一个相对完善的理论“人水和谐论”。随后，在近 10 年的发展中，涌现出大量的理论及应用研究成果。

1. 从对人水关系的认识阶段，来看人水和谐概念和理论的提出

人水关系自人类一出现就客观存在，这与人类生存和发展离不开水有关。人类发展的过程实际上也是不断认识和处理人水关系的过程。①在人类出现早期，社会生产力低，对水系统的改造作用较少，主要以适应和被动的应对为主。比如，人类逐水而居，就是便于利用河流、湖泊的水；但面对洪水灾害时几乎又无能为力。②随着生产力水平的提高，人类对水系统的认识不断提升，慢慢增加了对水系统的改造作用，逐渐加大了对水的开发和利用，出现了水库、塘坝、引水渠等小规模的水工程；面对洪水时也开始出现疏导、拦截等工程抵御措施。③随着生产力水平的进一步提高，特别是应用现代科学技术，对包括水系统在内的自然界的改造能力急剧增加。人类为了发展，加大对自然界的改造，甚至到破坏的地步，出现了一系列自然资源过度消耗、环境污染、生态退化的严峻问题，已开始威胁人类生存环境甚至自身健康。④人类为了生存和发展，又被迫限制自己的发展行为，减少资源消耗，控制环境污染，遏制生态退化，寻求可持续发展模式。在全世界包括中国，到 20 世纪 90 年代才慢慢接受可持续发展模式。到 21 世纪初，才开始追求人与自然和谐相处，这其中就包括良好的人水和谐关系。在此背景下，出现了人水和谐的概念以及研究其问题的人水和谐论理论方法。

2. 人水系统是人水和谐论的研究对象，具备形成理论体系的基础

首先，人水系统有明确的内涵，是客观存在的一种巨系统。其次，人水系统广泛存在，是人类发展必然要面对的对象，也是解决人与自然矛盾特别是人与水矛盾的重要领域。针对人水系统的研究，是水文学、水资源学、环境学、社会学等领域的一个重要交叉学科方向，具有重要的理论意义和实践价值。因此，从人水和谐论的研究对象来看，它具有明确的研究对象，具备形成理论体系的基础。

3. 研究复杂的人水关系及其和谐问题，需要形成一个理论体系

首先，人水系统是巨系统，人水关系十分复杂。实际上，很难甚至不可能把其关系完

全梳理清楚。因此，基于人水系统的人水关系极其复杂，需要有一套理论方法来研究。其次，人水矛盾突出，需要贯彻和谐思想来破解。随着经济社会发展，人类开发利用水资源的能力和欲望越来越大，出现了水资源短缺、水环境污染、水生态恶化的趋势，人水矛盾日益突出。解决这些矛盾，必须贯彻人水和谐思想，走人水和谐之路。然而，处理这些复杂问题需要有一个相对完善的理论体系，这就是人水和谐论创立的重大需求和驱动力。

13.3.2 人水和谐论体系框架

根据人水和谐论的研究内容以及对一般学科体系的理解，构建了人水和谐论体系框架，如图 13.3.1 所示，主要包括以下内容：①人水和谐论具有明确的研究对象，即人水系统。人水和谐论是研究十分复杂的人水系统以实现人水和谐目标的知识体系。②人水和谐论有丰富的内涵。当然，由于认识上的差异和人水系统本身的复杂性，目前对人水和谐及人水和谐论概念和内涵的认识还没有统一。笔者曾于 2008 年把人水和谐定义为：人文系统与水系统相互协调的良性循环状态，即在不断改善水系统自我维持和更新能力的前提下，使水资源能为人类生存和经济社会可持续发展提供久远的支撑和保障[3]。人水和谐论是研究人水和谐问题的理论方法。③人水和谐论顺应自然规律和经济社会发展规律，坚持辩证唯物主义哲学思想，坚持自然辩证法和科学发展观，具有丰富而又有指导作用的理念。笔者曾于 2009 年发表的《人水和谐论：从理念到理论体系》一文中第一次使用“人水和谐论”一词，系统阐述了人水和谐论的主要理念[4]，包括：坚持以人为本、全面、协调、可持续的科学发展观；坚持辩证唯物主义哲学思想，认为人和水都是自然的一部分，人和水必须协调发展；重视人水和谐思想观念的宣传与普及；对人与水关系的研究不能就

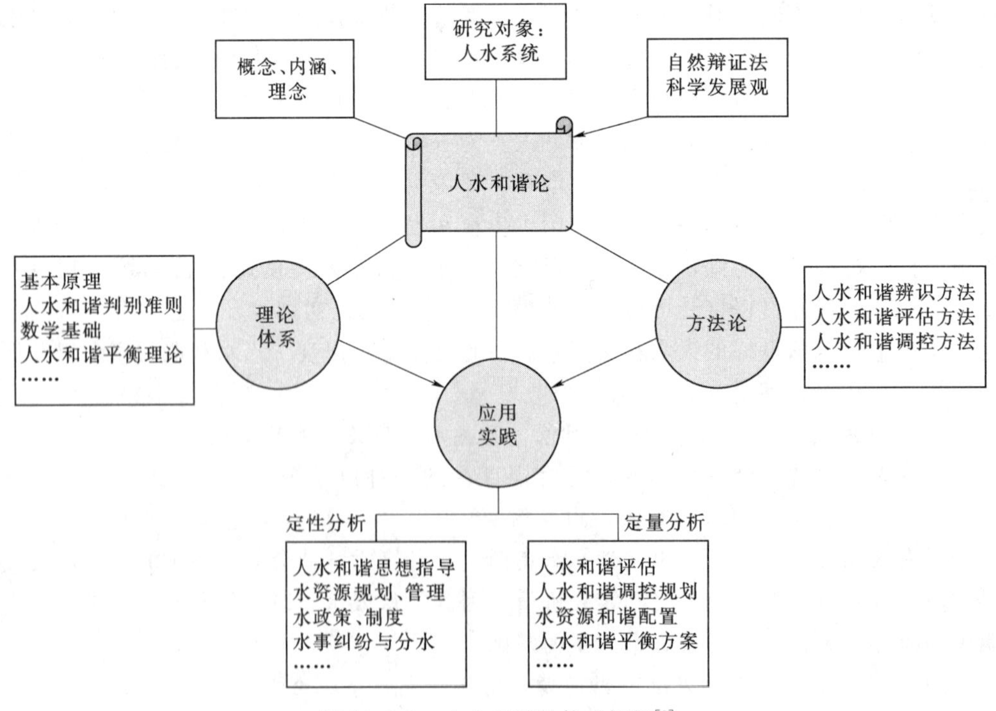

图 13.3.1 人水和谐论体系框架[2]

水论水，就人论人；要牢固树立人水和谐相处的思想。④人水和谐论作为一门学科，还应该包括一套理论体系、具体研究需要的方法论和广泛的应用实践。人水和谐论到目前已经形成了包括基本原理、判别标准和数学基础的理论体系，产生了人水和谐辨识、评估、调控等定量研究方法组成的方法论，以及广泛应用于水资源规划、水资源管理、水战略布局等实践中。

13.3.3　人水和谐论的理论体系总结

13.3.3.1　基本原理

基本原理是对自然科学和社会科学中具有普遍意义的基本规律的诠释，是在大量观察、实践的基础上，经过归纳、概括而得出的基本规律，既能经受实践的检验，又能进一步指导实践。人水和谐论的基本原理是对人水系统相互作用以及向和谐方向演变的基本规律的诠释，如图 13.3.2 所示，包括以下两方面：①水系统、人文系统以及交叉形成的人水系统存在的原理，分别为水循环原理、经济社会学原理、人水关系原理。水系统有其自然规律，其中水循环原理是其基本原理。水循环是地球上各种形态的水在太阳辐射、地心引力等作用下，通过蒸发、水汽输送、凝结降水、下渗以及径流等环节，不断地发生相态转换和周而复始运动的过程。在水的转换和运动过程中遵循水量平衡、能量平衡、物质平衡原理。人文系统应顺应经济社会发展规律，其中经济社会学原理是其基本原理，揭示经济发展和社会发展的基本规律。人水系统具有复杂的相互作用机理，遵循人水关系原理，包含人与水之间内在联系、人水关系协调机理、人口压力与水资源承载力关系等内容。②人水关系演变及其最终走向和谐状态，遵循人水关系和谐演变原理。人水关系发展阶段

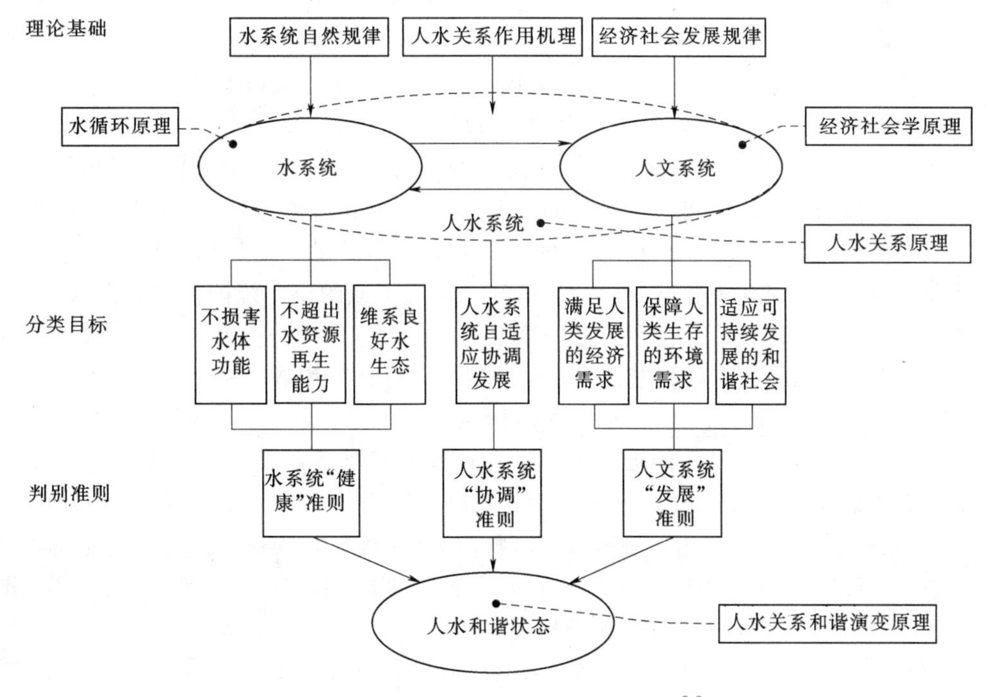

图 13.3.2　人水和谐基本原理示意图[2]

一般可以分为6个阶段：初始和谐阶段、开发利用阶段、掠夺紧张阶段、恶性循环阶段、逐步好转阶段、人水和谐阶段。其中，在一定条件下，人水关系总会发生变化并演变到和谐状态。人水关系和谐演变原理揭示人水关系演变规律以及人水关系走向和谐状态的基本规律。

13.3.3.2 人水和谐判别准则

从一般科学意义和社会实践来看，科学准则是一个范例，浓缩了与科学基准有关的所有导则与规范。可以说它是在共识的基础上从理论到实践应遵循的行为准则。尽管对人水和谐概念和内涵的理解有差异，但都需要有一个比较明确的判别准则来判断一个区域或流域是否符合人水和谐以及人水和谐水平如何。这个判别准则最好能定量化表达，且易于操作，易于应用。

根据对前期研究成果的总结和分析，从便于量化的角度，笔者提出人水和谐的3个判别准则：①水系统“健康”。就是要求水系统处于可承载水平，水循环系统不能受到破坏，保持在良性循环的范围内，永远处于“健康”状态；②人文系统“发展”。就是在保证水系统健康的同时还要顾及人文系统的发展水平，至少应满足人类社会发展阶段的最低需求，处于可持续发展状态；③人水系统“协调”。就是要求人文系统与水系统协调发展，人水关系必须处于良性的循环状态，水系统必须为人文系统发展提供源源不断的水资源，同时人文系统又必须为水系统健康提供保障。对某一个区域或流域，如果能同时满足上面3个准则，就可以认为其人水关系达到人水和谐状态。

13.3.3.3 人水和谐论的数学基础

为了定量研究包括人水关系在内的和谐问题，笔者于2009年提出了和谐论的数学描述方法，在随后的多年中不断丰富这一内容（详细内容可看参考文献[1]），简单介绍如下。

（1）和谐论五要素及其数学描述。①和谐参与者，是参与和谐的各方，一般为双方或多方，称为“和谐方”，其集合表示为“集合 H”，$H=\{H_1,H_2,\cdots,H_n\}$，n 为和谐方个数，又称为“n 方和谐”。②和谐目标，是和谐参与者为了达到和谐状态所必须满足的要求。和谐目标论域 U，是和谐参与者集合 H 所满足的和谐目标集。对论域 U 中的元素 $H(x)$，$B[H(x)]$ 称为 $H(x)$ 相对 U 的隶属度，表征满足和谐目标的程度。③和谐规则，是和谐参与者为了实现和谐目标所制定的一切规则或约束，统记作“集合 R”。④和谐因素，是和谐参与者为了达到总体和谐所需要考虑的因素。其集合表示为 $F=\{F^1,F^2,\cdots,F^m\}$，m 是和谐因素个数。⑤和谐行为，是和谐参与者针对和谐因素所采取的具体行为的总称。n 方和谐 m 个和谐因素所采取的和谐行为集合可表示为一个“矩阵 A”。

（2）和谐度方程及其参数的数学描述。和谐度方程是定量表达和谐程度的一般性方程。某一单因素（F^p）和谐度方程定义为：$HD_p=ai-bj$ 或简写为 $HD=ai-bj$。式中，HD_p（或简写为 HD）为某一因素 F^p 对应的和谐度，是表达和谐程度的指标，$HD\in[-1,1]$。HD 值越大（或越接近于1），和谐程度越高；a、b 分别为统一度、分歧度，统一度 a 表示和谐参与者按照和谐规则具有“相同目标”所占的比重。分歧度 b 表示和谐参与者对照和谐规则和目标存在分歧情况所占的比重。a、$b\in[0,1]$，且 $a+b\leqslant 1$。i 为和谐系数，反映和谐目标的满足程度，$i\in[0,1]$。j 为不和谐系数，反映和谐参与者对存在分歧现象的重视程度，$j \in [0, 1]$。在单因素和谐度的基础上可以通过加权计算得到多因素综合和谐度。

（3）和谐度方程（HDE）评价方法。该方法是以和谐度方程（HDE）为基础，分别针对“分类等级评价”和“综合程度评价”提出的评价计算方法。针对分类等级评价，是通过将隶属于 p 等级的和谐度值 $HD(y_p)$ 与判定值 $HD(y_0)$ 进行比较来判断评价对象 X 属于哪一评价等级；针对综合程度评价，是根据具体问题，选择计算参数值（a、b、i、j），从而计算得到综合程度评价值 HD，表征其综合程度。

13.3.3.4　人水和谐平衡理论

笔者于 2014 年基于人水关系研究首次提出和谐平衡理论[5]，和谐平衡是和谐参与者考虑各自利益和总体和谐目标而呈现的一种相对静止的、和谐参与者各方暂时都能接受的平衡状态，可以表达为基于和谐度计算的集合形式：{和谐行为 A ｜ $HD \geqslant HD_0$} 或 {和谐行为 A ｜ $HD \in [HD_-, HD^-]$}。其中，HD_0 为某一设定的和谐平衡状态最小和谐度值；HD_-，HD^- 分别为和谐平衡状态相对静止的和谐度值下限和上限。水资源开发与保护之间的关系、水资源利用与经济社会发展之间的关系，均应达到一种可以接受的和谐平衡状态。寻找两者之间的“平衡点”一直是一个难点问题。对此可以根据和谐平衡理论，构建一个和谐平衡模型，通过模型求解从而得到其平衡点。

13.3.4　人水和谐论的方法论总结

13.3.4.1　人水和谐辨识方法

笔者于 2016 年基于人水关系研究首次提出和谐辨识方法，主要应用于在复杂的和谐问题中辨识出主要影响因素、不同影响因素的作用大小以及不同和谐方的作用地位[6]。当一个和谐辨识问题转化为一个定量化的辨识计算问题后，就变成一个纯粹的系统辨识问题。因此，一般的系统辨识方法都可以应用于此计算，主要可分为建模辨识方法和非建模辨识方法两大类。建模辨识方法主要是通过辨识方法建立输入-输出关系模型，比如，单输入单输出的最小二乘法、极大似然法等，多输入多输出的神经网络模型、小波网络等方法，时间序列预测建模的自回归滑动平均模型、多变量自回归滑动平均模型等方法。非建模辨识方法主要采用回归分析、相关分析等统计分析方法以及关联分析法等系统分析方法。

13.3.4.2　人水和谐评估方法

目前关于人水和谐量化研究比较多的成果就数人水和谐评估方法研究。总结目前的研究成果，主要包括以下几方面：①基于人水和谐判别准则、指标体系、评价计算组成一套人水和谐评估方法体系。②把模糊评价、综合评价以及其他评价方法应用于人水和谐评价中，进行的评价计算。③基于新提出的人水和谐度指标计算，对人水和谐水平进行评价。

无论哪一种研究思路，其完善的研究内容应该包括 3 部分：①判别准则及量化。也就是从哪几方面制定准则来判断是不是达到人水和谐以及水平高低。上文已介绍笔者曾从量化研究的角度提出 3 个判别准则，即水系统“健康”、人文系统“发展”、人水系统“协调”。其量化分别用健康度（HED）、发展度（DED）、协调度（HAD）来度量，取值范围为 [0, 1]。②评价指标及量化。基于判别准则，构建评价指标体系，分 4 层结构。目标层：用人水和谐度来综合表征人水和谐程度（HWHD）总体水平，取值范围为［0，1］；准则层：分别用前文提到的健康度、发展度、协调度来度量；分类层：在每个准则下又分为不同类型或方面；指标层：每个分类层下又包含多个具体的指标。单个指标的量化，分定量指标、定性指标两类，都分别映射到［0，1］区间，称为子和谐度，用SHD表示。③多指标、多准则综合评价计算。首先，进行单指标子和谐度SHD计算，计算方法很多，比如按照模糊隶属度计算；其次，按照加权综合多指标得到不同准则的和谐度；最后，再按照加权集成到目标层总和谐度，即人水和谐程度HWHD。该方法被称为“单指标量化-多指标综合-多准则集成”的量化研究方法（简为SMI－P方法）[3,7]。

13.3.4.3 人水和谐调控方法

人水关系的状态是不断变化的，在不同阶段可能会表现出不同的和谐水平，可以通过和谐评估方法对人水关系的和谐状态进行评估。在现实中，人水关系经常会出现不和谐状态，在和谐评估的基础上，可以采取一些措施，来改善或调控其和谐状态，即人水和谐调控方法。广义上讲，所有应用于协调人水关系的方法都属于人水和谐调控方法，在水资源学中有广泛的应用领域，比如，水资源优化配置、水库优化调度、水量-水质-水能-水生态联合调度、跨界河流分水等。与这些方法不同的是，人水和谐调控方法是以实现人水和谐为目标，以和谐程度最大为目标函数；或者，和谐程度不低于某一个阈值，作为模型的一个约束条件。

13.3.5 人水和谐论的应用实践总结

13.3.5.1 人水和谐评估应用实践

人水和谐评估应用是人水和谐论应用实践中最为广泛的一类，应用实例众多，大致包括以下几方面：①流域人水和谐评估；②区域大尺度人水和谐评估；③具体到城市区等小尺度人水和谐评估；④基于某一方面或其他类型的人水和谐评价。

13.3.5.2 人水和谐论在水资源短缺、洪涝灾害、水环境污染三大水问题解决中的应用

人水和谐论在三大水问题的解决中有着广泛的应用，大致包括以下几方面：①在应对水资源短缺问题中的应用，从实现人水和谐的目标看，首先要加大节水，其次要限制开发利用水资源程度，最后要做好水资源优化配置工作；②在应对洪涝灾害问题中的应用，按照人水和谐论的思路，不要一提到洪水就采取避之，要给洪水以出路，实现和谐发展；其次，考虑洪水资源化，洪水与干旱相协调。这就是在防汛抗旱中提倡人水和谐观；③在应对水环境污染问题中的应用，为了实现人水和谐，必须保护环境，达到水功能区的水质目标，相关的研究包括污染物总量控制、生态治理，以及综合治理体系建设等；④在应对三大水问题的综合应用，一个流域或区域可能同时存在三大水问题，需要系统分析，统筹兼顾，综合治理，人水和谐论在应对三大水问题的综合研究中有独特的优势。

13.3.5.3 人水和谐论在水资源规划、管理以及水战略中的应用

自21世纪以来，人水和谐论在我国水资源规划、管理以及水战略制定等工作中扮演着重要的角色，有着广泛应用。

13.3.5.4 水资源与经济社会和谐发展应用实践

人类发展需要开发水资源，但人类又必须限制自己的行为，保护水资源。因此，必须

协调开发与保护之间的关系，找到水资源与经济社会和谐发展的“平衡点”。比如，文献[5] 提出了水资源与经济社会和谐平衡的量化研究方法及其在河南省的应用实例。

13.4　人水和谐研究中的水文学内容

从以上介绍可以看出，人水和谐研究涉及广泛的水科学知识，其中就包括水文学内容。可以说，人水和谐研究与水文学的关系十分密切，人水和谐研究过程中会遇到很多基础理论、技术方法上的问题，需要借助水文学的知识来解决，同时，这些问题也会对水文学提出新的要求和挑战，推动水文学的进一步发展。本节只简要介绍人水和谐研究中用到的几方面水文学内容。

13.4.1　水循环理论

水循环理论是水文学的核心内容，在水循环过程中，时刻体现着水量平衡和能量平衡两大原理，这也是人水和谐研究的重要理论基础。

以水循环为纽带研究人文系统与水系统的关系是比较典型的应用，如王浩院士提出的“自然-社会”二元水循环理论，水文学分支学科社会水文学、城市水文学等也是人水和谐研究的重要理论基础。人水系统模拟也需要以水系统理论为基础，水循环理论起到沟通人文系统与水系统的桥梁作用。人水和谐评估中，指标的选择需要考虑特定评价系统的水循环特点，选出对水系统自身、人水系统的协调有较大影响的指标。和谐调控过程中，调控目标、调控准则及调控指标的确定需要遵循水循环基本理论，不能违背自然规律。比如，“保障水系统健康发展”调控准则，需要准确把握水循环在保证水系统健康中的作用机理。

13.4.2　水文系统理论

水文学的研究对象是一个复杂的水文系统，而人水系统又是耦合了人文系统与水系统的复合系统，因此，水文系统理论对人水系统和谐研究具有重要的参考和借鉴价值。

与水文系统类似，人水系统也包括输入、输出和系统状况 3 部分。在人水和谐研究中，应坚持系统论的思维，如和谐评估中的指标选择。不能只考虑指标本身，而应从系统整体出发，深入分析各指标在系统中的作用和地位，此外，不同的人水系统具有不同的特点，所选指标也要充分考虑评价系统的特殊性，不能一概而论。人水关系作用机理和人水系统模拟研究中，系统论相关的理论方法具有广泛的应用价值，如可参考水文系统识别知识，提出人水关系和谐辨识的概念、内涵、理论方法等，详细内容可参考文献 [6]。

13.4.3　水文数据及其研究方法

水文数据是开展任何水文学工作的基础，水文数据获取方法的改进、研究手段的提升是推动水文学研究、发展的重要动力。这些数据、方法同样也为人水和谐研究提供了重要的基础支撑。人水和谐研究中需要大量水系统指标以量化人水和谐关系，人们对不同水体不同水文要素的长期监测获得的水文数据，为相关研究提供了基础数据。

水文数据的获取主要有两种方式：一种是传统的水文监测与实验（详见第 5 章），另一种是新型水文信息技术（详见第6章）。水文监测是获得水文数据最直接有效的方式，水文实验多用于检验通过推理、模拟等手段获得的理论和方法。人水关系作用机理研究中，会基于现有理论，提出许多假设，假设正确与否的研究有赖于实验的验证，对假设的量化分析也需要大量的实验数据支撑。为进行人水系统模拟，一般需要构建相关模型，对模型的有效性和准确性检验既需要大量的历史监测数据，又需要根据模型的概化思路，进行室内或原位实验，不断优化改进模型结构。

随着科学技术的发展，水文信息技术的内涵和范围不断扩张和延伸，是变化环境下进行水文学、人水和谐研究的重要手段，比较典型的有水文遥感技术。遥感技术以其时间上的连续性、空间上的广泛覆盖，具有显著的优势，此外，遥感技术在水利工程建设与管理、涉水违法建设督查、农田水利等领域也具有广泛的应用价值，而这些都是影响人水和谐的重要因素。

随着水利逐步进入智慧水利阶段，新型水利信息技术将在人水和谐评估、管理、调控中发挥更大的作用，如集"河湖水系连通的物理水网、空间立体信息连接的虚拟水网、供水-用水-排水调配相联系的调度水网"为一体的水联网，将成为人水系统调控的重要基础平台，集"基于现代信息通讯技术的快速监测与数据传输、基于通信技术和虚拟技术的智能水决策和水调度"为一体的智慧中枢，可为人水和谐调控策略的制定提供智力支持。

13.4.4　水文数学分析方法

水文时间序列分析、水文预报、水文统计、水文系统分析等水文学研究过程中用到了大量数学分析方法，这些数学分析方法同样适用于解决人水和谐研究中遇到的技术问题。

水文序列的变化趋势及周期分析方法可用于研究长序列人水和谐程度的演变规律，为实现人水和谐目标提供历史借鉴。回归分析、相关分析、人工神经网络、模糊数学、灰色系统理论等水文分析方法，也可用于人水相互作用关系分析、人水和谐程度预测等。人水关系和谐辨识的非建模辨识分析，可采用水文统计、模糊数学等水文学常用数学分析方法研究。最小二乘法、遗传算法、贝叶斯方法等水文参数率定方法同样适用于人水系统模型构建过程中对水系统参数、人文系统参数的率定，结合和谐辨识研究成果，可进一步采用扰动分析法、RSA法、GLUE法等水文参数灵敏度分析方法，分析系统参数对人水和谐的灵敏度。

序列相关性分析、模糊分析、信息熵分析等水文不确定性分析方法可用于研究人水系统中的不确定性。人水关系作用机理、人水系统模拟研究的目标在于发现人文系统与水系统之间具有普遍性、稳定性的科学规律，而人水系统的不确定性，可能会掩盖正确规律或引导得出错误规律，为此需要结合水文不确定性理论剔除不确定性的影响。在人水和谐调控中，结合水文不确定性分析方法，对调控指标的不确定性做出科学合理的评估，量化不确定性对人水和谐程度的影响；在调控策略的制定过程中，要考虑到指标不确定性的影响，并提出应对措施，保证调控目标的顺利实现。

13.4.5　水文模型

水文模型包括分布式水文模型、水系统模型、产汇流模型等多种类型，分布式水文模型是当前水文水资源研究的热点之一（详见第 8 章），在人水和谐研究中具有广泛的应用空间。

以水系统为主构建的水文模型，可以结合气候模式预测、土地利用演变预测等，对变化环境下的水文要素做出预测，评价未来某一时期的人水和谐程度，以对目前及未来的水文水资源工作进行指导，提前进行人水和谐调控。考虑了水利工程、经济社会发展等因素构建的分布式水文模型，是进行人水关系作用机理研究、人水系统模拟的有力工具，可通过对现有模型改进或与其他模型（经济社会、生态环境）耦合，进一步提高其在人水和谐研究中的适用性，得到验证的模型还可用于评估和谐调控策略的科学性、合理性、有效性。人水关系和谐辨识的建模辨识分析，可借鉴水文模型的研究思路，将利益相关方和影响因素作为输入变量，将和谐程度作为输出变量，建立可量化两者输入-输出关系的数学模型。

另外，水文系统与其他系统的耦合模型也为人水关系研究提供很好的工具，比如，本书第 9 章介绍的经济社会-水资源-生态耦合模型、人水系统的嵌入式系统动力学模型，都为人水和谐研究奠定了基础。

参 考 文 献

[1] 左其亭．和谐论：理论·方法·应用［M］. 2 版．北京：科学出版社，2016.

[2] 左其亭．人水和谐论及其应用研究总结与展望［J］. 水利学报，2019，50（1）：135－144.

[3] 左其亭，张云，林平．人水和谐评价指标及量化方法研究［J］. 水利学报，2008，39（4）：440－447.

[4] 左其亭．人水和谐论：从理念到理论体系［J］. 水利水电技术，2009，40（8）：25－30.

[5] 左其亭，赵衡，马军霞．水资源与经济社会和谐平衡研究［J］. 水利学报，2014，45（7）：785－792，800.

[6] 左其亭，刘欢，马军霞．人水关系的和谐辨识方法及应用研究［J］. 水利学报，2016，47（11）：1363－1370，1379.

[7] Qiting Zuo，Zengliang Luo，Xiangyi Ding. Harmonious Development between Socio－Economy and River－Lake Water Systems in Xiangyang City，China［J］. WATER，2016，8（11），1－19.

第14章 水文学与气候变化

水是大气环流和水文循环中的重要因子。气候变化必将引起水文循环的变化，并对降水、蒸发、径流等造成影响，引起水资源在时间和空间上的重新分配以及水资源总量的改变，增加洪涝、干旱等极端灾害发生的频率和强度。以全球变暖为主的气候变化已成为当前世界最重要的环境问题之一。本章在简要介绍气候变化基本知识及其与水文水资源关系的基础上，阐述气候变化对水循环影响的研究进展，总结应对气候变化的适应性对策与建议，并介绍水文气象学主要内容及研究进展。

14.1 气候变化与水文水资源

14.1.1 气候变化

14.1.1.1 气候及气候系统

气候是在太阳辐射、下垫面和大气环流的影响下形成的长时间大气的一般状态及其变化特征。它既反映平均情况，也反映极端情况，是各种天气现象的多年综合。

气候系统是包括大气圈、水圈、陆地表面、冰雪圈和生物圈在内的能够决定气候形成、分布和变化的统一的物理系统。大气是气候系统的主体部分，大气环流是严冬、酷暑、干旱、洪涝等气候异常发生的直接原因。气候系统是非常复杂的。气候系统中发生的物理过程、化学过程和生物过程是气候系统各组成部分之间相互作用和相互影响的具体表现，是高度非线性的，且与外空间有能量交换，是一个开放的系统。气候系统各部分之间热力学和动力学属性差异明显。气候系统的反馈机制对系统内部起控制作用，它来自两个或更多子系统之间一种特殊的耦合或调整。气候系统具有可预报性，其与外部强迫及内部过程的特性有关。

在气候系统中存在多种气候过程，如辐射过程、云过程、陆面过程、海洋过程、冰雪圈过程、氧化过程等。驱动全球气候系统的基本过程是：在太阳辐射对地-气系统的加热以及地面、大气层向太空发射长波辐射的冷却的共同作用下，地球低纬度获得的热量多，高纬度获得的热量少，形成纬度间的温度梯度；同时，由于海陆的热力性质的差异，形成海陆之间的温度梯度。纬度间和海陆间的温度梯度推动了大气环流，大气环流形成了风系。海洋在盛行风、地球自转、岛屿分布等作用下，形成了海洋环流。大气环流和海洋环流可以把热量从高温地区输送到低温地区，使各地的热量处于动态平衡状态。

14.1.1.2 气候变化简史

地球形成以来，气候始终处在变化之中，冷暖交替、干湿变化是气候演变史的基本特征。气候变化可以是周期性的，也可以是非周期性的。气候变化的时间尺度有长达数百万年甚至数亿年的冰期和间冰期循环，也有几百年、几十年、甚至几年的短期气候波动。涉及的空间范围，既有全球性的，也有一个洲甚至更小区域的。从时间尺度和研究方法来看，地球气候变化史可分为 3 个阶段，即地质时期的气候变化，历史时期的气候变化和近代气候变化[1]。

（1）地质时期的气候变化。指距今 22 亿年至 1 万年的气候变化，其气候变化幅度很大，温度振幅为 10～15℃，它不但形成了各种时间尺度的冰河期和间冰期的相互交替，同时也相应地存在着生态系统、自然环境等的巨大变迁。地质时期地球经历过几次大冰期气候，其中最近 3 次大冰期气候具有全球性意义，即震旦纪大冰期、石炭-二叠纪大冰期和第四纪大冰期。地球气候在其发展过程中以温暖气候为主，在大冰期或大间冰期内，存在相对的冷暖和干湿交替。如距今最近的第四纪大冰期中，还存在尺度较小的亚冰期和亚间冰期。每个亚冰期内，还有若干尺度更小的副冰期和副间冰期。

（2）历史时期的气候变化。自第四纪末次冰期结束以来，约距今 1 万年时期开始，全球进入冰后期，并有两次大的波动。一次是公元前 5000 年到公元前 1500 年的最适气候期，当时气温比现在高 3～4℃；另一次是 15 世纪以来的寒冷气候，其中 1550—1850 年为冰后期以来的寒冷期，为小冰河期，气温比现在低 1～2℃。

（3）近代气候变化。近代气候则指最近一两百年中有气象观测记录时期的气候，温度振幅为 0.5～1.0℃。尽管观测资料和处理方法不同，所得结论也不尽相同，但总的趋势是从 19 世纪末到 20 世纪 40 年代，世界气温出现明显的波动上升现象，40 年代达到顶点，此后世界气候有变冷现象，进入 60 年代以后，高纬度地区气候变冷趋势更加显著，进入 70 年代以后，世界气候又趋暖，到 1980 年以后，世界气温增暖形势更为突出。

联合国政府间气候变化专门委员会（IPCC）第 5 次评估报告指出，气候变暖是非常明确的，且从 1950 年代以来的气候变化是千年以来所未见的。过去 3 个 10 年的地表已连续偏暖于 1850 年以来的任何一个 10 年。在北半球，1983—2012 年可能是过去 1400 年中最暖的 30 年（中等信度）。2003—2012 年平均温度比 1850—1900 年平均温度上升了 0.78℃。降水分布也发生了变化。1901 年以来，北半球中纬度陆地区域平均降水增加。有些地区极端天气气候事件的出现频率与强度增加。未来北半球雪盖和海冰范围将进一步缩小。

14.1.1.3　气候变化的原因

影响气候变化的主要因素是自然的气候波动和人类活动的影响。自然的气候波动分为天文学和地文学方面，天文学方面包括太阳辐射的变化、太阳活动的准周期变化以及地球轨道要素的变化；地文学主要指大陆漂移、造山运动及火山爆发等；人类活动的影响主要包括温室气体的增加、陆面覆盖变化和土地利用变化、硫化物气溶胶的作用等[1]。

（1）天文学方面的原因。太阳辐射可能在 $10\sim10^9$ 年范围内变化。可见光辐射变化范围一般在 0.05%～1.0%之间，最大不超过 2.0%～2.5%。太阳辐射的变化主要表现在紫外线到 X 射线以及无线电波辐射部分，当太阳活动激烈时，这部分辐射发生强烈扰动。如果太阳辐射变化 1%，气温将变化 0.65～2.0℃。研究表明，太阳活动的准周期变化与气候振动有密切关系。地球轨道要素（地球公转轨道椭圆偏心率、自转轴对黄道面的倾斜度、岁差）的变化使不同纬度在不同季节接受的太阳辐射发生变化，通常用以解释第四纪冰期与间冰期的交替。

（2）地文学方面的原因。地质时期中，下垫面的变化对气候变化产生了深刻的影响。如地极移动（纬度变化）、大陆漂移、造山运动和火山活动等。地级移动会相应影响赤道以及各地理纬度发生变化，从而导致气候发生变化。据计算，北极自古生代泥盆纪以来一直在向北移动，南极则向南移动，如斯匹茨卑尔根在石炭纪时位于24°N，属于热带气候，此后一直向北移动，至今位于79°N，属于极地气候。

大陆漂移，联合古陆发生分裂，各大陆漂移到它们现代所在的位置，其间海陆分布形式也不断发生变化，从而影响洋流的流向和各地冷暖干湿的变化。

根据地质学家考察发现，在整个地质时期，气候史上最大的冰川活动大部分发生在地质史上最重要的造山运动之后。青藏高原的隆起，使中国西北地区的新疆、宁夏、青海、甘肃及内蒙古西部一带由第三纪造山运动前的湿润海洋性气候变成如今的干旱大陆性气候。

（3）人类活动对气候的影响。人类活动对气候的影响主要是通过对下垫面及大气（成分和能量）的影响而实现的。下垫面和大气之间存在着能量和物质的交换，对大气中的变化过程具有决定性意义。人类社会的发展必然同时改变下垫面的性质。最为突出的是森林的破坏。海洋石油污染、地表水分状况的改变、建造大型水库等。

人类生活和生产活动排放到大气中的温室气体和各种污染物质，改变了大气的化学组成，从而使下垫面和大气及它们之间的辐射、热量、动量及物质的交换过程发生变化。温室气体的排放，具体表现在增加大气中的二氧化碳、甲烷、氧化亚氮、氟利昂气体等。近百年来，由于人口的急剧增加和工业飞速发展，这种影响逐渐显著。如大量燃烧化石燃料和砍伐森林造成大气中二氧化碳浓度急剧增大，使地面和低层大气增温。大气中二氧化碳浓度的增加对气候的影响是最重要的。

大气中温室气体的增加会造成全球变暖，进而使极地冰盖融化，海平面上升，干旱、洪涝等极端气候灾害频发。二氧化硫和氮氧化物可以形成酸雨，氯氟烃化物气体能破坏大气臭氧层。

根据IPCC第5次评估报告的结论，人类活动极可能导致了20世纪50年代以来的大部分全球地表平均气温升高。科学家用气候模式方式模拟了1951—2010年间的气候变化原因，发现温室气体的排放贡献了地表平均温度升高中的0.5～1.3℃；其他的人为影响，如气溶胶的增加等，贡献了－0.6～0.1℃；各种自然因素的影响在－0.1～0.1℃之间。这一模型很好地解释了这一时期气候的演变。全球水循环的变化、冰雪的消融、海平面升高和某些极端天气的变化也与人类活动关系密切。

14.1.2 气候变化与水文循环的关系

水文循环是气候系统的重要组成部分，既受气候系统的制约，又对气候系统进行反馈。气候变化必然引起水循环的变化，流域水循环相当大程度上是由所处的气候条件决定的。

气候因子对水循环过程的影响是复杂的、多层次的。气候系统通过降水、气温、日照、风、相对湿度等因子直接或间接地影响着水循环过程。降水对水循环的影响最为直接，对某一特定的区域，一定程度上可以说降水是水循环的开始。气候因子还通过发生在陆面和土壤中控制陆面与大气之间水分、热量和动量交换的陆面过程间接影响水分循环。如气温、日照和相对湿度对陆面蒸散发过程的影响等。蒸散发是水量平衡的组成部分，蒸散发又可减小辐射向感热的转化，对气候进行反馈。

气温升高，就会使海洋冰川融化，使海平面上升，另外，海水扩张从而使蒸发量增大，这就形成一个恶性循环，长期作用下，必定会使降水量发生严重的变化，使得一些地区发生更严重的洪涝灾害，一些地区发生更严重的干旱。降水量发生变化，也在一定程度上改变了江流湖泊的水系统，加剧了生态环境的破坏。径流对气温变化和降水变化的敏感性不同，对于大部分流域，径流对降水的变化较对温度的变化更为敏感。

14.1.3　气候变化与水资源的关系

陆地淡水资源有大气水、地表水和地下水 3 部分组成。大气水包含大气中的水汽及其派生的液态水和固态水。大气降水是陆地水资源最活跃、最易变的环节，也是地表水和地下水的最终补给来源。海洋和陆地的蒸发是水循环中的关键环节，是大气水资源的基本来源。陆地上的大气降水和蒸发存在着明显的时空变化规律，这种时空变化规律对于一个地区水的可获得潜力以及地表和地下水资源的分布和演化起着关键作用。

在地球气候系统内部及外部物理因子的共同作用下，洪水干旱发生的频次和强度、丰水枯水更替周期及其强度、水资源再生量不断变化。水资源是气候系统五大圈层长期相互作用的结果，水循环和水资源在年到世纪时间尺度上的演化则主要取决于气候的变化及其大气水资源的改变。大气水资源是陆地水循环和水资源演化中的关键环节[2]。

水资源系统对气候变化的影响是十分脆弱的，一些河流的径流对降水量变化非常敏感，很多流域很小的降水一般就可以引起很大的河川径流量和水资源供应量变化。

在全球气候变暖的背景下，我国六大江河（长江、黄河、淮河、海河、珠江、松花江）径流减小，未来需水量在人口增加和气候变化下不确定性增加，我国水资源供需紧张的矛盾将加剧，这个矛盾在北方地区更为突出，及时开展水资源系统对气候变化的脆弱性评估和水资源承载力分析尤为重要。气候变化带来水文循环的变化，引起水资源在时空上的重新分布和水资源数量的改变，对我国的水安全带来威胁[3]。

14.2　气候变化对水循环影响研究进展

14.2.1　国内外研究发展历程

气候变化是当前全球性重要课题之一。1990 年至今，IPCC 于 1990 年、1995 年、2001 年、2007 年及 2014 年对气候变化进行了 5 次科学评估，其中气候变化对水文水资源系统的影响是其最重要评估项目之一。近几十年的研究结果为全球气候变暖提出了有力的证据，气候变化已成为各国政府和研究人员关注的全球性问题之一。

气候变化对水文水资源的影响研究最早可以追溯到 20 世纪 70 年代，1977 年，美国国家研究协会（USNA）讨论了气候变化和供水之间的相互关系。1985年，世界气象组织（WMO）出版了关于气候变化对水资源影响的学术报告，随后，世界气象组织又出版了关于水文水资源系统对气候变化的敏感度分析报告。1987年，国际水文科学协会（IAHS）举办了会议主题为"水文水资源对气候变化的响应"的专题研讨会。1989年美国科学进步协会组织一些专家学者编著"气候变化和波动对美国水文水资源的影响"。Waggoner于1990年出版《气候变化和美国水资源》一书，该书系统地总结了气候变化对水资源的影响研究方法、内容和结果。1992年在里约热内卢环境与发展大会上发表21世纪议程，指出气候变化对水资源的影响问题，应予以全球性高度关注。自此以后，2001年举行的IGBP会议、第六届IAMAP-IAHS大会以及2004年巴西召开IAHS大会均设立了气候变化对水文水资源的影响讨论专题。2006年在德国Bochum由IAHS和UNESCOIHE组织召开的第3届水资源管理论坛、在墨西哥举办的第4届世界水论坛和2007年在意大利召开的IUGG国际大会当中都讨论了气候变化对水文水资源的影响研究问题。2009年第5次世界水论坛集中讨论了全球气候变化的影响及其对策。2012年第6次世界水论坛举办了"水和适应气候变化"高层圆桌会议。

我国关于气候变化对水资源影响的研究开始于20世纪80年代。1988年，国家自然科学基金委员会批准"中国气候与海面变化及其趋势和影响研究"作为"七五"重大项目，其中包括"气候变化对西北华北水资源的研究"。1991年，国家科委启动的"八五"国家科技攻关项目"全球气候变化的预测、影响和对策研究"中设立了"气候变化对水文水资源的影响及适应对策"专题。1994年，中美合作开展"国家研究"，两个项目都包括气候变化对水文、水资源的影响及适应对策研究。1996年，国家科委设立"九五"国家重中之重科技攻关项目"我国短期气候预测系统的研究"，其中包括"气候异常对我国水资源及水分循环影响的评估模型研究"专项，选择淮河流域和青藏高原作为研究区域，参加了GEWEX在亚洲季风区试验即GAME项目。"十五"科技攻关重点项目"中国可持续发展信息共享系统的开发研究"中设立了"气候异常对我国淡水资源的影响阈值及综合评价"专题，基于对未来水资源的模拟及水资源的需求预测进行气候变化阈值研究。"十一五"国家科技攻关项目"典型脆弱区域气候变化适应技术示范"，"十二五"国家科技攻关项目"沿海地区适应性气候变化技术开发与应用"。2008年水利行业开展了重大研究专项"气候变化对我国水安全影响及适应性对策研究"。2009年国家"973"重点基础研究发展规划项目提出了"气候变化对我国东部季风区陆地水循环与水资源安全的影响及适应对策"研究。近年来，全球变化国家重大科学研究计划开展了气候变化对水循环的影响机理和水资源安全评估研究等。从全国和典型区域的不同层次开展气候变化对水循环与水资源的影响及水资源安全与适应对策研究是目前中国研究发展的重要方向[4-6]。

14.2.2　气候变化对水循环影响的研究方法

气候变化对水文水资源的影响研究，主要是通过研究流域气温、降水、蒸发等变化，预测流域径流的可能变化及对其流域供水的影响。评价气候变化影响的方法一般有3种：影响、相互作用和集成方法。气候变化对区域水资源影响的研究常采用影响的方法，即所谓的 What-if 模式：如果气候发生某种变化，水文循环各分量将随之发生怎样的变化。遵从“未来气候情景设计-水文模拟-影响研究”的模式。其研究步骤如下：

（1）定义未来气候变化情景；

（2）选择、建立适宜于流域的水文水资源模型；

（3）将气候变化情景作为流域水文模型的输入，模拟、分析区域水文循环过程和水文要素变化；

（4）评估气候变化对水文水资源的影响，根据水文水资源的变化规律和影响程度，提出相应的对策和措施。

其中未来气候情景的生成与水文模型的建立是研究的关键。

14.2.2.1 气候变化情景的生成技术

由于区域气候变化的复杂性和不确定性，以及 GCMs 对水文、陆地表面过程参数的定量过分简化，气候学家还难以准确地预测未来区域气候变化。未来气候变化的量值不是一种准确的预测值，而是一种可能出现的结果，故称“情景”。气候情景是在一系列科学假设基础之上对未来气候状态时间、空间分布形式的合理描述。目前气候情景生成技术主要有任意情景设置、时间类比法、空间类比法、时间序列分析和气候模式预估5种方法。

（1）任意情景设置。根据未来气候可能的变化范围，任意给定降水、气温等气候要素的变化值，例如假定年降水量增加或减少5%、10%、20%等，年平均气温升高1℃、2℃、3℃、4℃等，或不同要素的不同组合。任意气候变化情景下的影响评价实质上属于敏感性分析和模式的性能检验。

（2）时间类比法。根据有气候资料记录以来的气候变化状况，选取有短期影响意义和异常天气事件，或明显的冷暖期，与当前气候进行对比、相关分析建立未来气候的变化情景。这种方法的主要问题是被选时期的气候变化可能只是气候的自然变化，而非温室气体强迫所致，其气温的增幅不足以同未来的增幅相类比；另外由于历史气候记录序列短，很难识别冷暖期，使用不同时期的气候类比，可能产生完全不同的气候情景，因而得出不同的结果。

（3）空间类比法。把某区域当前的气候状况看作是另一区域的气候变化情景。但区域气候是大气环流与当地地形等因子相互作用的结果，这种空间上的类比不一定真实。

（4）时间序列分析。该方法通过考察地质时期古气候的变迁，并与现代气候进行类比分析，以建立未来气候变化的可能情景。我国学者一般用全新世中期温暖期（6000年前左右）去类比未来可能增温条件下的气候变化。但是把古气候重建的结果作为气候预测方法时，气候系统的边界条件（例如海平面、冰体和陆面覆盖），过去与现在不同，所以，即使辐射强迫是相同的，但未来的气候响应却很可能大不一样。另外，过去的暖期成因与未来的暖期显然不同，古气候重建分辨率较低。古气候重建时，工作者很可能存在一种保守思想使估计值趋向于平均值。

（5）气候模式预估。气候模式预估方法是基于控制气候系统的变化物理定律的数理方程，并利用数值方法进行求解，得到未来气候变化的情景。气候模式依据空间范围可分为全球气候模式和区域气候模式。全球气候模式是目前气候变化预估最主要和最有效的工具。近年来随着计算机技术的不断发展，基于准地转和原始方程的全球气候模式已基本成熟。目前已经研制了40多个全球气候模式，中国在国外气候模式基础上发展了自己的气候模式，较为著名的为IAP模式和NCC模式。

14.2.2.2 与水文模型接口技术

通过气候模式模拟能预估大尺度的气候变化，但当前模式数据的空间分辨率仍然较低，对于某些区域性的气候变化特征及其详细陆面物理过程仍然难以准确表述，因此直接对区域性气候变化的预测比较困难。为了可以较详细地评估区域气候变化情形，研究人员不断探索可以将气候模式模拟结果由大尺度合理的转换为区域尺度的降尺度方法。

降尺度包括时间和空间降尺度两个方面，主要有动力降尺度和统计降尺度两种方法。其中动力降尺度是以全球气候模式的输出结果作为边界条件，通过区域气候模型实现时空降尺度，面向区域所有格点、物理意义明确，但这一方法相对复杂，要求高，运算大，使用较多的是统计降尺度，主要思路是在大尺度气候因子和局地变量之间建立一种定量的统计函数关系，并且假定这一关系在未来气候仍然适用。根据函数关系建立可进一步分为回归方法、环流分型技术和天气发生器3种类型，实现方法有SDSM（the Statistical Down-Scaling Model）、Delta（the Delta Change Method）等。

气候模式数据受到模型分辨率和降尺度的影响，使得气候预测存在不确定性。但是，在预估未来人类活动造成的气候变化研究方面，主要依靠全球气候模式，气候模式在气候变化预估中具有不可替代的作用。

14.2.2.3 水文模拟技术

气候变化对流域水循环影响研究与流域水文模型是密不可分的。水文模型是一种用于概化和模拟自然界水文现象的方法和工具。在选择水文模型进行气候变化对水文水资源影响研究时，应综合考虑模型的内在精度、模型率定和参数变化、现有资料及精度、模型的通用性以及与气候模式的兼容性等。

当前用于估算气候变化影响的水文模型主要有统计回归模型、水量平衡模型、概念性水文模型以及分布式物理模型。统计回归模型根据同期径流、降水与气温的观测资料，建立三者之间的相关关系，分析其长期的变化规律，并建立相关统计模型，这种方法在早期的研究中使用较多。水量平衡模型结构较为简单，计算较快，且计算步长既可以为月也可以为年，对研究大流域尺度较为实用。概念性水文模型以水文现象的物理过程为基础，研究气候、径流的因果关系，以及流域水资源对气候条件的响应。目前具有代表性的概念性模型有Stanford模型、Sacramento模型、Tank模型、HEC-1模型、SCS模型等，国内有新安江模型。分布式物理模型按流域各处地形、植被、土壤、土地利用和降水等的不同，将流域划分为若干个水文模拟单元，在每一个单元上用一组参数反映该部分的流域特性，是一种能够较好地反映大陆尺度的流域水文模型。目前具有代表性的分布式水文模型有TOPMODEL、SWAT、Mod-Flow、Mike-SHE及VIC模型等。概念性水文模型向分布式水文模型发展是目前发展的重要趋势之一，研究的空间尺度也正在由流域、大陆尺度向全球尺度发展。

14.2.3 气候变化对水循环影响的重点研究领域

14.2.3.1 水循环要素变化规律的识别

在气候变化对水循环影响的研究中，基于地表长期观测资料（包括历史文献、冰芯、树木年轮、孢粉以及器测资料等）分析各水循环要素的演变规律是识别气候变化对水资源作用的性质和程度的基础。目前，常用随机水文学以及数理统计的方法（如小波分析、EMD－Hilbert 变换、Mann－Kendall 趋势分析等）识别各水循环要素演变的趋势、周期、突变以及空间分异规律等方面的内容。

14.2.3.2　气候变化与人类活动对水循环影响的定量评估

流域水文要素除了受气候因素的影响还与人类活动有着密切的联系。而不同流域内气候变化和人类活动对径流的影响程度是不同的。在过去的研究中，大部分只是单一地针对气候变化或人类活动对水文水资源的影响，而综合分析两者相互影响的研究很少，且多数集中在定性研究上。随着气候变化和人类活动对水资源影响的不断加剧，定量区分两者对径流变化的贡献率越来越引起社会的关注，已经成为当前研究的重点内容之一。目前，定量区分气候变化和人类活动对水文水资源影响的研究主要采用的方法有分项调查法、灰色关联分析法、线性分析法、弹性系数法、流域水文模型法等。

14.2.3.3　陆-气模型耦合

全面预估未来气候情景下的水文过程变化，这需要采用气候模式和陆面水文模型的耦合的方法（陆-气耦合）。陆-气耦合的方法有两种：单向耦合和双向耦合，单向耦合是指气候模式只提供输出数据给陆面水文模型；双向耦合是指气候模式不但提供输出数据给陆面水文模型，而且接受陆面水文模型的反馈。长期以来大部分的研究主要采用单向耦合。

随着对气候系统及气候变化认识的深入，国际上科学家们认识到陆面过程对气候模型输出精度的作用，陆-气模型的耦合更加重视双向耦合。这对水文模型提出了新的要求：①尺度问题。水文模型需要接受大的时间和空间尺度带来的精度问题的挑战，同时由于 GCMs 的时间尺度和空间尺度与水文模型都不匹配，因此需要解决气候模式和水文模型之间的接口匹配问题。②气候变化下水文模型参数网格化技术。目前流行的分布式水文模型一般参数较多，如何确定气候变化下的网格内模型参数，是模拟评估气候变化下水资源问题的关键，特别在无资料地区这个问题更为明显。③模型的适应性和可移植性。研究气候变化下的流域水文过程需要水文模型具有较大的灵活性和地域适宜性，便于移植、修改和推广使用。

当然，利用陆-气模型耦合预估未来气候情景下的水文水资源变化面临很多不确定性问题，采用不同的气候情景生成技术和水文模型，预测的气候变化对流域水资源的影响不同，有时甚至差别很大，因此未来气候情景的不确定性和水文模型本身的不确定性都是亟待解决的问题。

14.2.3.4　气候变化对极端水文事件的影响研究

极端水文事件的研究主要包括极端降水、极端洪涝和极端干旱 3 个方面。可根据历史降水记录，计算、分析洪涝和干旱极值变化规律及出现的频率。利用水文模型并基于气候变化情景数据研究气候变化影响下流域极端水文事件的变化趋势。多种统计降尺度模型和水文模型的耦合是预测气候变化情景下水文极端事件变化的有效途径之一。

目前气候变化对极端水文事件的影响研究大多是对极端水文事件出现的频率和强度等时空变化的统计分析，还停留在定性研究的层面上，需进一步加强定量化研究。在加强极端水文事件形成机理研究基础上，分析其分布特征和变化规律。深入研究对未来可能发生极端水文事件的预估及其空间分布特征的变化规律。

14.2.3.5　应对气候变化的水资源适应性管理策略

2009年美国推出气候变化与水资源管理报告，督促各部门积极应对气候变化对水资源的影响。刘昌明指出：应针对气候变化背景下水循环变化规律制定相应的适应性对策，保证流域水资源的可再生性。开展气候变化下水资源适应性管理策略研究必须以未来气候情景下水循环要素对气候变化的响应规律、极端水文事件发生的概率和程度以及气候变化对水文水资源影响研究的不确定性等基础研究为前提。然而由于以上方面研究的限制和公众对这方面问题的意识不够，中国在应对气候变化的水资源适应性管理策略方面的研究还比较薄弱。因此，要充分认识气候变化对水文水资源影响研究的重要性和艰巨性，加强水资源适应性对策研究[6]。

14.3　应对气候变化的适应性对策与建议

为了减少气候变化的负面影响，增加更多的发展机会，需要通过各种预估技术估计未来气候的可能变化趋势，采用适应性管理措施，调整发展计划和规划。

14.3.1　适应性管理的内涵及基本原则

适应性管理最初称作“适应性环境评估与管理”，首次出现并应用于生态系统理论和实践，旨在克服静态评价和环境管理的局限问题，是处理可再生资源管理中不确定性问题的过程[7]。应对气候变化的适应性管理是指有效利用气候变化预估结果，协调和优化发展战略，使适应性措施得到有效实施和提升。

气候变化引起未来水文条件变化不确定性，给水管理者提出了挑战。辨识水文情势潜在的变化趋势非常困难，意味着在弄清水文情势实际变化前就需要制定适应性决策。因此，面对气候变化，水管理者需要分析不同的变化情景。适应性管理是这样一个决策过程，在面临先前管理实施结果和其他信息增加时灵活调整决策制定过程。适应性管理提供了一个稳健决策标准的框架。适应性管理一般为6个步骤的循环过程：①评估问题；②设计；③实施；④监测；⑤评估；⑥调整。适应性管理可以被应用到任何的对于将来存在不确定的动态系统。适应性管理更适用于指导水利工程运行或者制度的变化，而不是建造新的水利设施。工程的解决方案一般比较难以改变，除非这些设计满足未来预测的可能条件。适应性管理提供了风险被辨识、分摊和减少的过程。随着水资源日益紧缺，适应性管理可能得到更广泛的应用[8]。

气候变化影响下的水资源适应性管理主要遵循以下原则[9]。

(1) 全面性。气候变化可能不是发展目标中最重要的限制因素，但将其纳入规划过程，便于全面考虑所有风险。

(2) 一致性。适应未来气候变化的根本在于提高应对气候变化的能力。因此，只有对未来气候变化进行准确预估，才能确保正在实施的对策与未来的气候变化协调一致。

(3) 实用性。适应性管理要对目前的灾害提出解决措施，减少灾害风险；同时要适应未来变化，避免新的灾害发生。

（4）灵活性。由于未来气候变化存在极大的不确定性，因此管理措施应根据未来潜在的气候变化留有余地，并能做出灵活的应对。

（5）可量化性。对气候变化影响的适应性管理要进行定量化或半定量化分析，以确定能够降低气候变化脆弱性的发展规模。

14.3.2 适应性对策的评估分析方法

适应性对策的评估分析方法主要包括多目标决策、层次分析法（APH）等，比如，夏军等提出了多目标分析基础上的应对气候变化的水资源适应性管理框架，并应用在密云水库的适应性管理中[9]。

适应性对策通常选择多种方案进行评估，以便确定最优方案，并提出相应的对策建议。目标是提供一个综合性的简单框架，为选择适应性方案提供决策信息。其工作主要包括以下两方面[8]。

（1）多指标分析。决策是在一系列指标基础上产生的，因此对指标分析的过程比其结果更重要。根据一系列可能的决策指标，利用多指标分析工具对适应对策进行分析讨论，然后依据其重要性进行加权处理。理想情况下，多指标分析应让利益有关方广泛参加，充分交流。

（2）案例评估。各案例的评估过程按如下步骤进行：①提出一系列决策指标，并对相应的适应性方案进行评估，包括成本效益、意外后果（如为满足灌溉需要，增加地下水的开采量补偿地表水等）、发生的可能性及方案的可操作性；②对选择方案（包括“无变动”方案）进行评价以确定最优方案，并将其纳入实施过程；③当某个项目选择“无变动”方案作为最终决策时，应该给出理由和指导建议，说明在项目设计方案中是否应该为将来可能采取的适应性措施留出余地。

适应性管理策略的定量分析是选择适应性对策时最为关键的依据之一。定量分析的目的在于评估适应性管理对策的经济效益。该分析将为决策过程提供充足的信息，为适应性管理工作奠定基础。针对气候变化背景下水资源管理所面临的新挑战，通过分析总结目前国内外应对气候变化的几种不同适应性管理方法、对策，归纳梳理得出了评估适应性对策的关键问题是对经济效益的定量分析，成本效益分析用于评估适应性对策的方法，可用于评估确定水资源适应措施是否合理，分析影响，检查适应性管理效果并进行决策。为了研究应对气候变化的水资源适应性对策的成本，为决策提供科学依据，有必要运用成本效益分析法对适应性对策进行系统研究。

适应气候变化的研究涉及人类社会生态系统的多个层面，而由于不同层面的行为主体在系统中所起的作用不同，在每个层面上适应性研究所关注的侧重点不同，因而所采用的方法各异。

14.3.3 应对气候变化的水资源适应性对策及建议

1. 落实低碳理念，重视生态环境保护

鉴于气候变化的基本情况，需要贯彻落实低碳理念。首先，应制定严格的 CO_2 排放标准，尤其是相关工业企业，必须严格控制企业的 CO_2 排放指标，采用惩罚和治理并重的方式。对于超出排放CO_2量的企业，需要给予一定处罚，对能够自主减少排放量，且显著低于排放标准的，需要对其进行激励。此外，合理地将低碳生活的理念进行落实，促使人们在日常生活中能够意识到低碳排放的重要性，减少人为活动对气候造成不利影响。还需要强化对洁净可再生资源的应用，减少碳的排放量。同时发挥环境的自净能力，促使生态环境能够自主地完成对气候的调节活动，减少气候变化对水文水资源的影响。明确造成气候变化的主要因素，并针对这些因素采取适宜的措施，并合理地对森林资源、湿地资源等进行保护。

2. 加强节水高效利用，提高应对气候变化的能力

节水是水资源合理利用的核心。气候变化将加剧中国北方水资源的供需矛盾，但是在北方干旱地区仍然普遍存在用水浪费、水资源利用效率低下等问题。节水有两大功能：一个是保护了水资源的量和质；另一个是减少废污水的排放，降低环境成本。“节水型社会”的建立对区域经济的可持续发展有重大作用。除了节水，还要多渠道开源，包括一些非传统的水源，如城镇的雨水、围田水、再生水，海水的利用等，还要提高水资源利用效率。

3. 基于人水和谐原则，防治水旱灾害

在全球变暖的背景下，水文循环过程会加快，极端降水事件和干旱出现的频率会加大。应采取人水和谐的措施，坚持“人与自然和谐相处，避免所谓的人定胜天”的原则，要尊重自然、因地制宜，加强研究人与水的协调。充分协调人与水之间的关系，完善洪、旱的治水思路与减灾的规划，同时重视防灾、减灾内涵发挥，实现抗灾软件与硬件、及非工程性措施与工程性措施的结合，加强对突发水旱大灾、水污染暴发应急管理和预警、急救与对各种灾害事先预报，做好预案。

4. 强化需水管理，控制水资源消费

面对气候变化下的水资源供需矛盾，政府在管理上应充分运用经济杠杆促进节约用水。正确发挥经济杠杆与相应技术经济措施的作用，是实现节水的关键；而建立合理水费是发挥经济杠杆作用的核心，如实行按质论价、按量阶梯水价等。必须采用以市场为导向的水资源管理模式，增加投资和管理费用，促进计划用水、节约用水，完善合理的水资源市场管理机制，全面建立节水型社会。

5. 完善政策法规，加强体制改革

基于对气候变化适应性对策，深化水资源管理体制改革，提高机构管理效能，建立现代化的水资源管理体制，强化水资源的统一管理与保护，建立适应气候变化和水资源可持续利用的水行政管理机制，形成水权和水市场管理的基本制度，制定和完善有关法律、法规和政策体系，以法管水[3]。

14.4 水文气象学主要内容及研究进展

水文气象学是应用气象学的原理和方法研究水文循环和水量平衡中与降水、蒸发等现象相关问题的一门学科。水文气象学是气象学与水文学之间的交叉学科，即是应用气象学的分支，又是水文学的重要组成部分，其研究成果主要用于河道和水库的防洪兴利、水资源开发利用与水利水电工程规划设计、水情预报和水患风害评估等方面[2]。

14.4.1 水文气象学的主要内容

在水文循环中，降水和蒸发为水文学和气象学共同研究的问题。水文气象学的主要研究内容包括：与洪水预报相关的降水监测和预报，可能最大降水量的估算，蒸发量的估算[2]，水文气象基本理论及应用等。

1. 降水的监测和预报

水文和气象部门的水文站、气象站和雨量站主要用雨量器直接测量降水量和降水强度。随着气象雷达、气象卫星等探测技术的发展，降水监测的水平有了很大提高，为降水短时预报与洪水预报的结合创造了条件。对于无测站的广大地区，采用天气雷达及气象卫星云图估算降水与实测降水量相结合的办法进行监测。

2. 可能最大降水

可能最大降水（PMP）或可能最大暴雨（PMS），是指在现代的地理环境和气候条件下，特定的区域在特定的时段内，可能发生的最大降水量或可能发生的最大暴雨。可能最大降水，含有降水上限的意义，即该地的降水量只可能达到不可能超越的数值，但它有个约束条件，即规定适用“现代的地理环境和气候条件下”。PMP 的提出主要是顺应水利工程建设安全的需要，由可能最大降水及其时空分布，通过流域产流和汇流计算，推算出相应的洪水，称为可能最大洪水（PMF）。这是大型水利工程枢纽设计的重要参数。计算可能最大降水量的方法一般有暴雨移置法，暴雨组合法及暴雨模型等。

3. 流域总蒸发

流域总蒸发指流域内陆面蒸发、水面蒸发和植物散发的总称，又称流域蒸散发。通常为流域多年平均降水量与径流量的差值。陆地上的年降水量有 60%～70%通过蒸发和散发返回大气，因此总蒸发是水文循环的重要组成要素。从水量损失角度来说，总蒸发是降雨径流形成过程中的唯一损失，是流域水量平衡计算中的重要项目。

4. 水文气象基本理论及应用

概率论及数理统计是水文气象统计与计算的基础理论。借助遥感资料及技术可以获得降水的空间分布特征、估算流域蒸散发、监测评估洪涝灾害、研究积雪与融雪等。地理信息系统（GIS）作为重要的信息技术，已经在天气预报应用、气候区划应用、人工影响天气、台风信息分析、气象灾害评估、防灾减灾等气象业务方面表现出了良好的应用前景。

旱涝是水利问题也是气象问题，因而水文气象可以应用于大型水利工程及山洪灾害防治中。

14.4.2 水文气象学的研究进展

20 世纪 30 年代，美国天气局成立水文气象处，从气象资料推算可能最大降水和可能最大洪水，以满足防洪建筑设计的需要，这是水文和气象相结合的开始。水文气象学的产生和发展，与人类社会对洪涝灾害自然现象的认知水平、抗御灾害能力、科学技术的进步密切相关，且其内涵和覆盖领域也不断地深化和发展。随着气象雷达、气象卫星等探测技术的发展，从 60 年代以来，降水监测的水平有了很大提高，为降水短时预报与洪水预报的结合创造了条件，使水文气象学得到了新的发展。

人类活动对环境和气候的影响促使天气情况急剧变化。气候变化将可能带来不可逆的全球尺度的气候系统的变化，引起降水、气温等一系列非规律性的水文气象的变化，给人类的生存环境带来难以估量的变化。为防患于未然，保护现有适宜的生存环境和气候系统，国际科学界先后发起了气候变化的研究计划，主要针对气候变化的科学问题，特别是10～100年尺度气候变化的物理、化学和生物学过程及其可预测性，以及气候变化的影响与适应性对策。

目前，水文气象变化对全球的影响是全方位、多层次和多尺度的，即存在正面影响，也存在负面影响。种种负面影响给人类带来难以估量的损失，适应这种变化将付出相当高的代价，如海平面上升将危及经济发达的沿海城市的发展；大部分热带、亚热带地区和多数中纬度地区普遍存在作物减产的可能，将面临更为严重的水资源短缺问题；受到传染疾病影响的人口数量增加；大暴雨事件和海平面升高引起的洪涝将危及许多低洼和沿海居住区。

大气循环、降水和人工影响作为气象的主要组成部分，与人类趋利避害、开发水资源和气象科技转化为现实生产力紧密相关，中国在这方面的理论研究和技术应用等，同发达国家比，还存在一定差距，不能满足生产和建设发展的需要，应增加投入，大力发展。目前，大气降水和人工影响气候方面的研究和业务正在进行，在中国气象局的指导下，走上了比较健康发展的轨道。同时，气象部门、中国科学院相关的研究所，有关高等院校应开展针对中国实际的降水云系发生发展的自然过程和催化潜力、催化技术方法和效果检验等方面的应用基础理论和业务作业技术研究。

大气降水是中国水资源的主要来源，而蒸发又是水资源损失的主要途径之一。因此，作为气候基本构成要素和气候变化重要内容的大气降水和蒸发变化成为中国天然水资源空间分布和时间演变的决定性因素。中国的降水时空分布极不均匀，常出现极端现象（如干旱、洪涝），给流域水资源管理带来困难。水资源系统对气候变化的影响是十分脆弱的，一些河流的径流对降水量变化非常敏感，很多流域很小的降水一般就可以引起很大的河川径流量和水资源供应量变化。未来的气候变化可能加剧中国的水资源供给压力，改变大气降水的空间分布和时间变异特征，水资源空间配置状态，直接影响到水资源稀缺的华北等地区的可持续发展和人民的生活质量。国内外水文、水利学者和有关部门已给予高度重视。针对水资源的可持续发展，国家已制定了许多战略和行之有效的措施[2]。

江河的防汛工作，过去使用水文预报和利用分蓄洪区，基本可以防御较大的洪水。在防洪形势严重时，也可以采取临时扒口和有计划的分洪来避免大堤溃决。随着人口的增长和经济社会的发展，使用分蓄洪区的难度越来越大，需更加重视暴雨洪水的预报工作和防汛的科学调度，解决好防洪与兴利的矛盾，加强水文气象的科学知识和技术方法的应用。

因降雨在山区引发的洪水及泥石流等山洪灾害已成为防洪减灾中的一个突出问题，山洪灾害的预测预防难度较大，现有的水文气象的监测预警预报业务在山洪灾害区分布较少、并存在致灾临界雨强计算、小区域短时强降水预测困难以及预警信息不能及时发布等问题，应加密山区站网，改进预报模型，更好地为山洪防治服务。深入开展陆-气耦合模式研究，研制水文气象结合的业务化预报系统。水文气象耦合模型的研究有助于提高气象模式和水文模型的预报精度及延长水文模型的预报期。

参考文献

[1] 伍光和，王乃昂，胡双熙，等. 自然地理学 [M]. 4 版. 北京：高等教育出版社，2008.

[2] 郭纯青，方荣杰，代俊峰. 水文气象学 [M]. 北京：中国水利水电出版社，2012.

[3] 刘昌明，刘小莽，郑红星. 气候变化对水文水资源影响问题的探讨 [J]. 科学对社会的影响，2008 (2)：21-27.

[4] 曾建军，金彦兆，孙栋元，等. 气候变化对干旱区内陆河流域水资源影响的研究进展 [J]. 水资源与水工程学报，2015 (26)：72-78.

[5] 张利平，陈小凤，赵志鹏，等. 气候变化对水文水资源影响的研究进展 [J]. 地理科学进展，2008 (3)：60-67.

[6] 李峰平，章光新，董李勤. 气候变化对水循环与水资源的影响研究综述 [J]. 地理科学，2013 (33)：457-464.

[7] 夏军，石卫，雒新萍，等. 气候变化下水资源脆弱性的适应性管理新认识 [J]. 水科学进展，2015 (26)：279-286.

[8] 曹建廷. 气候变化对水资源管理的影响与适应性对策 [J]. 中国水利，2010 (1)：7-10.

[9] 夏军，Thomas Tanner，任国玉，等. 气候变化对中国水资源影响的适应性评估与管理框架 [J]. 气候变化研究进展，2008 (4)：215-219.

第15章 水文学与城市化

城市是人口居住集中的区域，城市化是人类社会发展的一种趋势。一般来讲，经济社会越发达的地区，其城市化率就越高。城市也是高强度人类活动最集中的地区，几乎对城市区每一块土地都会有或多或少的人工干预或影响，其中包括对水文系统的影响。因此，在城市区，其水文系统的变化以及产生的水问题和解决途径研究都十分重要。

本章是在文献［1］的基础上，简要介绍城市和城市化的概念、城市水文效益、水问题解决措施等知识；在此基础上，阐述城市水文学主要内容、研究进展与展望。其中，本章第15.1、15.2、15.3节主要引自文献［1］，内容有较大删减和改动。

15.1 城市与城市化

15.1.1 城市和城市特点

城市是人口集中、工商业发达、居民以非农业人口为主的地区，通常是一个国家或一个地区的政治、经济、文化、科技、交通的中心，也是人类活动集中区域。

城市的产生与发展受自然、经济、政治等多种因素的影响，人类社会的不断发展造就了城市的产生和兴起。可以说，城市的出现是人类社会的必然产物。

从最早出现的城市发展到目前规模的城市，经历了十分漫长的过程。人类社会初期，是以狩猎、谷物为生，相互交流极少，群居规模也小，主要为家族式生活。随着人类社会的进步，特别是生产技术的提高，人们获得食物的手段在增多，食物的供应也相对充足，群居规模扩大，人与人之间交流增多，出现了以食物交换为主体的商品交换，孕育了原始城市的萌芽。随着社会的进一步发展，以农田耕作为主的农业规模不断扩大，出现了小规模的早期城市，但城市中的居民大多数还依赖于农田。之后一直到工业革命以前，已经出现了规模很大的城市（如古罗马），但世界城市发展还十分缓慢，这期间的城市主要作为政治、军事、礼仪、商业的中心，城市基础设施简陋，功能也相对简单，其职能也只能是地区性的，非全国性或国际性。

自工业革命以来，城市的功能和作用发生了很大变化，城市已经成为人类社会政治、经济、文化、科技、交通的中心，是影响人类社会发展和生活质量的重要因素。自1850年以来，城市人口迅速增长，资料显示：1850—1950年，人口大约增长了10倍。到1950年，城市人口达到7.49亿人，城市人口占总人口的29.7%。到2000年，城市人口达到28.45亿，所占比例也提高到47.7%。预计到2030年，世界城市人口所占比例将达到60%（资料来源：UN World Urbanization Prospects，The 1999 Revision），发展速度放缓，农村人口、城市人口比例趋于稳定、合理。

一般城市具有以下几个特点。

（1）人口密集。我国大城市人口密度平均每平方公里 1 万人以上，是郊区人口平均密度的 25 倍以上甚至到 100 倍。如北京市、广州市城区的人口密度分别为每平方公里 1.4 万人和 1.3 万人。国外大城市人口密度也比较集中，如纽约、伦敦、巴黎的人口密度都比较大。

（2）劳动力密集。城市工商业相对集中，工矿企业相对密集，相应的就业机会就多，对农村人口有强大的吸引力，使得劳动力随着城市人口的增加、城市规模扩大而越加集中。

（3）经济相对发达。随着人口集中、产业集中、工业和服务业发展，城市的经济活力越加强大，相对于郊区来说，表现出更强的经济活动。

（4）文化、技术中心。很多城市不仅是人口和经济的中心，同样是文化、科技的中心。城市文化、科技的发展能够带动辐射域内的各业发展，并提供技术和技术产品的支持。重视教育和科技进步大大地促进了城市发展。

（5）贸易、商品流通中心。城市经济的高速发展，工商业的高度集中，人口的迅速增加，使得城市必然成为一个地区贸易、商品流通的中心。

（6）资源消费相对集中。由于城市人口密集、经济集中、工业发达，城市消耗的资源量大而集中，比如，水资源、石油资源、电力资源、土地资源等。

（7）污染物排放相对集中。由于城市人口集中，工商业集中，工矿企业密集，从而造成城市污染物的排放也相对集中，包括废水、废气、固体废物。

（8）房屋、道路、各种管网密集。城市人口密集，工商业集中，交通拥挤。大型高架路桥，立体交通，空中、地面、地下三层交通运输线路密如蛛网；市内工厂、码头、机关、学校以及居民居住区交错，建筑稠密；地下排污管道、通信光缆、天然气管道，供水管道非常密集。

15.1.2　城市化趋势

城市化是区域社会经济发展到一定阶段的必然产物，也是人类社会发展的必然趋势。城市化的实质是，人类进入工业社会时代，社会经济发展到一定程度，农业活动比重逐渐下降，非农业活动比重逐步上升。这一变化过程就是城市化。与这种经济结构的变动相适应，出现了乡村人口比重逐渐降低，城镇人口比重稳步上升，居民点的物质面貌和人们的生活方式逐渐向城镇性质转化和强化的过程。城市化是一个国家现代化水平的重要标志，是人类文明进步的必然结果。

中国作为世界上人口最多的发展中国家，长期以来城市化发展水平严重滞后于社会经济发展水平与工业化发展水平。据国家统计局的数据显示，2017 年中国城镇常住人口 81347 万人，城镇人口占总人口比重为 58.52%，与中等发达国家 70%以上的城市化率水平相差甚远。按照我国政府规划目标，到 2050 年中国将达到中等发达国家水平，初步实现现代化的目标要求，中国的城市化率到 2050 年达到 70%。这也意味着，将有大量的人口从农村转移到城市，必然由此带来居住问题、就业问题以及生活方式和消费方式等方面的深刻转变，它不仅涉及社会经济问题，也涉及资源、能源、生态环境问题。

15.1.3　城市普遍存在的问题

（1）劳动就业问题。由于城市人口密集，特别是第一产业的劳动力大量转入第二产业和第三产业，劳动就业竞争变得更加激烈。以我国为例，农民工进城，必然会占去城市大量劳动岗位，冲击城市劳动力市场。当然，随着农民进城，也会创造一些就业岗位，比如农民工进城居住、生活必然增加房产、交通、医疗、娱乐等岗位。总体来说，就业机会增多，但就业竞争加剧。此外，随着科学技术的进步以及管理水平和劳动生产率的提高，劳动者在第二产业中的比例也会下降，导致部分劳动者失业，加剧就业矛盾。

（2）住房问题。随着城市人口增长和生活水平的提高，城市房屋远远满足不了日益增长的住房需求，城市住房问题表现得越来越突出，解决城市住房问题任重而道远。

（3）交通问题。城市交通运输量在全国交通中占有很大比重，肩负着大量的客货运输、换乘、换装、中转、集散任务，特别是城市出入口交通和过境车辆增加，严重地冲击着城市内部交通运输，大多数城市交通问题十分严重。

（4）资源短缺问题。由于城市化的快速发展和城市规模的不断扩大，城市人口增加，工业迅速发展，城市对资源（比如水、石油、电力、燃气等）的需求急剧增加且又集中，极易带来资源短缺。比如，城市缺水，是世界性问题。城市缺水可以分成4种类型：资源型（因无水源而形成的缺水）；工程型（因供水工程不足导致的缺水）；水质型（因水源水体受到污染而不能被开发利用所导致的缺水）；管理型（因水资源使用不合理，浪费大、调配不合理导致的缺水）。在我国，这4种缺水情形均有表现。由于城市尤其是大城市，地域狭小，集雨面积小，人口密度大，生产活动集中，取水也集中，容易出现资源型缺水；同时，排污集中，对水环境破坏力极大，也容易出现水质型缺水。

（5）环境污染问题。随着城市化进程的加快，城市生活污水和工业废水排放量迅速增加，导致城市水环境污染。大气污染是城市环境污染的又一大问题。城市工业、机动车排放的废气如果得不到有效控制和处理，某些污染物在大气中的浓度就会超出一定标准，影响城市及周边地区人民身体健康。另外，城市每天会产生大量的垃圾，如果垃圾处理不当，会污染水体、大气、土壤，危害农业生态，影响环境卫生，传播疾病，对生态系统和人们的健康造成危害。

15.2　城市水文效应与水环境

15.2.1　城市水循环

本书在第2章已介绍过流域或区域的水循环过程和原理，城市区人类活动集中，其水循环有特殊性。一般来说，城市道路、广场、房屋、各种管网及其他建筑物密布，水循环过程较天然流域更为复杂，更具有特殊性。城市建设前后水循环过程变化如图15.2.1所示。

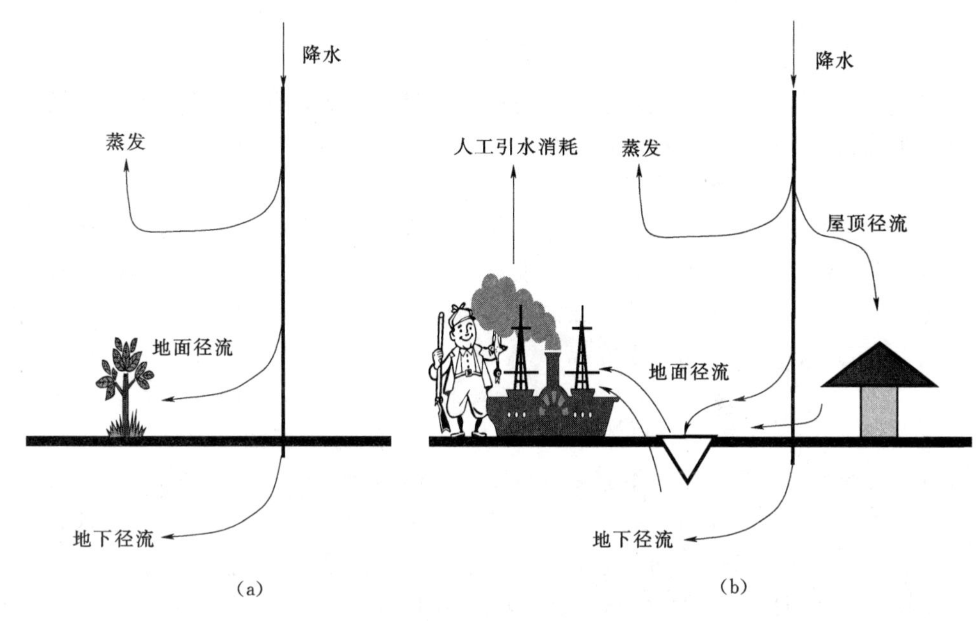

图 15.2.1　城市建设前后水循环过程变化示意图[1]
(a) 城市建设前；(b) 城市建设后

首先，从蒸发过程来看，由于城市建设，使原来的自然陆面（包括土壤、植被、水面）蒸发变成城市区建筑物广布的陆面蒸发（包括道路、广场、房屋建筑等）。原来可能是土壤或植被覆盖的地面变成了不透水的道路或广场、房屋，蒸发量集中但总量减少；原来是自然河流变成了宽度较窄的人工渠道，蒸发量也相对减小。另外，由于城市建筑物集中，平均气温较城市建设前略高，也影响着蒸发量大小。

从降水过程来看，自然条件下的降水直接降落到陆面，包括水面、地表、植物冠层；而城市覆盖区的降水多直接降落到硬化的路面、广场地面、房屋屋顶，接受降水的覆盖条件发生了变化。另外，由于城市气候发生变化，大气降水形成的过程和特征也发生变化。

从下渗过程来看，由于原来透水的地面变成了不透水或透水性能弱的地面（如路面、广场、房屋），使降水下渗的可能性和下渗量大大降低。也正是这些因素导致了降水形成的城市洪水比较集中（峰高、量大），地下水补给量减小，即表现为“地表径流大、地下径流小”。

从径流过程来看，天然流域的径流形成过程主要表现为：降落到地面的降水，在蒸发、下渗、低洼蓄水条件下，多余的水分形成地表径流；向下渗入地下的水分逐渐形成地下径流。在城市建设后，大气降水到地面，很快流入地下管道或排水渠，形成地表径流的时间缩短，流速增大；而地下径流则由于下渗量减小，地下径流过程更加滞后，流速也随着减小。

另外，城市人工引用水过程也加入到水循环过程中。城市从地表、地下取水，用于生活、生产和生态，其中一部分水分被消耗，另一部分水分又排入到河道、渠道或其他水体，使原本复杂的水循环过程更加复杂。因此，在城市区，水循环是以“人工水循环”为主导的“人工-自然”水循环模式。

15.2.2　城市气候及降水特征

城市气候是在区域气候的大背景下，受城市建设和其他人类活动影响而形成的一种局地气候。随着城市规模的不断扩大，城市对气候的影响作用表现得更加明显。

15.2.2.1　城市对气候的影响作用及机制

城市对气候的影响是多方面的。城市建筑物高低不一，会使风速降低；城市空气中污染物多，增多了水汽凝聚的核心，从而会使雾和雨水增多；人为燃烧所产生的二氧化碳以及密集的城市人口在呼吸过程中所释放的二氧化碳会使气温上升。据有关学者的研究成果显示：城市与郊区相比，城市温度能高出0.5～1.0℃，冬季最多能高出1.5～2.0℃；相对湿度低6%，夏季能低8%；尘粒多10倍以上；云雾多5%～10%，冬季最高能多出100%；辐射减少15%～20%；风速低20%～30%；降水量多5%～10%。

城市对气候的影响作用，归纳起来有以下几方面物理机制。

（1）城市热岛效应。城市空气中二氧化碳等气体和微粒含量要比乡村高，这必然会减弱空气的透明度，减少日照时间、降低太阳辐射强度。但是，由于城市高大的建筑群、砖石、水泥和柏油路面因其反射率小，能吸收较多的太阳辐射能，再加上有大量的人工热源，其结果使城市气温明显高于附近郊区。这种温度异常称为城市热岛效应。由于城市热岛效应的存在，城市空气层不稳定，有利于产生热力对流。当城市空中水汽充足时，容易形成对流云和对流性降水。

（2）城市阻碍效应。由于城市建筑物高低不一，其地面粗糙度比附近郊区平原要大。这不仅能引起湍流，而且对稳定滞缓的降水系统如静水锋、静止切变、缓进冷锋等，都有阻碍效应，使其移动速度减慢，在城市滞留的时间加长。因而导致城区降水强度增大，降水历时延长。

（3）城市凝结核效应。由于城市大气污染，导致城市空气中的凝结核比郊区多。这些结核易于吸收大气中的水分，形成降雨。到底凝结核对降水的作用有多大，目前还是一个有争议的问题。

15.2.2.2　城市降水特征

（1）降水量比郊区略多。由于城市凝结核效应、热岛效应、阻碍效应，导致城市云雾多、降水多。一般认为，城区降水比郊区增加5%～10%。在雨季，城市降水量增加的直接后果是使城市雨洪径流量增大，对城市防洪带来了更大的压力。而在旱季，城市降水量的增加在一定程度上缓解了供水紧张的状况。关于“城区降水多于郊区”的说法，还有不同的观点。有些人认为，城市对降水没有影响；也有些人认为城市对降水没有明显的增大或减少效应。

（2）易形成酸雨。由于大气中含有大量的二氧化碳，因而正常雨水本身略带有酸性，pH值约为5.6。因此，一般认为，当降水的pH值小于5.6时，才称为酸雨。由于城市工业集中，某些工厂在生产过程中排放出大量的二氧化硫、氮氧化物，这些物质在一定温度和湿度条件下，通过光化学反应和催氧化反应，易生成硫酸和亚硫酸。而这两种酸均不能以气态的形式存在，只能溶于云滴或雨滴，并在降雨的同时降落到地面，形成酸雨。可以说，酸雨是一个看不见的敌人，严重威胁着城市及周边地区甚至全球的生存环境和人们身体健康。

15.2.3　城市水文效应

15.2.3.1　城市气候变化引起的水文效应

前文已经对城市气候特征作过叙述，基本结论是：由于兴建城市，导致城区温度、湿度、云雾、辐射、风速、降水等气象因子发生变化。这些气象因子都是影响水循环的重要参数，比如，降水量是径流形成的输入参数，不同的降水量及降水过程，形成的径流量大小和过程不同；蒸发量是水循环过程中损失部分的一个重要方面，直接影响到降水可以形成径流的比率；温度、湿度及其他气象因子的变化也在不同程度上影响径流量及其形成过程。

由于没有这方面详细的观测资料来定量表达和充分说明城市气候变化对城市水文过程的综合影响作用，只能作上述定性描述，或者只能分析某一因素变化对水文过程的影响。比如，可以通过单位线分析来定量表达因降水发生变化导致径流量大小及过程的变化情况，如图 15.2.2 所示，为某试验区观测的 10mm 降水的流量过程线和计算得到的 25mm 降水的流量过程线。

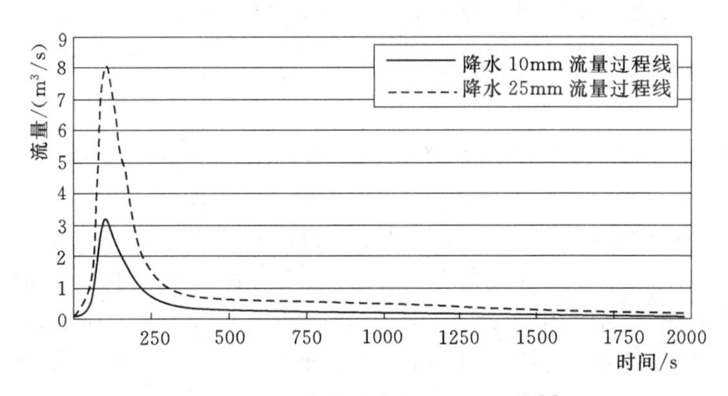

图 15.2.2　降水形成径流量过程线[1]

15.2.3.2　城市下垫面性质变化引起的水文效应

当原始的天然流域地面被城市覆盖时，该地区下垫面便从天然状态转变为人工状态。城市下垫面使流域不透水面积大大增加，蓄水能力大幅度减小，径流量集中而汇流时间相对缩短。可以绘制一些简图来示意这种变化。

图 15.2.3 示意天然流域状态和完全被硬化地面覆盖状态下的流量过程曲线，这是两种极端情况。在天然流域状态下，降落到地面上的水部分被植物截流再蒸发；部分集水在低洼处；部分下渗到土壤，又被植物吸收再蒸腾；部分下渗形成地下径流；剩余部分形成地表径流 [图 15.2.3 (a)]。因此，在此情况下形成的河川径流包括地表径流和地下径流。流量过程曲线表现为：扁平状、峰低且滞后时间长 [图 15.2.3 (b)]。当天然流域被完全硬化地面覆盖后，植物覆盖为 0，降落到地面上的水没有被植物截留，没有下渗 [图 15.2.3 (c)]。河川径流只含地表径流，流量过程线表现为：峰高且滞后时间短 [图 15.2.3 (d)]。两者相比，前者由于植被截留、下渗，使径流过程更加复杂，径流路径增

长，所需时间更长，径流最大最小之间变化小。而后者由于地面硬化，没有植物截留和下渗，径流路径和时间缩短，降水很快就会形成径流，径流最大最小之间变化较大。

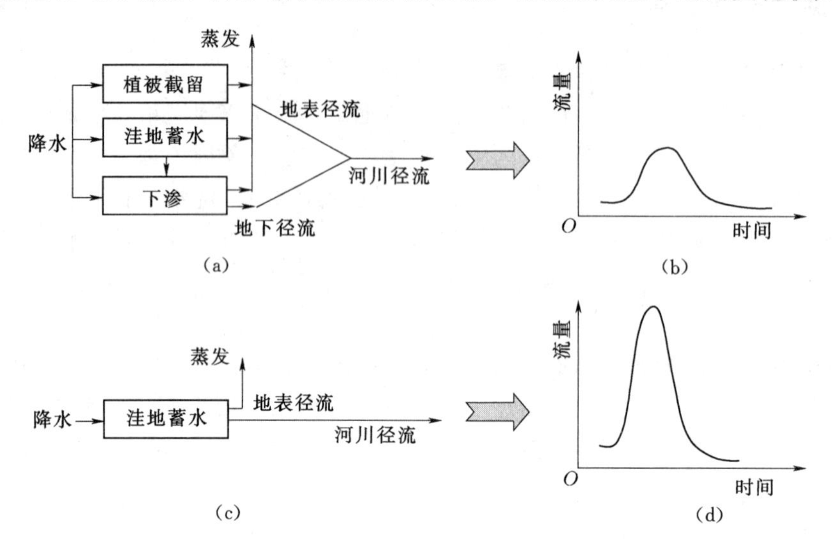

图 15.2.3 天然流域状态和完全被硬化地面覆盖状态下的流量过程曲线对比图[1]
(a) 天然流域状态下，水循环路径；(b) 天然流域状态下流量过程线；(c) 完全被硬化地面覆盖状态下，水循环路径；(d) 完全被硬化地面覆盖状态下流量过程线

已有一些研究者采用实验的方法来证明“不透水地面增加对径流过程的影响”。Roberts 和 Klingeman（1970）在实验中分别测试了透水面面积占 0、50%和 100%情况下对单位线的影响。结果发现，当透水面面积占 0 和 50%时，单位线上升段的前半部分几乎重合，在重合点后，透水面面积占 50%的要滞后于透水面面积为 0 的；透水面积占 100%的流域单位线涨水历时相当缓慢（大约是透水面积占 50%的两倍），这就说明了完全透水面具有较大的蓄水量和下渗能力，所引起的效应具有明显的时间滞后性（图 15.2.4）。

尽管上述实验结果不能简单地推广到实验室以外的现实城市区，但是，其所得到的规律已被现实所证实，且得到多数人的认可。也就是说，由于城市建设，导致土地覆被发生变化，不透水地面所占比例增大，使径流过程时间向前提，径流过程线形状也发生了一定程度的变化。

此外，天然条件下，降水形成的径流是通过自然形成的河道向下游汇集。自然河道一般比较粗糙，宽窄不一，形状各异，导致径流时间比较长。而城市人工修筑的下水道，一般比较光滑，直线形状较多，有利于水流下泄，所以径流时间缩短。

15.2.3.3 城市径流过程变化及雨洪

上文用了大量的篇幅论述了城市建设对径流过程的影响。总体来看，由于城市建设使气候发生变化，使降水所在地面特征发生变化，使径流过程途径及特征发生变化，导致径流过程时间向前提，径流峰值大，时间缩短。关于这一特性可以用图 15.2.5 单位线过程来形象表达。

图 15.2.5 展示了相似暴雨降落在一个正逐步城市化的流域上所形成的单位线

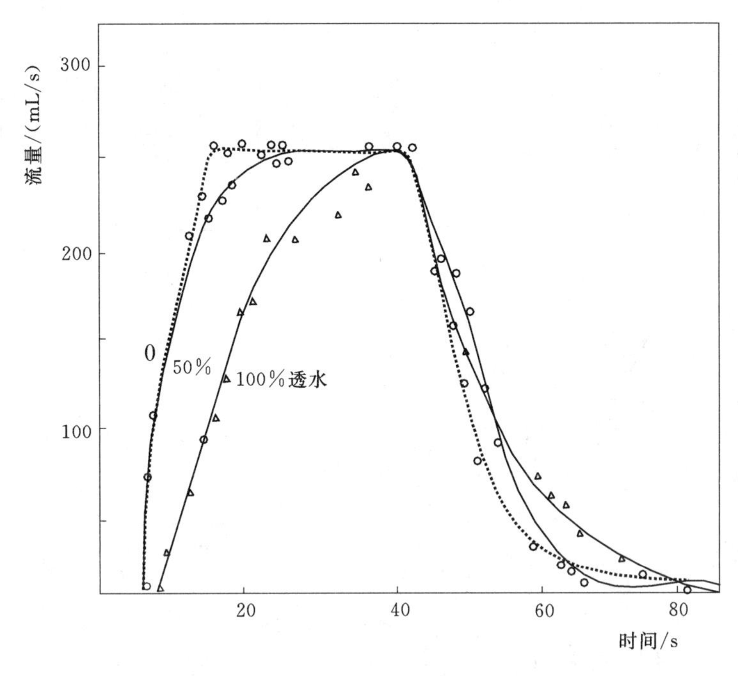

图 15.2.4　透水面面积占 0、50%和 100%的单位线比较图[1]
（译自：Roberts 和 Klingeman，1970）

(Moore 和 Morgan，1969)。随着城市化进程，流域蓄水量不断减少，不透水面逐渐增加，流量过程线急剧上升，洪峰增高。下降段遵循同样的模式，亦即急剧下滑而恢复到基流。由于在城市化早期，暴雨部分下渗到地下，形成地下径流，在退水过程中，地下径流又补充给地表径流，从而使流量过程线的退水部分增大，其恢复到基流则需要较长的时间。相反，在城市化后期，由于降水不能或很少下渗，在退水过程中，地下径流对地表径流的补充很少，流量过程线的退水部分也相对较小，其恢复到基流所需的时间也较短。

综合以上分析，可以得出这样一个基本结论：城市暴雨形成的洪水具有流量大、洪峰高、历时短的特点。城市雨洪的这一特点，加剧了城市本身及其下游地区的洪水威胁，使城市防洪问题更加突出。

城市雨洪是现代城市常常发生的一种水文现象，给城市人民生命、财产、生活、生产带来很大威胁。为了减轻城市雨洪灾害，在城市规划和建设的过程中，特别要重视城市雨洪排水系统的建设，即采用人工措施引导水流，把雨水从降落点输送到指定水体中，减小对城市及下游地区的威胁。人工输送通道包括地面通道（路沿、边沟、水道等）、地下通道（雨水排水道、污水排水道等）及附属设备（蓄水池、沉淀池、进水口、溢流口等）。此外，可以通过海绵城市建设，增加降水下渗，增加降水形成径流时间，减小洪峰。

15.2.4　城市水环境及生态环境

一方面，由于城市引用水量增加，使得地表水体和地下水体可供循环的淡水资源量减少，用于生态、环境稀释的水量也减少，从而影响了水体的再生能力，对水环境及生态系统带来了一定压力。另一方面，由于城市的发展，人口增加，城市排放的污水量也相应地

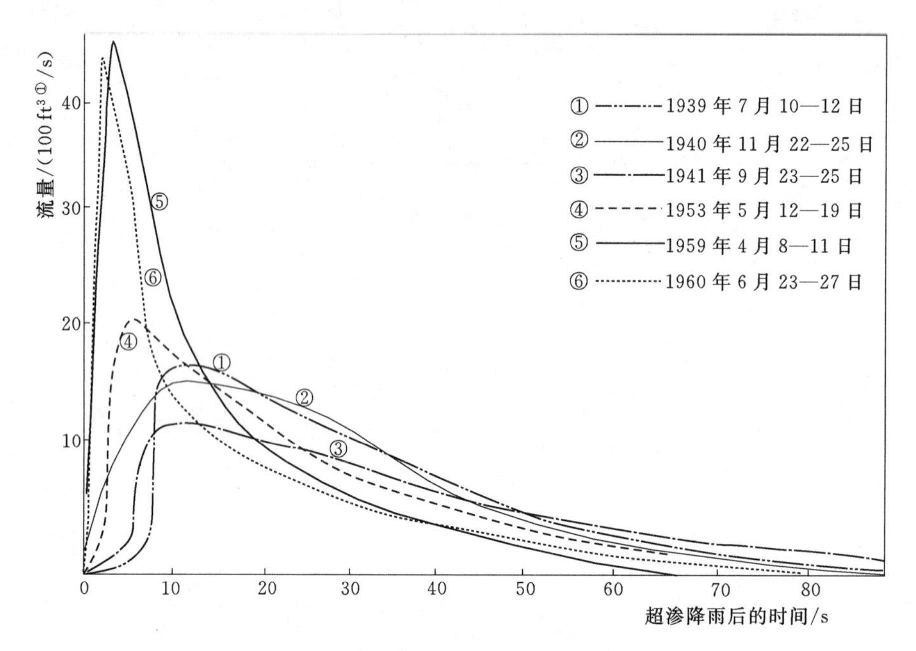

图 15.2.5 城市化过程中，相似暴雨对应单位线对比图[1]

（译自 Moore 和 Morgan，1969，并作修改）

①$1ft^3=0.0238m^3$。

增加。如果把大量的未经处理或处理不充分的污水直接排入水体，当超过水体本身的自净能力时，必然引起水体污染。城市水体污染源除了常说的点源污染外，还有面源污染。这些面源污染是由于人们在地面产生的污染物，如工业废物、生活垃圾、建筑垃圾等，在地表径流作用下，带入到水体中，对水体产生污染。

城市水环境有两方面的特点：一是受人类活动影响比较大，基本是完全人工化的“水环境”；二是水资源十分宝贵。因为城市用水量大，城市及周边地区的水体是最近的水源地，但易受污染，所以水资源十分宝贵，需要加强水资源保护。

城市生态环境，是以人为主体，受人类活动影响强烈，由其他生命物体和非生命物质所组成的环境。由于城市建设和人类的强烈活动，常带来城市生态环境的复杂变化。归纳起来，城市生态环境有以下基本特点。

（1）城市生态环境是在自然环境的基础上，按照人的意愿所建造的以人工生态环境为主的生态环境。比如，对原有河道的改造、下垫面的改造（如建设道路、广场、房屋等），自然湖泊、湿地的改造、治理或利用等。生态环境的功能也基本按照人的需求来实现，比如，为满足两岸土地开发利用、疏通河道、观赏等，对河道及两岸进行的改造；为城市建设（包括道路、广场、城市公园、房屋等建设），对原有下垫面（如耕地、草地、林地等）进行的改造。

（2）正是由于城市生态环境基本上是人工生态环境，受人类活动影响强烈，其对人的行为依赖性强，同时也表现出生态环境比较脆弱。一旦人工改变城市生态结构（如河流筑坝、疏通河道等）或用水结构（如减小城市生态用水量），城市生态环境就很容易随之改变，甚至遭到破坏。

(3) 城市生态环境是一个对外交流比较强烈的开放系统。由于城市对外具有广泛的物质、能量交流，从区外输入资源、材料、能源，又向区外输出产品、废物，所以它是一个开放系统。

(4) 城市生态环境的承载能力是有限的。实际上，任何区域内的生态环境承受能力都是有限的，城市区也是如此。特别是在城市区，受人类活动影响强烈，其承载能力十分有限。从这方面来讲，也应该加大城市生态环境保护力度。

15.3　城市水问题及解决措施

15.3.1　城市水问题

由于城市建设和大量人口的聚集，对原来自然系统进行大规模的改造，使城市水系统发生了本质变化，引起了一些新的水问题。概括起来，主要有三大水问题，即水资源短缺、水环境污染、城市洪涝灾害。

(1) 水资源短缺问题。由于城市人口增加，经济发展，其需水量急剧增加，城市缺水正成为世界性的问题。由于城市尤其是大城市地域狭小，集雨面积小，人口密度大，生产活动集中，取水也集中，所以容易出现资源型缺水；同时，排污集中，对水环境破坏力大，又容易出现水质型缺水。有的城市两种缺水类型同时存在，成为水量、水质双重压力的缺水地区。随着城市规模的不断扩大和城市化进程的不断加快，城市缺水日益严重。

(2) 水环境污染问题。随着城市化进程的加快，城市生活污水和工业废水排放量迅速增加，导致城市水环境污染。一方面，降低了水资源的质量，对人们身体健康和工农业用水带来了不利影响；另一方面，由于水资源被污染，原本可以被利用的水资源失去了利用的价值，造成“水质型缺水”，加剧了水资源短缺的矛盾。

(3) 城市洪涝灾害问题。由于建筑物和地面衬砌的影响，使得不透水面积增加，截断了水分入渗及补给地下水的通道，使地表径流增加，滞洪、蓄洪能力下降，常造成洪涝灾害。另外，在城市化过程中，人们对河道进行改造和治理，如截弯取直，疏浚整治，布设边沟及下水道系统，由此增加了城市汇流能力，汇流速度增大、时间缩短，加之天然河道的调蓄能力减小，使得城市区内产汇流过程发生变化，形成洪峰时间减短，洪水总量增加，洪水过程线呈现峰高坡陡特征。这些变化往往加剧了城市本身及下游地区的洪水威胁。

15.3.2　解决城市水问题的具体措施

为了解决城市化建设带来的水问题，在发展城市的同时，我们应该既要合理地进行建设规划和生产布局，又要采取相应的措施，加大对资源、环境的保护。具体措施归纳如下。

(1) 控制城市人口规模。随着城市化建设的快速发展，城市人口不断增长，这是水资源短缺和水环境恶化的重要起因。控制城市人口既能减少水资源的需求量，又能减少生活污水的排放量，减轻对水体的污染，是一举多得的事。

（2）尽量减少城市硬化地面，增加下垫面的透水性。为了避免城市化建设改变城市地貌带来的雨洪效应，可采用新型建材或透水材料，增加下垫面的透水性。例如，在修建街道两旁路面时，以透水性能大的地砖代替水泥路面，可增加下渗量，减小地面径流系数。另外，在房屋周围修建绿地草坪（平或低于地面），将屋顶径流通过管道集中排入绿化地，转变为地下径流，从而减少地面径流。

（3）节约用水，合理用水，建立节水型社会。将建立节水型社会作为解决城市水资源问题的首选对策。加强节水的宣传教育，使人人认识节水的重要性，养成节水习惯；加强计划用水管理，采用定额管理，利用经济杠杆促进节约用水；同时推广节水器具，提倡一水多用，提高生活用水的重复使用率；工矿企业要实行循环用水、分质用水，利用污水处理回水，提高重复利用率，改革用水工艺，降低单位产品的用水量。充分利用非常规水，不断拓宽城市供水渠道。

（4）防止水污染，保护水环境。首先要减少污水排放量，实施达标排放。同时，要提高城市污水处理能力，处理后的污水可用于杂用水、灌溉水和低要求的工业用水。总之，尽可能地防止各种污染物进入水体，以免造成水污染；树立用水的环境意识，最大程度地保护城市水环境和水资源，缓解水资源的供需矛盾，使城市建设走上可持续发展的道路。

（5）城市防洪排涝与生态海绵城市建设应和谐并举。现代城市的发展要求城市洪涝防治工作在保障城市安全的同时改善城市生态环境。在此背景下，海绵城市建设作为防治洪涝和改善生态的有效手段得到了大范围推广建设。然而，自身功能的限制使海绵城市一般无法独立完全解决城市洪涝灾害问题。因此，要摆正防洪排涝工程、生态海绵城市建设的各自地位，有机结合海绵城市建设与防洪排涝工程，提高城市防洪排涝和生态服务能力，保障城市安全与美丽。

15.4　城市水文学主要内容及研究进展

15.4.1　城市水文学主要内容介绍

城市水文学属于应用水文学范畴，是水文学的重要分支之一。从字面含义理解城市水文学，可认为它是以城市地区的水文现象和水文过程为研究对象[2]，其目的是为建设生态环境友好型城市、提高居民生活水平和促进人水和谐提供水文学依据。但在实际应用过程中，城市水文学是综合水文科学、气象科学、城市科学、水利工程科学、环境科学和生态科学等的交叉学科，涉及内容极多，研究范围极广。主要内容包括城市水文气象、城市水文信息、城市化水文效应、城市防洪排涝、城市水资源管理、城市水环境、城市水生态、城市水文模型等[3]。

城市水文气象，是指发生在城市地区的陆地表面和大气的水分相互作用，具体包括风、云、雨、雪、霜、露、虹、晕、闪电、打雷等一切大气的物理现象。城市水文气象重点关注的是城市降水形成的机理和城市气温变化规律，如城市化的气溶胶含量变化及时空分布对降水的影响、城市雨岛效应、热岛效应和干/湿岛效应等。

城市水文信息，是指通过城市周边的水文站监测降水、蒸发、水位、流量和泥沙等资料，并进行水文资料整编和信息储存。城市水文信息是产汇流计算和洪水预报的基础，因此既要掌握传统的水文测验和实验方法，也要注重结合现代新方法和新技术，如引入“3S”技术、雷达、大数据技术获取多元水文资料和数据。

城市化水文效应，是指城市化对水文要素和水循环过程的影响，具体包括对降水、蒸发、下渗、径流等的影响。受城市化和气候变化影响，极端降水事件频率和降水量大小均发生改变，最显著的变化则是不透水面积增多，地面径流量增加，下渗量和地下径流量均减少，汇流时间大大缩短，加之城市发达的排水管网，洪水过程线表现出高、瘦、陡的特点。

城市防洪，是指为抵御和减轻洪水对城市造成灾害性损失而采取的各种预防和治理措施，城市内涝则是指由于强降水或连续性降水超过城市排水能力致使城市内产生积水灾害的现象，城市防洪排涝是我国目前城市水文学最主要的研究课题之一。国际上提出了低影响开发（low impact development，LID）的概念和原则，我国提出了海绵城市建设，这两者虽在叫法上不同，但目标大致是一致的，都是城市雨洪资源利用与管理措施。

城市水资源管理，是指水行政部门在城市水资源的取用排等环节采取行政、法律和经济等措施处理水资源供需矛盾和社会经济发展与水资源开发利用矛盾。具体内容包括水资源开发与利用、水资源供需平衡分析、水资源综合规划、水资源优化配置、水权水市场建设和水价制定等，最终目的是为了实现城市水资源的可持续开发和永续利用[4]。

城市水环境，是指城市地区的水体形成、分布和转化所处空间的环境。城市水环境是构成城市环境的基本要素之一，是城市居民赖以生存和发展的重要场所，也是受人类干扰和破坏最严重的领域。城市水环境的污染和破坏已成为当今世界主要的环境问题之一。城市的点源污水排放、暴雨径流造成的面源污染、河道黑臭水体等都是城市水环境面临的严峻挑战。

城市水生态，是指城市地区不同水体条件对生物的影响和生物对各种水体环境的适应。城市水生态系统包括城市的动物水生态、植物水生态、微生物水生态和水体环境。由城市地下水资源过度开发造成的水少、地表洪水造成的水多和污废水排放造成的水脏，这些都严重破坏城市水生态，如河流干涸导致物种消亡、暴雨径流导致细菌病毒大量繁衍和点源污染导致水体质量下降等。城市水生态问题是城市水资源和水环境问题的综合体现，并受到越来越多的关注，目前我国正在大力推进生态文明城市建设。

城市水文模型，是指运用还原模拟的方法将城市地区复杂的水文现象和过程经概化给出近似科学的模型。主要分为概念模型、物理模型和水动力学模型，具体包括 SWMM 模型、STORM 模型、InfoWorks 模型、MIKE 模型等。

15.4.2　近几年研究进展

从城市水文学发展历程来看，国内外对城市水文学研究认知是在不断进步和逐步深入的，在不同发展阶段，城市水文学研究侧重点各有不同。早期，西方国家认为城市排水是城市水文学的雏形[5]；第二次工业革命兴起后，城市如雨后春笋般地在世界各地涌现，城市化水文效应被重点关注；近期，关于城市水资源问题、水污染控制问题和洪水控制问题研究较多；目前，受高强度人类活动和气候变化影响，城市极端降水事件和洪涝灾害频发、排水系统响应滞后、水资源供需不平衡、径流水质污染和水生态环境恶化等各种城市水问题愈加突出，城市水文学研究的现实需求愈发迫切。因此，当前城市水文学研究内容不仅包括之前所有的研究重点，而且还以城市防洪排涝和水生态修复为问题导向，这和海绵城市建设与生态文明城市建设等热点内容相吻合。图15.4.1示意出城市水文学的重点问题，下面仅对近年来城市水文学的主要研究进展做简单梳理。

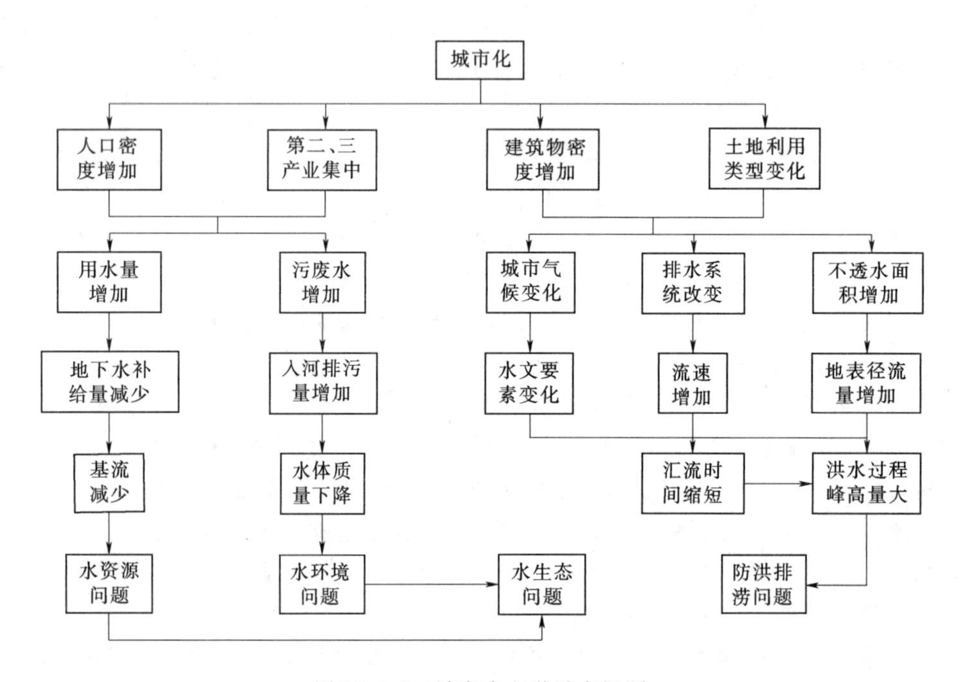

图15.4.1　城市水文学重点问题

1. 城市化水文效应

降水方面，首先，城市化影响降水的物理机制。目前认为城市化对降水的影响源自城市环境下大气热力、动力条件和成分等的变化，这些变化大致归结于城市热岛效应、下垫面变化和气溶胶排放等影响机制[6]。其次，城市降水的水量、强度、频率等要素的研究也取得一定的进展，研究表明城市降水强度和频率均有增加趋势，但是城市化影响降水量增加还是减少的结论还存在较大争议。最后，对不同城市的不同季节的降水时空变化规律有较多研究，但是仍然未能很好地认识和描述这种规律。

蒸发方面，首先，对城市不透水路面可防止渗透并抑制蒸发的认识基本达成统一，较多地研究了城市的蒸发量时空变化特征。其次，进一步揭示了城市蒸发机理，由于城市不透水下垫面基本无持水能力，水分停留时间短，蒸发时间也缩短，导致近地面空气无法从下垫面蒸发得到水分补给，城市水分较少，湿度较低。同时，由于蒸发能带走热量，因此当城市蒸发量减少时，其热量也就难以被带走，综合表现为城市干岛效应和热岛效应并存。最后，蒸发计算模型的改进对更加精细的量化计算蒸发量有一定的促进作用，如彭曼综合模型、水量平衡模型和人工神经网络模型等的改进提高了蒸发量计算准确度和精度。

产汇流方面，多数研究均证明径流系数与不透水面积比例的关系呈显著的正相关，而城市汇流的连通性也是影响地表水文过程的重要驱动因素。同时，透水路面和城市绿地也成为城市产汇流的研究热点。此外，城市暴雨径流模型和模拟的研究从未间断，包括模型的类别增加，模拟的尺度变化，参数的调整与验证等。

2. 城市防洪排涝

解决城市洪涝灾害是城市水文学应用学科属性的最佳体现之一。首先，针对城市洪涝灾害问题剖析和对策分析较多，问题包括防洪排涝工程防洪能力不足、雨水储蓄功能弱、排水系统规划落后等[7]，相应对策则有提高城市防洪排涝工程标准、依据 LID 的概念和原则开发新城区、海绵城市建设等。其次，降水资料观测技术和洪水预报方法得到较大的改进，如地理信息、卫星遥感和雷达等新技术在城市降水资料的获取均有应用，数值模拟、贝叶斯概率和 BP 神经网络等方法和洪水预报结合良好。最后，雨洪资源管理取得长足进步，包括城市雨洪管理体系的研究和城市雨洪模型的研制，如美国最佳管理措施（BMP）、英国可持续排水系统（SUDS）等雨洪管理措施，以及 SWMM、STORM、MIKE 等城市雨洪模型。

3. 城市水资源

首先，从水资源的自然属性和社会属性研究了城市水资源的特点和开发利用现状，强化了对城市水资源问题的共识，包括城市水多、水少、水脏等。其次，城市供水和优化调度的研究也较多，包括海水淡化、跨流域调水、修建水利工程、多水源供水等。最后，在水资源管理方面，运用行政、法律和经济手段，从水量到水质，涉及工程和非工程措施对水资源的管理理论和实践有较系统和深入的研究，如最严格水资源管理制度、水权水市场建设、水价制定等全面发展。

4. 城市水环境

首先，城市水环境评价和保护，针对不同城市实例的水环境评价较多，并提出相应的防治措施和保护对策。其次，水环境容量和水环境承载力计算，一直是研究热点，其中，最严格水资源管理制度“三条红线”中的“水功能区限制纳污红线”指标体系分解和量化计算取得一些成果。最后，水质监测与分析和水污染治理，除了传统水质监测技术如物理分析、化学分析和电化学分析等进一步发展外，色谱分离技术、生物传感技术和光谱分析等现代水质监测技术的应用也大放异彩。水污染治理模式、治理机制、治理技术等研究取得一系列成果，如“水十条”颁发、黑臭水体治理效果明显、河长制和湖长制全面建立等。

5. 城市水生态

城市水生态恶化所导致的严重后果已被熟知，包括河网水系萎缩、水生物种消亡、水质变差等，近年正着力解决城市水生态安全、水生态环境和水生态修复等问题。首先，城市化对城市水生态物理、化学与生物特性的影响有深入研究；其次，城市河流水生态的演变规律有一定的研究；最后，破解水生态问题的政策和方法研究颇多。其中，城市水生态修复和国家生态文明建设、生态文明城市建设紧密融合。

15.4.3　研究展望

城市水文学自 20 世纪 80 年代成为一门独立学科，经历了从简单的城市水文水利计算到深入的城市化水文效应机理研究再到复杂的城市水循环和雨洪模型模拟的发展过程，表现出极强综合性和动态性，并取得一系列的丰硕成果，既不断地完善了本学科的基础理论研究、技术方法创新和应用实践推广，又带来良好的社会经济效益。但是，目前的研究仍存在亟待解决的问题和不足。同时，受快速城市化、高强度人类活动和气候变化的影响，城市化水文效应愈加强烈，水文过程愈加复杂，城市水文学面临的挑战越来越大。因此，基于完善学科发展体系的角度，对城市水文学展望如下。

（1）重视城市水文学机理研究。首先，城市水文学虽然属于应用型学科，但是目前对城市水循环过程和水文效应机理的研究仍然深度不足。不同城市的水文过程和效应是不尽相同的，对比分析其异同，有助于认识其规律，并为开发定量模拟模型奠定基础。其次，加强城市水循环多尺度模拟。目前侧重对单个城市的降水径流模拟研究，研究尺度较小，而城市群的水循环模拟则较少关注，缺乏大尺度的水文效应机理的研究，则易忽视城市群对气候和下垫面的影响。最后，加强城市水文学的不确定性和非线性理论的研究。确定性的水循环原理和产汇流机制等研究成果很多，但是随机理论、灰色系统、模糊理论等不确定性理论在城市水文学研究相对较少，需要加强这些不确定理论的研究，完善城市水文学理论体系。

（2）加强城市水文学技术和方法创新。首先，加强暴雨洪水监测与预测预警技术研究，这是减少洪涝灾害和保障城市水安全的关键措施。其次，加强“3S”技术、雷达和大数据技术在获取城市水文数据上的应用，多元数据融入和同化、多源信息耦合和运用是提高模拟精度的重要途径。再次，加强城市雨洪资源利用与管理技术研究，城市雨洪资源管理始终是城市水文学的研究热点，认识到雨洪的资源属性还是远远不够的，如何合理利用和管理雨洪资源需要技术支撑。最后，加强暴雨洪水计算方法研究，不同下垫面条件的产流机制是不一样的，城市有无资料、资料长短不同的背景下产流计算方法选择也是不同的，需要针对不同下垫面条件、不同资料情况的城市建立不同的洪水计算方法。

（3）推进与其他学科交叉融合。首先，加强城市水文学和气象学的融合。在全球气候变暖的趋势下，城市化对气候变化的影响更加显著，气候变化和城市水文过程相互作用规律更加复杂。同时，基于气象学视角分析城市极端暴雨成因，有利于全面揭示城市降水规律，为研究制定减缓雨岛效应的城市规划及措施提供技术支持。其次，加强城市水文学和城市学的融合。城市规划建设和城市化水文效应是不可分割的整体，认清解决城市洪涝灾害、水质污染、水环境破坏和水生态退化等各种水问题的关键是城市如何建的问题，而非如何控制水的问题，同时海绵城市和生态文明城市建成后的评价和影响需要更深入的研究。最后，加强城市水文学和社会学的融合。城市水文学固然是自然科学，但其在社会学方面的研究也必不可少，如研究自然-社会二元城市水循环和城市水管理等。

（4）提高城市水文学应用和服务社会水平。首先，扩宽城市水文学的应用范围，将城市水文学渗透到其他学科发展之中，完善其他科学知识体系。其次，提高城市洪水预报精度，为城市防洪排涝、保障水安全和水资源优化调度提供决策依据。最后，加强城市水文学理论研究成果到实际应用的转化，如二元水循环理论在海河流域的应用取得了较好的经济社会效益，后续研究则需要进一步推进精细化模拟和衍生类模型研制。

参考文献

[1] 左其亭，等．城市水资源承载能力：理论·方法·应用［M］．北京：化学工业出版社，2005.

[2] Hall M J. Urban hydrology［M］．Amsterdam：Elsevier Applied Science，1984.

[3] 拜存有，高建峰．城市水文学［M］．郑州：黄河水利出版社，2009.

[4] 左其亭，窦明，马军霞．水资源学教程［M］．2版．北京：中国水利水电出版社，2016.

[5] Delleur J W. The Evolution of Urban Hydrology：Past，Present，and Future［J］．Journal of Hydraulic Engineering，2003，129（8）：563－573.

[6] 胡庆芳，张建云，王银堂，等．城市化对降水影响的研究综述［J］．水科学进展，2018，29（1）：138－150.

[7] 左其亭，王鑫，韩淑颖，等．论城市防洪排涝与生态海绵城市建设应和谐并举［J］．中国防汛抗旱，2017，27（5）：80－85.